国家"双高计划"水利工程高水平专业群立体化教材

工程水文及水利计算

主　编　刘红英
副主编　马雪琴　霍海霞　韩红亮　冯建栋
主　审　拜存有　古明兴

中国水利水电出版社
www.waterpub.com.cn
·北京·

内 容 提 要

本教材是"中国特色高水平高职学校和专业群建设计划"水利工程专业群课程改革系列教材。本教材引入信息化教学资源，是高等职业教育水利类新形态一体化数字教材。本教材以项目为载体，以工作任务为切入点，构建了模块化课程内容和知识体系，全书共分5个项目，内容包括：径流形成、水文统计、径流计算、设计洪水计算、水库水利计算。按照任务单、任务学习单、任务解析单、技能训练单和技能测试单组织教学内容。

本书可作为高职院校水利类专业的教材，也可供相关专业工程技术人员参考。

图书在版编目（CIP）数据

工程水文及水利计算 / 刘红英主编. -- 北京 : 中国水利水电出版社, 2024.8. --（国家"双高计划"水利工程高水平专业群立体化教材）. -- ISBN 978-7-5226-2516-4

Ⅰ．TV12；TV214

中国国家版本馆CIP数据核字第2024024RZ5号

	国家"双高计划"水利工程高水平专业群立体化教材
书　　名	**工程水文及水利计算** GONGCHENG SHUIWEN JI SHUILI JISUAN 主　编　刘红英
作　　者	副主编　马雪琴　霍海霞　韩红亮　冯建栋 主　审　拜存有　古明兴
出版发行	中国水利水电出版社 （北京市海淀区玉渊潭南路1号D座　100038） 网址：www.waterpub.com.cn E-mail：sales@mwr.gov.cn 电话：（010）68545888（营销中心）
经　　售	北京科水图书销售有限公司 电话：（010）68545874、63202643 全国各地新华书店和相关出版物销售网点
排　　版	中国水利水电出版社微机排版中心
印　　刷	天津嘉恒印务有限公司
规　　格	184mm×260mm　16开本　17.25印张　420千字
版　　次	2024年8月第1版　2024年8月第1次印刷
印　　数	0001—2000册
定　　价	**56.00元**

凡购买我社图书，如有缺页、倒页、脱页的，本社营销中心负责调换

版权所有·侵权必究

前 言

水利工程专业群是杨凌职业技术学院"国家双高计划建设项目"。按照子项目建设方案，杨凌职业技术学院在广泛调研的基础上，与行业企业专家共同研讨，在原国家示范建设成果的基础上不断创新"合格+特长"的人才培养模式，以水利工程建设一线的主要技术岗位核心能力为主线，兼顾学生职业迁移和可持续发展需要，优化课程内容，进行专业平台课与优质专业核心课的建设。

"工程水文及水利计算"课程是水利类专业的专业平台课。本书面向水利类学生，立足于实际工作职业能力的培养，以实际项目为载体，以计算任务为切入点，以水利行业职业资格标准为依据，构建模块化课程内容和知识体系。主要内容包括：径流形成、水文统计、径流计算、设计洪水计算、水库水利计算等。本教材编写注重基础性、针对性和实用性，力求通俗易懂，以介绍工程水文及水利计算的基本知识和技能为重点，通过任务单案例导入课程内容并引入课程思政、任务学习单完成课程内容、任务解析单深入剖析工程案例、技能训练单培养专业技能、技能测试单培养知识素养的五步学习法构建工作手册式教材内容，突出对学生职业能力的训练，其理论知识的选取紧紧围绕工作任务完成的需要，融合相关职业资格证书对知识、技能和素质的要求，并融入"课程思政"理念，落实党的二十大精神进教材、进课堂、进头脑，旨在为水利类专业提供一本符合人才培养方案要求、实用性强、特色鲜明的教材。

本教材编写团队由高职院校教师和行业企业专家共同组成。全书由杨凌职业技术学院刘红英主编并统稿；杨凌职业技术学院马雪琴、霍海霞、韩红亮、冯建栋任副主编；杨凌职业技术学院拜存有、陕西省水文水资源勘测局古明兴任主审。项目4和附录由杨凌职业技术学院刘红英编写；项目2由杨凌职业技术学院马雪琴编写；项目1由杨凌职业技术学院霍海霞编写；项目3由杨凌职业技术学院韩红亮编写；项目5由杨凌职业技术学院冯建栋编写。

本教材在编写过程中，参考并引用了各种教材和文献资料，除已列出外，其余未能一一注明，特此一并表示真诚感谢。本套教材的编写是双高建设中的一种大胆创新，虽有一定的新意，但错误与缺陷在所难免，恳请读者多提宝贵意见！

本课程建设团队
2024 年 5 月

扫码获取习题答案

"行水云课"数字教材使用说明

"行水云课"水利职业教育服务平台是中国水利水电出版社立足水电、整合行业优质资源全力打造的"内容"＋"平台"的一体化数字教学产品。平台包含高等教育、职业教育、职工教育、专题培训、行水讲堂五大版块，旨在提供一套与传统教学紧密衔接、可扩展、智能化的学习教育解决方案。

本套教材是整合传统纸质教材内容和富媒体数字资源的新型教材，它将大量图片、音频、视频、3D 动画等教学素材与纸质教材内容相结合，用以辅助教学。读者可通过扫描纸质教材二维码查看与纸质内容相对应的知识点多媒体资源，完整数字教材及其配套数字资源可通过移动终端 APP、"行水云课"微信公众号或中国水利水电出版社"行水云课"平台查看。

线上教学与配套数字资源获取途径：
手机端：关注"行水云课"公众号→搜索"图书名"→封底激活码激活→学习或下载
PC 端：登录"xingshuiyun.com"→搜索"图书名"→封底激活码激活→学习或下载

数字资源索引

序号	资源名称	资源类型	页码
1	1.1.1 水文现象及其研究方法	PPT	1
2	1.1.2 水文现象及其研究方法	微课	1
3	1.1.3 水文循环与水量平衡	PPT	3
4	1.1.4 水文循环与水量平衡	微课	3
5	1.1.5 水资源及其开发利用	PPT	5
6	1.1.6 水资源及其开发利用	微课	5
7	1.1.7 工程水文及水利计算课程任务	PPT	6
8	1.1.8 工程水文及水利计算课程任务	微课	6
9	1.2.1 河流及其特征	PPT	9
10	1.2.2 河流及其特征	微课	9
11	1.2.3 水系	PPT	11
12	1.2.4 水系	微课	11
13	1.2.5 流域、分水线、流域特征	PPT	12
14	1.2.6 流域、分水线、流域特征	微课	12
15	1.3.1 降水成因与类型	PPT	16
16	1.3.2 降水及其成因	微课	16
17	1.3.3 点降雨特性与图示方法	PPT	18
18	1.3.4 点降雨及其特征	微课	18
19	1.3.5 降水观测	PPT	19
20	1.3.6 降水观测	微课	19
21	1.3.7 面雨量特性与图示方法、降雨的时空分布	PPT	20
22	1.3.8 面雨量及其图示方法	微课	20
23	1.3.9 泰森多边形法案例	PPT	21

续表

序号	资源名称	资源类型	页码
24	1.3.10 泰森多边形法案例	微课	21
25	1.4.1 蒸发观测	PPT	25
26	1.4.2 蒸发观测	微课	25
27	1.4.3 干旱指数及其分布	PPT	26
28	1.4.4 干旱指数及其分布	微课	26
29	1.4.5 下渗	PPT	27
30	1.4.6 下渗	微课	27
31	1.4.7 地下水	PPT	27
32	1.4.8 地下水	微课	27
33	1.5.1 径流及其来源、径流的时空分布	PPT	31
34	1.5.2 径流及其来源、径流的时空分布	微课	31
35	1.5.3 水位观测	PPT	32
36	1.5.4 水位观测	微课	32
37	1.5.5 流量测验	PPT	35
38	1.5.6 流量测验	微课	35
39	1.6.1 河流泥沙课件	PPT	43
40	1.6.2 河流泥沙	微课	43
41	1.6.3 河流泥沙测算课件	PPT	44
42	1.6.4 河流泥沙测算	微课	44
43	1.7.1 水质监测	PPT	48
44	1.7.2 水质监测	微课	48
45	2.1.1 径流资料的收集	PPT	52
46	2.1.2 径流资料的收集	微课	52
47	2.1.3 径流资料三性审查	PPT	54
48	2.1.4 径流资料三性审查	微课	54
49	2.2.1 相关分析	PPT	59
50	2.2.2 相关分析	微课	59

续表

序号	资源名称	资源类型	页码
51	2.2.3 用 Excel 进行相关图解法和相关计算法的求解案例	PPT	61
52	2.2.4 用 Excel 进行相关图解法和相关计算法的求解案例	微课	61
53	2.3.1 概率、频率、水文现象的统计规律	PPT	71
54	2.3.2 概率、频率、水文现象的统计规律	微课	71
55	2.3.3 随机变量及其频率分布	PPT	73
56	2.3.4 随机变量及其频率分布	微课	73
57	2.3.5 频率曲线与水平年的划分；重现期与频率的关系	PPT	75
58	2.3.6 频率曲线与水平年的划分；重现期与频率的关系	微课	75
59	2.3.7 重现期与频率关系案例	PPT	76
60	2.3.8 重现期与频率关系案例	微课	76
61	2.3.9 水文变量的统计参数；抽样误差	PPT	76
62	2.3.10 水文变量的统计参数；抽样误差	微课	76
63	2.3.11 矩法统计参数计算案例	PPT	79
64	2.3.12 矩法统计参数计算案例	微课	79
65	2.4.1 理论频率公式用法案例 1	PPT	83
66	2.4.2 理论频率公式用法案例 1	微课	83
67	2.4.3 理论频率公式用法案例 2	PPT	83
68	2.4.4 理论频率公式用法案例 2	微课	83
69	2.4.5 经验频率曲线	PPT	83
70	2.4.6 经验频率曲线	微课	83
71	2.4.7 理论频率曲线	PPT	84
72	2.4.8 理论频率曲线	微课	84
73	2.4.9 水文频率计算——适线法	PPT	88
74	2.4.10 水文频率计算——适线法	微课	88
75	2.4.11 水文频率适线法案例	PPT	89
76	2.4.12 水文频率适线法案例	微课	89
77	2.4.13 水文频率适线法案例（软件）	PPT	90

续表

序号	资源名称	资源类型	页码
78	2.4.14 水文频率适线法案例（软件）	微课	90
79	3.1.1 年径流认知	PPT	97
80	3.1.2 年径流认知	微课	97
81	3.1.3 设计年径流的概念	PPT	100
82	3.1.4 设计年径流的概念	微课	100
83	3.1.5 设计年径流保证率与选择	PPT	100
84	3.1.6 设计年径流保证率与选择	微课	100
85	3.2.1 径流资料的收集	PPT	104
86	3.2.2 径流资料的收集	微课	104
87	3.2.3 径流资料三性审查	PPT	104
88	3.2.4 径流资料三性审查	微课	104
89	3.2.5 长期实测径流资料时年径流计算	PPT	106
90	3.2.6 长期资料设计年径流计算 代表年法的应用	微课	106
91	3.2.7 短期实测径流资料时年径流量计算	PPT	109
92	3.2.8 短期实测径流资料时年径流量计算	微课	109
93	3.2.9 短期实测径流资料时年径流求解案例	微课	109
94	3.3.1 等值线图法估算年径流量	PPT	113
95	3.3.2 等值线图法估算年径流量	微课	113
96	3.3.3 等值线图法估算年径流量举例	PPT	114
97	3.3.4 等值线图法估算年径流量举例	微课	114
98	3.3.5 水文比拟法估算年径流量	PPT	114
99	3.3.6 水文比拟法估算年径流量	微课	114
100	3.3.7 水文比拟法估算年径流量举例	PPT	116
101	3.3.8 水文比拟法估算年径流量举例	微课	116
102	4.1.1 洪水与设计洪水	PPT	126
103	4.1.2 洪水与设计洪水	微课	126
104	4.1.3 防洪设计标准及其确定	PPT	130

续表

序号	资 源 名 称	资源类型	页码
105	4.1.4 防洪设计标准及其确定	微课	130
106	4.2.1 洪水资料的收集与审查	PPT	134
107	4.2.2 洪水资料的收集与审查	微课	134
108	4.2.3 特大洪水及其作用	PPT	138
109	4.2.4 特大洪水及其作用	微课	138
110	4.2.5 不连续系列经验频率计算	PPT	139
111	4.2.6 不连续系列经验频率计算	微课	139
112	4.2.7 不连续系列经验频率计算案例	PPT	140
113	4.2.8 不连续系列经验频率计算案例	微课	140
114	4.2.9 不连续系列的适线	PPT	143
115	4.2.10 不连续系列的适线	微课	143
116	4.2.11 设计洪水过程线推求	PPT	144
117	4.2.12 设计洪水过程线推求	微课	144
118	4.2.13 设计洪水计算案例	PPT	148
119	4.2.14 设计洪水计算案例	微课	148
120	4.3.1 降雨径流形成	PPT	154
121	4.3.2 降雨径流形成	微课	154
122	4.3.3 有暴雨资料计算设计暴雨	PPT	156
123	4.3.4 有暴雨资料计算设计暴雨	微课	156
124	4.3.5 短缺暴雨资料计算设计暴雨	PPT	158
125	4.3.6 短缺暴雨资料计算设计暴雨	微课	158
126	4.3.7 降雨径流相关法计算设计净雨	PPT	160
127	4.3.8 降雨径流相关法计算设计净雨	微课	160
128	4.3.9 降雨径流相关法案例	PPT	162
129	4.3.10 降雨径流相关法案例	微课	162
130	4.3.11 初损后损法计算设计净雨	PPT	164
131	4.3.12 初损后损法计算设计净雨	微课	164

续表

序号	资源名称	资源类型	页码
132	4.3.13 初损后损法案例	PPT	165
133	4.3.14 初损后损法案例	微课	165
134	4.3.15 经验单位线法推求设计洪水过程线	PPT	166
135	4.3.16 经验单位线法推求设计洪水过程线	微课	166
136	4.3.17 经验单位线法案例	微课	167
137	4.3.18 瞬时单位线法推求设计洪水过程线	PPT	168
138	4.3.19 瞬时单位线法推求设计洪水过程线	微课	168
139	4.3.20 瞬时单位线法案例	PPT	170
140	4.3.21 瞬时单位线法案例	微课	170
141	4.4.1 小流域洪水特点	PPT	178
142	4.4.2 小流域洪水特点	微课	178
143	4.4.3 小流域设计暴雨计算	PPT	179
144	4.4.4 小流域设计暴雨计算	微课	179
145	4.4.5 推理公式计算设计洪峰流量	PPT	181
146	4.4.6 推理公式计算设计洪峰流量	微课	181
147	4.4.7 经验公式计算设计洪峰流量	PPT	184
148	4.4.8 经验公式计算设计洪峰流量	微课	184
149	4.4.9 小流域设计洪水计算案例	PPT	186
150	4.4.10 小流域设计洪水计算案例	微课	186
151	5.1.1 水库兴利调节的含义、分类	PPT	192
152	5.1.2 水库兴利调节的含义、分类	微课	192
153	5.1.3 水库特性曲线与特征水位	PPT	194
154	5.1.4 水库特性曲线与特征水位	微课	194
155	5.2.1 水库水量损失	PPT	202
156	5.2.2 水库水量损失	微课	202
157	5.2.3 满足自流灌溉引水需要确定死水位	PPT	204
158	5.2.4 满足自流灌溉引水需要确定死水位	微课	204

续表

序号	资源名称	资源类型	页码
159	5.2.5 满足泥沙淤积需要确定死水位	PPT	204
160	5.2.6 满足泥沙淤积需要确定死水位	微课	204
161	5.3.1 年调节水库兴利调节计算	PPT	208
162	5.3.2 年调节水库兴利调节计算	微课	208
163	5.3.3 兴利调节所需资料	PPT	209
164	5.3.4 兴利调节所需资料	微课	209
165	5.3.5 兴利库容确定	PPT	210
166	5.3.6 兴利库容确定	微课	210
167	5.4.1 防洪调节原理、防洪调节的任务	PPT	218
168	5.4.2 防洪调节原理、防洪调节的任务	微课	218

目 录

前言
"行水云课"数字教材使用说明
数字资源索引

项目1 径流形成 1
任务1.1 工程水文认知 1
【任务单】 1
【任务学习单】 1
- 1.1.1 水文现象及其研究方法 1
- 1.1.2 水文循环与水量平衡 3
- 1.1.3 水资源及其开发利用 5
- 1.1.4 本课程任务 6

【任务解析单】 7
【技能训练单】 7
【技能测试单】 7

任务1.2 河流与流域认知 9
【任务单】 9
【任务学习单】 9
- 1.2.1 河流及其特征 9
- 1.2.2 水系 11
- 1.2.3 流域及其特征 12

【任务解析单】 14
【技能训练单】 14
【技能测试单】 15

任务1.3 降水测算 16
【任务单】 16
【任务学习单】 16
- 1.3.1 降水成因与类型 16
- 1.3.2 点降雨特性与图示方法 18
- 1.3.3 点降雨观测 19
- 1.3.4 面雨量特性与图示方法 20

  1.3.5 降雨的时空分布 ··· 20

  1.3.6 流域面平均雨量计算 ··································· 21

 【任务解析单】 ··· 22

 【技能训练单】 ··· 23

 【技能测试单】 ··· 23

任务 1.4 水面蒸发与下渗测算 ·· 25

 【任务单】 ··· 25

 【任务学习单】 ··· 25

  1.4.1 蒸发 ··· 25

  1.4.2 水面蒸发观测与计算 ··································· 25

  1.4.3 干旱指数及其分布 ····································· 26

  1.4.4 下渗与地下水 ··· 27

 【任务解析单】 ··· 29

 【技能训练单】 ··· 29

 【技能测试单】 ··· 30

任务 1.5 径流测算 ·· 31

 【任务单】 ··· 31

 【任务学习单】 ··· 31

  1.5.1 径流及其来源 ··· 31

  1.5.2 径流的表示方法 ······································· 31

  1.5.3 径流观测 ··· 32

 【任务解析单】 ··· 41

 【技能训练单】 ··· 41

 【技能测试单】 ··· 41

任务 1.6 泥沙测算 ·· 43

 【任务单】 ··· 43

 【任务学习单】 ··· 43

  1.6.1 河流泥沙与影响因素 ··································· 43

  1.6.2 泥沙分类及表示方法 ··································· 43

  1.6.3 河流泥沙测算 ··· 44

 【任务解析单】 ··· 46

 【技能训练单】 ··· 46

 【技能测试单】 ··· 46

任务 1.7 水质监测 ·· 47

 【任务单】 ··· 47

 【任务学习单】 ··· 47

  1.7.1 地面水质 ··· 47

  1.7.2 水质监测的任务 ······································· 48

    1.7.3　水质监测站网 ……………………………………………………… 48
    1.7.4　地面水采样 …………………………………………………………… 48
    1.7.5　水体污染源调查 ……………………………………………………… 49
  【任务解析单】 ………………………………………………………………… 50
  【技能训练单】 ………………………………………………………………… 50
  【技能测试单】 ………………………………………………………………… 50

项目 2　水文统计 …………………………………………………………………… 52
  任务 2.1　水文资料收集与审查 ……………………………………………………… 52
  【任务单】 ……………………………………………………………………… 52
  【任务学习单】 ………………………………………………………………… 52
    2.1.1　资料的收集与复核 …………………………………………………… 52
    2.1.2　资料系列的"三性"审查 ……………………………………………… 54
    2.1.3　资料系列的插补延长 …………………………………………………… 55
  【任务解析单】 ………………………………………………………………… 56
  【技能训练单】 ………………………………………………………………… 58
  【技能测试单】 ………………………………………………………………… 58
  任务 2.2　相关分析 …………………………………………………………………… 59
  【任务单】 ……………………………………………………………………… 59
  【任务学习单】 ………………………………………………………………… 59
    2.2.1　相关分析原理 ………………………………………………………… 59
    2.2.2　相关分析方法 ………………………………………………………… 61
  【任务解析单】 ………………………………………………………………… 66
  【技能训练单】 ………………………………………………………………… 69
  【技能测试单】 ………………………………………………………………… 69
  任务 2.3　水文频率分析 ……………………………………………………………… 71
  【任务单】 ……………………………………………………………………… 71
  【任务学习单】 ………………………………………………………………… 71
    2.3.1　概率与频率 …………………………………………………………… 71
    2.3.2　随机变量及其概率分布 ………………………………………………… 73
    2.3.3　重现期与频率关系 ……………………………………………………… 75
    2.3.4　随机变量的统计参数 …………………………………………………… 76
    2.3.5　总体、样本与抽样误差 ………………………………………………… 79
  【任务解析单】 ………………………………………………………………… 80
  【技能训练单】 ………………………………………………………………… 80
  【技能测试单】 ………………………………………………………………… 81
  任务 2.4　水文频率计算 ……………………………………………………………… 82
  【任务单】 ……………………………………………………………………… 82
  【任务学习单】 ………………………………………………………………… 83

####### 2.4.1 水文频率计算的含义 ……………………………………………… 83
####### 2.4.2 经验频率曲线 …………………………………………………… 83
####### 2.4.3 理论频率曲线 …………………………………………………… 84
####### 2.4.4 水文频率适线 …………………………………………………… 88
【任务解析单】 ………………………………………………………………… 91
【技能训练单】 ………………………………………………………………… 94
【技能测试单】 ………………………………………………………………… 94

项目3 径流计算 ………………………………………………………………… 97
任务3.1 年径流认知 …………………………………………………………… 97
【任务单】 ……………………………………………………………………… 97
【任务学习单】 ………………………………………………………………… 97
3.1.1 年径流特性及其影响因素 ……………………………………… 97
3.1.2 径流分析计算的内容 …………………………………………… 100
3.1.3 设计年径流及其设计保证率确定 ……………………………… 100
【任务解析单】 ………………………………………………………………… 102
【技能训练单】 ………………………………………………………………… 102
【技能测试单】 ………………………………………………………………… 103
任务3.2 有流量资料时设计年径流计算 …………………………………… 104
【任务单】 ……………………………………………………………………… 104
【任务学习单】 ………………………………………………………………… 104
3.2.1 年径流资料的搜集（步骤1） …………………………………… 104
3.2.2 年径流资料的审查（步骤2） …………………………………… 104
3.2.3 设计年径流量的计算（步骤3） ………………………………… 106
3.2.4 设计年径流的年内分配计算（步骤4） ………………………… 108
【任务解析单】 ………………………………………………………………… 109
【技能训练单】 ………………………………………………………………… 110
【技能测试单】 ………………………………………………………………… 110
任务3.3 缺乏流量资料时设计年径流计算 ………………………………… 112
【任务单】 ……………………………………………………………………… 112
【任务学习单】 ………………………………………………………………… 113
3.3.1 等值线图法 ……………………………………………………… 113
3.3.2 水文比拟法 ……………………………………………………… 115
3.3.3 年径流年内分配过程计算 ……………………………………… 116
【任务解析单】 ………………………………………………………………… 116
【技能训练单】 ………………………………………………………………… 116
【技能测试单】 ………………………………………………………………… 117
任务3.4 枯水径流计算 ……………………………………………………… 119
【任务单】 ……………………………………………………………………… 119

【任务学习单】 ······ 120
   3.4.1　枯水径流认知 ······ 120
   3.4.2　有实测资料时设计枯水径流的计算 ······ 120
   3.4.3　缺乏实测资料时设计枯水径流的估算 ······ 122
   3.4.4　日平均流量（或水位）历时曲线 ······ 123
【任务解析单】 ······ 123
【技能训练单】 ······ 124
【技能测试单】 ······ 124

项目4　设计洪水计算 ······ 126

任务4.1　洪水认知 ······ 126
【任务单】 ······ 126
【任务学习单】 ······ 126
   4.1.1　洪水与设计洪水 ······ 126
   4.1.2　防洪设计标准及其确定 ······ 130
【任务解析单】 ······ 132
【技能训练单】 ······ 133
【技能测试单】 ······ 133

任务4.2　由流量资料计算设计洪水 ······ 134
【任务单】 ······ 134
【任务学习单】 ······ 134
   4.2.1　洪水资料的收集与审查 ······ 134
   4.2.2　特大洪水及不连续系列 ······ 138
   4.2.3　洪水频率分析 ······ 139
   4.2.4　设计洪水过程线推求 ······ 144
【任务解析单】 ······ 148
【技能训练单】 ······ 151
【技能测试单】 ······ 152

任务4.3　由暴雨资料计算设计洪水 ······ 153
【任务单】 ······ 153
【任务学习单】 ······ 154
   4.3.1　降雨径流形成 ······ 154
   4.3.2　设计暴雨的计算 ······ 156
   4.3.3　设计净雨计算 ······ 159
   4.3.4　设计洪水过程线推求 ······ 166
【任务解析单】 ······ 172
【技能训练单】 ······ 175
【技能测试单】 ······ 176

任务4.4　小流域设计洪水计算 ······ 177

【任务单】 ··· 177
　　【任务学习单】 ··· 178
　　　　4.4.1　小流域洪水的特点 ·· 178
　　　　4.4.2　小流域设计暴雨计算 ·· 179
　　　　4.4.3　推理公式计算设计洪峰流量 ·· 181
　　　　4.4.4　经验公式计算设计洪峰流量 ·· 184
　　　　4.4.5　小流域设计洪水过程线推求 ·· 185
　　【任务解析单】 ··· 186
　　【技能训练单】 ··· 189
　　【技能测试单】 ··· 189

项目5　水库水利计算 ··· 191
任务5.1　水库认知 ··· 191
　　【任务单】 ··· 191
　　【任务学习单】 ··· 191
　　　　5.1.1　水库的调节作用 ·· 191
　　　　5.1.2　兴利调节分类 ·· 192
　　　　5.1.3　水库特性曲线与特征水位 ·· 194
　　【任务解析单】 ··· 199
　　【技能训练单】 ··· 200
　　【技能测试单】 ··· 201
任务5.2　水库死水位确定 ··· 202
　　【任务单】 ··· 202
　　【任务学习单】 ··· 202
　　　　5.2.1　水库的水量损失 ·· 202
　　　　5.2.2　水库死水位的确定 ·· 204
　　【任务解析单】 ··· 205
　　【技能训练单】 ··· 207
　　【技能测试单】 ··· 207
任务5.3　年调节水库兴利调节计算 ··· 208
　　【任务单】 ··· 208
　　【任务学习单】 ··· 208
　　　　5.3.1　水库兴利调节基本原理 ·· 208
　　　　5.3.2　水库兴利调节所需资料 ·· 209
　　　　5.3.3　兴利库容的确定 ·· 209
　　　　5.3.4　年调节水库兴利调节计算的时历列表法 ·· 211
　　【任务解析单】 ··· 213
　　【技能训练单】 ··· 216
　　【技能测试单】 ··· 217

任务5.4　水库调洪认知 ··· 218
　【任务单】 ·· 218
　【任务学习单】 ··· 218
　　5.4.1　水库调洪作用 ·· 218
　　5.4.2　水库调洪任务 ·· 221
　　5.4.3　水库调洪计算所需资料 ··· 223
　【任务解析单】 ··· 224
　【技能训练单】 ··· 224
　【技能测试单】 ··· 224
任务5.5　水库调洪计算 ··· 225
　【任务单】 ·· 225
　【任务学习单】 ··· 225
　　5.5.1　水库调洪计算的原理 ·· 225
　　5.5.2　水库调洪计算的方法 ·· 226
　【任务解析单】 ··· 232
　【技能训练单】 ··· 233
　【技能测试单】 ··· 234
附录 ··· 235
参考文献 ··· 251

项目 1

径 流 形 成

任务 1.1　工程水文认知

【任务单】

党的二十大报告指出，人与自然是生命共同体，无止境地向自然索取甚至破坏自然必然会遭到大自然的报复。我们坚持可持续发展，坚持节约优先、保护优先、自然恢复为主的方针，像保护眼睛一样保护自然和生态环境，坚定不移走生产发展、生活富裕、生态良好的文明发展道路，实现中华民族永续发展。

"水为五行之首，万物之始""水为何物！命脉也"。从古至今，都认同水乃生命之源的说法，即可以说，是水孕育了生命。有了它，整个世界才有了生命的气息；有了它，我们的世界才变得生机盎然；有了它，我们才有了秀美的山川，清澈的溪水，湛蓝的海洋……我们才有了一切。那么，自然界的水是不是取之不尽，用之不竭的呢？

【任务学习单】

1.1.1　水文现象及其研究方法

1.1.1.1　水文现象及其特点

水文现象是由自然界中各种水体循环变化形成的，比如降水、蒸发、径流等，所以水文现象的影响因素和变化过程非常复杂。通过对水文现象的长期观测、分析研究，发现水文现象具有以下三种基本特点。

1. 水文现象的确定性

水文现象表现为必然性和偶然性两个方面，可以从不同的侧面去分析研究。在水文学中通常按数学的习惯称必然性为确定性，偶然性为随机性。由于地球的自转和公转，昼夜、四季，海陆分布，以及一定的大气环境、季风区域等，使水文现象在时程变化上形成一定的周期性。如一年四季中的降水有多雨季和少雨季的周期变化，河流中的水量则相应呈现汛期和非汛期的交替变化。另外，降雨是形成河流洪水的主要原因，如果在一个河流流域上降一场暴雨，则这条河流就会出现一次洪水。若暴雨雨量大、历时长、笼罩面积大，形成的洪水就大。显然，暴雨与洪水之间存在着因果关系。这就说明，水文现象都有其发生的客观原因和具体形成的条件，它是服从确定性规律的。

2. 水文现象的随机性

因为影响水文现象的因素众多，各因素本身在时间上不断地发生变化，所以受其影响的水文现象也处于不断的变化之中，它们在时程上和数量上的变化过程，伴随着确定性出现的同时，也存在着偶然性，即具有随机性。如任一河流，不同年份的流量过程不会完全一致。即使在同一地区，由于大气环境的特点，某一断面的年最大洪峰流量有的年份大，有的年份小，而且各年出现的时间不会完全相同，使得水文现象表现出随机性或不重复性的变化特点。

3. 水文现象的地区性

水文现象受气候因素和下垫面因素的影响，在自然地理条件相同的地区，其影响因素相似，水文现象在一定程度上具有相似性。在自然地理条件不同的地区，水文现象具有很大的差异性。比如，我国南方地区气候湿润多雨，一年四季降水比较均匀，使得河流的水量在一年四季内变化也较均匀，而北方地区干旱少雨，一年中降水主要集中在夏秋两季，相应的河流水量也较大，而且变化剧烈，冬春两季雨水较少，河流的水量也就减少，且变化平缓。

1.1.1.2　水文学的基本研究方法

河流水文学主要通过水文要素观测和水文调查获取水文信息，通过室内或野外实验合理的方法研究水文变化规律。相应于水文现象的基本规律，水文学的研究方法有成因分析法、数理统计法和地区综合法3种。

1. 成因分析法

当某种水文现象与其影响因素之间存在明确的因果关系时，可通过观测资料或实验数据分析，建立水文要素与其影响因素之间的定量关系。这种从水文现象的成因（即确定性规律）出发解决水文问题的方法，称为成因分析法。它在水文预报、降雨径流分析中应用广泛。

2. 数理统计法

水文学的数理统计法，就是以概率论为基础，运用数理统计方法，对于具有随机性的水文现象，分析得到其统计规律。工程设计往往需要预估工程未来长时期（数十年、甚至百年以上的时间）运行的水文现象，如百年内可能出现的最大洪峰流量。对于年最大洪峰流量等随机性水文要素，难以用确定性方法实现预估，只能依据以往长期观测的资料，探求其统计规律。

3. 地区综合法

某些水文现象具有地区性变化规律，在水文分析计算中，可建立地区水文等值线图或经验公式，此即地理综合法。例如，不同河段流量与河槽形态的经验关系、不同流域河川径流量与地形参数的经验关系等。我国各地均有地区水文图册等资料，可用于推求观测资料短缺地区的水文特征值，尤其在小流域地区应用较多。

以上3种研究方法，在解决工程水文学实际问题时，需要根据不同的水文特点灵活运用，或同时并用。

1.1.2 水文循环与水量平衡

1.1.2.1 自然界的水文循环

地球表面的广大水体，在太阳辐射作用下，大量的水分被蒸发上升至空中，随气流运动向各地输送。水汽在上升和输送过程中，在一定条件下凝结以降水形式降落到陆面或海洋表面，其中降在陆面上的雨水形成地表、地下径流，通过江河汇入海洋，然后再由海洋表面蒸发。水分这种往复不断的循环过程称为自然界的水文循环，常称水循环。

自然界中水文循环有降水、蒸发、入渗和径流四个主要环节。水文循环按其规模与过程的不同，可分为大循环和小循环。从海洋表面蒸发的水分，上升到空中并随空气流动，输送到陆地上空，在一定的条件下，冷却凝结形成降水，降水的一部分经地面、地下形成径流并通过江河流回海洋；一部分又重新蒸发到空中。这种海洋与陆地之间的水分交换过程，称为大循环。而小循环是指海洋或陆地上的局部水分交换过程。比如，海洋上蒸发的水汽在上升过程中冷却凝结形成降水回到海洋表面；或者陆地上发生类似情况，都属于小循环。大循环是包含有许多小循环的复杂过程，如图1.1.1所示。对陆面降水来说，主要是依赖于海面上源源不断送来的水汽，即大循环起主导作用。

图 1.1.1 自然界水文循环示意图

形成水文循环的原因分为内因和外因两个方面。内因是水在常态下有固、液、气三种状态，且在一定条件下相互转换。外因是太阳的辐射作用和地心引力。太阳辐射为水分蒸发提供热量，促使液态、固态的水变成水汽，并引起空气流动；地心引力使空中的水汽又以降水方式回到地面，并且促使地面、地下水汇归入海。另外陆地的地形、地质、土壤、植被等条件，对水文循环也有一定的影响。

水文循环是地球上最重要、最活跃的物质循环之一，它对地球环境的形成、演化和人类生存都有着重大的作用和影响。正是由于水文循环，才使得人类生产和生活中不可缺少的水资源具有可恢复性和时空分布不均匀性，提供了江河湖泊等地表和地下水资源。同时也造成了旱涝灾害，给水资源的开发利用增加了难度。

我国水文循环的主要水汽来源是东南面的太平洋，由东南季风和热带风暴将大量水汽输向内陆形成降水，雨量自东南沿海向西北内陆递减，而相应的大多数河流则自西向东注入太平洋，例如长江、黄河、珠江等。其次是印度洋水汽随西南季风进入我国西南、中南、华北以至河套地区，成为夏秋季降水的主要源泉之一，径流的一部分自西南一些河流注入印度洋，如雅鲁藏布江、怒江等，另一部分流入太平洋。另外，大西洋的少量水汽随盛行的西风环流东移，也能参加我国内陆腹地的水文循环；北冰洋水汽借强盛的北风经西伯利亚和蒙古进入我国西北，风力大而稳定时，可越过两湖（洞庭湖、鄱阳湖）盆地直至珠江三角洲，但水汽含量少，引起的降水并不多，小部分经由额尔齐斯河注入北冰洋，大部分汇入太平洋；鄂霍次克海和日本海的水汽随东北季风进入我国，对东北地区春夏季降水起着相当大的作用，径流注入太平洋。我国河流与海洋相通的外流区域占全国总面积的64%，河水不注入海洋而消失于内陆沙漠、沼泽和汇入内陆湖泊的内流区域占36%。我国最大的内陆河是新疆的塔里木河。

1.1.2.2 流域水量平衡

1. 水量平衡原理

根据自然界的水文循环，地球水圈的不同水体在周而复始地循环运动着，从而产生一系列的水文现象。在这些复杂的水文过程中，水分运动遵循质量守恒定律，即水量平衡原理。具体而言，就是任一区域在给定时段内，输入区域的各种水量之总和与输出区域的各种水量之总和的差值，应等于区域内时段蓄水量的变化量。

水量平衡原理是水文学中最基本的原理之一。它在降雨径流过程分析、水利计算、水资源评价等问题中应用非常广泛。

2. 水量平衡通用方程式

水文循环过程中，任一地区一定时段内输入的水量与输出的水量之差，必等于其蓄水的变化量，此即水量平衡原理。根据水量平衡原理，可列出一般的水量平衡方程：

$$I - O = W_2 - W_1 = \Delta W \tag{1.1.1}$$

式中　I——时段内输入区域的各种水量之和，m^3；

　　　O——时段内输出区域的各种水量之和，m^3；

　　　W_1——时段初区域内的蓄水量，m^3；

　　　W_2——时段末区域内的蓄水量，m^3；

　　　ΔW——时段内区域蓄水量的变化量，m^3。$\Delta W > 0$，表示时段内区域蓄水量增加；$\Delta W < 0$，表示时段内区域蓄水量减少。

该式为水量平衡方程的通用形式，对不同的研究对象，还需要具体分析其输入、输出量的组成，并写出相应的水量平衡方程式。受水文循环控制，区域内水量的输入与输出形式一般为降水、蒸发、径流、与外区域的输入、输出交换等。

3. 流域水量平衡

以水文上的流域为对象，分析研究流域上的水量平衡问题更具有普遍性。建立某一流域的水量平衡方程，应假定在地面上任意划定一个区域，沿此流域的边界取出一个无底无水量交换的柱体，如图1.1.2所示。设在一定时段T内，进入此流域的水量有：降水量 P、凝结量 E_1、地面径流流入量 R_{s1}、地下径流流入量 R_{g1}；流出该流域的水量有：流域蒸发量 E_2、地面径流流出量 R_{s2}、地下径流流出量 R_{g2}；时段初、末的流域蓄水量 S_1、S_2。根据水量平衡原理，该柱体在 T 时段内的通用水量平衡方程式如下。

$$(P+E_1+R_{s1}+R_{g1})-(E_2+R_{s2}+R_{g2})=S_2-S_1 \tag{1.1.2}$$

式中　　P——时段内的降水量，mm；

E_1、E_2——时段内的水汽凝结量和蒸发量，mm；

R_{s1}、R_{g1}——时段内地面径流和地下径流流入量，mm；

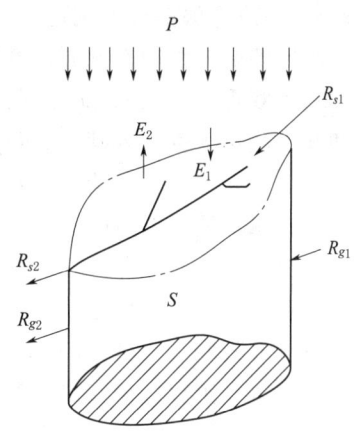

图 1.1.2　流域水量平衡示意图

R_{s2}、R_{g2}——时段内地面径流和地下径流流出量，mm；

S_1、S_2——时段初和时段末的蓄水量，mm。

对于一个闭合流域，即流域的地下分水线和地面分水线重合，显然，$R_{s1}=0$，$R_{g1}=0$。若令 $R=R_{s2}+R_{g2}$ 为流域出口断面的总径流量，$E=E_2-E_1$ 代表流域总蒸发量，$\Delta S=S_2-S_1$ 为流域 T 时段内的蓄水变量，则闭合流域水量平衡方程为

$$P-E-R=\Delta S \tag{1.1.3}$$

对多年平均情况而言，式（1.1.3）中蓄水变量项 ΔS 的多年平均值趋近于 0，故多年平均情况的闭合流域水量平衡方程可简化为

$$\overline{P}=\overline{R}+\overline{E} \tag{1.1.4}$$

式中　　$\overline{P}$、$\overline{R}$、$\overline{E}$——流域多年平均年降水量、年径流量和年蒸发量，mm。

1.1.3　水资源及其开发利用

1.1.3.1　水资源的含义

水是一种重要的自然资源，也是人类乃至整个生态系统赖以存在和发展的基本物质条件。对于水资源，目前还没有非常明确的定义，但比较普遍的说法是有广义和狭义之分。广义的水资源是指地球水圈内的水，它以气态、固态和液态等形式存在和运动着，如海洋水、湖泊水、河流水、地下水、土壤水、生物水和大气水等。地球上水资源的总储量达 13.86 亿 km³，其中海水占 96.5%；天然淡水量约 0.35 亿 km³，占总储量的 2.53%，而其中的 99.86% 是深层地下水和两极、高山冰雪等难以为人们所利用的静态水。真正与人类活动密切相关的江、河等河槽淡水量只占淡水总储量的 0.006%，而地下淡水的储量却占淡水总量的 30%。

因此，从狭义角度讲，水资源是指在目前的经济技术条件下，可供人们开发利用的淡水量，是在一定时间内可以得到恢复和更新的动态量，一般包括水量和水质两个方面。由地表水、土壤水和地下水及其相互转化构成水资源系统。大气降水是其总补给来源。但是，随着科学技术和社会经济的不断发展，狭义水资源的内涵也是在不断发展变化的。现在人们常说的水资源，一般是指狭义水资源。

1.1.3.2 水资源的开发利用

水资源是一种动态资源。其特点主要表现为可恢复性、有限性、时空分布不均匀性和利害双重性。人们在长期的生产生活过程中，为了自身和环境的需要在不断地认识和开发利用水资源，其内容包括兴水利、除水害和保护水环境；兴水利主要指农田灌溉、水力发电、城乡给水排水、水产养殖、航运等；除水害主要是防止洪水泛滥成灾；保护水环境主要是防治水污染，维护生态平衡，给子孙后代的可持续利用和发展留一片绿水青山。

水资源的开发利用主要是通过各种各样的工程措施来实现的。

按照开发利用水资源的目的工程分为：

（1）兴利工程：如农田灌溉工程、水力发电工程、城乡给水排水工程、航道整治工程等。

（2）防洪工程：如水库工程、堤防工程、分洪工程、滞洪工程等。

（3）水环境保护工程：如治污工程、水土保持工程、天然林保护工程等。

按开发利用水资源的类型工程分为：

（1）地表水资源开发利用工程：如引水工程、蓄水工程、扬水工程、调水工程等。

（2）地下水资源开发利用工程：如管井、大口井、辐射井、渗渠等。

综上所述，无论哪种工程措施都与水密切相关。所以工程的规划设计、施工和管理运用都必须用到关于水的科学知识。水文学是水资源学的重要科学基础，水资源学是水文学服务于人类社会的重要应用分支。

1.1.4 本课程任务

水资源是一种特殊而宝贵的自然资源。对它的综合开发利用是国民经济建设中的一项重要任务，而开发利用水资源的各种措施（包括工程措施和非工程措施）都需要研究掌握水资源的变化规律。每一项工程的实施过程一般可以分为规划设计、施工和管理运用3个阶段。每一阶段的任务是不同的。本课程主要是研究水利水电工程建设各个阶段的水文问题，属于应用水文学的范畴，内容主要包括工程水文学和水利计算两大部分。

工程水文学的内容主要包括：①水文学基本概念与原理，研究水文循环、水量平衡、径流形成规律和统计规律；②水文测验和资料整编，为水文、水利计算提供系统的完整的水文资料；③水文分析与计算，包括设计年径流、设计洪水、河流泥沙等，为工程规划设计提供水文依据。

水利计算主要包括兴利（如灌溉、发电等）计算和防洪计算，以确定工程规模（如库容大小、装机多少等）和运用方式。水利水电工程从兴建到运用，每个阶段主要计算任务如下所述。

1. 规划设计阶段任务

这个阶段主要是确定工程的位置、规模，例如一条河流在何处布设何种工程合适，各工程的规模选择多大为宜，如何运用最为有利。要使它们确定得经济合理，关键在于正确预计河流未来的水量、泥沙和洪水等水文情势，经径流调节计算确定工程的规模参数，如水库的死库容与死水位、兴利库容与正常蓄水位、调洪库容与设计洪水位、水电站的保证出力和多年平均发电量等，并确定主要建筑物尺寸，如水库大坝高度、溢洪道尺寸、引水渠道尺寸、水电站的装机容量等。然后再经过不同方案（即不同的参数组合）的经济技术和环境评价、论证，从而确定最后的设计方案。

2. 施工阶段任务

此阶段需要确定临时性水工建筑物，如围堰、导流隧洞和明渠等的尺寸，计算施工期设计洪水或预报洪水大小、施工导流问题、水库蓄水计划等，经调洪演算定出围堰高程和导流洞或渠道的断面，以及编制工程初期蓄水方案等。另外，还要提供中、短期径流预报，为防洪抢险和截流做好前期工作。

3. 运用管理阶段任务

在运用管理阶段，需要根据当时的和预报的水文情况，编制工程调度运用计划，以充分发挥工程的效益。例如，为了控制有防洪任务的水库，需要进行洪水预报，以便提前腾空库容和及时拦蓄洪水。在工程建成以后，还要不断复核和修改规划设计阶段的水文计算成果，对工程进行改造。

总之，工程水文及水利计算是每一项水利水电工程在规划设计、施工、管理运用中的一个经常需要的重要环节，是实现水利工程措施的有机组成部分。兴建并管好各种水利工程，都必须应用水文水利计算的原理和方法，以及其他有关的水文知识。本课程的知识既是学习后续职业技术课程的基础，又是水利、水资源领域实际工作中经常应用的知识，因此学好该课程对后续课程的学习以及今后从事水利工作具有重要的意义。

【任务解析单】

地球表面的水体，在太阳辐射和地心引力的作用下通过蒸发、降水、入渗和径流四个主要环节往复不断的循环。由于水循环的作用，促进了陆地淡水资源的不断更新，维持全球水的动态平衡，使人类赖以生存的淡水资源得以持续更新利用，是一种可再生资源。

【技能训练单】

1. 水资源与水文学有何关系？
2. 工程水文学在水利水电工程建设的各个阶段有何作用？
3. 长江三峡工程主要由哪些建筑物组成？

【技能测试单】

1. 单选题

（1）水文学是研究（　　）的形成、循环、时空分布、化学和物理性质以及水与环境的相互关系的学科。

  A. 地球上水　　　　B. 陆地上水　　　　C. 海洋上水　　　　D. 土壤中水

（2）水资源是一种动态资源。其特点主要表现为（　　）。

A. 可恢复性、有限性、时空分布不均匀性和利害双重性
B. 可恢复性、无限性、时空分布不均匀性和利害双重性
C. 不可恢复性、有限性、时空分布不均匀性和利害双重性
D. 不可恢复性、无限性、时空分布不均匀性和利害双重性

(3) 下列哪一项不属于水资源开发利用的内容？（　　）
A. 兴水利　　　　B. 除水害　　　　C. 水土保持　　　　D. 保护水环境

(4) 水文现象的发生（　　）。
A. 完全是偶然性的　　　　　　B. 完全是必然性的
C. 完全是随机性的　　　　　　D. 既有必然性也有偶然性

(5) 水文学研究的方法有（　　）。
A. 成因分析法　　　　　　　　B. 数理统计法
C. 地区综合法　　　　　　　　D. 以上都是

(6) 自然界中，海陆间的水文循环称为（　　）。
A. 内陆水文循环　　　　　　　B. 小循环
C. 大循环　　　　　　　　　　D. 海洋水文循环

(7) 海陆间循环是最重要的水文循环类型，其对人类活动的重要意义在于（　　）。
A. 促进陆地水体的更新　　　　B. 降低表层海水温度
C. 促进海洋水体的更新　　　　D. 提高陆地地表温度

(8) 某闭合流域多年平均年降水量为950mm，多年平均年径流深为450mm，则多年平均年蒸发量为（　　）。
A. 450mm　　　B. 500mm　　　C. 950mm　　　D. 1400mm

(9) 水资源工程的实施过程有（　　）。
A. 规划设计阶段　　B. 施工阶段　　C. 运用管理阶段　　D. 以上都是

(10) 工程水文及水利计算是研究水利水电工程建设各个阶段的水文问题，属于应用水文学的范畴，内容主要包括（　　）。
A. 工程水文学和水利计算　　　B. 工程水文学和水力计算
C. 水文学原理和水利计算　　　D. 水文学原理和水力计算

2. 判断题

(1) 工程水文学是水文学的一个分支，是社会生产发展到一定阶段的产物，是直接为工程建设服务的水文学。（　　）

(2) 工程水文及水利计算是结合工程建设的需要，综合多门学科，逐渐形成和发展的一门应用技术，主要包括水文计算和水利计算两部分内容。（　　）

(3) 自然界中的水位、流量、降雨、蒸发、泥沙、水温、冰情、水质等，都是通常所说的水文现象。（　　）

(4) 水文现象的产生和变化，都有其相应的成因，因此，只能应用成因分析法进行水文计算和水文预报。（　　）

(5) 工程水文学的主要目标是为工程的规划、设计、施工、管理提供水文设计和

水文预报成果，如设计洪水、设计年径流、预见期间的水位、流量等。（ ）

（6）水文学与水资源学既有区别又有密切的联系，总的来说，水资源学是水文学的重要科学基础。（ ）

（7）蒸发、水汽输送、降水、入渗、径流等过程不断变化、迁移的现象，都属于水循环。（ ）

（8）水文循环是地球上最重要、最活跃的物质循环之一，它对地球环境的形成、演化和人类生存都有着重大的作用和影响。（ ）

（9）我国水文循环路径水汽主要来自印度洋，其次是太平洋。（ ）

（10）水量平衡原理就是水分运动遵循质量守恒定律。（ ）

任务1.2　河流与流域认知

【任务单】

黄河发源于青藏高原巴颜喀拉北麓的约古宗列盆地，自西向东分别流经青海、四川、甘肃、宁夏、内蒙古、山西、陕西、河南及山东9个省（自治区），最后流入渤海。黄河中上游以山地为主，中下游以平原、丘陵为主。由于河流中段流经中国黄土高原地区，因此夹带了大量的泥沙，所以它也被称为世界上含沙量最多的河流。黄河是中华文明最主要的发源地，中国人称其为中华民族的"母亲河"。黄河全长约5464km，其流域总面积约79.5万 km^2，作为母亲河，哺育着中华几千年的历史文明。如何确定河长及流域面积？什么是流域分水线，如何勾绘流域分水线？

【任务学习单】

1.2.1　河流及其特征

1.2.1.1　河流

河流是汇集一定区域地表水和地下水的泄水通道，由流动的水体和容纳水流的河槽两个要素构成。水流在重力作用下由高处向低处沿地表面的线形凹地流动，这个线形凹地便是河槽，河槽也称河床，含有立体概念，当仅指其平面位置时，称为河道。枯水期水流所占河床称为基本河床或主槽；汛期洪水泛滥所及部位，称为洪水河床或滩地。从更大范围讲，凡是地形低凹可以排泄水流的谷地称为河谷，河槽就是被水流所占据的河谷底部。流动的水体称为广义的径流，其中包含清水径流和固体径流，固体径流是指水流所挟带的泥沙。通常所说的径流一般是指清水径流。虽然在地球上的各种水体中，河流的水面面积和水量都最小，但它与人类的关系却最为密切，因此河流是水文学研究的主要对象。

一条河流按其流经区域的自然地理和水文特点划分为河源、上游、中游、下游及河口五段。河源是河流的发源地，可以是泉水、溪涧、湖泊、沼泽或冰川。多数河流发源于山地或高原，也有发源于平原的。确定较大河流的河源，要首先确定干流。一般是把长度最长或水量最大的叫作干流，有时也按习惯确定，如把大渡河看作岷江的支流就是一个实例。直接汇入干流的支流称为一级支流，直接汇入一级支流的支流称为二级支流，依次类推。

划分河流上游、中游、下游时，有的依据地貌特征，有的着重水文特征。上游直接连接河源，一般落差大，流速急，水流的下切能力强，多急流、险滩和瀑布；中游段坡降变缓，下切力减弱，旁蚀力加强，河道有弯曲，河床较为稳定，并有滩地出现；下游段一般进入平原，坡降更为平缓，水流缓慢，泥沙淤积，常有浅滩出现，河流多汊。河口是河流注入海洋、湖泊或其他河流的地段。内陆地区有些河流最终消失在沙漠之中，没有河口，称为内陆河。

1.2.1.2 河流的特征

1. 河流的纵横断面

河段某处垂直于水流方向的断面称为横断面，又称过水断面。当水流涨落变化时，过水断面的形状和面积也随着变化。河槽横断面有单式断面和复式断面两种基本形状，如图1.2.1所示。

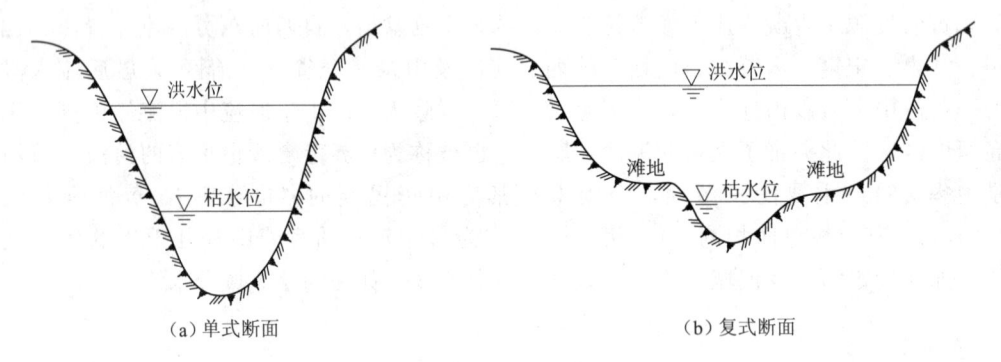

图1.2.1 河槽横断面示意图

将河流各个横断面最深点连在一起的连线称为河流深泓线或溪线。假想将河流从河口到河源沿深泓线切开并投影到平面上所得的剖面叫河槽纵断面。实际工作中常以河槽底部转折点的高程为纵坐标，以河流水平投影长度为横坐标绘出河槽纵断面图，如图1.2.2所示。

2. 河流长度

一条河流，自河口到河源沿深泓线量计的平面曲线长度称为河长。一般在大比例尺（如1∶10000或1∶50000等）地形图上用分规或曲线仪量计；在数字化地形图上可以应用有关专业软件量计。

3. 河道纵比降

河段两端的河底高程之差称为河床落差，河源与河口的河底高程之差称为河床总落差。单位河长的河床落差称为河道纵比降，通常以千分数或小数表示。当河段纵断面近似为直线时，比降可按下式计算：

$$J = \frac{Z_上 - Z_下}{l} = \frac{\Delta Z}{l} \tag{1.2.1}$$

式中　J——河段的纵比降，‰；
　　　$Z_上$、$Z_下$——河段上、下断面河底高程，m；
　　　l——河段的长度，m。

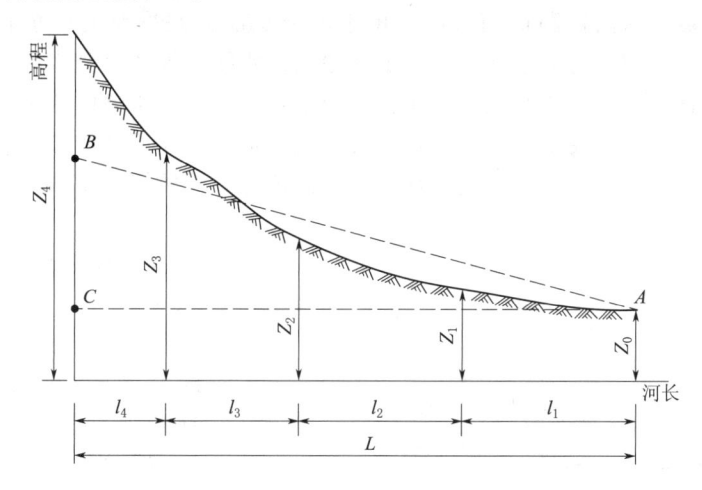

图 1.2.2　河流纵断面示意图

当河段的纵断面为折线时，可用面积包围法计算河段的平均纵比降。具体做法是：在河段纵断面图上，通过下游端断面河底处向上游作一条斜线，使得斜线以下的面积与原河底线以下的面积相等，此斜线的坡度即为河道的平均纵比降，如图 1.2.2 所示，计算公式为

$$J=\frac{(Z_0+Z_1)l_1+(Z_1+Z_2)l_2+\cdots+(Z_{n-1}-Z_n)l_n-2Z_0L}{L^2} \quad (1.2.2)$$

式中　Z_0，Z_1，$\cdots$，Z_n——河段自下而上沿程各转折点的河底高程，m；
　　　l_1，l_2，$\cdots$，l_n——相邻两转折点之间的距离，m；
　　　L——河段总长度，km，计算时换算为 m。

1.2.2　水系

由干流与其各级支流所构成的脉络相通的泄水系统称为水系、河系或河网。水系常以干流命名，如长江水系、黄河水系等，但是干流和支流是相对的。根据干流、支流的分布状况，一般将水系分为扇形水系、羽状水系、平行状水系和混合型水系，其中前三种为基本类型，如图 1.2.3 所示。

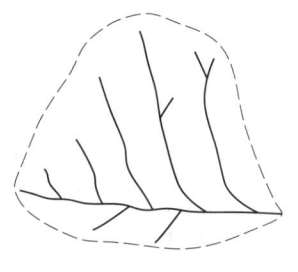

(a) 扇形水系　　　　(b) 羽状水系　　　　(c) 平行状水系

图 1.2.3　水系基本形状示意图

1.2.3 流域及其特征

1.2.3.1 流域、分水线

河流某一断面以上汇集地表水和地下水的区域称为河流在该断面的流域。当不指明断面时，流域是对河口断面而言的。由于河流是汇集并排泄地表水和地下水的通道，因此分水线有地面与地下之分。流域的地面分水线，即实际分水岭山脊的连线或四周最高点的连线。如秦岭是长江与黄河的分水岭，降在分水岭两侧的雨水将分别流入两条河流，其岭脊线便是这两大流域的分水线。但并不是所有的分水线都是山脊的连线，如在平原地区，分水线可能是河堤或者湖泊等，像黄河下游大堤，便是海河流域与淮河流域的分水岭。

当地面分水线与地下分水线完全重合时，该流域称为闭合流域；否则称为非闭合流域。非闭合流域在相邻流域间有水量交换，如图1.2.4所示。

实际当中很少有严格的闭合流域，只要不透水层地面分水线和地下分水线不一致所引起的水量误差相对不大时，一般可按闭合流域对待。通常，工程上认为，除岩溶地区外，一般大中流域均可看成是闭合流域。

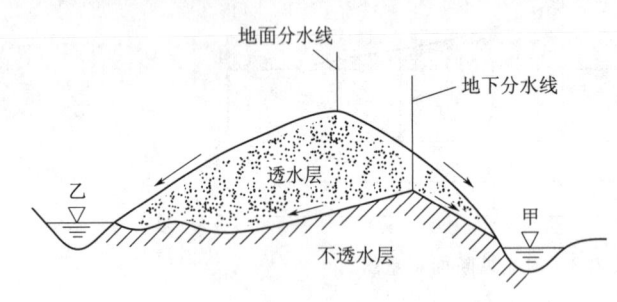

图1.2.4 地面与地下分水线示意图

1.2.3.2 流域特征

流域特征包括几何特征、地形特征和自然地理特征。

1. 流域的几何特征

流域的几何特征包括流域面积（或集水面积）、流域长度、流域平均宽度和流域形状系数等。

(1) 流域面积。指河流某一横断面以上，由地面分水线所包围的不规则图形的面积。若不强调断面，则是指流域河口断面以上的面积，以 km² 计。一般可在适当比例尺的地形图上先勾绘出流域分水线，然后用求积仪或数方格的方法量出其面积，当然在数字化地形图上也可以用有关专业软件量计。

(2) 流域长度。指流域几何中心轴的长度。对于大致对称的较规则流域，其流域长度可用河口至河源的直线长度来计算；对于不对称流域，可以流域出口为中心作若干个同心圆，求得各同心圆圆周与流域分水线交得若干圆弧的割线中点，这些割线中点的连线长度，即为流域长度。

(3) 流域平均宽度。指流域面积与流域长度的比值，以 B_f 表示，由下式计算：

$$B_f = \frac{F}{L_f} \tag{1.2.3}$$

式中 F——流域面积，km²；

L_f——流域长度，km。

流域面积近似相等的两个流域，L_f愈长，B_f愈窄小；L_f愈短，B_f愈宽。前者径流难以集中，后者则易于集中。

（4）流域形状系数。以 K_f 表示，由下式计算：

$$K_f = \frac{B_f}{L_f} = \frac{F}{L_f^2} \tag{1.2.4}$$

式中，K_f 是一个无单位的系数。当 $K_f \approx 1$ 时，流域形状近似为方形；当 $K_f < 1$ 时，流域为狭长形；当 $K_f > 1$ 时，流域为扁形。流域形状不同，对降雨径流的影响也不同。

2. 流域的地形特征

流域地形特征可用流域平均高程和流域平均坡度来反映。

（1）流域平均高程。流域平均高程的计算可用网格法和求积仪法。网格法较粗略，具体做法是将流域地形图分为100个以上的网格，如图1.2.5所示。内插确定出每个格点的高程，各网格点高程的算术

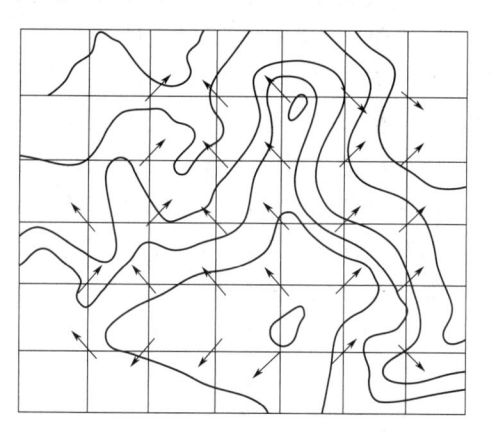

图1.2.5 网格法计算流域平均高度、平均坡度

平均值即为流域平均高程；求积仪法是在地形图上，用求积仪分别量出分水线内各相邻等高线间的面积 f_i，用相邻两等高线的平均高程 z_i，按下式计算：

$$\overline{z}_f = \frac{f_1 z_1 + f_2 z_2 + \cdots + f_n z_n}{f_1 + f_2 + \cdots + f_n} = \frac{1}{F} \sum_{i=1}^{n} f_i z_i \tag{1.2.5}$$

（2）流域平均坡度。指流域表面坡度的平均情况，以 $\overline{J}_f$ 表示。也可用网格法计算，即从每个网格点作直线与较低的等高线正交，如图1.2.5中的箭头所示，由高差和距离计算各箭头方向、坡度，作为各网格点的坡度，再将各网格点的坡度取算术平均值，即流域的平均坡度。另外，可以量计出流域范围内各等高线的长度，用 $l_0, l_1, l_2, \cdots, l_n$ 表示，相邻两条等高线的高差用 Δz 表示，按下式计算：

$$\overline{J}_f = \frac{\Delta z(0.5 l_0 + l_1 + l_2 + \cdots + 0.5 l_n)}{F} \tag{1.2.6}$$

3. 流域的自然地理特征

流域的自然地理特征包括流域的地理位置、气候条件、地形特征、地质构造、土壤特性、植被覆盖、湖泊、沼泽、塘库等。

（1）地理位置。主要指流域所处的经纬度及距离海洋的远近。一般是低纬度和近海地区雨水多，高纬度地区和内陆地区降水少。如我国的东南沿海一带雨水就多，而华北、西北地区降水就少，尤其是新疆的沙漠地区更少。

（2）气候条件。主要包括降水、蒸发、温度、风等。其中，对径流影响最大的是降水和蒸发。

（3）地形特征。流域的地形可分为高山、高原、丘陵、盆地和平原等，其特征可用流域平均程和流域平均坡度来反映。同一地理区域，不同的地形特征将对降雨径流

（4）地质构造与土壤特性。流域地质构造、岩石和土壤的类型及水理性质等都将对降水径流产生影响，同时也影响到流域的水土流失和河流泥沙。

（5）植被覆盖。流域内植被可以增大地面糙率，延长地面径流的汇流时间，同时加大下渗量，从而使地下径流增多，洪水过程变得平缓。另外，植被还能阻抗水土流失，减少河流泥沙含量，涵养水源；大面积的植被还可以调节流域小气候，改善生态环境等。植被的覆盖程度一般用植被面积与流域面积之比的植被率表示。

（6）湖泊、沼泽、塘库。流域内的大面积水体对河川径流起调节作用，使其在时间上的变化趋于均匀；还能增大水面蒸发量，增强局部小循环，改善流域小气候。通常用湖沼塘库的水面面积与流域面积之比的湖沼率来表示。

以上流域的各种特征因素，除气候因素外，都反映了流域的物理性质，它们承受降水并形成径流，直接影响河川径流的数量和变化，所以水文上习惯称为流域下垫面因素。当然，人类活动对流域的下垫面影响也愈来愈大，如人类在改造自然的活动中修建了不少水库、塘堰、梯田，以及植树造林、城市化等，明显地改变了流域的下垫面条件，使河川径流发生了变化，影响到水量与水质。在人类活动的影响中也有不利的一面，如造成水土流失、水质污染以及河流断流等。

【任务解析单】

流域的边界为分水线，是流域四周最高点的连线（山脊线），在地形图上，是根据地形特征通过山峰、鞍部、山脊的连线。在地形图上量出分水线所包围不规则圆形的面积就是流域的面积。

【技能训练单】

1. 请根据地形图（图1.2.6），用虚线勾画该流域的分水线。

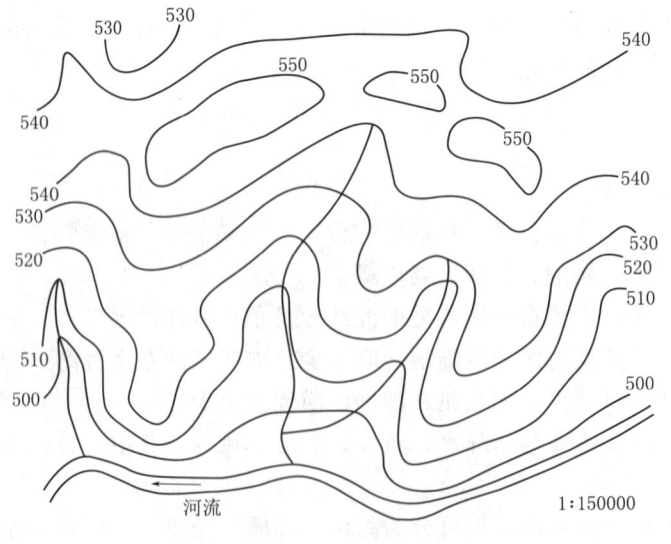

图1.2.6 某流域地形图

2. 已知某河流从河源至河口总长 L 为 5500m，其纵断面如图 1.2.7 所示，A、B、C、D、E 各点地面高程分别为 48m、24m、17m、15m、14m，各河段长度 L_1、L_2、L_3、L_4 分别为 2000m、1400m、1300m、800m，试求该河流的平均纵比降。

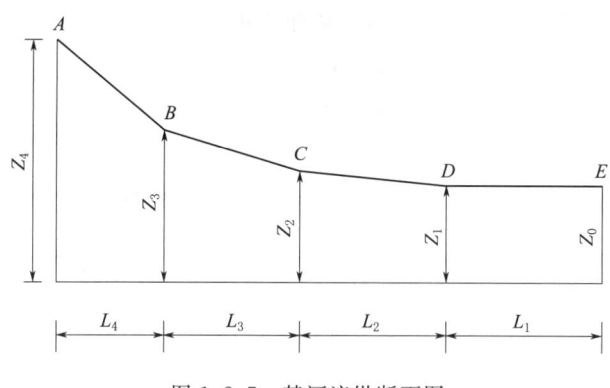

图 1.2.7　某河流纵断面图

【技能测试单】

1. 单选题

（1）流域面积是指河流某断面以上（　　）。
A. 地面分水线和地下分水线包围的面积之和
B. 地下分水线包围的水平投影面积
C. 地面分水线所包围的面积
D. 地面分水线所包围的水平投影面积

（2）某河段上、下断面的河底高程分别为 725m 和 425m，河段长 120km，则该河段的河道纵比降为（　　）。
A. 0.25　　B. 2.5　　C. 2.5％　　D. 2.5‰

（3）山区河流的水面比降一般比平原河流的水面比降（　　）。
A. 相当　　B. 小　　C. 平缓　　D. 大

（4）一条河流，沿水流方向，自上而下可分为几段（　　）。
A. 2 段　　B. 3 段　　C. 4 段　　D. 5 段

（5）一条河流，沿水流方向，面向（　　）判别左岸和右岸。
A. 上游　　B. 中游　　C. 下游　　D. 河源

（6）一条河流，自河口到河源沿深泓线量计的（　　）曲线长度就是河长。
A. 平面　　B. 实际　　C. 纵断面　　D. 横断面

（7）以下不能反映流域特征的是（　　）。
A. 流域几何特征　　　　B. 流域地形特征
C. 流域自然地理特征　　D. 流域分水线

（8）以下不是流域几何特征的是（　　）。
A. 流域面积　　　　　　B. 流域长度和宽度
C. 流域形状系数　　　　D. 流域分水线

(9) 长江与黄河的分水岭是（　　）。
A. 大兴安岭　　　　　　　B. 越城岭
C. 秦岭　　　　　　　　　D. 南岭

(10) 河段某处（　　）水流方向的断面为横断面。
A. 垂直于　　　　　　　　B. 相交于
C. 平行于　　　　　　　　D. 以上都不是

2. 判断题

(1) 人类活动措施目前主要是通过直接改变气候条件而引起水文要素的变化。（　　）

(2) 天然状况下，一般流域的地面径流消退比地下径流消退慢。（　　）

(3) 对于同一流域，因受降雨等多种因素的影响，各场洪水的地面径流消退过程都不一致。（　　）

(4) 退耕还林，是把以前山区在陡坡上毁林开荒得到的耕地，现在再变为树林，是一项水土保持、防洪减沙的重要措施。（　　）

(5) 对同一流域，降雨一定时，若雨前流域土壤蓄水量大，损失小，则净雨多，产流量大。（　　）

(6) 河川径流来自降水，因此，流域特征对径流变化没有重要影响。（　　）

(7) 流域的长度指的就是流域内最长河流的长度。（　　）

(8) 在石灰岩地区，地下溶洞常常比较发育，流域常为非闭合流域。（　　）

(9) 我国的河流发源地都是山地或高原。（　　）

(10) 河流是汇集一定区域地表水的泄水通道。（　　）

任务 1.3　降　水　测　算

【任务单】

"君不见，黄河之水天上来"，黄河的水是不是从天上来的呢？某流域面积为 300km^2，该流域内有三个雨量站，现有一次降雨的点雨量资料，分别为 45mm、32mm 和 26mm，三个雨量站的面积权重系数分别为 0.32、0.42、0.26，请计算该流域上面平均雨量是多少？

【任务学习单】

1.3.1　降水成因与类型

降水是指空中的水汽以液态或固态形式从大气到达地面的各种水分的总称。通常表现为雨、雪、雹、霜、露等，其中最主要的形式是雨和雪。在我国绝大部分地区影响河流水情变化的是降雨。依据造成空气上升运动的成因，可把降水分成地形雨、对流雨、锋面雨和台风雨四种基本类型。

1.3.1.1 锋面雨

在气象上把水平方向物理性质（温度、湿度、气压等）比较均匀的大块空气叫气团。气团按照温度的高低又可分为暖气团和冷气团，一般暖气团主要在低纬度的热带或副热带洋面上形成，冷气团则在高纬度寒冷的陆地上产生。当冷气团与暖气团在运动过程中相遇时，其交界面（实际上为一过渡带）叫锋面，也称为锋区。锋面与地面的相交地带叫锋线。一般地面锋区的宽度有几十千米，高空锋区的宽度可达几百千米。锋面活动产生的降雨便是锋面雨。按照冷暖气团的相对运动方向将锋面雨分为冷锋雨和暖锋雨。如图1.3.1所示。

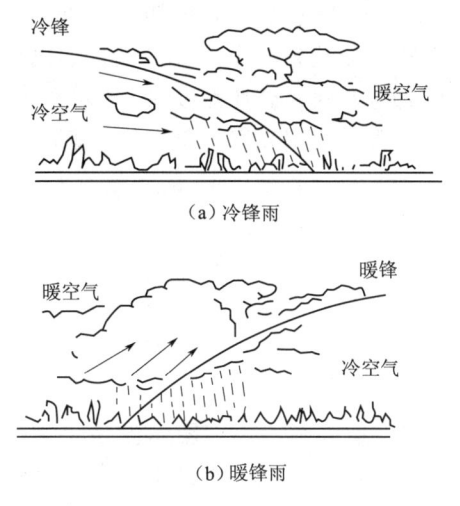

图1.3.1 锋面雨示意图

1.3.1.2 地形雨

当暖湿气团在运移途中，遇到山脉、高原等阻碍，被迫上升冷却而形成的降雨，称为地形雨。如图1.3.2（a）所示。地形雨多发生在山地迎风坡，由于水汽大部分已在迎风坡凝结降落，而且空气过山后下沉时温度增高，因此背风坡雨量锐减。地形雨一般随高程的增加而增大，其降雨历时较短，雨区范围也不大。

1.3.1.3 对流雨

在盛夏季节当暖湿气团笼罩一个地区时，由于太阳的强烈辐射作用，局部地区因受热不均衡而与上层冷空气发生对流作用，暖湿空气上升冷却而降雨，叫对流雨，如图1.3.2（b）所示。这种雨常发生在夏季酷热的午后，其特点是强度大，历时短，降雨面积分布小，常伴有雷电，故又称为雷阵雨。

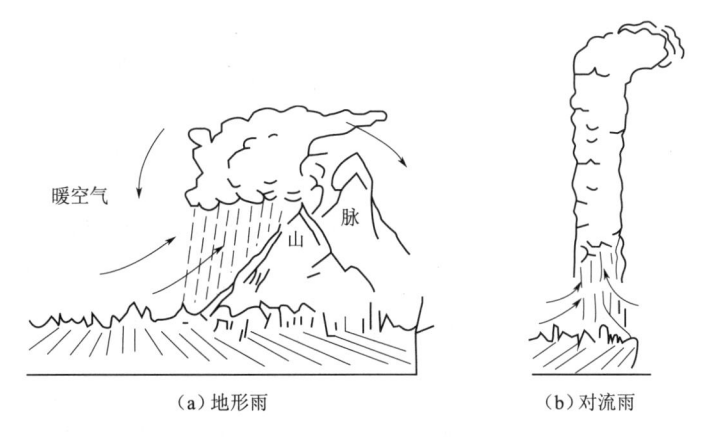

图1.3.2 地形雨和对流雨示意图

1.3.1.4 台风雨

台风雨是由热带海洋上的风暴带到大陆上来的狂风暴雨。影响我国的热带风暴主要发生在6—10月，以7—9月最多。它们主要形成于菲律宾以东的太平洋洋面（北纬20°东经130°附近），向西或向西北方向移动影响东南沿海和华南地区各地，若势力很强则可影响到燕山、太行山、大巴山一线。台风雨是一种极易形成洪涝灾害的降雨，加之狂风，破坏性极强。

此外，根据我国气象部门的规定，按照1h或24h的降雨量将降雨分为

(1) 小雨：是指1h的雨量不大于2.5mm或24h的雨量小于10mm。

(2) 中雨：是指1h的雨量为2.6～8.0mm或24h的雨量为10.0～24.9mm。

(3) 大雨：是指1h的雨量为8.1～15.9mm或24h的雨量为25.0～49.9mm。

(4) 暴雨：是指1h的雨量不小于16mm或24h的雨量不小于50mm。另外，24h雨量为50～100mm称为暴雨，100～250mm称为大暴雨，250mm以上称为特大暴雨。

1.3.2 点降雨特性与图示方法

所谓点降雨量通常是指一个雨量观测站承雨器（口径为20cm）所在地点的降雨。降雨的特性可用雨量、历时和雨强等特征量以及雨量、雨强在时程上的变化来反映。

(1) 降雨量：是一定时段内降落在单位水平面积上的雨水深度，用mm表示，计至0.1mm。在标明降雨量时一定要指明时段，常用的降雨时段有分、时、日、月、年等，相应的雨量称为时段雨量、日雨量、月雨量、年雨量。

(2) 降雨历时：是指一场降雨从开始到结束所经历的时间，常以小时为单位。与降雨历时相应的还有降雨时段，它是人为规定的。对某一场降雨而言，为了比较各地的降雨量大小，可以人为指定某一时段雨量作标准。如最大1h降雨量、6h降雨量、24h降雨量等。这里的1h、6h、24h即为降雨时段。但在降雨时段内，降雨并不一定连续。

(3) 降雨强度：指单位时间内的降雨量，以mm/min或mm/h计。

(4) 降雨量过程线：降雨量过程线表示降雨量随时间变化的特性，常用降雨量柱状图和降雨量累计曲线表示，如图1.3.3所示。雨量柱状图（或称雨量直方图），是以时段雨量为纵坐标，时段次序为横坐标绘制而成的，时段可根据需要选择分、时、日、月、年等。它显示降雨量随时间的变化特性。降雨量累计曲线是以逐时段累计雨量为纵坐标，时间为横坐标而绘制的。它不仅可以反映降雨量在时间

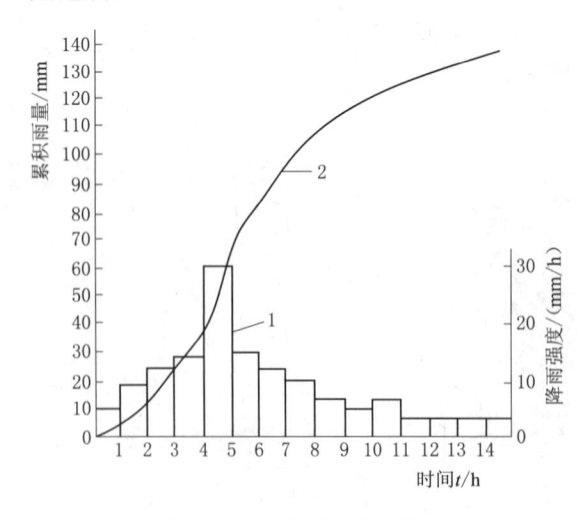

图 1.3.3 降雨量过程线
1—时段平均雨量过程线；2—累积雨量过程线

上的变化，而且还可以反映雨强随时间的变化。

1.3.3 点降雨观测

观测降水量的常用仪器有20cm雨量器和自记雨量计。

1. 雨量器

目前人工观测降水所用的仪器为直径20cm的雨量器，如图1.3.4所示。雨水由承雨器经漏斗进入储水瓶内。常用分段定时观测，例如常用的两段制（每日8时、20时观测），汛期应根据需要选择四段制（14时、20时、2时、8时）、八段制，雨大时还需增加测次。观测时，用空的储水瓶换出；用专用的量杯量出降雨量，观测精度为0.1mm。降雪时将雨量筒的漏斗和储水瓶取出，仅留外筒，作为承雪器具；定时将其换下来加盖带回室内，加温融化后计算降水深度。

2. 自记雨量计

自记雨量计能够自动连续地把降雨过程记录下来，主要是遥测雨量计，由传感器、太阳能供电系统、数据处理模块、接收终端等部分组成。应用最广泛的传感器为各种型号的翻斗式雨量计及光学雨雪量计、称重式雨量计、声波雨量计等传感器，可实现雨量信息的自动观测、传输、处理、记录。其中常用仪器有虹吸式雨量计和固态存储自记雨量计。

（1）虹吸式雨量计：构造如图1.3.5所示，采用浮子式传感器，机械传动，图形记录降水量。其工作原理是雨水进入承雨器后，通过小漏斗进入浮子室，将浮子升起并带动自记笔在自记钟外围的记录纸上做好记录。当浮子室内雨水储满时，水通过虹吸管排出到储水瓶，同时自记笔又下降到起点，继续随着雨量增加而上升。

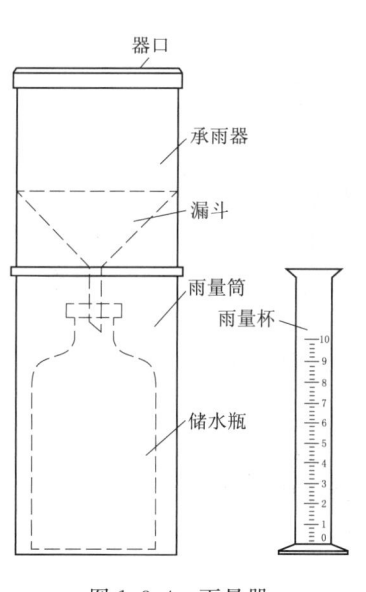

图1.3.4 雨量器

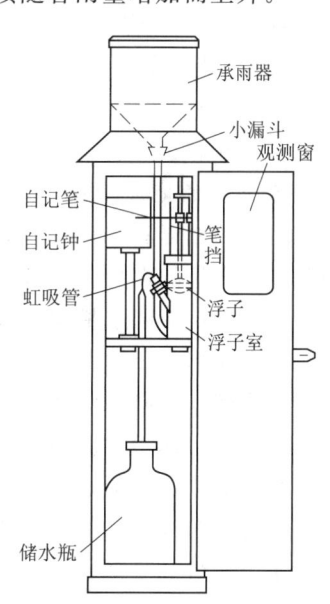

图1.3.5 虹吸式雨量计

（2）固态存储自记雨量计：主要由传感器与记录器两部分组成，传感器部分由承雨器、翻斗、转换开关等组成，其作用是把降雨量转换成电信号输出。记录器可以将传感器传递的雨量电信号记录并存储下来，可以通过专用软件直接调入计算机进行资料的整理。这种仪器工作可靠，便于雨量有线远传和无线遥测；固态存储时间长，读、写灵活自由，目前已广泛用于水文自动测报系统与雨量资料收集。

降水观测场地应选在四周空旷、地形平坦的地方，避开树木、建筑物等影响，以保证观测的质量。

1.3.4 面雨量特性与图示方法

所谓面雨量，是指一定区域面积上的平均雨量。在降雨径流分析中，与洪水大小相应的必须是流域面积上的面平均雨量。可用降雨量等值线图反映面雨量的变化特性，如图1.3.6所示。

降雨量等值线，也称为雨量等值线或等雨量线。对于面积较大的区域或流域，为了表示一定时段内的降雨量空间分布情况，可以绘制降雨量等值线。具体做法与测量学中绘制地形等高线的方法相类似。首先根据需要，将一定时段流域内及其周边邻近雨量站的同期雨量标注在相应位置上，然后按照各站降雨量的大小用地理插值法，并参考地形和气候变化进行勾绘。等雨量线图是研究降雨分布、暴雨中心移动及计算流域平均雨量的有力工具。

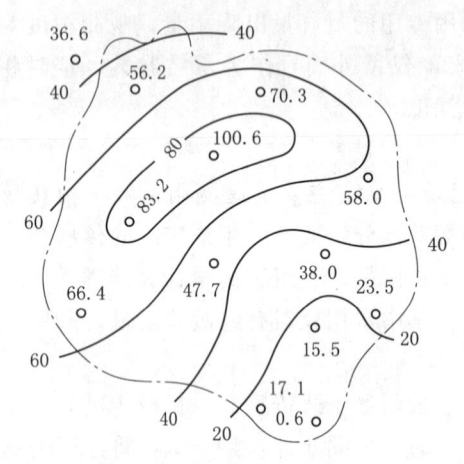

图 1.3.6 降雨量等值线图

1.3.5 降雨的时空分布

我国大部分地区受季风环流的影响，降水比较丰富，全国平均年降水量可达648mm，而且雨热同期。

1. 年降水量的地区分布

根据我国的地形和季风特点，降水的总体分布是从东南沿海向西北内陆逐渐减少，按照年降水量的多少，可将全国划分为5个降水量带。

（1）多雨带：年降水量超过1600mm，包括中国台湾、广东、海南、福建和浙江的大部、广西东部、云南西南部、西藏东南部、江西和湖南山区、四川西部山区。

（2）湿润带：年降水量为800～1600mm，包括秦岭—淮河以南的长江中下游地区、云南、贵州、四川和广西大部分地区。

（3）半湿润带：年降水量为400～800mm，包括华北平原、东北、山西、陕西大部、甘肃、青海东南部、新疆北部、四川西北部和西藏东部。

（4）半干旱带：年降水量为200～400mm，包括东北西部、内蒙古、宁夏、甘肃大部、新疆西部。

（5）干旱带：年降水量少于200mm，包括内蒙古、宁夏、甘肃沙漠区、青海柴达木盆地、新疆塔里木盆地和准噶尔盆地、藏北羌塘地区。

2. 年降水量的季节分布

我国降水季节性变化很大，各地雨季的迟早与时间的长短均与夏季风的进退密切相关，大部分地区降水主要集中在夏秋季。长江以南地区，雨季较长，为每年的3—6月或4—7月，雨量占全年的50%~60%。华北和东北地区，雨季为每年的6—9月，雨量占全年的70%~80%，其中华北雨季最短，大部分集中在每年的7—8月。西南地区降水，主要受西南季风的影响，旱季雨季分明，一般每年的5—10月为雨季，11月至次年4月为旱季。四川、云南和青藏高原东部，每年的6—9月雨量占全年的70%~80%，冬季则不到5%。新疆西部的伊犁河谷、准噶尔盆地西部以及阿尔泰地区，终年在西风气流的控制下，水汽来自大西洋和北冰洋，虽然远离海洋，降水不多，但四季分配颇为均匀，各季降水量均占年降水量的20%~30%。此外，中国台湾的东北端，受东北季风的影响，冬季降水占全年的30%，也是我国降水量年内分配较均匀的地区。

1.3.6 流域面平均雨量计算

（1）算术平均法。当流域内地形变化不大，且雨量站数目较多、分布均匀时，可根据各站同一时段内的降雨量用算术平均法计算。其计算公式为

$$\overline{P} = \frac{P_1 + P_2 + \cdots + P_n}{n} \tag{1.3.1}$$

式中 $\overline{P}$——流域平均降雨量，mm；

P_n——流域内各雨量站雨量（$i=1, 2, \cdots, n$），mm；

n——雨量站数目。

（2）泰森多边形法。此法又称垂直平分法或面积加权平均法。当流域内雨量站分布不均匀或地形变化较大时，可假定流域上不同地区的降雨量与距其最近的雨量站的雨量相近，并用其值计算流域面平均雨量。具体做法是：先将流域内及其流域外邻近的雨量站就近连成三角形（尽可能连成锐角三角形），构成三角网，再分别做各三角形三条边的垂直平分线，而这些垂直平分线相连组成若干个不规则的多边形，如图1.3.7所示。每个多边形内都有一个雨量站，称为该多边形的代表站，该站的雨量就是本多边形面积f_i上的代表雨量，并将f_i与流域面积F的比值称为权重系数。该法的计算公式为

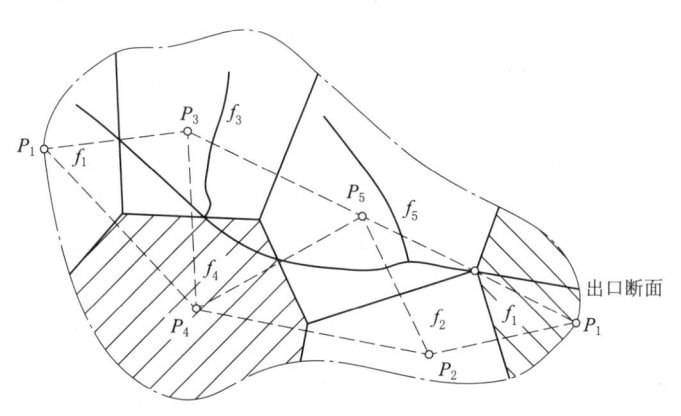

图1.3.7 泰森多边形法

$$\overline{P}=\frac{P_1f_1+P_2f_2+\cdots+P_nf_n}{F}=\frac{1}{F}\sum_{i=1}^{n}P_if_i=\sum_{i=1}^{n}A_iP_i \qquad (1.3.2)$$

式中 f_i——各多边形在流域内的面积（$i=1,2,\cdots,n$），km^2；

F——流域面积，km^2；

A_i——各雨量站的面积权重系数，$A_i=f_i/F$，$\sum_{i=1}^{n}A_i=1.0$。

（3）等雨量线法。如果降雨在地区上或流域上分布很不均匀，地形起伏大，则宜用等雨量法计算面雨量。等雨量线法也属于以面积作权重的一种加权平均方法。具体做法为：先根据流域上各雨量站的雨量资料绘制出符合实际的等雨量线图，如图1.3.8所示，并量计出相邻两条等雨量线间的流域面积 f_i，用下列公式计算。

$$\overline{P}=\frac{1}{F}\sum_{i=1}^{n}\frac{1}{2}(P_i+P_{i+1})f_i=\frac{1}{F}\sum_{i=1}^{n}\overline{P_i}f_i \qquad (1.3.3)$$

式中 f_i——相邻两条等雨量线间的面积，km^2；

$\overline{P_i}$——相邻两条等雨量线间的平均雨量，mm；

n——等雨量线的数目。

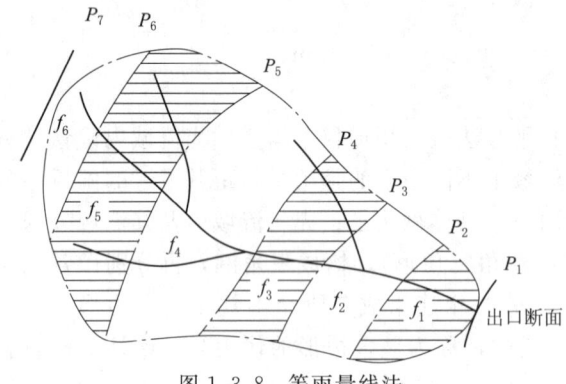

图1.3.8 等雨量线法

（4）降雨点面关系法。当流域内雨量站少，或各雨量站观测不同步时，可用降雨的点面关系来计算面雨量。其计算公式为

$$\overline{P}=\alpha P_0 \qquad (1.3.4)$$

式中 α——点雨量与面雨量比值，也称点面雨量折算系数；

P_0——点雨量，mm。

降雨的点面关系是指降雨中心或流域中心附近代表站的点雨量与一定范围内的面雨量之间的关系。

以上四种方法，算术平均法最为简单，但要求的条件较高；泰森多边形法适用性较强，且有一定的精度，尤其是在流域内雨量站网一定情况下，求得各站的面积权重系数可一直沿用，或用计算机进行计算，所以在水文上应用广泛，但在降雨分布发生变化时，计算结果不一定符合实际；等雨量线法是根据等雨量线图来计算。因此计算精度最高，但它要有足够的雨量站，且每次计算都要绘制等雨量线，并量计相邻两条等雨量线之间的流域面积，所以计算工作量大，实际当中应用有限；降雨点面关系法，计算更为简单，但需要知道点面关系图，在流域雨量资料较差或缺乏时应用较多。

【任务解析单】

江河水的主要来源是流域上的降雨量，降雨到达地面之后，一部分渗入地下形成地下水，其余大量的雨水顺着地面汇集形成沟道，沟道中的水流汇集形成江河。人类通过雨量观测站仅测得点降雨量,而江河的水量是由流域上的面雨量汇集而成,把点雨量计算为面平均雨量,是由暴雨推求径流的首要任务。

根据任务单,由面积权重系数 0.32、0.42、0.26,利用泰森多边形公式(1.3.2),得

$$\overline{P} = \sum_{i=1}^{n} A_i P_i = 0.32 \times 45 + 0.42 \times 32 + 0.26 \times 26 = 34.6$$

则该次降雨的面平均雨量为 34.6mm,也可用算术平均法计算本次面平均雨量。

【技能训练单】

1. 已知某次暴雨的等雨量线图(图1.3.9),图中等雨量线上的数字以 mm 计,各等雨量线之间的面积 F_1、F_2、F_3、F_4 分别为 500km²、1500km²、3000km²、4000km²,试用等雨量线法推求流域平均降雨量。

2. 某雨量站测得一次降雨的各时段雨量见表1.3.1,试计算和绘制该次降雨的时段平均降雨强度过程线和累积雨量过程线。

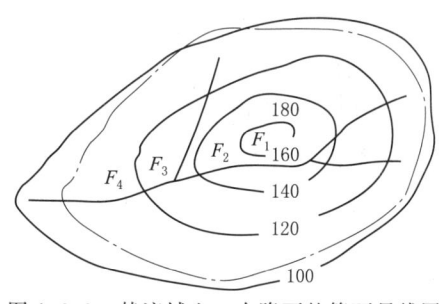

图 1.3.9 某流域上一次降雨的等雨量线图

表 1.3.1　　　　　　　某站一次降雨实测的各时段雨量

时　段	(1)	0～8h	8～12h	12～14h	14～16h	16～20h	20～24h
雨量 Δp_i/mm	(2)	8.0	36.2	48.6	54.0	30.0	6.8

【技能测试单】

1. 单选题

(1) 降水观测的仪器分为人工观测雨量筒和自记雨量计,其口径为(　　)。

A. 20cm　　　　　　B. 80cm　　　　　　C. 10cm　　　　　　D. 60cm

(2) 日降水量 50～100mm 的降水称为(　　)。

A. 小雨　　　　　　B. 中雨　　　　　　C. 大雨　　　　　　D. 暴雨

(3) 暴雨形成的条件是(　　)。

A. 该地区水汽来源充足,且温度高

B. 该地区水汽来源充足,且温度低

C. 该地区水汽来源充足,且有强烈的空气上升运动

D. 该地区水汽来源充足,且没有强烈的空气上升运动

(4) 因地表局部受热,气温向上递减率增大,大气稳定性降低,因而使地表的湿热空气膨胀,强烈上升而降雨,称这种降雨为(　　)。

A. 地形雨　　　　　B. 锋面雨　　　　　C. 对流雨　　　　　D. 气旋雨

(5) 对流雨的降雨特性是（　　）。

A. 降雨强度大，雨区范围大，降雨历时长

B. 降雨强度小，雨区范围小，降雨历时短

C. 降雨强度大，雨区范围小，降雨历时短

D. 降雨强度小，雨区范围大，降雨历时长

(6) 暖锋雨的形成是由于（　　）。

A. 暖气团比较强大，主动沿锋面滑行到冷气团上方

B. 暖气团比较强大，冷气团主动沿锋面滑行到暖气团上方

C. 暖气团比较弱，冷气团主动楔入到暖气团下方

D. 暖气团比较强大，主动楔入到冷气团下方

(7) 地形雨的特点是多发生在（　　）。

A. 平原湖区中　　　　　　　　B. 盆地中

C. 背风面的山坡上　　　　　　D. 迎风面的山坡上

(8) 某流域有甲、乙两个雨量站，它们的权重分别为0.4、0.6，已测到某次降水量，甲为80.0mm，乙为50.0mm，用泰森多边形法计算该流域平均降雨量为（　　）。

A. 58.0mm　　B. 66.0mm　　C. 62.0mm　　D. 54.0mm

(9) 下列哪一项不是流域平均降雨量的计算方法？（　　）

A. 算术平均法　B. 泰森多边形法　C. 等雨量线法　　D. 同频率法

(10) 能自动观测记录降水量的仪器是（　　）。

A. 雨量器　　B. 雨量筒　　C. 雨量杯　　　　D. 自记雨量计

2. 单选题

(1) 雨量筒可观测到一场降水的瞬时强度变化过程。　　　　　　　　（　　）

(2) 自记雨量计只能观测一定时间间隔内的降雨量。　　　　　　　　（　　）

(3) 1h雨量为2.6~8.0mm或24h雨量为10.0~24.9mm的降雨为大雨。

（　　）

(4) 虹吸式自记雨量计记录的是降雨累计过程。　　　　　　　　　　（　　）

(5) 用等雨量线法计算流域平均降雨量，适用于地形变化比较大的大流域。

（　　）

(6) 等雨量线法是根据等雨量线图来计算。　　　　　　　　　　　　（　　）

(7) 降雨量是指一定时段内降落在单位水平面积上的雨水体积。　　（　　）

(8) 垂直平分法（即泰森多边形法）假定雨量站所代表的面积在不同降水过程中固定不变，因此与实际降水空间分布不完全符合。　　　　　　（　　）

(9) 我国计算日降雨量的日分界是从当日8时至次日8时。　　　　　（　　）

(10) 面平均雨量的计算，与点雨量没有关系。　　　　　　　　　　（　　）

任务 1.4 水面蒸发与下渗测算

【任务单】

"云腾致雨，露结为霜"，当云气上升遇到冷空气就形成了雨，夜里气温下降露水会凝结成霜。云、雨、霜、露，都是自然现象，它们的形成是有规律的，只有认识规律，利用规律，才能创造规律，为人类造福。

某流域附近的水面蒸发实验资料，分析的 E601 型蒸发器 1—12 月的折算系数 K 依次为 0.98、0.96、0.89、0.88、0.89、0.93、0.95、0.97、1.03、1.03、1.06、1.02。本流域应用 E601 型蒸发器测得 8 月 14—15 日和 9 月 7—8 日的水面蒸发量依次为 5.2mm、5.0mm、5.8mm、5.6mm，试问如何确定该水库这些天的逐日水面蒸发量？

【任务学习单】

1.4.1 蒸发

蒸发是指水由液态或固态转化为气态的物理变化过程，是水文循环的重要环节之一，也是水量平衡的基本要素和降雨径流的一种损失。流域总蒸发包括水面蒸发、土壤蒸发和植物散发三部分。但土壤蒸发、植物散发由于施测比较困难、精度低，一般只在试验站进行。目前，水文气象部门普遍观测的为水面蒸发。

1.4.2 水面蒸发观测与计算

水面蒸发量常用蒸发器进行观测。水文气象部门常用的蒸发器有 20cm 口径的小型蒸发皿改进后的 E601 型蒸发器。自动遥测蒸发器主要是 E601B 蒸发器，由液位测量井、太阳能供电系统、数据处理模块、接收终端等部分组成。自动遥测蒸发器可自动补水、测量自动化水面蒸发监测装置，并配有特制 0.1mm 分辨率雨量计，特别适用于无人值守的蒸发站，能自动记录每日蒸发量与降雨量数据，并支持无线远传和自动发报。

20cm 直径的小型蒸发皿易于安装、观测方便；但因暴露在空间，水体很小，受周围气象因子变化影响很大，特别是太阳辐射强烈时，小水体升温很高，测得的蒸发量和天然水体实际蒸发量形成很大差异，目前，只在少数站使用。

E601 型蒸发器埋入地表，使仪器内水体和仪器外土壤之间的热交换接近自然水体情况，且设有水圈，不仅有助于减轻溅水对蒸发的影响，且起到增大蒸发面积的作用，因而测得的蒸发量和天然水体实际蒸发量比较接近，E601 型蒸发器是水文气象站网水面蒸发观测的标准仪器，如图 1.4.1 所示。

蒸发量以每日 8 时为日分界。每日 8 时观测时，用测针测出蒸发器内水面高度，日蒸发量为该日降水量加上观测的蒸发器水面高度之差。

观测资料分析表明，当蒸发器的直径超过 3.5m 时，蒸发器观测的水面蒸发量与天然水体的蒸发量才基本相同。因此，各种蒸发器观测值应乘一个折算系数，才能作为天然水面蒸发量的估计值。即

平面图

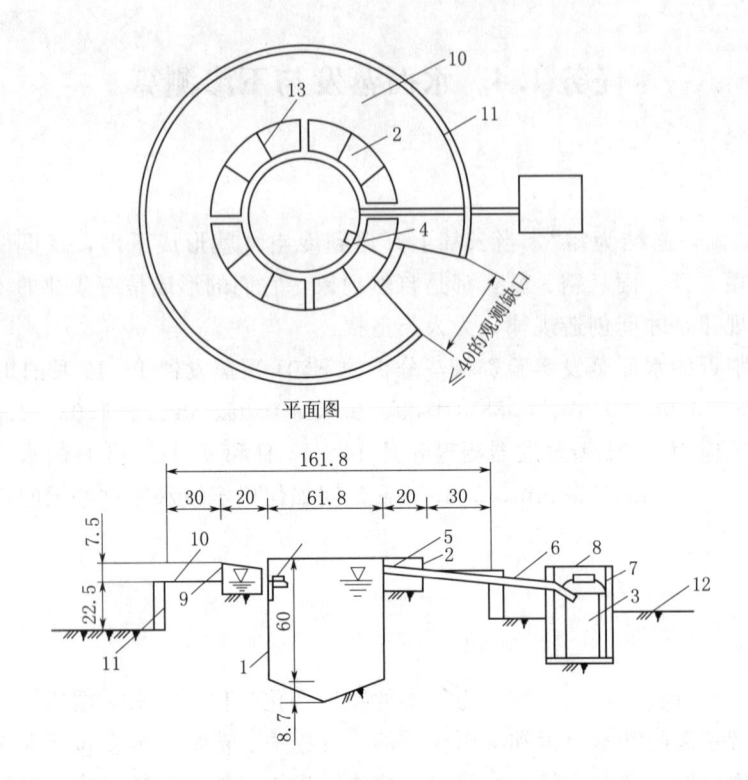

图 1.4.1 E601 型蒸发器结构、安装图（单位：cm）
1—蒸发器；2—水圈；3—溢流桶；4—测针桩；5—器内水面指示针；6—溢流用胶管；7—放溢流桶的箱；
8—箱盖；9—溢流嘴；10—水圈外缘的撑挡；11—直管；12—直管支撑；13—排水孔

$$E = KE_{器} \tag{1.4.1}$$

式中 E——天然水面蒸发量，mm；

$E_{器}$——蒸发器实测水面蒸发量，mm；

K——水面蒸发折算系数。

水面蒸发折算系数 K 一般可通过与大型蒸发池（如面积为 $20m^2$）的对比观测资料确定。在实际工作中，应根据当地资料分析采用。

1.4.3 干旱指数及其分布

水面蒸发量与年降水量的比值即干旱指数，以 γ 表示。$\gamma > 1$，蒸发量大于降水量；$\gamma < 1$，降水量大于蒸发量。依此标准分析某一地区的湿润和干旱分布规律更明显。因此，干旱指数和气候的干湿分布带有密切关系。我国按干旱指数划分干旱与湿润的标准，见表 1.4.1。

表 1.4.1 全国降水、径流分区

降水分区	年降水量/mm	干旱指数	年径流系数	年径流深/mm	径流分区
多雨带	>1600	<0.5	>0.5	>800	丰水带
湿润带	800～1600	0.5～1	0.3～0.5	200～800	多水带

续表

降水分区	年降水量/mm	干旱指数	年径流系数	年径流深/mm	径流分区
半湿润带	400~800	1~3	0.1~0.3	50~200	过渡带
半干旱带	200~400	3~7	<0.1	10~50	少水带
干旱带	<200	>7		<10	干涸带

1.4.4 下渗与地下水

1.4.4.1 下渗

下渗也称入渗，是指水分从土壤表面向土壤内部渗入的物理过程，以垂向运动为主要特征。天然情况下的下渗主要是雨水的下渗，它是降雨径流中的主要损失，不仅直接决定地面径流量的大小，同时也影响土壤水分和地下水的变化，是连接并转换地表水和地下水的一个中间过程。

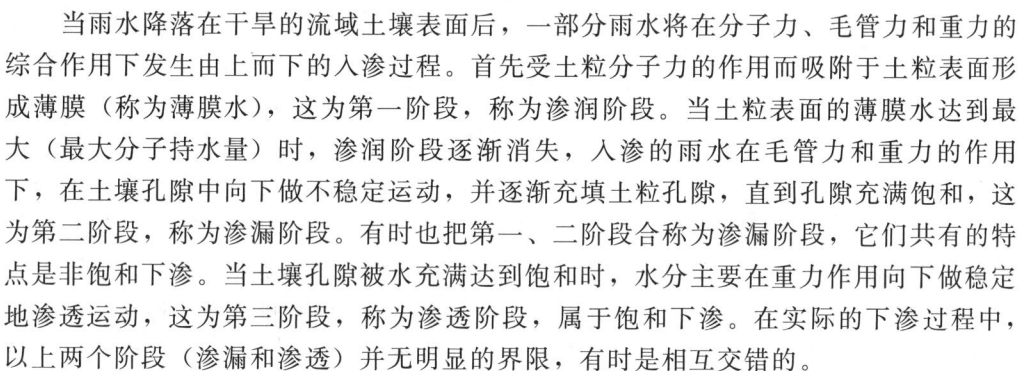

当雨水降落在干旱的流域土壤表面后，一部分雨水将在分子力、毛管力和重力的综合作用下发生由上而下的入渗过程。首先受土粒分子力的作用而吸附于土粒表面形成薄膜（称为薄膜水），这为第一阶段，称为渗润阶段。当土粒表面的薄膜水达到最大（最大分子持水量）时，渗润阶段逐渐消失，入渗的雨水在毛管力和重力的作用下，在土壤孔隙中向下做不稳定运动，并逐渐充填土粒孔隙，直到孔隙充满饱和，这为第二阶段，称为渗漏阶段。有时也把第一、二阶段合称为渗漏阶段，它们共有的特点是非饱和下渗。当土壤孔隙被水充满达到饱和时，水分主要在重力作用向下做稳定地渗透运动，这为第三阶段，称为渗透阶段，属于饱和下渗。在实际的下渗过程中，以上两个阶段（渗漏和渗透）并无明显的界限，有时是相互交错的。

水文上常用下渗率来反映下渗的快慢。它是单位面积、单位时间内的下渗量，以 mm/h 或 mm/min 表示。充分供水条件下的下渗率称为下渗能力（或下渗容量）。

在下渗初期，若土壤比较干燥，下渗的水分很快被表层土壤所吸收，下渗率很大；随着表层土壤含水量的增大，饱和层逐渐向下延伸，下渗率也随着递减，直至最后趋于稳定。下渗率随时间递减变化的规律可通过下渗实验来分析研究。

1.4.4.2 地下水

1. 地下水的基本类型

从广义的角度理解，地下水是指埋藏于地表以下各种状态水的总称。地下水的分类方法很多，目前，我国现行比较通用的分类方法是以地下水的埋藏条件为主要特征，综合考虑地下水的成因和水力特征的综合分类方法，将地下水划分为包气带水、潜水和承压水三种基本类型。

（1）包气带水。包气带水指埋藏于地表面以下、地下水面以上包气带中的水分，包括吸湿水、薄膜水、毛管水、渗透的重力水等，实际上就是土壤水，这里不再重复。

（2）潜水。埋藏于饱水带中，处于地表面以下第一稳定隔水层以上，具有自由水面的地下水，称为潜水，通常所说的浅层地下水主要指潜水。

（3）承压水。埋藏于饱水带中，处于两个不透水层之间，具有压力水头的地下水，水文上常称为深层地下水。

2. 地下水的特征

（1）潜水。由于潜水具有自由水面，通过包气带与大气相通，所以不承受压力。潜水面与地面之间的距离为潜水埋藏深度，潜水面与第一个不透水层之间的距离称为潜水含水层厚度。潜水埋藏的深度及储量取决于地质、地貌、土壤、气候等条件。一般山区潜水埋藏较深，平原区较浅，有的甚至仅几米深。

潜水的主要补给来源是降水和地表水等，其排泄方式有侧向和垂向两种。侧向排泄是指潜水在重力的作用下沿水力坡度方向补给河流或其他水体，或者露出地表成为泉水；垂向排泄主要是潜水蒸发。

潜水与地表水之间相互补给和排泄的关系称为水力联系。以潜水与河水之间的关系为例，潜水可以补给河水，河水也可以补给潜水，如图1.4.2所示。

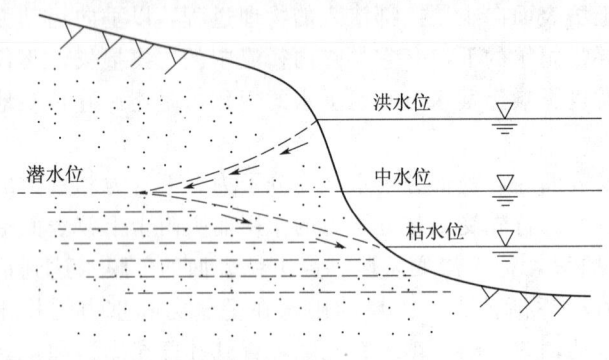

图1.4.2 潜水与河水水力联系示意图

（2）承压水。承压水的主要特性是处在两个不透水层之间，具有压力水头，一般不直接受气象、水文因素的影响，循环更新比较缓慢。由于埋藏较深一般不易遭受污染，水量较稳定，是河川枯水期水量的主要补给来源。承压水含水层按水文地质特征可分为三个组成部分：补给区、承压区和排泄区。补给区出露于地势较高的地表部位，直接承受大气降水和地表水补给，实际上该区地下水仍具有潜水的特性，并主要由下渗补给。与补给区相反，含水层位置较低，出露于地表，为排泄区。在补给区和排泄区之间的含水层为承压区。该区含水层被上覆盖隔水层所覆盖，水体承受静水压力，具有压力水头。承压含水层的储量，主要与承压区分布的范围、含水层的厚度和透水性、储水构造破坏的程度、补给区的大小和补给量的多少有关。

1.4.4.3 下渗实验

下渗实验是研究下渗规律的有效途径。常用的实验方法有同心环法和人工降雨法两种。其中，最简单的方法是在地面上打入两个同心圆环，外环直径为60cm，内环直径为30cm，环高15cm。实验时，在内外环同时加水，使水深保持常值，内外环水面保持齐平，加水的速度就是下渗的速度，根据观测数据便可以绘出下渗能力随时间递减的过程线，即下渗能力曲线，如图1.4.3所示。

由图1.4.3可见，刚开始下渗时，由于土壤干燥，水分主要在分子力的作用下迅速被表层土壤所吸收，此时下渗率最大。随着下渗的继续和土壤含水量的增加，分子力和毛管力也逐渐减弱，下渗率随之递减。当土壤水分达到田间持水量以后，土壤含水量趋于饱和，水分主要在重力的作用下下渗，下渗率也逐渐趋于稳定，接近为常数，称为稳定下渗率或稳渗率，常用f_c表示。如图1.4.3中，A点以后趋于稳定下渗率f_c。

下渗能力（容量）曲线也可以用数学公式表示，如水文上常用的霍顿下渗公式：

$$f_t = (f_0 - f_c)e^{-\beta t} + f_c \quad (1.4.2)$$

式中　f_t——时刻的下渗能力（容量），mm/h；

　　　f_0——初始时刻（$t=0$）的下渗能力，mm/h；

　　　f_c——稳定（重力）下渗能力，mm/h；

　　　t——下渗时间，h；

　　　β——反映土壤特性的指数。

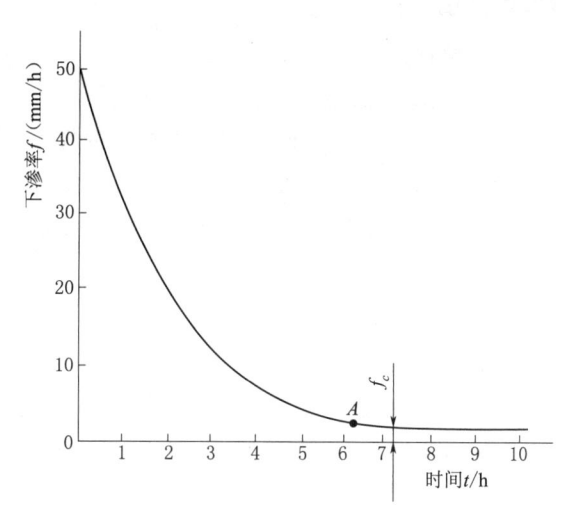

图1.4.3　下渗能力（容量）曲线

霍顿下渗公式是霍顿在下渗实验资料的基础上，用曲线拟合法得到的经验公式。公式表明，土壤的下渗能力（容量）是随时间按指数规律递减的。

【任务解析单】

根据任务单8月和9月的折算系数分别为0.97、1.03，计算得

8月14日：$E = KE_{器} = 0.97 \times 5.2 = 5.044$（mm）。

8月15日：$E = KE_{器} = 0.97 \times 5.0 = 4.85$（mm）。

9月7日：$E = KE_{器} = 1.03 \times 5.8 = 5.974$（mm）。

9月8日：$E = KE_{器} = 1.03 \times 5.6 = 5.768$（mm）。

【技能训练单】

1. 根据某流域附近的水面蒸发实验站资料，已分析得E601型蒸发器1—12月的折算系数K依次为0.98，0.96，0.89，0.88，0.89，0.93，0.95，0.97，1.03，1.03，1.06，1.02。本流域应用E601型蒸发器测得8月30日、31日和9月1—3日的水面蒸发量依次为5.2mm，6.0mm，6.2mm，5.8mm，5.6mm，试计算某水库这些天的逐日水面蒸发量。

2. 由人工降雨下渗实验获得的累积下渗过程$F(t)$，见表1.4.2，推求该次实验的下渗过程$f(t)$及绘制下渗曲线f—t。

表1.4.2　　　　　　　　实测某点实验的累积下渗过程$F(t)$

时间t/h	(1)	0	1	2	3	4	5	6	7	8
$F(t)$/mm	(2)	0	37.3	60.5	77.0	88.4	96.8	103.3	108.7	113.4
时间t/h	(1)	9	10	11	12	13	14	15	16	17
$F(t)$/mm	(2)	117.7	121.7	125.5	129.4	133.1	136.7	140.3	143.9	147.5

【技能测试单】

1. 单选题

(1) 流域的总蒸发包括（   ）。
　　A. 水面蒸发、陆面蒸发、植物蒸散发　　B. 水面蒸发、土壤蒸发、陆面蒸散发
　　C. 陆面蒸发、植物蒸散发、土壤蒸发　　D. 水面蒸发、植物蒸散发、土壤蒸发

(2) E601型等水面蒸发器观测的日水面蒸发量与所测地的大水体日蒸发量的关系是（   ）。
　　A. 前者小于后者　　　　　　　　　　　B. 前者大于后者
　　C. 二者相等　　　　　　　　　　　　　D. 二者有一定的相关关系

(3) 流域围湖造田和填湖造田，将使流域蒸发（   ）。
　　A. 增加　　　　B. 减少　　　　C. 不变　　　　D. 难以肯定

(4) 下渗率总是（   ）。
　　A. 等于下渗能力　　　　　　　　　　　B. 大于下渗能力
　　C. 小于下渗能力　　　　　　　　　　　D. 小于、等于下渗能力

(5) 土壤含水量处于土壤断裂含水量和田间持水量之间时，那时的土壤蒸发量与同时的土壤蒸发能力相比，其情况是（   ）。
　　A. 二者相等　　　　　　　　　　　　　B. 前者大于后者
　　C. 前者小于后者　　　　　　　　　　　D. 前者大于等于后者

(6) 对于比较干燥的土壤，充分供水条件下，下渗的物理过程可分为三个阶段，它们依次为（   ）。
　　A. 渗透阶段—渗润阶段—渗漏阶段　　　B. 渗漏阶段—渗润阶段—渗透阶段
　　C. 渗润阶段—渗漏阶段—渗透阶段　　　D. 渗润阶段—渗透阶段—渗漏阶段

(7) 土壤稳定下渗阶段，降水补给地下径流的水分主要是（   ）。
　　A. 毛管水　　　　B. 重力水　　　　C. 薄膜水　　　　D. 吸着水

(8) 下渗容量（能力）曲线，是指（   ）。
　　A. 降雨期间的土壤下渗过程线
　　B. 干燥的土壤在充分供水条件下的下渗过程线
　　C. 充分湿润后的土壤在降雨期间的下渗过程线
　　D. 土壤的下渗累积过程线

(9) 决定土壤稳定入渗率 f_c 大小的主要因素是（   ）。
　　A. 降雨强度　　　　　　　　　　　　　B. 降雨初期的土壤含水量
　　C. 降雨历时　　　　　　　　　　　　　D. 土壤特性

(10) 降雨期间，包气带（也称通气层）土壤蓄水量达到田间持水量之后，其下渗能力为（   ）。
　　A. 降雨强度　　　　　　　　　　　　　B. 后损期的平均下渗率
　　C. 稳定下渗率　　　　　　　　　　　　D. 初损期的下渗率

2. 判断题

（1）Φ20型、E601型蒸发器是直接观测水面蒸发的仪器，其观测值就是当时当地水库、湖泊的水面蒸发值。（ ）

（2）在一定的气候条件下，流域日蒸发量基本上与土壤含水量成正比。（ ）

（3）采用流域水量平衡法推求多年平均流域蒸发量，常常是一种行之有效的计算方法。（ ）

（4）降雨过程中，土壤实际下渗过程始终是按下渗能力进行的。（ ）

（5）潜水是没有自由水面的。（ ）

任务 1.5 径 流 测 算

【任务单】

长江发源于青海省西南部、青藏高原上的唐古拉山脉主峰各拉丹冬雪山，曲折东流，干流先后流经青海、四川、西藏、云南、重庆、湖北、湖南、江西、安徽、江苏、上海共11个省（自治区、直辖市），最后注入东海。长江是我国第一大河，全长约6363km，流域面积约180万km^2，流域绝大部分处于湿润地区，年入海量约9513亿m^3，占全国河流点入海水量的1/3以上。某流域集水面积$F=130km^2$，多年平均降水量$\overline{H_F}=915mm$，多年平均径流深$\overline{R}=745mm$。请计算该流域多年均径流总量W、多年平均流量Q、多年平均径流模数M以及多年平均径流系数$α$各为多少？

【任务学习单】

1.5.1 径流及其来源

径流指江河中的水流，分别来源于流域地面和地下，相应地称为地面径流和地下径流。它的补给来源有雨水、冰雪融水、地下水和人工补给等。我国的江河，按照补给水源的不同大致分为三个区域：秦岭以南，主要是雨水补给，河川径流的变化与降雨的季节变化关系密切，夏季经常发生洪水；东北、华北部分地区为雨水和季节性冰雪融水补给区，每年有春、夏两次汛期；西北阿尔泰山、天山、祁连山等高山地区，河水主要由高山冰雪融水补给，这类河流水情变化与气温变化有密切关系，夏季气温高，降水多，水量大，冬季则相反。地下水补给是我国河流水源补给的普遍形式，但在不同的地区差异很大，一般为20%～30%，最高达60%～70%，最少不足10%。其中，以黄土高原北部、青藏高原以及黔、桂岩溶分布区，地下水补给比例较大。地下水补给较多的河流，其年内分配较均匀。人工补给主要是指跨流域调水，如我国的南水北调工程，就是将长江流域的水分别从东线、中线和西线调到黄河流域以及北京、天津地区，以缓解北方地区的缺水危机。

总体而言，我国大部分地区的河流是以雨水补给为主。由降雨形成的河川径流称为降雨径流，它是本课程研究的主要对象。

1.5.2 径流的表示方法

径流分析计算中，常用的径流量表示方法和度量单位有下列几种。

1. 流量 Q

流量 Q 指单位时间内通过河流某一过水断面的水体体积，单位为 m^3/s。

2. 径流总量 W

径流总量 W 指一定时段内通过河流某一过水断面的总水量体积，单位为 m^3。径流总量与平均流量的关系为

$$W = \overline{Q}T \tag{1.5.1}$$

式中　$\overline{Q}$ ——时段平均流量，m^3/s；

　　　T ——计算时段，s。

径流总量的单位有时也用时段平均流量与对应历时的乘积表示，如 $(m^3/s)\cdot$ 月、$(m^3/s)\cdot$ 日，等。

3. 径流深 R

径流深 R 指一定时段的径流总量平铺在流域面积上所形成的水层深度，以 mm 计。

$$R = \frac{W}{1000F} \tag{1.5.2}$$

式中　W ——计算时段的径流量，m^3；

　　　F ——河流某断面以上的流域集水面积，km^2；

　　　1000 ——单位换算系数。

4. 径流模数 M

径流模数 M 指单位流域面积上所产生的流量，常用单位为 $m^3/(s\cdot km^2)$ 或 $L/(s\cdot km^2)$。其计算公式为

$$M = \frac{Q}{F} \tag{1.5.3}$$

如洪峰流量、年平均流量，相应的径流模数称为洪峰流量模数、年平均流量模数（或年径流量模数）。

5. 径流系数 α

径流系数 α 指流域某时段内径流深与形成这一径流深的流域平均降水量的比值，无因次，即

$$\alpha = \frac{R}{H_F} \tag{1.5.4}$$

式中　H_F ——流域平均降水量，mm。

1.5.3　径流观测

水位和流量是反映江河径流变化的最重要的水文要素。其资料广泛应用于水资源开发与管理、防洪抗旱以及其他国民经济建设部门。

1.5.3.1　水文测站

水文测站是水文信息收集与处理的基层单位。水文测站在地理上的分布网称为水文站网，它是按照有关部门的统一规划而合理布设的。

水文测站的主要任务是，按照统一的标准，对水文要素采用定点、定时观测，巡

回观测，水文调查等方式获取水文信息并进行处理，为水利工程建设和其他国民经济建设提供水文数据。水文测站观测项目有水位、流量、泥沙、降水、蒸发、地下水位、冰情、水质、水温、墒情等。但各个站的观测项目按照上级要求可以有所侧重、有所不同。

根据设站目的和作用，水文测站可分为基本站、实验站、专用站。

（1）基本站。是国家水文主管部门为掌握全国各地的水文情况经统一规划而设立的，为国民经济各方面服务。要求以最经济的测站数目，满足内插任何地点水文特征值的需要。国家基本水文测站又分为重要测站和一般测站。

（2）实验站。是对某种水文现象变化规律或对某些水体做深入实验研究而设立的水文测站，如径流实验站、蒸发实验站、水库湖泊实验站等，一般由科研单位设立。

（3）专用站。是为了某种专门的目的或某项特定工程的需要由使用部门设立的水文测站，其位置、观测项目、观测年限等均由设站部门自行规定。

另外，按观测项目水文测站又可分为流量站（水文站）、水位站、泥沙站、雨量站、水面蒸发站、水质监测站、地下水观测站和墒情监测站等。

1.5.3.2 水位观测

1. 水位观测设备

观测水位的设备常用水尺和自记水位计两种类型。

（1）水尺。水尺的形式有直立式、倾斜式、矮桩式和悬锤式等。最常用的水尺是直立式水尺，构造最简单，且观测方便，应用最为广泛，设置在一侧岸边如图1.5.1所示。若水位变化较大时，应设立一组水尺。水尺刻度零点到基面的垂直距离，叫作水尺零点高程，设站时预先测定。水面在水尺上的读数加上水尺零点高程即为水位。

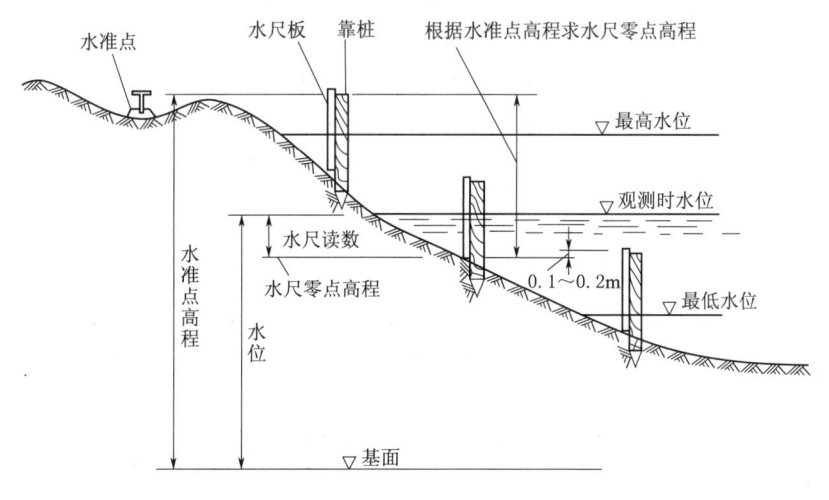

图1.5.1 水尺示意图

水尺板上刻度的起点到基面的垂直距离称为水尺的零点高程，每次观读水面在水

尺上的读数,加上水尺零点高程即为当时水面的水位值,即
$$水位=水尺零点高程+水尺读数$$
水位观测的时间和次数视水位变化情况而定,以能测得完整的水位变化过程,满足日平均水位计算及发布水情预报的要求为原则加以确定。当水位变化平缓时,每日8时和20时各观测1次;枯水期每日8时观测1次;汛期一般每日观测4次,洪水过程中还应根据需要加密测次,使能测出完整的洪水过程。

(2) 自记水位计。自记水位计能将水位变化的连续过程自动记录下来,具有连续、完整、节省人力的优点。有的并能将观测的水位以数字或图像的形式远传至室内,使水位观测工作日益自动化和远程化。自记水位计种类很多,主要形式是遥测水位计,主要由传感部分、太阳能供电系统、数据处理模块、接收终端等部分组成,可实现水位信息的自动观测、传输、处理、记录。传感器可分为接触式和非接触式两种:接触式水位传感器主要有浮子式水位计、压力式水位传感器、电子水尺等。非接触式水位传感器主要有超声波水位计、雷达水位计、激光水位计等。

2. 水位资料的整理

针对观测的原始水位记录,水位资料整理的内容之一是计算逐日平均水位,其计算方法主要有算术平均法和面积包围法。

当一日内水位变化缓慢,或变化较大但观测为等时距(如8时、20时2次,2时、8时、14时、20时4次等)时,日平均水位可用算术平均法计算。若一日内水位变幅大,观测时距又不相等,则采用面积包围法计算。所谓面积包围法,就是将一日0—24时内水位过程线与横轴所包围的面积除以24小时求得,如图1.5.2所示。其计算公式为

$$\overline{Z}=\frac{1}{48}[Z_0 a + Z_1(a+b) + Z_2(b+c) + \cdots + Z_{n-1}(m+n) + Z_n n] \qquad (1.5.5)$$

式中 $Z_0,Z_1,Z_2,\cdots,Z_n$——各次观测的水位,m;

$a,b,c,\cdots,m,n$——相邻两次水位的时距,h。

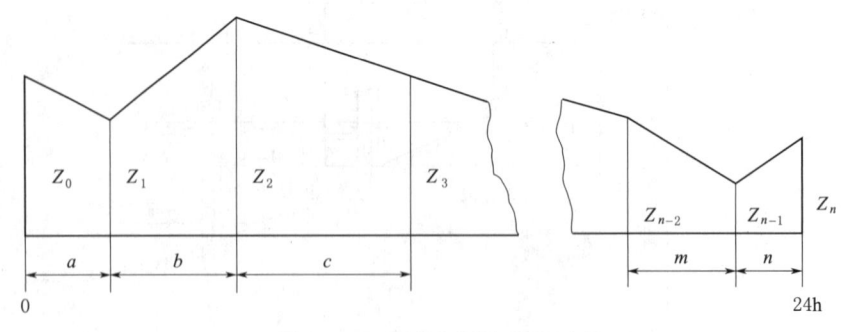

图1.5.2 面积包围法示意图

水位资料整理的另一项内容是编制各种水位资料表,刊布于水文年鉴或存储于水文数据库中,供国民经济各个部门使用。

常用的水位资料表有:逐日平均水位表,此表中除逐日平均水位外,还有年、月

平均水位，最高、最低水位等；洪水水位摘录表，此表中摘录了一年内各次较大洪水不同时间、水位的对应值。

1.5.3.3 流量测算

1. 流量测验的方法

流量 Q 是单位时间内流过江河某一横断面的水量，以 m³/s 计。它是反映江河、湖泊、水库等水体水量变化的基本数据，也是河流最重要的水文特征值。

测流方法很多，按其工作原理，可分为下列几种类型。

（1）流速面积法。包括流速仪法、航空法、比降面积法、积宽法（动车法、动船法和缆道积宽法）、浮标法（按浮标的形式可分为水面浮标法、小浮标法、深水浮标法等）。

（2）水力学法。包括量水建筑物和水工建筑物测流。

（3）化学法。又称溶液法、稀释法、混合法。

（4）物理法。有超声波法、电磁法和光学法。

（5）直接法。有容积法和重量法，适用于流量极小的沟涧。

流速面积法是目前国内外使用最为广泛的方法，下面主要介绍流速仪法测流和浮标法测流。

2. 流速仪法测流

通过河流某一断面的流量 Q 可表示为过水断面面积 A 与断面平均流速 V 的乘积计算，即

$$Q = AV \tag{1.5.6}$$

由式（1.5.6）可知，流速面积法测流原理为：通过测算部分流速 V_i 和部分面积 f_i，两者的乘积即为通过该部分面积上的流量 q_i，然后累计求得全断面的流量 $Q = \sum q_i$。因此，流速面积法测量流量的工作包括断面测量、流速测量和流量计算三部分。

（1）断面测量。断面测量是在测流断面上布置若干条测深垂线，施测各垂线的水深，以及各垂线相对于岸边某一固定点的水平距离，即起点距，如图 1.5.3（a）所示。

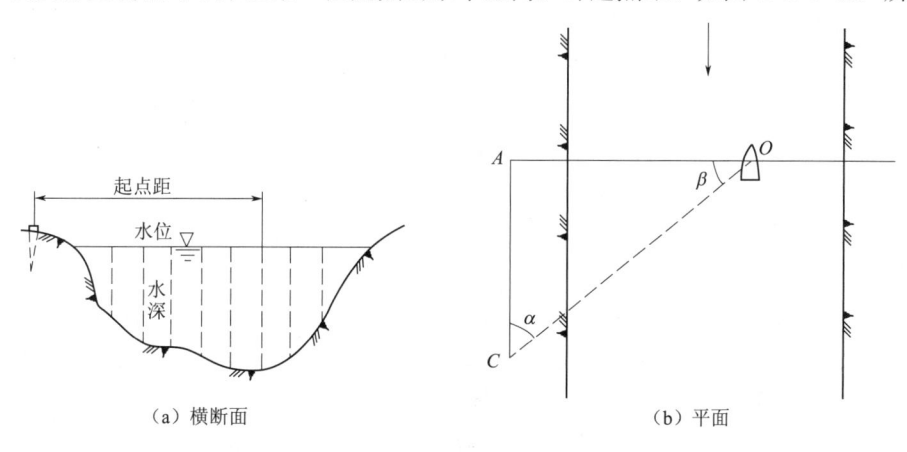

图 1.5.3 断面测量示意图

断面测深垂线的数目和位置应根据河床转折变化情况而定，一般主槽较密，岸边

较稀。测深工具视水深、流速大小分别采用测深杆、测深锤或测深铅鱼、回声测深仪等。

起点距测量的方法很多。在中小河流上以断面索法最简便，即架设一条过河的断面索，在断面索上读出起点距。大河上常用测角交会法，在岸上用经纬仪观测 α 角或在船上用六分仪观测 β 角，如图 1.5.3（b）所示，由于基线长度 $\overline{AC}$ 已知，则可算出起点距 $OA=AC\tan\alpha=AC\mathrm{ctan}\beta$。

各垂线水深及起点距测量后，可用梯形法计算垂线间面积，各垂线间面积相加得断面面积。根据观测水位减去垂线水深可得出各垂线的河底高程，有了各垂线起点距和水深或河底高程可绘制水道断面图。

另外，为了解断面冲淤变化，还应进行大断面测量，测量范围除过水断面外，还应测至历年最高洪水位以上 0.5~1.0m。对于河床稳定的测站，每年汛前或汛后施测一次；河床不稳定的测站，除每年汛前或汛后施测外，并在洪水期加测。

（2）流速测量。当前，国内外在天然河道流速测量中普遍采用流速仪法。

1）流速仪及其测速原理。流速仪可划分为转子流速仪和非转子式流速仪两大类，我国常用是转子流速仪，按旋转器不同分成旋杯式流速仪和旋桨式流速仪，如图 1.5.4、图 1.5.5 所示。现在还有一种直读式流速仪，它由一个涡轮位移传感器、一根可伸缩和顶端带有数字显示功能的直杆组成。仪器利用涡轮传感器实现精确的位移测定。水流带动涡轮沿摩擦很小的轴转动，旁边的磁性金属在涡轮转动时会产生电信号脉冲，通过转换装置可以将转速转换成水流速度在手柄屏幕上显示出来。数字显示装置将涡轮传感器传来的电信号放大并转换成水流速度显示出来。防水屏可以显示水流的瞬时速度和平均速度，并且有两个按钮来变换功能和屏幕清零。由于水流任意一点流速具有脉动现象，用流速仪测量的某点流速是指测点时的平均流速。

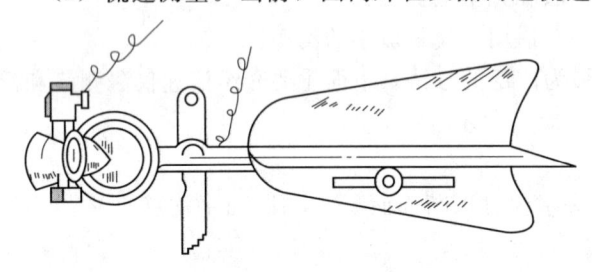

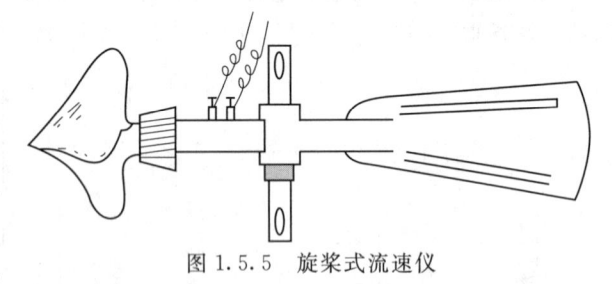

图 1.5.4　旋杯式流速仪

图 1.5.5　旋桨式流速仪

转子流速仪由感应水流的旋转器（旋杯或旋桨）、记录信号的计数器和保持仪器头部正对水流的尾翼等三部分组成。旋杯或旋桨受水流冲击而旋转，流速愈大，转速愈快。平均每秒旋转数 n 与流速 v 的关系，可由下式表示。

$$v=kn+c \tag{1.5.7}$$

式中　　v——测点流速，m/s；

k、c——为仪器常数，可通过对仪器检定确定；

n——仪器转速，$n=N/T$，N 为转子的总转数，T 为测速总历时，s。为了消除流速脉动影响总历时 T 一般不少于100s。

2）测速垂线布设与测点选择。天然河流的流速变化复杂，横向上主槽最大，两岸边较小；水深方向上水面附近流速最大，然后向河底逐渐减小。为了控制测流断面流速变化，就要合理布置垂线数目及垂线上测点数。一般测速垂线布置宜均匀，并应能控制断面地形和流速沿河宽分布的主要转折点。主槽垂线应较河滩密。测速垂线的位置宜固定，并尽量与测深垂线相一致。垂线上测点应依据水深的大小按表1.5.1规定布设。

表 1.5.1　　　　　　　　　垂线的流速测点分布位置

测点数	相对水深位置	
	畅流期	冰期
一点	0.6 或 0.5；0.0；0.2	0.5
二点	0.2、0.8	0.2、0.8
三点	0.2、0.6、0.8	0.15、0.5、0.85
五点	0.0、0.2、0.6、0.8、1.0	
六点	0.0、0.2、0.4、0.6、0.8、1.0	
十一点	0.0、0.1、0.2、0.3、0.4、0.5、0.6、0.7、0.8、0.9、1.0	

注　相对水深为仪器入水深与垂线水深之比。在冰期，相对水深应为有效相对水深。

一般测速垂线越多，精度越高，多垂线和测点（五点、六点、十一点）的测流资料一般只在分析研究时使用。在生产实际中，测验断面一般布置较少垂线和测点（三点、二点、一点）。上述流速仪测量各测点流速的方法可称为选点法，是流速仪测流的常用方法。此外，流速仪测验还有积深法、积宽法。积深法是将流速仪沿测速垂线匀速下放测定垂线平均流速的方法。积宽法是使流速仪在预定深度处沿断面方向匀速横渡，取得某一深度即某一水层平均流速或多层的断面平均流速，如动船法和缆道积宽法测流，可参阅有关书籍。

另外在发生大洪水（水面漂浮物较多）或某些不便于使用流速仪的情况下，也可以采用水面浮标法测流速，只是所测流速为水面流速 v_f，其值为

$$v_f = L/T \tag{1.5.8}$$

式中　L——上下浮标断面间的距离，m；
　　　T——浮标流经上下浮标断面的历时，s。

（3）流量计算。断面流量的计算步骤如下：

1）计算垂线平均流速：由测点流速仪转数、测速历时计算各点流速后，根据垂线上布置的测点数目，分别按以下公式计算垂线平均流速 v_m。

一点法：
$$v_m = v_{0.6} \tag{1.5.9}$$

二点法：
$$v_m = \frac{1}{2}(v_{0.2} + v_{0.8}) \tag{1.5.10}$$

三点法：
$$v_m = \frac{1}{3}(v_{0.2} + v_{0.6} + v_{0.8}) \tag{1.5.11}$$

或 $$v_m = \frac{1}{4}(v_{0.2} + 2v_{0.6} + v_{0.8})$$ (1.5.12)

五点法： $$v_m = \frac{1}{10}(v_{0.0} + 3v_{0.2} + 3v_{0.6} + 2v_{0.8} + v_{1.0})$$ (1.5.13)

式中 v_m——垂线平均流速，m/s；

$v_{0.0}$、$v_{0.2}$、$v_{0.6}$、$v_{0.8}$、$v_{1.0}$——各相对水深处的测点流速，m/s。

2) 计算部分平均流速：两测速垂线中间部分平均流速，按下式计算：

$$\overline{v_i} = \frac{v_{m(i-1)} + v_{mi}}{2}$$ (1.5.14)

式中 $\overline{v_i}$——第 i 部分面积的平均流速，m/s；

v_{mi}——第 i 条垂线平均流速，m/s，$i=2, 3, \cdots, n-1$。

靠岸边或死水边的部分面积平均流速，按下式计算：

$$\overline{v_1} = \alpha v_{m1}$$ (1.5.15)

$$\overline{v_n} = \alpha v_{m(n-1)}$$ (1.5.16)

式中 α——岸边流速系数，α 值应视岸边具体情况确定。斜坡岸边 $\alpha=0.67\sim0.75$，陡岸边 $\alpha=0.8\sim0.9$，死水边 $\alpha=0.6$。

3) 计算部分面积：以测速垂线为分界线，将过水断面划分为若干部分，如图 1.5.6 所示。部分面积按下式计算：

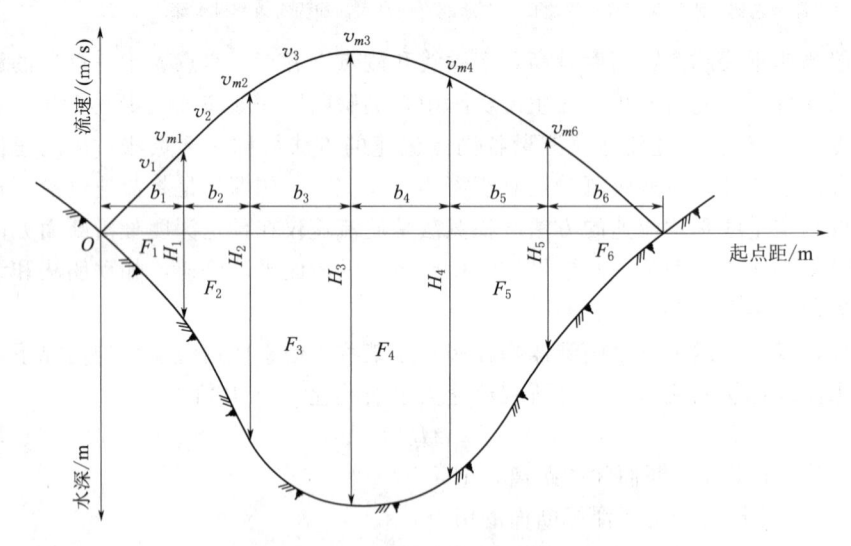

图 1.5.6 部分面积计算划分示意图

$$F_i = \frac{H_{i-1} + H_i}{2} b_i$$ (1.5.17)

式中 F_i——第 i 部分面积，m²；

   i——测深垂线序号，$i=1, 2, \cdots, n$；

   H_i——第 i 条垂线的水深，m；

   b_i——第 i 部分断面宽，m。

4)计算部分流量：部分流量为部分面积平均流速与部分面积的乘积。即

$$q_i = \overline{v_i} F_i \tag{1.5.18}$$

式中 q_i——第 i 部分流量，m³/s。

5)计算断面流量：为各部分流量之和，即

$$Q = \sum_{i=1}^{n} q_i \tag{1.5.19}$$

式中 Q——断面流量，m³/s。

6)计算断面平均流速与平均水深：断面平均流速为断面流量除以过水断面面积。平均水深为过水断面面积除以水面宽。水面宽为右水边起点距与左水边起点距之差值。

7)计算相应水位：相应水位是指与本次实测流量值相对应的水位。当水位变化引起水道断面面积的变化较小时，可取测流开始和终了两次水位的平均值作为相应水位。否则，应以加权平均法或其他方法计算相应水位，这里不做详细介绍，可参考有关书籍。

【例 1.5.1】 某水文站施测流量，岸边流速系数取为 0.7，按流量计算步骤完成表 1.5.2。

表 1.5.2　　　　某站测深测速记载及流量计算表（简化）

施测时间 1988 年 5 月 10 日 3 时 44 分至 4 时 18 分								流速仪牌号及公示 LS251 型　$v=0.2557N/T+0.0068$			
垂线号数		起点距/m	水深/m	仪器位置		测速记录		流速/(m/s)			测速垂线间		断面面积/m²		部分流量/(m³/s)
测深	测速			相对水深	测点深/m	总历时 T/s	总转数 N	测点	垂线平均	部分平均	平均水深/m	间距/m	测深垂线间	部分	
左水边		10.0	0.00							0.69	0.50	15	7.50	7.50	5.18
1	1	25.0	1.00	0.6	0.60	125	480	0.99	0.99	1.04	1.40	20	28.00	28.00	29.12
2	2	45.0	1.80	0.2	0.36	116	560	1.24	1.10						
				0.8	1.44	128	480	0.97		1.17	2.00	20	40.00	40.00	46.80
3	3	65.0	2.21	0.2	0.44	104	560	1.38	1.24						
				0.6	1.33	118	570	1.24			1.90	15	28.50		
				0.8	1.77	111	480	1.11		1.14				35.25	40.18
4		80.0	1.60								1.35	5	6.75		
5	4	85.0	1.10	0.6	0.66	110	440	1.03	1.03						
右水边		103.0	0.00							0.72	0.55	18	9.90	9.90	7.13
断面流量　128m³/s			断面面积 120.6m²					平均流速 1.06m/s			水面宽 93.0m		平均水深　1.30m	

3. 浮标法测流

当用浮标法测流速时，计算流量的方法步骤基本与以上步骤相同。只是用水面流速代替垂线平均流速进行计算。由于水面流速通常大于垂线平均流速，所以由水面流速计算的断面流量偏大，称为虚流量，需要乘以浮标系数才是真实流量，计算公式为

$$Q = K_f Q_{虚} \tag{1.5.20}$$

式中 Q——断面流量，m³/s；

$Q_{虚}$——断面虚流量，m³/s，是由水面流速计算的流量；

K_f——浮标系数，由试验求得，一般为0.7～0.9。

详细内容可参阅其他专业书籍。

1.5.3.4 水位流量关系

目前，水位观测比较容易，水位随时间的变化过程易于获得，而流量的测算相对要复杂得多，人力物力消耗大且费时，因此单靠实测流量不可能获得流量随时间变化过程的系统资料。因此，现行的做法是根据每年一定次数的实测流量成果，建立实测流量与其相应水位之间的关系曲线，通过水位流量关系曲线把实测的水位过程转化为流量过程，从而获得系统的流量资料。因此，建立水位流量关系曲线是流量资料整编的关键环节，它直接影响到流量资料的精度。水位流量关系曲线按其影响因素分为稳定的和不稳定的两类。

1. 稳定的水位流量关系曲线

在河床稳定，控制良好的情况下，其水位流量关系是稳定的单一曲线。将实测流量和相应水位关系数据点绘在方格纸上，如果点子密集呈带状分布，则通过点群中心可以定出单一的水位流量关系曲线，如图1.5.7所示。为了提高定线精度，通常在水位流量关系图上同时绘出水位面积、水位流速关系曲线，由于同一水位条件下，流量应为断面面积与断面平均流速的乘积，因此借助它们可以使水位流量关系曲线定线合理。

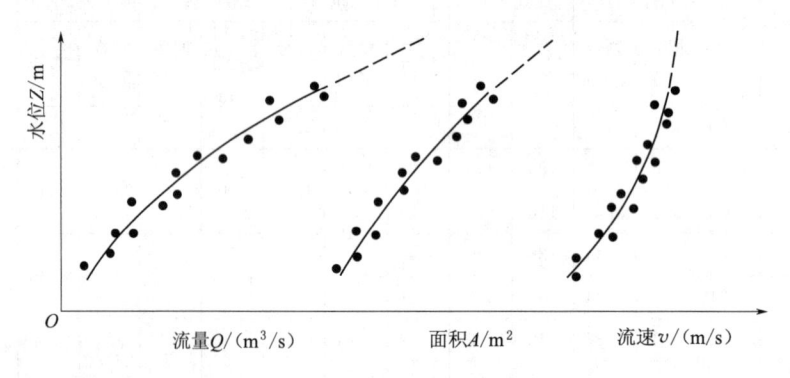

图1.5.7 稳定的水位流量关系曲线

2. 不稳定的水位流量关系曲线

天然河道中，洪水涨落、断面冲淤、回水以及结冰和生长水草等，都会影响水位流量关系的稳定性，通常表现为同一水位在不同的时候对应不同的流量，点绘成水位流量关系图后，点群分布散乱，无法定出单一曲线。例如，当受洪水涨落影响时，涨水时水面比降大，流速增大，同水位的流量比稳定时也增大，点子偏向稳定曲线的右方；落水时，则相反。一次洪水按涨落过程分别定线，水位流量关系曲线表现为绳套形曲线。

当水位流量关系不稳定时，定线方法应视其影响因素的不同而异，具体方法可参阅其他书籍。

另外，值得说明的是，利用水位流量关系曲线，由水位查求流量时，经常会遇到高水和低水部分的延长问题。因为流量施测时，经常会因故未能测得最大洪峰流量或最枯流量，使得水位流量关系曲线在高水和低水部分缺乏定线依据，通常可以采用一些间接方法进行延长。如高水延长可根据流速、面积曲线延长或用水力学（曼宁公式）方法延长；低水延长可用断流水位法等。但高水延长部分一般不应超过当年实测流量所占水位变幅的30%，低水延长部分一般不应超过10%。

【任务解析单】

根据任务单，计算得各种径流量：

$$\overline{W} = 1000\overline{R}F = 1000 \times 745 \times 130 = 9685(\text{万 m}^3)$$

$$\overline{Q} = \frac{\overline{W}}{T} = \frac{9685 \times 10^4}{31.536 \times 10^6} = 3.07(\text{m}^3/\text{s})$$

$$\overline{M} = \frac{\overline{Q}}{F} = \frac{3.07}{130} = 23.6 \times 10^{-3}[\text{m}^3/(\text{s} \cdot \text{km}^2)]$$

$$\overline{\alpha} = \frac{\overline{R}}{H_F} = \frac{745}{915} = 0.81$$

【技能训练单】

1. 某站控制流域面积 $F = 121000\text{km}^2$，多年平均年降水量 $\overline{H} = 767\text{mm}$，多年平均流量 $\overline{Q} = 822\text{m}^3/\text{s}$，试根据这些资料计算多年平均年径流总量、多年平均年径流深、多年平均流量模数、多年平均年径流系数。

2. 某水文站观测水位的记录如图1.5.8所示，试用算术平均法推求该日的日平均水位。

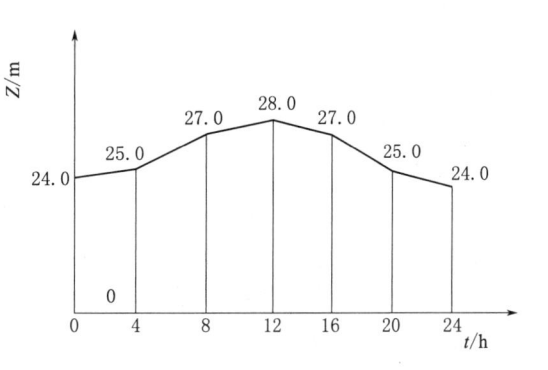

图1.5.8 某水文站观测的水位记录

【技能测试单】

1. 单选题

(1) 河川径流组成一般可划分为（　　）。
A. 地面径流、坡面径流、地下径流
B. 地面径流、壤中流、地下径流
C. 地面径流、壤中流、深层地下径流
D. 地面径流、浅层地下径流潜水、深层地下径流

(2) 一次降雨形成径流的损失量包括（　　）。
A. 植物截留，填洼和蒸发
B. 植物截留，填洼、补充土壤缺水和蒸发

C. 植物截留、填洼、补充土壤吸着水和蒸发
D. 植物截留、填洼、补充土壤毛管水和蒸发

(3) 形成地面径流的必要条件是（　　）。
A. 雨强等于下渗能力　　　　　　B. 雨强大于下渗能力
C. 雨强小于下渗能力　　　　　　D. 雨强小于等于下渗能力

(4) 流域汇流过程主要包括（　　）。
A. 坡面漫流和坡地汇流　　　　　B. 河网汇流和河槽集流
C. 坡地汇流和河网汇流　　　　　D. 坡面漫流和坡面汇流

(5) 我国大部分地区的河流是以（　　）补给为主。
A. 雨水　　　　B. 地下水　　　　C. 人工　　　　D. 冰雪融水

(6) 河网汇流速度与坡面汇流速度相比，一般（　　）。
A. 前者较小　　B. 前者较大
C. 二者相等　　D. 无法肯定

(7) 流量的单位为（　　）。
A. m^3/s　　　　B. m^2　　　　C. m/s　　　　D. L/s

(8) 径流模数指单位流域面积上所产生的（　　）。
A. 径流深　　　　B. 流量　　　　C. 径流总量　　　　D. 降雨量

(9) 目前全国水位统一采用的基准面是（　　）。
A. 大沽基面　　B. 吴淞基面　　C. 珠江基面　　D. 黄海基面

(10) 水文测验中断面流量的确定，关键是（　　）。
A. 施测过水断面　　　　　　　　B. 测流期间水位的观测
C. 计算垂线平均流速　　　　　　D. 测点流速的施测

2. 判断题

(1) 水文测站所观测的项目有水位、流量、泥沙、降水、蒸发、水温、冰凌、水质、地下水位、风等。（　　）

(2) 决定河道流量大小的水力因素有水位、水温、水质、泥沙、断面因素、糙率和水面比降等。（　　）

(3) 根据不同用途，水文站一般应布设基线、水准点和各种断面，即基本水尺断面，流速仪测流断面，浮标测流断面及上、下辅助断面，比降断面。（　　）

(4) 基本水文站网布设的总原则是在流域上以布设的站点数越多越密集为好。（　　）

(5) 水位就是河流、湖泊等水体自由水面线的海拔高度。（　　）

(6) 自记水位计只能观测一定时间间隔内的水位变化。（　　）

(7) 水位的观测是分段定时观测，每日8时和20时各观测一次（称2段制观测，8时是基本时）。（　　）

(8) 用流速仪测点流速时，为消除流速脉动影响，每个测点的测速历时越长越好。（　　）

(9) 一条垂线上测三点流速计算垂线平均流速时，应从河底开始，分别施测

0.2h、0.6h、0.8h（h 为水深）处的流速。　　　　　　　　　　　（　　）

（10）不管水面的宽度如何，为保证测量精度，测深垂线数目不应少于 50 条。
　　　　　　　　　　　　　　　　　　　　　　　　　　　　　　（　　）

任务1.6　泥　沙　测　算

【任务单】

"九曲黄河万里沙，浪淘风簸自天涯"，黄河之"黄"，实为泥沙。古籍有载："黄河斗水，泥居其七"。黄河泥沙九成来自黄土高原，黄土高原土质疏松，易蚀易散，每逢暴雨冲刷，则流失大量水土，奔入黄河。黄河流域冬长夏短，冬夏温差悬殊，季节气温变化分明。流域降水量小，以旱地农业为主，冬干春旱，降水集中在夏秋七八月，泥沙与降水同期，主要集中在七八月。

某水库集水面积为 750km²，流域多年平均侵蚀模数为 850t/km²，坝址处多年平均流量为 20.5m³/s，试计算坝址断面处多年平均输沙量、多年平均输沙率和含沙量各为多少？

【任务学习单】

1.6.1　河流泥沙与影响因素

河流泥沙，也称固体径流。对于河流的水情及河流的变迁有重大的影响。河流泥沙主要来源是流域表面的水土流失。由于地面径流对流域表面土壤的浸蚀和冲刷，部分土壤随水流携入河中。来自流域表面的泥沙在河水中数量的多少，主要取决于水土流失程度，其影响因素有地面坡度、土壤、植被、降雨等自然条件和人类活动情况。其次是来源于河床的侵蚀，即河岸侵蚀和河槽冲刷等。

1.6.2　泥沙分类及表示方法

河流泥沙按其运动方式可分为悬移质、推移质和河床质。悬移质泥沙悬浮于水流中并随之运动；推移质泥沙受水流冲击沿河床移动或滚动；河床质泥沙是指受水流的作用而处于相对静止状态的泥沙。随着水流条件的不同，如水流流速、水深、比降等水力因素的变化，它们之间是可以相互转化的。水流挟沙能力增大时，原为推移质甚至河床质的泥沙颗粒，可能从河底掀起而成为悬移质；反之，悬移质亦可能成为推移质甚至河床质。

通常河流泥沙计量方法有：

（1）含沙量：单位体积浑水中所含干沙的质量，用 ρ 表示，以 kg/m³ 计。

（2）输沙率：单位时间内通过河流某一过水断面的干沙质量，用 Q_s 表示，以 kg/s 或 t/s 计。若用 Q 表示断面流量，以 m³/s 计，则有

$$Q_s = \rho Q \tag{1.6.1}$$

（3）输沙量：某一时段内通过某一过水断面的干沙质量，用 W_s 表示，以 kg 或 t

计。若时段为 T 以 s 计，W_s 以 kg 计，则

$$W_s = Q_s T \tag{1.6.2}$$

（4）输沙模数：单位面积上的输沙量，用 M_s 表示，以 t/km^2 计。若 W_s 以 t 计，F 为计算输沙量的流域或区域面积，以 km^2 计，则

$$M_s = \frac{W_s}{F} \tag{1.6.3}$$

目前，河流泥沙测验主要是针对悬移质泥沙开展的，因此，下面主要介绍悬移质泥沙的测算。

1.6.3 河流泥沙测算

河流中悬移质泥沙的测验主要是测定水流中含沙量，推求输沙率、断面平均含沙量等。由于过水断面上各点的含沙量不同，因此，输沙率测验与流量测验原理相似，要在断面上布置测沙垂线，原则上测沙垂线数目少于测速垂线数目，并且在测速垂线中挑选若干条兼作测沙垂线。具体布设方法和垂线数目应由试验分析确定。测沙垂线数目可依据《河流悬移质泥沙测验规范》（GB/T 50159—2015）确定。各测沙垂线上布置测点，从测点含沙量测验入手，其测验和计算步骤如下。

1. 测点含沙量测验

测量悬移质含沙量的仪器种类较多，有横式、瓶式和抽气式采样器，有遥控横式采样器实现了自动控制泥沙采样，以及目前较为先进的同位素测沙仪和光学测沙仪等。最常用的采样仪器可分两类：一类是瞬时式采样器，采集过水断面预定测点极短时间间隔内泥沙水样的仪器，如横式采样器，如图 1.6.1 所示。另一类是积时式采样器，采集过水断面预定测点某一时段内泥沙水样的仪器，如瓶式采样器（图 1.6.2）、调压式采样器、皮囊式采样器。测验时，采样工作一般和流量测验同时进行，然后经过测量水样的体积 V（m^3），再静置待泥沙沉淀后，将泥沙过滤烘干，称得干沙质量 W_s（kg 或 g），求出各测点含沙量 ρ。

$$\rho = \frac{W_s}{V} \tag{1.6.4}$$

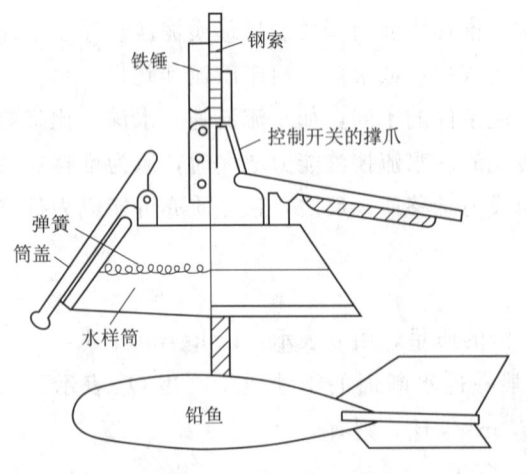

图 1.6.1 横式采样器

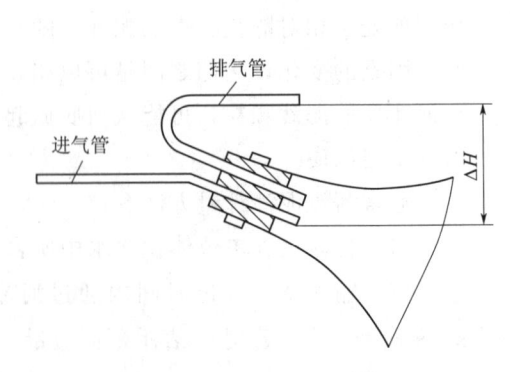

图 1.6.2 瓶式采样器

2. 垂线平均含沙量计算

有了垂线各测点含沙量 ρ，用流速加权计算垂线平均含沙量，公式如下：

二点法：$\quad \rho_m = \dfrac{\rho_{0.2} v_{0.2} + \rho_{0.8} v_{0.8}}{v_{0.2} + v_{0.8}}$ （1.6.5）

三点法：$\quad \rho_m = \dfrac{\rho_{0.2} v_{0.2} + \rho_{0.6} v_{0.6} + \rho_{0.8} v_{0.8}}{v_{0.2} + v_{0.6} + v_{0.8}}$ （1.6.6）

五点法：$\rho_m = \dfrac{\rho_{0.0} v_{0.0} + 3\rho_{0.2} v_{0.2} + 3\rho_{0.6} v_{0.6} + 2\rho_{0.8} v_{0.8} + \rho_{1.0} v_{1.0}}{10 v_m}$ （1.6.7）

式中　　　　　　　　ρ_m——垂线平均含沙量，kg/m³；

$\rho_{m0.0}$、$\rho_{m0.2}$、$\rho_{m0.8}$、$\rho_{m1.0}$、$\rho_{m0.6}$——各相对水深处的含沙量，kg/m³；

v_m——垂线平均流速，m/s；

$v_{0.0}$、$v_{0.2}$、$v_{0.6}$、$v_{0.8}$、$v_{1.0}$——各相对水深处的测点流速，m/s。

3. 断面输沙率计算

断面输沙率的计算方法与流速仪测流时计算流量的方法类似，先根据垂线平均含沙量计算部分平均含沙量，再与部分面积的部分流量相乘，即得部分面积的输沙率，最后相加得断面输沙率。计算公式为

$$Q_s = \rho_{m1} q_0 + \dfrac{\rho_{m1} + \rho_{m2}}{2} q_1 + \cdots + \dfrac{\rho_{mn-1} + \rho_{mn}}{2} q_{n-1} + \rho_{mn} q_n \quad (1.6.8)$$

式中　　　　　　　　Q_s——断面输沙率，kg/s；

ρ_{mi}——第 i 条测沙垂线的垂线平均含沙量，kg/m³；

q_0，q_1，…，q_n——以测沙垂线分界的部分面积相应的部分流量，m³/s。

4. 断面平均含沙量计算

断面平均含沙量为断面输沙率除以断面流量，即

$$\overline{\rho} = \dfrac{Q_s}{Q} \quad (1.6.9)$$

5. 单样含沙量及单断沙关系

由于泥沙测验工作量比较大，不宜采用此法逐时逐日施测以求得断面输沙率的变化过程。通常是根据多次实测资料研究断面平均含沙量（简称断沙）与单样含沙量（简称单沙）之间的相关关系，称为单断沙关系。所谓单样含沙量，是指与断面平均含沙量有较好相关关系的断面上的某一测点含沙量或某一垂线平均含沙量。有了单断沙关系后，如图 1.6.3 所示，就可以根据测定的单沙，查得断面平均含沙量，并进一步推求断面输沙率。

根据实测输沙率资料，可计算逐日平均输沙率及各月、年平均输沙率等，并可进一步求得各时段的输沙量。

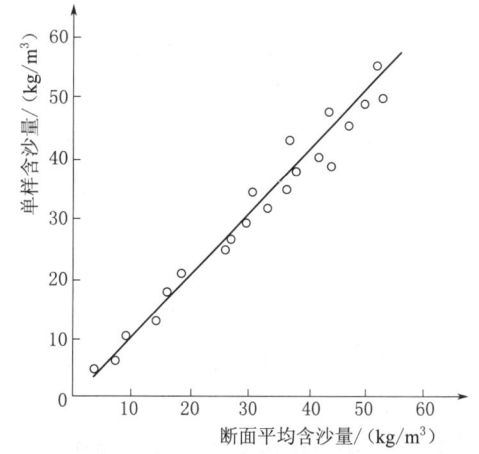

图 1.6.3　某站单沙与断沙关系

水文年鉴中刊布成果有逐日平均悬移质输沙率表、逐日平均含沙量表、洪水水文要素摘录表中的含沙量过程摘录以及实测输沙率成果表等。

推移质泥沙粒径较粗，沿河底移动，总量一般比悬移质少。目前，天然河流推移质的测验开展较少，测验仪器和方法有待完善。实际工程中常借用悬移质资料估算推移质泥沙。

【任务解析单】

根据任务单，分析计算得坝址断面处多年平均输沙量：

$$W_s = M_s F = 750 \times 850 = 637500 (t)$$

多年平均输沙率：

$$Q_s = \frac{W_s}{T} = \frac{637500 \times 10^3}{31.536 \times 10^6} = 20.21 (kg/s)$$

多年平均含沙量：

$$\bar{\rho} = \frac{Q_s}{Q} = \frac{20.21}{20.5} = 0.99 (kg/m^3)$$

【技能训练单】

测得某流域多年平均的年径流量和年输沙量分别为43.2亿 m^3 和1.6亿 t，试推求该河流的多年平均含沙量。

【技能测试单】

1. 单选题

（1）泥沙的运动形式与水流状况和泥沙粗细有关，简略来说，在一定的水势流速下，相应的较细颗粒成为（　　），较粗的颗粒成为（　　）。

A. 悬沙—床沙　　　　　　　　B. 推移质—河床质

C. 冲泻质—床沙质　　　　　　D. 悬移质—推移质

（2）含沙量是度量浑水中泥沙所占比例的概念，最常见的是浑水中泥沙（　　）与浑水体积的比例表达法。

A. 质量　　　B. 面积　　　C. 重量　　　D. 总量

（3）河流泥沙测验一般涉及野外作业、实验室业务和（　　）及资料整理分析几个环节。

A. 制订计划　　　　　　　　B. 数据记载计算

C. 资料整理分析　　　　　　D. 总结研究

（4）推移质泥沙总量一般比悬移质的（　　）。

A. 少　　　B. 多　　　C. 相等　　　D. 以上都不是

（5）一般河床质测验是用河床质采样器采集河床表层（　　）m以内的沙样。

A. 1～2　　　B. 0.2～0.3　　　C. 1～0.2　　　D. 0.5～1

2. 判断题

(1) 影响河流输沙量的气候因素中，降水、气温和风是最大的影响因素。（　　）
(2) 河流泥沙大部分来自流域的表面。（　　）
(3) 随着水流条件的不同，悬移质、推移质、河床质泥沙可以相互转化。（　　）
(4) 单断沙关系图是以单样含沙量为横坐标，断面平均含沙量为纵坐标的图。
（　　）
(5) 断面流量与输沙单的比值为断面平均含沙量。（　　）

任务1.7　水　质　监　测

【任务单】

"源清流洁，本盛末荣"。源头至清、其流当洁。为了积极响应习总书记提出的"绿水青山就是金山银山"的号召，落实绿色可持续发展的理念，应该从不同角度剖析河流源头地的防污防治方法，探索河流源头保护的治理措施。那么什么是水体的污染源？查用到的方法有哪些？

【任务学习单】

1.7.1　地面水质

水是人类赖以生存的主要物质，根据其用途，不仅有量的要求，而且必须有质的要求。随着社会经济的发展，人口的增加，我国目前的水资源问题不仅表现为水量不足，水质问题也日益突出。水体一旦受到严重污染，便对工业、农业、渔业及人类健康和生态环境等方面产生很大危害。对水体质量有较大影响的污染物有如下几种：

(1) 需氧污染物。主要来自生活污水和某些轻工业废水，以及一般腐殖质、人体排泄物、垃圾废弃物等。这是一种可生物降解的有机物，如动植物纤维、脂肪、糖类、蛋白质、有机原料、人工合成有机物等，在被微生物分解时消耗水中的氧，故称需氧污染物。如果水中的溶解氧消耗殆尽，则水体会发臭发浑，危害鱼类和人体健康。

(2) 植物营养物。如从施肥农田中排出的氮、磷以及初级污水处理厂排出的污水。这些营养物对于农作物生长而言是宝贵的物质，但过多地进入天然水体，将会导致藻类大量繁殖，使水体严重缺氧，造成鱼类大量死亡。这种氮、磷在湖泊水体积蓄过多会造成富营养化，破坏水域生态平衡，加速湖泊衰亡过程。

(3) 有机有毒污染物和无机有毒污染物。有机有毒污染物主要是酚类化合物和难以降解的蓄积性极强的有机农药和多氯联苯。这些物质来自农田排水和有关的工业废水。有些有机有毒污染物还被认为是致癌物质，如稠环芬香胺等。无机有毒物质主要是重金属等有潜在长期影响的有毒物质。汞、镉、铅、铬及类金属砷等，毒性大，有人称其为"五毒"。水体重金属污染，不能被微生物降解，会通过食物链富集积累，这些物质直接作用于人体会引起严重的疾病。如日本的水俣病是由汞污染所致，骨痛病是由镉污染造成的。其他污染物还有氟化物、氰化物等。

（4）无机污染物质。主要是酸、碱和一些无机盐类。它们主要来自矿山排水和工业废水。酸碱污染水体，pH值发生变化，妨碍水体自净，抑制或灭杀细菌和其他微生物，腐蚀建筑物等。无机盐含量增加，将提高水的硬度，降低水中的溶解氧，对淡水生物有不良影响等。

（5）病原微生物。水体中病原微生物主要来自生活污水、医院污水和制革、屠宰、洗毛等工业废水。它含有各种病菌、病毒和寄生虫，能引起传染病的高发病率和高死亡率。此外，对水体造成污染的主要物质还有石油、放射性物质、热污染、悬浮物质等。

1.7.2 水质监测的任务

水体污染加剧，水质下降，影响制约了经济的发展，同时也直接危害了人民群众的生活。为防治水污染，国家已颁布了相应的法规、标准，并采取了许多措施，其中包括对水质的监测。水质监测是水资源保护的一项基础工作。其目的是及时掌握水质变化动态，防治水体污染，合理使用水资源。其基本任务如下：

（1）定期或连续监测水体质量，及时提出监测数据，适时地提出评价报告。

（2）结合水资源保护要求，对污染源进行调查，提出防治水污染的要求，评价防治措施的效果。

（3）研究污染物在水体中迁移转化的规律，确定水体自净能力，为制定、修订水质指标标准及水质规划提供依据。

（4）积累资料，开展水质方面的服务工作。

1.7.3 水质监测站网

1.7.3.1 水质站

水质站是进行水环境监测采样和现场测定，定期收集和提供水质、水量等水环境资料的基本单元。按目的与作用，水质站可分为基本站和专用站。基本站长期监测水系的水质变化动态，收集和积累水质基本资料，并与水文站、雨量站、地下水位观测井等统一规划设置。专用站是为某种专门用途而设立的。按监测水体的不同，水质站又可分为地表水水质站、地下水水质站与大气降水水质站等。

1.7.3.2 水质监测站网

水质监测站网是按一定目的与要求，由适量的各类水质站组成的水质监测网络。监测站网应与水文站网、地下水观测井站网、雨量站网相结合。监测站网应按水系（河道分布、水文特性、生态系统状态等）和污染源分布特征设立。对已有或拟建大中型工矿企业的河段、重点城市、大型灌区、主要风景游览区，河道水文特性和自然环境因素显著变化地区，有特殊要求地区（严重水土流失、盐碱化、有地方病和地下水分区地区及防震预报地区等）均应设站等。

1.7.4 地面水采样

1.7.4.1 采样断面的布设

采样断面的布设要充分考虑河段取水口、排污口数量和分布及污染物排放情况、水文情况。力求以较少的监测断面和测点获取最具代表性的样品，能客观地反映该区域水环境质量及污染物的时空分布与特征。尽量与水文观测断面相结合等。一般采样断面分为三类：

（1）对照断面。设在城市或工业排污区（口）河流上游，不受污染影响地段。

（2）控制断面。在排污区（口）下游，能反映本污染区污染状态的地段。按排污口分布及排污状况可设一至几个控制断面。

（3）削减断面。设在控制断面下游水质已被稀释的河段。

对于河段内有较大支流汇入的，应在汇合点支流上游处及充分混合后的干流处布设断面。河流或水系背景断面可设置在上游接近河流源头处，或未受人类活动明显影响的河段。一些特殊地点或地区，如饮用水源或水资源丰富地区，可视其需要设采样断面。重要河流入海口应布设断面。水文地质或地球化学异常河段，应在上游、下游布置断面等。

湖泊、水库主要出入口、中心区、饮用水水源地、主要排污汇入处等应布设采样断面。采样断面确定后，应布置采样垂线。一般水面宽小于 50m，只设 1 条中泓垂线；水面宽 50~100m，设左、中、右 3 条；水面宽大于 100m，设 3~5 条垂线等。垂线上采样点布设要求是：水深小于 5m，水面下 0.5m，不足 1m，取 1/2 水深；水深 5~10m，水面下 0.5m，河底上 0.5m；水深大于 10m，水面下 0.5m，1/2 水深，河底以上 0.5m。

1.7.4.2 水样的采集和监测项目

采样器可用无色硬质玻璃瓶或聚乙烯塑料瓶或其他采样器。按一定方法采集各采样点水样。采样频率和时间应按《水环境监测规范》（SL 219—2013）的要求进行。如长江、黄河干流和全国重点基本站每年不得少于 12 次，每月中旬采样。一般中小河流每年不得少于 6 次，丰水期、平水期、枯水期各 2 次。设有全国重点基本站或具有向城市供水功能的湖泊、水库，每月采样 1 次。一般湖泊，水库全年采样 3 次，丰水期、平水期、枯水期各 1 次等。水样的采集、处理、运算及存放，按规范规定执行。

水质监测项目要反映本地区水体中主要污染物的监测项目，监测项目可分必测与选测两类。如河流必测项目有水温、pH 值、悬浮物、总硬度、电导率、溶解氧、高锰酸盐指数、五日生化需氧量、氨氮、硝酸盐氮、亚硝酸盐氮、挥发酚、氰化物、氟化物、硫酸盐、氯化物、六价铬、总汞、总砷、镉、铅、铜、大肠菌群 23 项。选测项目有硫化物、矿化度、非离子氨、凯氏氮、总磷、化学需氧量、溶解性铁、总锰、总锌、硒、石油类、阴离子表面活性剂、有机氯农药、苯并（α）芘、丙烯醛、苯类、总有机碳等 17 项。饮用水源地，湖泊水库监测项目可参见《水环境监测规范》（SL 219—2013）。

水样采集后应及时送样分析化验，确定各水质（监测项目）含量，获取水质数据，为水资源质量评价、规划和管理与污染防治提供依据。

1.7.5 水体污染源调查

水体污染源分人为污染源和自然污染源两类。人为污染又分为工矿等排污和城市生活污水对河流的点源污染，以及雨水把大气中和地面的面源污染物带入水体造成的污染等。水体污染源调查主要是查找人为污染源，为控制及消除污染，保护水资源提供科学依据。

（1）污水直接排入河道等水域的工业污染源调查以下内容：企业名称、厂址、企业性质、生产规模、产品、产量、生产水平等；工艺流程、工艺原理、工艺水平、能源和原材料种类及成分，消耗量；供水类型，水源，供水量，水的重复利用率；生产布局，污水排放系统和排污规律，主要污染物种类，排放浓度和排污量，排污口位置和控制方式，以及污水处理工艺及设施运行状况。

（2）城镇生活污染源调查以下内容：城镇人口，居民区布局和用水量；医院分布和医疗用水量；城市污水处理厂设施，日处理能力及运行状况；城市下水道管网分布状况；生活垃圾处置状况。

（3）农业污染源应调查以下内容：农药品种、品名、有效成分、含量、使用方法、使用量和使用年限及农作物品种等；化肥的使用品种、数量和方式；其他农业废弃物。

调查直接污染河道（翻、库）水域的以上点和面污染源时，调查者主要通过资料收集、访问、现场查勘和实酵等形式进行两查，并填写、整理相应调查表格。为掌握污染源的变化状况，污染源调查每 5 年进行 1 次；新增与扩建污染源应及时调查上报。

【任务解析单】

水体污染源调查是指对水体周边的污染源进行调查和分析，以了解水体污染的来源和污染物的种类和浓度。水体污染源调查的方法包括现场调查和实验室分析两种。现场调查主要是通过对水体周边的工业企业、农业生产等进行调查，了解污染源的种类和排放情况。实验室分析则是对采集的样品进行分析，包括化学分析、生物学分析等。

【技能训练单】

采样断面确定后，如何布置采样垂线？

【技能测试单】

1. 单选题

（1）水质采样器是采集（　　）样品的一种器具，有人工采样器和自动采样器两类。

A. 水量　　　　B. 水流　　　　C. 泥沙　　　　D. 水质

（2）水质样品的保存按最长储放时间，一般污水的存放时间越短越好。清洁水样为 72h；轻污染水样为 48h；严重污染水样为（　　）。

A. 12h　　　　B. 18h　　　　C. 24h　　　　D. 36h

（3）当水深小于 5m 时，采样点应布设在（　　）处。

A. 水面下 0.5m　　　　　　B. 水面下 1m

C. 水面下 1.5m D. 1/3 水深

(4) 为保证所采集的水样的代表性，必须选择科学的采样技术、（ ）。

A. 合理的采样位置 B. 合理的采样方法

C. 合理的采样位置、采样方法和采样时间 D. 合理的采样时间

(5) 水体污染源分为（ ）两类。

A. 人为污染源、生活污染源 B. 工业污染源、自然污染源

C. 人为污染源、自然污染源 D. 人为污染源、矿业污染源

2. 判断题

(1) 控制及消除污染是水体污染源调查的主要目的。　　　　　　　（　）

(2) 对于中小河流，每年采样频率不得少于 12 次。　　　　　　　　（　）

(3) 水质采样断面一般不能与水文观测断面相结合，以防相互干扰。（　）

(4) 除了聚乙烯塑料容器，水质采样器也可以选择金属容器。　　　（　）

(5) 采样断面的布设要充分考虑河段取水口、排污口数量和分布及污染物排放情况、水文情况。　　　　　　　　　　　　　　　　　　　　　　　　　　（　）

项目 2

水 文 统 计

任务 2.1　水文资料收集与审查

【任务单】

"千里之行,始于足下。九层之台,起于垒土。"做任何事情,都要明确基础工作,任务的完成也是靠点滴积累,不是一蹴而就的。水文资料的收集与审查是水文分析计算的依据。水文资料可以从水文年鉴、水文图集和水文手册等工具书中收集,对收集的资料进行整理和复核以后,进行可靠性、一致性和代表性三性审查。对于审查不合格的资料,需要进行还原计算和插补延长计算。例如陕西省某中小河流治理项目防洪工程,工程建设需要收集河流、流域基本情况、水文气象资料等,我们应该如何收集与审查水文资料呢?

【任务学习单】

2.1.1　资料的收集与复核

水文站观测整理的原始资料采用统一的规格与标准,经过整编、计算、分析提炼成存在一定精度且系统完整的成果,汇编存储成相应的形式,从而应用于国民经济建设、科研、国防、水利建设等领域。原始资料整编以后的成果有水文年鉴、水文图集和水文手册,三者是水文分析与计算的工具书。

水文年鉴内容包括测站分布图,水文站说明表及位置图,各测站的水位、流量、泥沙、水温、冰凌、水化学、地下水、降水量、蒸发量、水文调查等资料的整编成果。水文年鉴是水文主管部门提供水文资料的主要形式之一。

水文手册和水文图集是在分析综合各地区历年实测水文资料的基础上编制的地区综合资料,其主要内容包括:本地区自然地理和气候资料,降水、蒸发、径流、暴雨、洪水、泥沙、水化学、地下水、水情等水文要素的统计表、等值线图、分区图,计算各种径流特征值和设计值的经验公式、水文要素之间的关系曲线等。

在水文分析与计算时,根据实际需要从工具书中收集资料。只有深入了解流域的自然地理及河流基本情况,并充分认识流域的水文气象特性及变化规律后,才能确保水文分析计算成果符合客观实际。

2.1.1.1 河流、流域基本情况

（1）流域自然地理特性。主要包括工程所在的流域地理位置及地形、地势、地貌、水文地质、土壤、植被、湖泊、沼泽、冰川特征以及闭流区、岩溶区的分布范围等。

（2）流域的水系与河道特征。主要包括流域面积、形状、高程、坡度、平均宽度、水系分布、河网密度、河道长度、纵比降、河流走向、河道弯曲度，以及工程所在河段的河道形态和纵横断面特征等。

（3）人类活动影响。包括已建大中小型水库工程、灌溉引水工程、工业及城市供水工程、蓄滞洪工程及运用等情况及其规划、设计和运行资料以及流域水土保持开展情况等。

2.1.1.2 水文气象资料

（1）站网资料。水文资料主要来源于国家基本站网及各种实验站和专用水文站、水位站、水库及引水工程资料等；气象资料主要来源于国家水文站、气象站和专用气象站。

根据工程所在位置，向有关水文局和气象台（局、站）了解所在流域及相邻流域水文站、气象站分布情况及其沿革情况，并确定设计依据站、代表站及主要参证站。收集并了解水文站测站的集水面积，测站的设置、停测、恢复及搬迁情况，曾经采用过的高程系统及各高程系统间的换算关系等；测验河段情况；水文站的测验方法、测验内容和整编情况等。

（2）气象资料。气象资料包括降水、蒸发、气温、气压、湿度、风向、风速、日照时数、地温、雾、雷电、探空资料等项目，北方和高寒地区气象资料还包括冰霜期、冻土深度、积雪深度、冻融循环次数等。也应收集坝址附近设置的专用气象站的气象资料。收集气象资料时，还应了解气象测站点高程，视需要还可搜集历史天气图、雷达及卫星云图等资料。

（3）暴雨资料。暴雨资料是水文分析计算使用最多的水文气象资料之一，包括水文年鉴、暴雨普查及暴雨档案、历史暴雨调查资料及记载雨情、水情及灾情的文献材料。在国家水文气象台站稀少的地区，要注意搜集群众性和专用气象站的资料。

（4）水文资料。水文资料主要包括实测的降水量、蒸发量、水位（潮水位）、流量、水温、冰情，悬移质含沙量、输沙率、颗粒级配、矿物组成，推移质输沙量、颗粒级配，工程所在河段床沙组成、颗粒级配等。

（5）历史洪（枯）水资料。历史洪（枯）水资料主要从各流域机构、各水利水电勘测设计院、各地水文部门收集，历史文献资料则从有关图书馆、博物馆、档案馆等部门收集。

（6）其他资料。其他资料包括流域及邻近地区的水文资料复查报告、水文分析计算报告、降雨等值线图、暴雨成因及洪水特性分析报告，有关各省（自治区、直辖市）新近编制的暴雨径流查算图表、水文手册、暴雨等值线图、暴雨时面深关系图等，以及全国、流域和各省（自治区、直辖市）水旱灾害专著等。

2.1.1.3 资料的整理

对于搜集的资料，按测站（水库）分项目整理，并进行初步的检查分析，以便及时发现问题，去伪存真，使掌握的第一手资料具有较高的可靠性。对主要的暴雨、径流、洪水、泥沙等资料，除整编刊印的资料以外，要注明其来源、精度及存在的主要问题。

2.1.1.4 资料的复核

水文计算成果的精度，取决于基本资料情况及其可靠程度，放在水利水电工程的规划设计中，必须对所用到水文资料的可靠性、合理性进行检验。

（1）流域基本资料复核。流域面积、河长、比降等是最基本的流域特征资料，特别是拟建工程和设计依据站集水面积的复核，对于径流、洪水及泥沙的分析计算意义重大，应予重视。

（2）水文气象资料复核。其中降水、蒸发资料一般从降水和蒸发的观测场址、仪器类型、观测方法及时段等方面，检查资料的可靠性。水位资料主要查明高程系统、水尺零点、水尺位置的变动情况，以及观测段次是否能控制住洪水过程及洪峰等，并重点复核观测精度较差、断面冲淤变化较大和受人类活动影响显著的资料。流量资料复核时，应着重复核测验精度较差及大洪水资料，主要检查浮标系数、水面流速系数、借用断面、水位流量关系曲线等的合理性。

2.1.2 资料系列的"三性"审查

水文资料是水文分析计算的依据，它直接影响着工程设计的精度和工程安全。因此，对于所使用的水文资料必须认真地审查，这里所谓审查就是审查资料系列的可靠性、一致性和代表性。

2.1.2.1 资料的可靠性审查

可靠性就是资料数据应满足的适用精度。在水利水电工程的规划设计中，首先要对水文基本资料进行必要的审查、复核，在审查、复核资料时，重点要放在大水年和小水年的水文资料上。要注意了解水尺位置、零点高程、水准基面的变动，水位、流量观测情况，比降、糙率、浮标系数的采用，断面的冲淤变化，水位流量关系曲线的定线和高水延长方法等。可通过历年水位流量关系曲线的比较（特别是高水部分），上下游及干支流的水量平衡，水位、流量过程线的对照，降雨径流关系的分析等进行审查。

2.1.2.2 资料的一致性审查

资料的一致性是指产生资料系列的条件是否一致。随着人类活动对水文水资源情势影响的不断加深，水文分析与计算中必须分析研究人类活动的影响，对资料系列进行还原或还现的分析计算，以确保满足水文系列的一致性要求。一般是将人类活动影响后的系列还原到流域大规模治理以前的天然状况下。还原的方法有多种，径流系列还原最常用的方法是分项调查法，该法以水量平衡为基础，即天然年径流量 $\Delta W_{天然}$ 应等于实测年径流量 $\Delta W_{实测}$ 与还原水量 $\Delta W_{还原}$ 之和。还原水量一般包括农业灌溉净耗水量 $W_{农业}$、工业净耗水量 $W_{工业}$、生活净耗水量 $W_{生活}$、蓄水工程的蓄水变量 $W_{调蓄}$（增加为正，减少为负）、水土保持措施对径流的影响水量 $W_{水保}$、水面蒸发增损

量 $W_{蒸发}$ 和跨流域引水量 $W_{引水}$（引出为正，引入为负）、河道分洪水量 $W_{分洪}$（分出为正，分入为负）、水库渗漏水量 $W_{渗漏}$、其他水量 $W_{其他}$ 等，公式表示如下：

$$W_{天然} = W_{实测} + W_{还原}$$

$$W_{还原} = W_{农业} + W_{工业} + W_{生活} \pm W_{调蓄} \pm W_{水保} + W_{蒸发} \pm W_{引水} \pm W_{分洪} + W_{渗漏} \pm W_{其他}$$

上式中各部分水量，可根据实测和调查的资料分析确定。还应注意用上下游、干支流和地区间的综合平衡进行验证校核。

2.1.2.3 资料的代表性审查

资料的代表性指样本的统计特性接近总体的统计特性的程度。样本系列代表性好，则抽样误差就小，水文计算成果精度也就高。水文代表性分析常用的方法有周期性分析法、长系列参证变量的比较分析法、差积曲线法、累积平均过程线法和滑动平均法。下面以长系列参证变量的比较分析法为例进行说明，在气候一致区或水文相似区内，以观测期更长的水文站或气象站的年径流或年降水量作为参证变量，系列长度为 N 年，与设计代表站年径流系列有 n 年同步观测期，且参证变量的 N 年系列统计特征（主要是均值和变差系数）与其自身的 n 年系列的统计特征接近，则说明参证变量的 n 年系列在 N 年系列中具有较好的代表性，从而也说明设计代表站 n 年的年径流系列越具有较好的代表性。反之，则说明代表性不足。

如果经过分析审查，样本资料对总体的代表性较差，就要设法将样本资料系列扩展延长，以提高系列的代表性。另外，有时在实测资料中也存在某些年份或时段人为因素或客观因素造成资料缺测、漏测，使得样本资料系列不连续等。这些问题都可以采用数理统计中的相关分析法进行研究解决。所以，相关分析法在水文上的应用是比较广泛的，其主要目的在于通过分析水文变量之间的关系，进而用相关直线、相关曲线（或与其相应的数学关系式）来描述这种关系，并以此对样本资料系列进行插补或延长，以达到提高样本系列代表性的目的。

2.1.3 资料系列的插补延长

2.1.3.1 降雨量资料的插补延长

（1）缺测站与邻站距离较近、地形和其他地理条件差别不大时，可直接移用邻站最大雨量，或将两站系列合并。

（2）缺测站周边有较多测站，在雨量较大时，可绘制一次暴雨或相同起讫时间的时段雨量等值线图进行插补，或绘制年最大暴雨等值线，从中内插缺测站的相应雨量。

（3）对于地形影响比较固定的地区，可绘制缺测站与邻站年最大暴雨的相关曲线插补，或采用一个倍比系数估算。

（4）当暴雨和洪水相关关系较好时，对小面积流域也可利用洪水资料反求缺测站的暴雨量。

2.1.3.2 水位资料的插补延长

水位插补主要采用建立上下游相关的方法。当区间入流比例不大时，其相关关系一般较好，在非汛期尤为可靠。对漏测的洪峰流量（例如观测设备被冲毁的情况），应根据事后调查予以确定，也可以通过上下游实测流量和本站的水位流量关系加以反推。

2.1.3.3 径流资料的插补延长

国内现行的水利水电工程水文计算规范规定，径流频率计算依据的资料系列应在30年以上。当设计依据站实测径流资料不足30年，或虽有30年但系列代表性不足时，应进行插补延长。插补延长年数应根据参证站资料条件、插补延长精度和设计依据站系列代表性要求确定。在插补延长精度允许的情况下，尽可能延长系列长度。根据资料条件，径流系列的插补延长可采用下列方法。

（1）本站水位资料系列较长，且有一定长度的流量资料时，可通过本站的水位流量关系插补延长。

（2）上下游或邻近相似流域参证站资料系列较长，与设计依据站有一定长度同步系列，相关关系较好，且上下游区间面积较小或邻近流域测站与设计依据站集水面积相近时，可通过水位或径流相关关系插补延长。

（3）设计依据站径流资料系列较短，而流域内有较长系列雨量资料，且降雨径流关系较好时，可通过降雨径流关系插补延长，该方法较适合于我国南方湿润地区，对于干旱地区，降水径流关系较差，难以利用降雨径流关系来插补径流系列。

对插补延长的径流资料，应从上下游水量平衡、径流模数等方面进行分析，检查其合理性。

2.1.3.4 洪水资料的插补延长

（1）由实测水位插补流量。当本站水位记录的年份比实测流量年份长时，视历年水位流量关系曲线稳定的程度，选用暴雨洪水特性接近的某年水位流量关系曲线或综合水位流量关系曲线，插补缺测年份的流量。

（2）利用上下游站流量资料进行插补延长。当设计断面上下游有较长观测系列的水文站时，以此作为参证站，根据设计依据站与参证站的同期资料建立相关关系，利用参证站资料进行插补延长。

（3）利用本站峰量关系进行插补延长。利用本站同次洪水的洪峰、洪量相关关系，便可由洪峰流量推求相应的时段洪量，或由时段洪量推求洪峰流量。

（4）利用本流域暴雨资料插补延长。对洪水资料缺测的年份，可以利用流域内的暴雨观测资料，通过降雨径流关系推求洪水总量，或通过产汇流分析，求出流量过程线，然后再摘取洪峰和各时段的洪量。

【任务解析单】

陕西省西乡县沙河中小河流治理项目防洪工程流域概况、气象、水文基本资料，及径流、泥沙与洪水信息。

1. 流域概况

沙河为牧马河一级支流，汉江二级支流，发源于西乡县私渡镇境内，流经沙河镇在苦竹坝汇入牧马河，河长45km，流域面积347km^2，主河道平均比降5.8‰。两岸支流较多，植被良好，森林覆盖率较高。

2. 气象

西乡县位于大巴山西部，米仓山北麓，属北亚热带湿润季风气候区。由于流域内地形起伏大，海拔较高，夏季微热多雨，冬季相对寒冷少雨，春季气温回升，降雨开始增多，夏季为一年中降水较多的季节。因受副热带高压和冷气流强弱及地形影响，降水时空分布不均，强度多变，降雨多集中在夏秋，夏季多大风雷雨。根据西乡气象站多年统计资料，境内多年平均气温14.4℃，极端最高气温39.7℃（1959年7月13日），极端最低气温-10.6℃（1969年1月16日），平均无霜期245d，平均蒸发量457.5mm。年最大降水量1172.6mm，最小降水量573.3mm，多年平均降水量898.2mm，降雨时空分布不均，年际变化大。全年降水多集中在7月、8月、9月3个月，平均降水量462mm，占全年降水量的51.4%。降水的分布规律是由北向南依次递增，北部低山丘陵区年降水900mm，南部山区降水高达1600mm以上。多年平均风速为1.8m/s，汛期最大风速15m/s，主风向EN。最大冻土层深度9cm。

3. 水文基本资料

经调查，西乡县沙河流域从来没有设立过水文站，属于无资料地区河流，故采用牧马河西乡县水文站水文资料分析计算成果，再通过水文比拟法推求工程所在地址的设计洪水等资料。牧马河西乡县水文站位于牧马河中下游西乡县城区主干北岸，西乡县水文站始建于1958年，原名"白龙塘水文站"。白龙塘水文站位居牧马河、泾洋河交汇口下游处白龙塘镇白家坝村，控制流域面积2381km^2。1974年因石泉水库回水淹没迁站至西乡县城西南侧牧马河北岸至今。西乡水文站控制流域面积1224km^2，测流断面距上渡大桥约150m。本次收集西乡水文站实测42年（1974—2015年）洪水资料，同时计入1940年（民国29年）9月15日调查历史洪水，洪峰流量为3350m^3/s。计入了历史洪水后，对西乡县水文站进行洪水分析计算，并依据西乡水文站洪水计算成果，采用多种方法计算各镇工程区不同频率的洪水量级。该站水位、流量、泥沙测验均符合相关规范，整编方法合理，满足规范要求，水位、流量、泥沙资料可靠，精度较好，可供本工程设计使用。由洪峰流量频率曲线可得，西乡站10年一遇洪峰流量为1824m^3/s，20年一遇洪峰流量为2183m^3/s。

4. 径流、泥沙

根据西乡水文站多年径流资料，得出牧马河多年平均径流量20.8亿m^3。采用水文比拟法推算得私渡镇段断面、沙河镇段断面多年平均径流量分别为0.44亿m^3、2.11亿m^3。根据西乡水文站成果，牧马河多年平均悬移质输沙量135万t。采用水文比拟法推算得私渡镇段断面、沙河镇段断面多年平均悬移质输沙量分别为2.85万t、13.71万t；推移质计算采用推悬比进行计算，推悬比取0.3，计算得多年平均推移质输沙量分别为0.86万t、4.11万t；输沙量总和分别为3.71万t、5.15万t。

5. 洪水

沙河、牧马河的洪水是由暴雨形成的，暴雨的特性决定着洪水特性。流域内暴雨最早发生在4月，最迟出现在11月，但量级和强度较大的暴雨一般发生在6—9月。暴雨分为雷暴雨和霖暴雨两种，雷暴雨多发生在夏季，一般为地形雨，笼罩面积小，历时短，强度大，常造成局部地区大洪水。沙河、牧马河流域的暴雨特性决定着该河的洪水最早出现在 4 月,但洪峰流量较小,年最大洪水一般出现在 6—10 月,大洪水主要出现在 6—9 月,11 月由于受霖暴雨的影响,亦有洪水发生。洪水具有峰高、量大的特点。

【技能训练单】

1. 请调查本人家乡所在地的河流及水情监测情况,写份河流水情调研报告。
2. 试述防洪工程所需的水文资料。

【技能测试单】

1. 单选题

(1) 水文现象是一种自然现象,它具有(　　)。

    A. 不可能性　　　　　　　　B. 偶然性

    C. 必然性　　　　　　　　　D. 既具有必然性,也具有偶然性

(2) 减少抽样误差的途径是(　　)。

    A. 增大样本容量　　　　　　B. 提高观测精度

    C. 改进测验仪器　　　　　　D. 提高资料的一致性

(3) 水文现象的发生、发展,都具有偶然性,因此,它的发生和变化(　　)。

    A. 杂乱无章　　　　　　　　B. 具有统计规律

    C. 具有完全的确定性规律　　D. 没有任何规律

(4) 资料系列的代表性是指(　　)。

    A. 是否有特大洪水　　　　　B. 系列是否连续

    C. 能否反映流域特点　　　　D. 样本的频率分布是否接近总体的概率分布

(5) 在一次随机试验中,可能出现也可能不出现的事件叫作(　　)。

    A. 必然事件　　　　　　　　B. 不可能事件

    C. 随机事件　　　　　　　　D. 独立事件

(6) 把短系列资料展延成长系列资料的目的是(　　)。

    A. 增加系列的代表性　　　　B. 增加系列的可靠性

    C. 增加系列的一致性　　　　D. 考虑安全

(7) 水文资料在频率计算时,下列哪一项不是资料"三性"审查的范围?(　　)

    A. 准确性　　　　　　　　　B. 代表性

    C. 一致性　　　　　　　　　D. 可靠性

(8) 下列关于水文统计,说法错误的是(　　)。

    A. 水文统计的任务是研究和分析水文现象的统计变化特性

    B. 水文统计中水文资料一般要求实测年份不少于 20 年

    C. 水文统计是以样本推算总体的参数值,样本的代表性直接影响计算结果

    D. 相关分析不属于水文统计

2. 判断题

(1) 由随机现象的一部分试验资料去研究总体现象的数字特征和规律的学科称为概率论。（　　）

(2) 偶然现象是指事物在发展、变化中可能出现也可能不出现的现象。（　　）

(3) 在每次试验中一定会出现的事件叫作随机事件。（　　）

(4) 随机事件的概率介于0～1之间。（　　）

(5) 由样本估算总体的参数，总是存在抽样误差，因而计算出的设计值也同样存在抽样误差。（　　）

(6) 水文系列的总体是无限长的，它是客观存在的，但我们无法得到它。（　　）

(7) 概率和频率是同一概念的不同说法。（　　）

(8) 水文研究样本系列的目的是用样本估计总体。（　　）

(9) 加长样本系列可以减小抽样误差。（　　）

(10) 在每次试验中一定会出现的事件叫作随机事件。（　　）

任务2.2　相　关　分　析

【任务单】

相关分析在工农业生产和科学研究等各项活动中被广泛地应用，是一种不可缺少的分析工具，是水文测报、水文分析计算等工作的必备工具。在水文分析计算中，经常会遇到某一变量实测资料系列较短，而与其有关的另一变量的实测资料较长，在这种情况下，通过相关分析，首先鉴别两变量间关系密切程度，建立两变量间的相关关系，然后利用系列较长的变量值插补延长系列较短的变量的可能值，提高系列变量的代表性，这就是研究变量之间相关关系的主要作用。例如某设计雨量站有13年（1970—1982年）实测年降水量资料。同一气候区、自然地理条件相似区域内有一邻近雨量站（称参证站）有18年（1965—1982年）降水量资料，请分析两站降水量资料关系，并将设计站年降水量资料系列延长。本任务通过案例分析解决相关分析的方法。

【任务学习单】

2.2.1　相关分析原理

2.2.1.1　相关分析的概念

相关分析是研究现象之间是否存在某种依存关系，并对具体有依存关系的现象探讨其相关方向以及相关程度，是研究随机变量之间的相关关系的一种统计方法。多种随机变量之间并不是各自独立的，而是相互联系的。例如，降水与径流，上下游洪水之间，水位与流量之间等，都存在着一定的联系，研究两个或两个以上变量之间关系的工作称为相关分析，其实质是研究变量之间的近似关系。相关分析是水文统计中的一种基本方法，有时也称回归分析法，二者之间并无很大的差别，只是在某些情况下，有人认为相关分析是侧重于研究随机变量之间的关系密切程度大小的一种方法，而回归分析则主要是用统计方法寻求一个数学公式来描述变量间的关系。两者在工程水文中一般不加区别，而且多用相关分析法的名称。

在水文计算中为了提高成果的精度，常常把短期的水文资料，设法加以延长或插补缺测年份的资料，就要利用水文变量之间的相关关系，借助长系列样本延长或插补短期的水文系列，提高短系列样本的代表性和水文计算成果的可靠性，这就是相关分析的目的。

2.2.1.2 相关关系的分类

一般两个变量之间的关系会呈现以下三种形式：

1. 完全相关（函数关系）

两个变量 x 与 y 之间，如果每给定一个 x 值，就有一个完全确定的 y 值与之对应。则这两个变量之间的关系就是完全相关（或称函数关系）。其相关的形式可为直线或曲线关系。

2. 零相关（没有关系）

两变量 x 与 y 之间毫无联系或某一现象的变化不影响另一现象的变化。这种关系 x 与 y 的关系点杂乱无章，呈"满天星"分布，如图 2.2.1 所示。

3. 相关关系

两个变量 x 与 y 之间的关系介于完全相关和零相关之间，则称为相关关系。在水文计算中，由于影响水文现象的因素错综复杂，有时为简便起见，只考虑其中最主要的一个因素而略去其次要因素，例如径流与相应的降雨量之间的关系，如果把它们的对应数值点绘在方格纸上，便可看出这些点子虽有点散乱，但其平均关系还是有一个明显的趋势，这种趋势可以用一定的曲线（包括直线）来配合，如图 2.2.2 所示。这便是简单的相关关系。

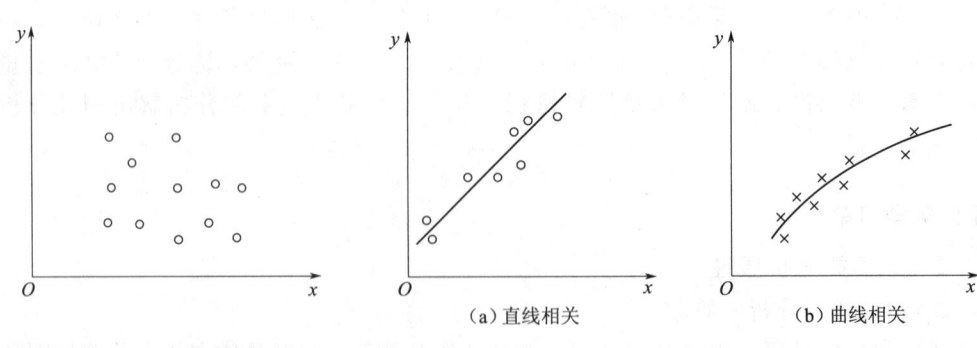

图 2.2.1 零相关示意图

图 2.2.2 相关关系示意图
(a) 直线相关　(b) 曲线相关

在相关分析中，只研究两个变量之间的关系，称简单相关。研究三个或三个以上变量之间的关系称复（杂）相关。无论是简单相关还是复（杂）相关，又有直线相关和曲线相关之分。水文计算中常用简单相关，水文预报中常用复相关。本节重点介绍简单直线相关，其他相关仅作简介。

2.2.2 相关分析方法
2.2.2.1 相关图解法

设由变量 x，y 的同期样本系列构成 n 组观测值 (x_i, y_i) $(i=1 \sim n)$，以短系列 y 为纵坐标，以长系列 x 为横坐标，将对应的相关点 (x_i, y_i)，点绘在坐标系上，根据散点图，通过点群中心，目估定出相关直线，如图 2.2.2（a）直线所示。其相关直线方程式为

$$y = a + bx \tag{2.2.1}$$

式中　　x——自变量；

　　　　y——倚变量；

　　　　a——直线在纵轴上的截距；

　　　　b——直线的斜率。

可用图解定线求出 a、b 两个参数。

用目估定线时应注意以下几点：应使相关线两侧点据的正离差之和与负离差之和大致相等；对离差较大的个别点不得轻率地删略，须查明原因，如果没有错误或不合理之处，定线时还要适当照顾，但不宜过分迁就，要全盘考虑相关点的总趋势；相关线应通过同步系列的均值点，这可由相关计算法得到证明。

利用 Excel 完成直线回归计算是非常方便的，利用 Excel 的计算功能，分步完成以下相关计算的各项内容，计算操作步骤如下。

【例 2.2.1】 湿润地区某流域具有 1966—1978 年的年径流深和 1958—1978 的年降水量资料，见表 2.2.1。试用相关图解法进行相关分析，并插补流域的年径流深资料。

表 2.2.1　　　　　某流域年降水量与年径流深资料　　　　　单位：mm

年　份	1958	1959	1960	1961	1962	1963	1964
年降水量	1345.7	1396.2	1594.4	1559.9	1712.4	1854.2	1547.1
年径流深							
年　份	1965	1966	1967	1968	1969	1970	1971
年降水量	1475.3	1464.1	1618.6	1643.2	1532.3	1562.6	1372.5
年径流深		820.0	789.2	826.8	700.4	676.5	587.6
年　份	1972	1973	1974	1975	1976	1977	1978
年降水量	1383.9	1380.1	1538.2	1541.0	1195.3	1680.5	1587.0
年径流深	536.4	533.0	710.6	717.5	389.5	905.4	847.3

利用 Excel 软件的图表向导功能直接绘出相关直线，并求出相关直线方程及相关系数，其步骤如下：

(1) 打开 Excel 新建一个工作簿，用常规数据格式在 A 列输入相关计算同步资料相应的年份，B 列输入自变量年降水量 x 值，C 列输入倚变量年径流深 y 值，如图 2.2.3 所示。

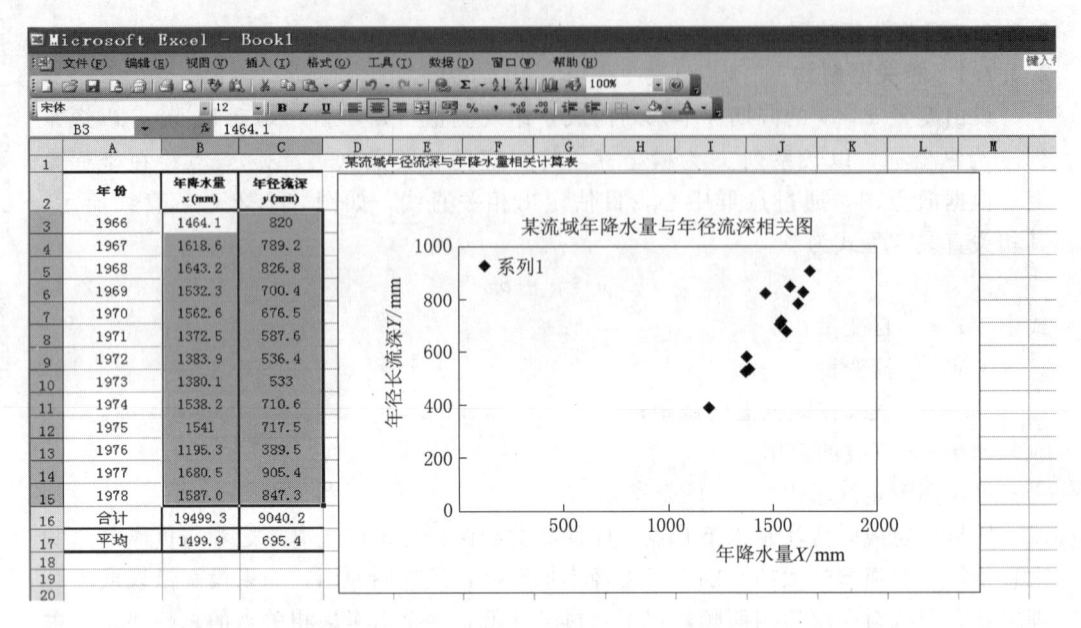

年份	年降水量 x(mm)	年径流深 y(mm)
1966	1464.1	820
1967	1618.6	789.2
1968	1643.2	826.8
1969	1532.3	700.4
1970	1562.6	676.5
1971	1372.5	587.6
1972	1383.9	536.4
1973	1380.1	533
1974	1538.2	710.6
1975	1541	717.5
1976	1195.3	389.5
1977	1680.5	905.4
1978	1587.0	847.3
合计	19499.3	9040.2
平均	1499.9	695.4

图 2.2.3　利用 Excel"图表向导"绘散点图

（2）用鼠标拖动选择图 2.2.3 中的阴影数据区域；点击菜单栏"插入"→"图表"，出现"图表向导－4 步骤之 1—图表类型"对话框后，选择 XY 散点图，单击"下一步"按钮。

（3）出现"图表向导－4 步骤之 3—图表选项"对话框后，选择"标题"标签，在"图表标题"栏中输入"某站年降雨量与年径流深相关图"、在"数值 X 轴（A）"栏输入"年降雨量 X（mm）"、"数值 Y 轴（V）"栏输入"年径流深 Y（mm）"；选择"坐标轴"标签，在"主坐标轴数值 X 轴（A）、数值 Y 轴（V）"前打"√"；选择"网格线"标签，在"数值 X 轴主要网格线、数值 Y 轴主要网格线"前打"√"；然后单击"下一步"按钮。

（4）出现"图表向导－4 步骤之 4—图表位置"对话框后，选择"作为其中的对象插入"，然后单击"完成"按钮，即得到图 2.2.3 所示的散点图。

（5）将光标放在绘图区内任一相关点上并单击鼠标右键→选"添加趋势线"，在"类型"标签中，选"线性"；在"选项"标签中的"显示公式"、"显示 R 平方值"前面打"√"，然后单击"确定"，即得到相关线及有关计算结果，如图 2.2.4 所示。对于线性相关分析，"R 平方值"即为线性相关系数的平方值。

（6）由年降水量插补年径流深。由上述计算结果可见，本例 $n>12$，$r>0.8$，故相关成果可用于插补年径流深。具体方法是，输入需插补年径流深的年份及相应的年降水量，如图 2.2.5（a）所示，然后在 C3 单元格输入"$=1.004*B3-810.5$"，再按下〈Enter〉键，即得到插补的 1958 年的年径流深 540.6mm。按住鼠标左键，向下拖动填充 C4～C10 单元格，即得到 1959—1965 年插补的年径流深，如图 2.2.5（b）所示。

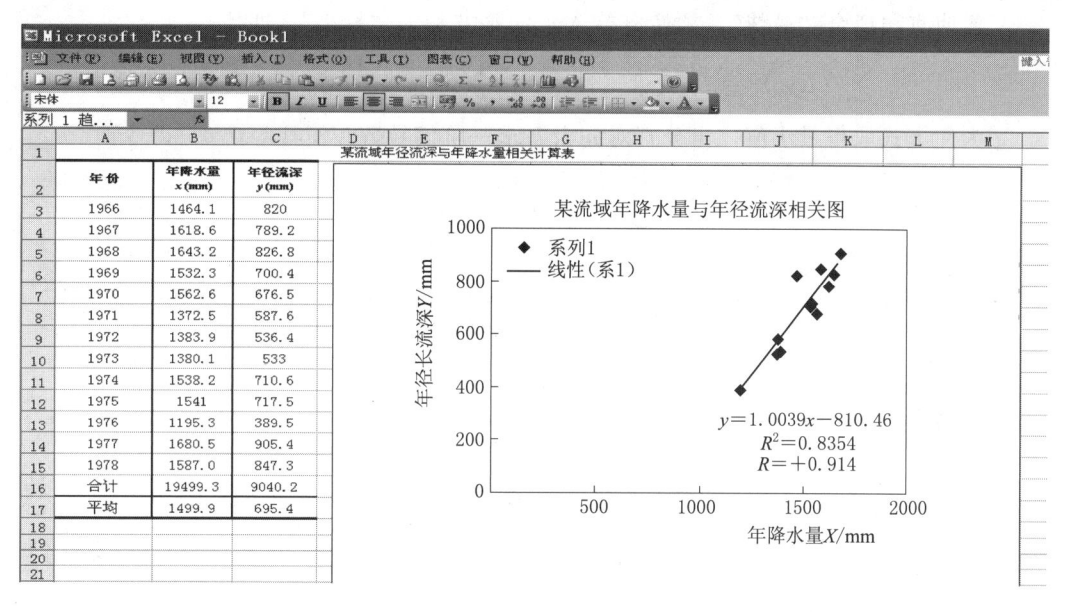

图 2.2.4 添加趋势线并得到相关方程

（a）输入回归方程　　　　　　　　　（b）拖动填充

图 2.2.5 由年降水量插补年径流深

2.2.2.2 相关计算法

相关图解法虽然简单明了，但有时用目估定线可能会带来较大的偏差。比如，在相关点较少或者分布较散时，目估定线往往有较大的偏差，所以实用上也常用相关计算法。它和图解法的主要区别是：根据实测同步资料用数学公式计算求得直线方程中的参数 a 和 b，从而得到相关直线，用以插补、延长资料。

设直线方程形式为

$$y = a + bx$$

从图 2.2.4 可以看出，观测点与配合的直线在纵轴方向的离差为

$$\Delta y_i = y_i - \hat{y}_i = y_i - a - bx_i$$

要使直线拟合"最佳",须使离差 Δy_i 的平方和为"最小"。即使

$$\sum_{i=1}^{n}(\Delta y_i)^2 = \sum_{i=1}^{n}(y_i - \hat{y}_i)^2 = \sum_{i=1}^{n}(y_i - a - bx_i)^2 = 最小$$

为使上式取得最小值,可分别对 a 及 b 求一阶偏导数并使其等于 0。即令

$$\begin{cases} \dfrac{\partial \sum\limits_{i=1}^{n}(y_i - a - bx_i)^2}{\partial a} = 0 \\ \dfrac{\partial \sum\limits_{i=1}^{n}(y_i - a - bx_i)^2}{\partial b} = 0 \end{cases} \tag{2.2.2}$$

联解方程组 (2.2.2) 得

$$b = r\frac{\sigma_y}{\sigma_x} \tag{2.2.3}$$

$$a = \overline{y} - r\frac{\sigma_y}{\sigma_x}\overline{x} \tag{2.2.4}$$

其中

$$r = \frac{\sum\limits_{i=1}^{n}(x_i - \overline{x})(y_i - \overline{y})}{\sqrt{\sum\limits_{i=1}^{n}(x_i - \overline{x})^2 \sum\limits_{i=1}^{n}(y_i - \overline{y})^2}} = \frac{\sum\limits_{i=1}^{n}(k_{x_i} - 1)(k_{y_i} - 1)}{\sqrt{\sum\limits_{i=1}^{n}(k_{x_i} - 1)^2 \sum\limits_{i=1}^{n}(k_{y_i} - 1)^2}} \tag{2.2.5}$$

式中 $\overline{x}$、$\overline{y}$——x、y 同步系列的均值;

σ_x、σ_y——x、y 同步系列的均方差;

k_{x_i}、k_{y_i}——x、y 同步系列的模比系数;

r——相关系数,表示 x、y 之间线性相关的密切程度。

将式 (2.2.3)、式 (2.2.4) 代入式 $y = a + bx$ 得 y 倚 x 的回归方程:

$$y - \overline{y} = r\frac{\sigma_y}{\sigma_x}(x - \overline{x}) \tag{2.2.6}$$

此式称为 y 倚 x 的回归方程式,它的图形称为回归线,如图 2.2.6 中的 (2) 线所示。

$r\dfrac{s_y}{s_x}$ 为回归线的斜率,称 y 倚 x 的回归系数,并记为 $R_{y/x}$,即

$$R_{y/x} = r\frac{\sigma_y}{\sigma_x} \tag{2.2.7}$$

必须注意,由回归方程所定的回归线只是观测资料平均关系的配合线,观测点不会完全落在此线上,而是分布于两侧,说明回归线不能完完全全代表两变量间的关系,它只是在一定标准情况下与实测点子的最佳配合线。

上述是 y 倚 x 的回归方程,即 x 为自变量,y 为倚变量,应用于由 x 求 y。若由 y 求 x,则要建立 x 倚 y 的回归方程。同理,可推得 x 倚 y 的回归方程为

$$x - \overline{x} = r\frac{\sigma_x}{\sigma_y}(y - \overline{y}) \tag{2.2.8}$$

必须指出，对于相关关系，y 倚 x 与 x 倚 y 的两条回归线是不重合的，但有一公共交点（$\bar{x}$，$\bar{y}$）。使用时，必须根据问题的需要正确确定倚变量和自变量系列。

2.2.2.3 相关分析的误差

1. 回归线的误差

对于 y 倚 x 的回归方程，由下式估计回归方程的误差。

$$s_y = \sqrt{\frac{\sum_{i=1}^{n}(y_i - \hat{y}_i)^2}{n-2}} \qquad (2.2.9)$$

称 s_y 为 y 倚 x 回归线的均方误。式中各符号含义同前。

回归线的均方误 s_y 与 y 系列的均方差 σ_y 从性质上是不同的。前者是由观测点（x_i，y_i）与相关直线在纵坐标方向上的离差求得，是回归线与所有观测点的平均误差，从平均意义上反映了相关直线与观测点配合的密切程度；后者是由 y 系列的各观测值 y_i 与系列的均值 $\bar{y}$ 之间的离差求得，反映的是 y 系列的离散程度。根据统计学原理，可以证明：

$$s_y = \sigma_y \sqrt{1-r^2} \qquad (2.2.10)$$

同理，对于 x 倚 y 的回归方程，回归线的均方误为

$$s_x = \sqrt{\frac{\sum_{i=1}^{n}(x_i - \hat{x}_i)^2}{n-2}} \qquad (2.2.11)$$

$$s_x = \sigma_x \sqrt{1-r^2} \qquad (2.2.12)$$

必须指出，在讨论上述误差时，没有考虑样本的抽样误差。事实上，只要用样本资料来估计回归方程中的参数，抽样误差就必然存在。可以证明，这种抽样误差在回归线的中段误差较小，而在上下段较大，在使用回归线时，应给予注意。

2. 相关系数及其误差

（1）相关系数。相关系数是用来反映两个变量之间关系密切程度的指标。当 $r=0$ 时，表示两个变量间无关系；当 $r=\pm 1$ 时，表示两个变量间呈函数关系；当 $0<|r|<1$ 时，表示两个变量属相关关系，$|r|$ 越大，两变量关系越密切。$r>0$，称为正相关，表示 y 随 x 的增大而增大；$r<0$，称为负相关，表示 y 随 x 的增大而减小。相关系数 r 不是从物理成因推导出来的，而是从直线拟合点据的离差概念推导出来的，因此当 $r=0$（或接近于 0 时），只表示两变量间无直线关系存在，但仍可能存在非直线关系。

（2）相关系数的误差。在相关分析计算中，相关分析是根据有限的实际资料（样本）计算出来的，必然会有抽样误差。一般通过相关分析的均方误来判断样本相关系数的可靠性，按统计原理，相关系数的均方误为

$$\sigma_r = \frac{1-r^2}{\sqrt{n}}$$

3. 相关分析应注意的问题

(1) 首先应分析论证两种变量在物理成因上确实存在着联系。

(2) 同期观测资料不能太少，一般要求 n 在 12 以上，否则抽样误差太大，影响成果的可靠性。

(3) 在水文计算中，一般要求相关系数 $|r| \geqslant 0.8$，且回归线的均方误 δ_y 应小于 $\bar{y}$ 的 $10\% \sim 15\%$。

(4) 在插补延长资料时，如果超出实测点控制的部分，应特别慎重。外延部分一般不宜超过实际幅度的 50%。

(5) 避免辗转相关。例如，有 x，y，z 三个变量的实测系列，x 系列较长，而 y，z 系列较短。其中 z 是待求变量，由 x 插补 z 时，z 与 x 的相关系数较小。而 y 与 x，y 与 z 相关系数均较大。欲由 x 插补 z，就先通过 y 与 x 相关插补 y，再进行 z 与 y 相关插补 z，这就是辗转相关。研究表明，辗转相关的误差，一定不会小于直接相关的误差，辗转相关是不可取的。

此外，复相关与曲线相关也是水文上常用的相关形式。但由于它们的相关分析比较复杂，通常实际工作中都采用图解法定相关线。比如水位流量关系就是一种最常见的曲线相关，而后面将要学习的降雨径流相关（$H-Pa-R$）则属于复相关。

【任务解析单】

根据设计雨量站有 13 年（1970—1982 年）实测年降水量资料，及同一气候区内邻近雨量站（称参证站）年降水量资料系列较长（1965—1982 年），降水量资料见表 2.2.2，请分析两站降水量资料关系，并将设计站年降水量资料系列延长。

表 2.2.2　　　　　　　某设计和参证雨量站降水量资料　　　　　　　单位：mm

年　份	1965	1966	1967	1968	1969	1970
参证站降水量	438	656	598	610	576	663
设计站降水量						728
年　份	1971	1972	1973	1974	1975	1976
参证站降水量	556	526	548	627	672	514
设计站降水量	596	599	610	773	847	496
年　份	1977	1978	1979	1980	1981	1982
参证站降水量	346	530	491	512	726	545
设计站降水量	412	652	560	535	717	560

经分析两站资料代表性较好，下面分别用相关图解法和相关计算法分析两站降水量资料，并插补延长参证站资料。

1. 相关图解法

把两站同步观测资料系列 1970—1982 年年降水量资料分别列入表 2.2.3 中第①、②、③列。用直线相关图解法建立相关直线及其方程式，并将设计站年降水量资料系列延长。

表 2.2.3 某设计站、参证站年降水量相关计算

年份 ①	参证站 x/mm ②	设计站 y/mm ③	k_{xi} ④	k_{yi} ⑤	$k_{xi}-1$ ⑥	$k_{yi}-1$ ⑦	$(k_{xi}-1)^2$ ⑧	$(k_{yi}-1)^2$ ⑨	$(k_{xi}-1),$ $(k_{yi}-1)$ ⑩
1970	663	728	1.19	1.17	0.19	0.176	0.036	0.029	0.032
1971	556	596	1.00	0.96	0	−0.04	0	0.002	0
1972	526	599	0.94	0.97	0.06	−0.03	0.004	0.001	0.002
1973	548	610	0.98	0.98	−0.02	−0.02	0	0	0
1974	627	773	1.12	1.24	0.12	0.24	0.014	0.058	0.029
1975	672	847.0	1.20	1.36	0.20	0.36	0.040	0.130	0.072
1976	514	496	0.92	0.80	−0.08	−0.20	0.006	0.040	0.016
1977	346	412	0.62	0.66	−0.38	−0.34	0.144	0.116	0.129
1978	530	652	0.95	1.05	−0.05	0.05	0.003	0.003	−0.003
1979	491	560	0.88	0.90	−0.12	−0.10	0.014	0.010	0.012
1980	512	535	0.92	0.86	−0.08	−0.14	0.006	0.020	0.011
1981	726	717	1.30	1.15	0.30	0.15	0.090	0.023	0.045
1982	545	560	0.98	0.90	−0.02	−0.10	0	0.010	0.002
总和	7256	8085	13.00	13.00			0.357	0.442	0.347
平均	558	622							

(1) 点绘相关图：将设计站的年降水量用 y 表示，邻近雨量站作为参证站，其年降水量用 x 表示。以 y 为纵坐标，x 为横坐标，定好比例，将表 2.2.3 中第②、③列同步系列对应的数值点绘在图 2.2.6 上，共得到 13 个相关点，并由表 2.2.3 中计算的第②、③列总和分别计算：

$$\bar{x} = \frac{1}{n}\sum_{i=1}^{n} x_i = \frac{1}{13} \times 7256 = 558 \text{(mm)}$$

$$\bar{y} = \frac{1}{n}\sum_{i=1}^{n} y_i = \frac{1}{13} \times 8085 = 622 \text{(mm)}$$

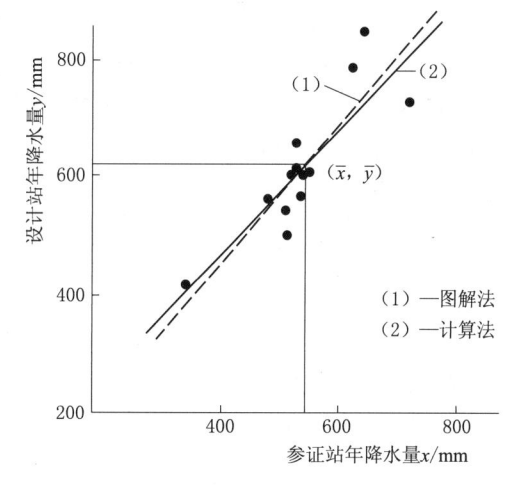

图 2.2.6 某设计站与参证站年降水量相关图
(1)—图解法
(2)—计算法

(2) 绘相关直线：从图 2.2.6 中可以看出，相关点分布基本上呈直线趋势。可过点群中心（考虑点子分布在直线上下两侧的数目大致相等，并且目估纵向正负离差分布均匀），并以均值点（558，622）为控制定出一条直线，如图 2.2.6 中（1）线所示。

(3) 建立直线方程：根据所绘直线，在图上查算出参数 $a=8$，$b=1.10$，则直线

方程式为
$$y = 1.10x + 8$$

(4) 延长设计站年降水量资料系列：将参证站 1950—1969 年的年降水量 x_i 分别代入直线方程则可求出相应的设计站年降水量 y_i，例如参证站 1951 年的降水量 $x_i = 520\text{mm}$，代入直线方程，可得设计站 1951 年的降水量 $y_i = 1.10 \times 520 + 8 = 580(\text{mm})$，其余类似，计算结果略。

2. 相关计算法

用相关计算法求相关直线方程，并将设计站年降水量系列延长，按表 2.2.3 顺序，依次计算第④、⑤、⑥、⑦、⑧、⑨、⑩栏，并求出总和。将第⑧、⑨栏总和代入均方差公式分别计算：

(1) 均方差。
$$\sigma_x = \bar{x}\sqrt{\frac{\sum_{i=1}^{n}(k_{x_i}-1)^2}{n-1}} = 558 \times \sqrt{\frac{0.357}{13-1}} = 96(\text{mm})$$

$$\sigma_y = \bar{y}\sqrt{\frac{\sum_{i=1}^{n}(k_{y_i}-1)^2}{n-1}} = 622 \times \sqrt{\frac{0.422}{13-1}} = 119(\text{mm})$$

(2) 相关系数。
$$r = \frac{\sum_{i=1}^{n}(k_{x_i}-1)(k_{y_i}-1)}{\sqrt{\sum_{i=1}^{n}(k_{x_i}-1)^2 \sum_{i=1}^{n}(k_{y_i}-1)^2}} = \frac{0.347}{\sqrt{0.357 \times 0.442}} = 0.87$$

计算成果表明，两个变量间的关系比较密切

(3) y 倚 x 的回归方程。

计算直线方程中的参数 a 及 b
$$b = r\frac{\sigma_y}{\sigma_x} = 0.87 \times \frac{119}{96} = 1.078$$

$$a = \bar{y} - r\frac{\sigma_y}{\sigma_x}\bar{x} = 622 - 1.078 \times 558 = 20$$

所以直线方程为
$$y = 1.078x + 20$$

(4) 回归直线的均方误。
$$s_y = \sigma_y\sqrt{1-r^2} = 119 \times \sqrt{1-0.87^2} = 58.6(\text{mm})$$

即占 $\bar{y}$ 的 9.4%（小于 10%）。

(5) 设计站降雨量展延。根据推求的直线方程 $y = 1.078x + 20$ 的相关方程，由已知的 1965—1969 年参证站各年降雨量代入直线方程中的自变量 x 值，计算出设计站相应的倚变量 y 值，可以把设计站的降雨量也展延至 18 年（1965—1982 年），如表 2.2.4 设计雨量站降水量资料的展延值。

表 2.2.4　　　　　参证站降水量资料展延设计站降水量值　　　　　单位：mm

年　份	1965	1966	1967	1968	1969	1970
参证站降水量	438	656	598	610	576	663
设计站降水量	492	727	665	678	641	728
年　份	1971	1972	1973	1974	1975	1976
参证站降水量	556	526	548	627	672	514
设计站降水量	596	599	610	773	847	496
年　份	1977	1978	1979	1980	1981	1982
参证站降水量	346	530	491	512	726	545
设计站降水量	412	652	560	535	717	560

（6）成果分析。如图 2.2.6 中如（1）线为图解目估的相关直线，（2）线为由相关计算推求的直线方程 $y=1.078x+20$ 绘制的相关直线，由图中可以看出，相关计算法与相关图解法有一定误差。但两线相差很小，这说明如果处理得当，图解相关法也可得到比较满意的结果。如果将相关线外延时，两者差别将逐渐增大。

【技能训练单】

1. 已知某流域年径流深 Y 和年降水量 H 同期资料呈直线关系，且 $\overline{Y}=760\mathrm{mm}$，$\overline{H}=1200\mathrm{mm}$，$\sigma_Y=160\mathrm{mm}$，$\sigma_H=125\mathrm{mm}$，相关系数 $r=0.9$，试写出 Y 倚 H 的相关方程。已知该流域 2000 年降水量为 1800mm，试求 2000 年的年径流量。

2. 相关计算插补延长系列。

基本资料：甲、乙两站位于同一河流的上、下游，且两站所控制的流域面积相差不大。两站实测的年平均流量资料见表 2.2.5。

表 2.2.5　　　　　　　甲、乙两站年平均流量表　　　　　　　单位：m³/s

年份	1973	1974	1975	1976	1977	1978	1979	1980	1981	1982	1983
$Q_甲$								101	114	114	61.8
$Q_乙$	270	307	265	219	213	210	188	158	183	205	99.2
年份	1984	1985	1986	1987	1988	1989	1990	1991	1992	1993	
$Q_甲$	43.1	104	143	144	83.5	181	149	103	113	121	
$Q_乙$	97.1	175	234	245	133	279	254	181	198	199	

要求：根据甲站和乙站同期资料，采用相关分析法插补延长甲站的年平均流量。

【技能测试单】

1. 单选题

（1）相关分析在水文分析计算中主要用于（　　）。

A. 推求设计值　　　　　　　　B. 推求频率曲线
C. 计算相关系数　　　　　　　D. 插补、延长水文系列

(2) 相关系数 r 的取值范围是（　　）。
A. $r > 0$　　　　B. $r < 0$　　　　C. $r = -1 \sim 1$　　　　D. $r = 0 \sim 1$

(3) 变量 x 的系列用模比系数 K 的系列表示时，其均值 $\overline{K}$ 等于（　　）。
A. $\overline{x}$　　　　B. 1　　　　C. σ　　　　D. 0

(4) 已知 y 倚 x 的回归方程为：$y = \overline{y} + r\dfrac{\sigma_y}{\sigma_x}(x - \overline{x})$，则 x 倚 y 的回归方程为（　　）。

A. $x = \overline{y} + r\dfrac{\sigma_y}{\sigma_x}(y - \overline{x})$　　　　B. $x = \overline{y} + r\dfrac{\sigma_y}{\sigma_x}(y - \overline{y})$

C. $x = \overline{x} + r\dfrac{\sigma_x}{\sigma_y}(y - \overline{y})$　　　　D. $x = \overline{x} + \dfrac{1}{r}\dfrac{\sigma_x}{\sigma_y}(y - \overline{y})$

(5) 利用水文统计推求设计流量时，实测的流量资料年数应（　　）。
A. 不少于 10 年　　　　B. 不少于 15 年
C. 不少于 20 年　　　　D. 不少于 30 年

(6) 在相关分析中用（　　）来反映两个变量之间关系的密切程度。
A. 模比系数　　　B. 相关系数　　　C. 变差系数　　　D. 偏态系数

(7) 有两个水文系列 x 和 y，经直线相关分析，得 y 倚 x 的相关系数仅为 0.2，这说明（　　）。
A. y 与 x 相关密切　　　　B. y 与 x 不相关
C. y 与 x 直线相关关系不密切　　　　D. y 与 x 一定是曲线相关

(8) 在简单直线相关分析中，一般要求相关系数（　　）。
A. 绝对值大于 1　　　　B. 绝对值大于 0.8
C. 大于 0.5　　　　D. 不等于 0

(9) 相关系数等于 1，表示两变量间为（　　）。
A. 相关关系　　　B. 函数关系　　　C. 没有关系　　　D. 复相关

(10) 已知某流域年径流深 R 和年降水量 H 同期资料呈线性相关，$\overline{R} = 760\text{mm}$，$\overline{H} = 1200\text{mm}$，$\sigma_R = 160\text{mm}$，$\sigma_H = 125\text{mm}$，相关系数 $r = 0.90$，R 倚 H 的相关方程是（　　）。
A. $R = 1.152H - 622.4$　　　　B. $R = 0.703H - 622.4$
C. $R = 0.703H - 83.8$　　　　D. $R = 1.152H - 83.8$

2. 判断题

(1) 相关系数是表示两变量相关程度的一个量，若 $r = -0.95$，说明两变量没有关系。　　　（　　）

(2) y 倚 x 的直线相关系数 $r < 0.4$，可以肯定 y 与 x 关系不密切。　　（　　）

(3) y 倚 x 的回归方程与 x 倚 y 的回归方程，两者的回归系数总是相等的。
（　　）

(4) 相关系数反映的是相关变量之间的一种平均关系。　　（　　）

(5) y 倚 x 的回归方程与 x 倚 y 的回归方程并非是一条直线，但两者有一公共

交点。( )
（6）使用回归方程可以无限外延水文变量。( )
（7）利用 y 倚 x 的回归方程展延资料，是以 y 为自变量展延 x。( )
（8）水文分析计算中，相关分析的先决条件是两变量必须有物理上的成因关系。
( )
（9）相关关系研究的是变量之间的因果关系。( )
（10）参证变量与设计断面径流量的相关系数 r 越大，说明两者在成因上关系越密切。( )

任务 2.3 水 文 频 率 分 析

【任务单】

2021 年 7 月，河南省郑州市连遭暴雨袭击，郑州市 1h 降雨量超过了 200mm，相当于 150 个西湖的水在 1h 浇到了郑州，24h 内的降雨量超过 550mm，接近郑州一年的降雨量。这次暴雨，从几十年一遇、百年一遇、一直到千年一遇，记录一次次被刷新。天灾无情，人间有爱，在抗洪救灾中，中国人民始终团结一致，共渡难关，体现了伟大的团结精神。如何区分概率与频率、确定随机变量的重现期和统计参数，是本任务要解决的关键问题。

【任务学习单】

2.3.1 概率与频率

2.3.1.1 事件

对自然现象和社会现象所进行的观察或实践统称试验。对随机现象所进行的试验称为随机试验。所谓事件是指在一定的条件组合下，随机试验的结果。常用大写英文字母 A、B、…表示。事件可以是数量性质的，如某河流断面处的年最大洪峰流量；也可以是属性性质的，如天气的阴、晴。自然界中的事件可以分为以下三种类型。

（1）必然事件。即在一定的条件下肯定会发生的事件。如天然河流中洪水到来时水位必然上涨，水在 0℃ 以下的气温条件下肯定会结冰等。

（2）不可能事件。即在一定条件下肯定不会发生的事件。如天然河流在洪水到来时，河水断流是绝不可能发生的，水在 0℃ 以下的气温及正常气压条件下沸腾也是不可能的。

（3）随机事件。即在一定的条件情况下有可能发生，也有可能不发生的事件。如在流域自然地理条件保持不变的情况下，某河流断面出现年最大洪峰流量可能大于某一个数值，亦可能小于某一个数值，事先不能确定，因而它是随机事件。必然事件与不可能事件，本来没有随机性，但为了研究方便，可以看成随机变量的特殊情形，通常把随机事件简称为事件，并用大写字母 A、B、C、…表示。

2.3.1.2 概率

在等可能的条件下，随机事件在试验的结果中可能出现也可能不出现，但其出现（或不出现）的可能性大小则不同。为了比较随机事件出现的可能性大小，必须要有个数量标准，这个数量标准就是随机事件的概率。

随机事件的概率可由下式计算。

$$P(A) = \frac{K}{n} \tag{2.3.1}$$

式中 $P(A)$——在一定的条件下，随机事件A发生的概率；
  K——随机事件A出现的结果数；
  n——试验中所有可能出现的结果数。

例如，掷骰子试验，所有可能出现的结果数 $n=6$，即可能出现1点、2点、3点、4点、5点、6点。设事件A表示为3点出现，则所有可能出现的六种结果中，属于3点出现的结果数为 $m=1$，因此3点出现的概率为 $P(A) = \frac{m}{n} = \frac{1}{6}$；若事件B表示大于3点的点数出现，则属于事件B可能出现的结果数为 $m=3$（4、5、6点出现），同理，$P(B) = \frac{3}{6}$。假若将骰子的六个面全部刻成3点，则 $P(A) = \frac{6}{6} = 1$，$P(B) = 0$，此时，事件A为必然事件，事件B为不可能事件。由此可以得出随机事件出现的概率介于0和1。

式（2.3.1）只适合于古典概型事件。所谓古典概型是指试验所有可能结果是等可能（等可能性）的，且试验可能结果的总数是有限的（有限性）。水文随机事件可能出现的结果数 n 是无限的，因此水文事件一般不能归结为古典概型事件。在这种情况下，其概率如何计算呢？为了回答这一问题，下面引出频率这一重要概念。

2.3.1.3 频率

设事件A在 n 次试验中出现了 m 次，则称

$$P(A) = \frac{m}{n} \tag{2.3.2}$$

式中 $P(A)$——事件A在 n 次试验中的频率；
  m——事件A在 n 次试验中出现的次数；
  n——随机试验的总次数。

当试验次数不大时，事件的频率很不稳定。例如，把一枚硬币抛掷10次，正面向上2次，于是正面向上的频率为0.2；而在另外10次抛掷中，正面向上7次，则频率为0.7。但是当试验次数充分大时，频率将围绕常数0.5作稳定而微小的摆动，而0.5恰是正面向上的概率，表2.3.1则说明了这一点。

表 2.3.1 频率试验数据表

试 验 者	掷币次数	出现正面次数	频率
浦 丰（Buffon）	4040	2048	0.5080
皮尔逊（K. Pearson）	12000	6019	0.5016
皮尔逊（K. Pearson）	24000	12012	0.5005

综上所述，频率与概率既有区别，又有联系。概率是反映事件发生可能性大小的理论值，是客观存在的；频率是反映事件发生可能性大小的试验值，当试验次数不大时，具有不确定性。但当试验次数充分大时，频率趋于稳定值概率。一般数学上将这样估计而得到的概率称为统计概率或经验概率。例如对于水文现象，我们都是推求事件的频率以作为概率的近似值。

2.3.2 随机变量及其概率分布

2.3.2.1 随机变量

若随机事件的试验结果，可用一个数 X 来表示，X 随试验结果的不同而取得不同的数值，虽然在一次试验中，究竟会出现哪一个数值，事先无法知道，但取得某一数值却具有一定的概率，将这种随试验结果而发生变化的变量 X 称为随机变量。如水文上的某地年降水量，河流某断面的年最高水位或最大洪峰流量等。这些随机变量的取值都是一些数值，另外还有一些随机变量，其结果是事实型的，如掷硬币试验，其结果分别是"正面出现"或"反面出现"，对于此类随机变量，我们可以人为规定用一些确定的数值来代替事实，如用 1 代替"正面出现"，用 0 代替"反面出现"等。在数理统计中，常用大写字母表示随机变量，而用相应的小写字母表示其取值，如用 X 表示某随机变量，则其取值就可记为 $x_i(i=1, 2, 7, \cdots)$。

随机变量可分为两大类型：

1. 离散型随机变量

若随机变量的取值是有限的或可列无穷多个，则称为离散型随机变量。例如掷一颗骰子，出现的点数中只可能取得 1、2、3、4、5、6 共六种可能值，而不能取得相邻两数间的任何中间值。又如上述某地 6 月份降水天数则是一离散型随机变量，只可能取 31 种可能结果。

2. 连续性随机变量

若随机变量可以取某一区间内的任何值，则称为连续型随机变量。水文现象大多属于连续性随机变量。例如某站流量，可以在 0 和极限值之间变化，因而它可以是 0 与极限流量之间的任何数值。

2.3.2.2 随机变量的概率分布

如前所述，随机变量的取值与其概率是一一对应的，一般将这种对应关系称为随机变量的概率分布。对于离散型随机变量，其概率分布一般以分布列表示（表 2.3.2）：

表 2.3.2　　　　　　　　离散型随机变量的概率分布

X	x_1	x_2	⋯	x_n	⋯
$P(X=xn)$	p_1	p_2	⋯	p_n	⋯

其中，p_n 为随机变量 X 取值 $x_n(n=1, 2, \cdots)$ 的概率，它满足下列两个条件：

(1) $p_n \geqslant 0 (n=1, 2, \cdots)$。

(2) $\sum p_n = 1$。

对于连续性随机变量来说，由于它的所有可能取值完全充满某一区间，故要编出一个表格把所有变量的可能取值都列出来是办不到的,另外,连续性随机变量与离散型随机变量还有一个重要的区别,就是离散型随机变量可以取得个别值的概率,而连续性随机变量取得任何个别值的概率为0,因此,无法研究个别值的概率而只能研究某个区别的概率。例如,圆周长1m的轮子,在平板上滚动,若将轮周分成许多等份,恰巧停在0.7~0.8m之间的概率为$\frac{1}{10}$,但恰巧停在某一点,在0.07m处的概率则趋近于0。

设有连续性随机变量X,取值为x,因$X=x$的概率为0,所以在分析概率分布时,一般不用$X=x$事件的概率,而是用事件$X\geqslant x$,此概率用$P(X\geqslant x)$来表示。当然,同样可以研究概率$P(X<x)$。但是,二者是可以相互转换的,只需研究一种就够了。水文学上习惯研究前者。显然,事件$X\geqslant x$的概率$P(X\geqslant x)$是随随机变量取值x而变化的,所以$P(X\geqslant x)$是x的函数,这个函数称为随便变量X的分布函数,记为$F(x)$,即

$$F(x)=P(X\geqslant x)$$

它代表随机变量X大于某一取值x的概率,其几何图形称为分布曲线,而在水文学上通常称为随机变量的累积频率曲线,简称频率曲线。下面结合例子加以说明。

【例 2.3.1】 某雨量站具有样本容量$n=87$年的年降水量系列。将年降水量作为随机变量X,其实测值即为X的取值x,进行如下统计计算。

(1) 将年降水量分组,组距$\Delta x=200$mm,见表2.3.3中第①、②列。

(2) 统计87个年降水量数据在每组中出现的次数、累计次数即$X\geqslant x$的次数,x为组下限值,计算组内频率和累计频率,见表2.3.3第③、④、⑤、⑥列。

(3) 计算$\Delta P/\Delta x$,称为组内平均频率密度,见表2.3.3第⑦列。

表 2.3.3　　　　某站年降水量分组频率计算表

序号	年降水量/mm (组距$\Delta x=200$mm)	出现次数/年 组内	出现次数/年 累积	频率/% 组内ΔP	频率/% 累积频率P	组内平均频率密度 $\frac{\Delta P}{\Delta x}/(10^{-4}/\text{mm})$
①	②	③	④	⑤	⑥	⑦
1	1400~1200.1	1	1	1.1	1.1	0.55
2	1200~1000.1	0	1	0	1.1	0
3	1000~800.1	10	11	11.5	12.6	5.75
4	800~600.1	15	26	17.2	29.9	8.60
5	600~400.1	32	58	36.8	66.7	18.40
6	400~200.1	29	87	33.3	100.0	16.65
7	合　计	87		100.0		

(4) 绘图。将表2.3.3第②列与第⑦列绘成年降水量频率分布直方图,如图2.3.1(a)实线所示。图中各长方形面积表示各组雨量出现所对应的频率,所有长方形面积之和等于1。这种频率密度值随随机变量取值x变化而变化的图形称为频率密度图。将表2.3.3第②列与第⑥列绘阶梯形实折线,如图2.3.1(b)所示。这种$P(X\geqslant x)$与x对应规律的图形,称为频率分布图。

由图 2.3.1（a）可以看出，各组雨量出现所对应的频率是中间大两边小，即年降水量的特大值和特小值出现的机会都很小，而接近多年平均值的雨量出现机会大。像 400~599mm 组的雨量出现机会最大。由图 2.3.1（b）可以看出，累积频率分布图为一阶梯状图，每个台阶的宽度也就反映了该组降水量出现的频率大小。因此，其分布的规律和直方图的规律是一致的，它们都反映了随机变量取值与频率之间对应关系的分布规律，只是表现形式不同而已。如果资料再多，分组值 Δx 再取小，直至 $\Delta x \to 0$，则图 2.3.1（a）中小矩形的宽度也就愈来愈小，直方图的外包线就接近于比较光滑的铃形曲线（图中的虚线），则称为频率密度曲线，曲线相应的函数为密度函数，记为 $f(x)$。相应地，图 2.3.1（b）中，台阶的高度也将愈来愈小，其外包线也就近似于一条 S 形曲线（图中的虚线），此曲线即为累积频率分布曲线。

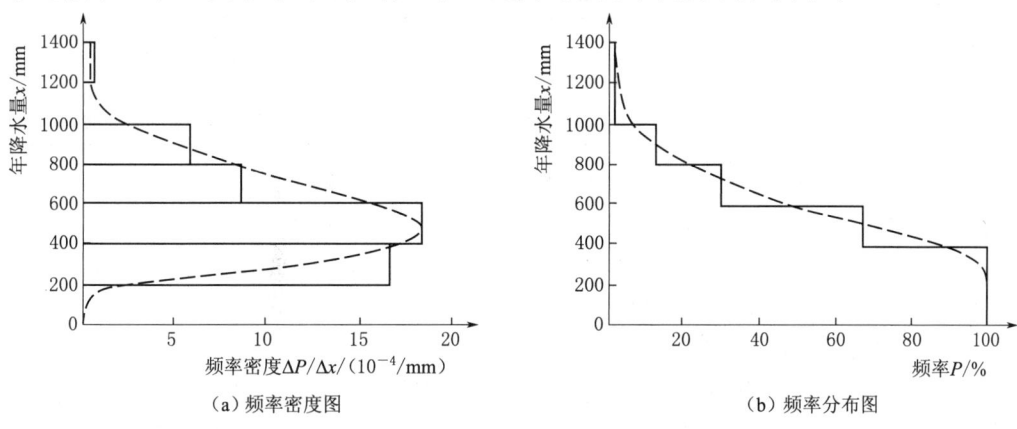

图 2.3.1　某站年降水量频率密度图和频率分布图

从上述例子可以看出，分布函数与密度函数是微分与积分的关系。因此，如果已知密度函数 $f(x)$，便可通过积分求出分布函数 $F(x)$，即

$$F(x) = P(X \geqslant x) = \int_x^\infty f(x) \mathrm{d}x$$

2.3.3　重现期与频率关系

由于频率这个名词比较抽象，为便于理解，工程上常用重现期代表频率。所谓重现期是指随机事件在长期过程中平均多少年出现一次，即多少年一遇，记为 T，单位为年。例如，$P=5\%$，即表示平均 100 年可能出现 5 次，或平均 20 年出现 1 次，亦即重现期 $T=20$ 年，称为"20 年一遇"。从水文频率曲线可知，频率越小，相应的水文数据就越大，在工程设计中，一般是按最不利情况考虑，因此根据频率确定重现期，分以下两种情况。

（1）当研究洪水、暴雨或丰水问题时，一般频率 $P \leqslant 50\%$，大于等于设计洪水出现的重现期为

$$T = \frac{1}{P} \tag{2.3.3}$$

例如，当洪水的频率采用 $P=1\%$ 时，重现期 $T=100$ 年，则称此洪水为 100 年

一遇的洪水。

（2）当研究枯水问题时（一般频率 $P>50\%$），小于设计枯水出现的重现期为

$$T=\frac{1}{1-P} \tag{2.3.4}$$

例如，某灌区设计依据的枯水频率为 $P=90\%$，其重现期 $T=10$ 年，表示该工程按 10 年一遇的枯水作为设计标准。因为对用水部门来说，所关心的是多少年一遇的枯水，即小于某一级别的枯水径流量是多少年一遇。10 年一遇的枯水，表示平均 10 年中只有 1 年供水得不到满足，其余 9 年用水可以得到保证，故设计枯水的频率等于设计用水的保证率。频率与重现期的关系见表 2.3.4。

表 2.3.4　　　　　　　　频率与重现期的关系

P/%	0.1	0.33	0.5	1.0	10	20	75	80	90	95	99
T/年	1000	300	200	100	10	5	4	5	10	20	100
意义	平均多少年一遇的暴雨、洪水或丰水						平均多少年一遇的枯水或干旱				

必须指出，重现期绝非指固定的周期。所谓"百年一遇"的洪水是指大于或等于这样的洪水在很长时间内平均 100 年发生一次，而不能理解为恰好每个 100 年遇上一次。对于某个具体的 100 年（如 1900—1999 年）来说，大于或等于这样大的洪水可能出现几次，也可能一次都不出现。

2.3.4　随机变量的统计参数

随机变量的概率分布曲线或分布函数，比较完整地描述了随机现象，然而在许多实际问题中，随机变量的分布函数不易确定，另外在许多实际问题中，有时不一定都需要用完整的形式来说明随机变量，而只要知道个别代表值的数值，能说明随机变量的主要特征即可。例如，某地的年降水量是一个随机变量，各年不同，有一定的概率分布曲线，但有时只要了解该地年降水量的概括情况，那么，其多年平均降水量就是反应该地年降水量多寡的一个重要数量指标。这种能说明随机变量的统计规律的某些数字特征，称为随机变量的统计参数。

统计参数有总体统计参数与样本统计参数之分。当总体未知时，总体的统计参数是未知的，只能通过样本统计参数来估计总体统计参数。由于在水文分析计算中只知道样本，所以下面讨论样本统计参数的计算。计算统计参数的方法有矩法和三点法，下面只讨论矩法。水文计算中常用的样本统计参数如下：

1. 均值 $\overline{x}$

设某一随机变量的样本系列为 x_1，x_2，$\cdots$，x_n，则样本的均值 $\overline{x}$ 为

$$\overline{x}=\frac{x_1+x_2+\cdots+x_n}{n}=\frac{1}{n}\sum_{i=1}^{n}x_i \tag{2.3.5}$$

均值表示系列的平均情况，它可以说明这一系列总水平的高低。例如，甲河多年平均流量 $\overline{Q_{甲}}=2460\mathrm{m^3/s}$，乙河多年平均流量 $\overline{Q_{乙}}=20.1\mathrm{m^3/s}$，则说明甲河流域的水资源比乙河流域丰富。

2. 均方差 σ 和变差系数 C_v

（1）均方差 σ。均值能反映随机变量取值的平均情况，但不能反映系列中各变量

值集中或离散的程度。当两个系列的均值相等时，它们各自系列的离散程度可以用均方差来反映。例如有 A、B 两个系列，其值为 A 系列：5，10，15；B 系列：1，10，19。

两系列均值相等 $\overline{x}=10$，但两个系列中各个取值相对于均值的离散程度是不同的，A 系列只变化于 5～15 之间，而 B 系列的变化范围增大到 1～19 之间，容易看出系列 B 的离散程度比系列 A 大，可以用均方差来反映，即

$$\sigma = \sqrt{\frac{\sum_{i=1}^{n}(x_i-\overline{x})^2}{n-1}} \tag{2.3.6}$$

均方差永远取正号，它的单位与 x 相同。不难看出，如果各变量取值 x_i 距离 $\overline{x}$ 较远，则 σ 大，即此变量分布较分散；如果 x_i 离 $\overline{x}$ 较近，则 σ 小，变量分布较比较集中。A、B 两系列的均方差可按式（2.3.6）计算：

$$\sigma_A = \sqrt{\frac{(5-10)^2+(10-10)^2+(15-10)^2}{3-1}} = 5$$

$$\sigma_B = \sqrt{\frac{(1-10)^2+(10-10)^2+(19-10)^2}{3-1}} = 9$$

显然 A 系列的离散程度小，B 系列的离散程度大。

(2) 变差系数 C_v。均方差虽然能很好说明一个系列的离散程度，但对于两系列，如果它们的均值不同，用均方差来比较这两个系列的离散程度就不合适。例如有两个系列：

E 系列：5，10，15；F 系列：995，1000，1005

按式（2.3.6）计算它们的均方差都等于 0.5，说明两个系列的绝对离散程度是相同的，但因其均值一个是 10，另一个是 1000，各自系列相对于均值的离散程度是不同的。因此对于均值不同的系列，用 σ 比较系列的离散程度就不合适了。故水文统计中用均方差与均值的比值作为衡量系列相对离散程度的一个参数，称为变差系数或离差（势）系数，用 C_v 表示，为无因次数，其计算公式为

$$C_v = \frac{\sigma}{\overline{x}} = \frac{1}{\overline{x}}\sqrt{\frac{\sum_{i=1}^{n}(x_i-\overline{x})^2}{n-1}} = \sqrt{\frac{\sum_{i=1}^{n}(k_i-1)^2}{n-1}} \tag{2.3.7}$$

式中 $k_i = x_i/\overline{x}$，称为模比系数。C_v 值越大，系列的离散程度越大。E、F 两个系列的变差系数可按式（2.3.7）计算，E 系列变差系数 $C_v = 0.5$，F 系列变差系数 $C_v = 0.005$，且容易看出系列 E 的离散程度比系列 F 大。

对水文现象来说，C_v 的大小反映了河川径流在多年中的变化情况。例如，由于南方河流水量丰沛，丰水年和枯水年的年径流量相对来说变化较小，所以南方河流的 C_v 比北方河流一般要小。又如，大河的径流可以来自流域内几个不同的气候区，可以起到互相调节的作用，所以大流域的年径流的 C_v 一般比小流域的小。

3. 偏差系数 C_s

变差系数只能反映系列的离散程度，它不能反映系列在均值两边的对称程度。在

水文统计中主要采用偏态系数 C_s 作为衡量系列不对称（偏态）程度的参数，其计算公式如下：

$$C_s = \frac{n \sum_{i=1}^{n}(x-\overline{x})^3}{(n-1)(n-2)\overline{x}^3 C_v^3} \approx \frac{\sum_{i=1}^{n}(x_i-\overline{x})^3}{(n-3)\overline{x}^3 C_v^3} = \frac{\sum_{i=1}^{n}(k_i-1)^3}{(n-3)C_v^3} \quad (2.3.8)$$

偏态系数 C_s 也为一无因次数，当系列关于 $\overline{x}$ 对称时，$C_s=0$，此时随机变量大于均值与小于均值出现机会是相等的，亦即均值所对应的频率为 50%。若 $C_s>0$，称为正偏态分布，相反，$C_s<0$ 为负偏态分布。正偏情况下，随机变量大于均值比小于均值出现的机会小，亦即均值所对应的频率小于 50%；负偏情况下则刚好相反。水文上经常遇到的为正偏系列。

例如有 A、B、C 三个系列：

系列 A：3，4，5，6，7，可算得 $\overline{x}=5$，$\sigma=1.58$，$C_v=0.316$，$\sum_{i=1}^{5}(x_i-\overline{x})^3=0$，$C_s=0$，系列为对称分布。

系列 B：2，3，4，6，10，可算得 $\overline{x}=5$，$\sigma=3.16$，$C_v=0.632$，$\sum_{i=1}^{5}(x_i-\overline{x})^3=90$，$C_s=1.43$，系列为正偏分布。

系列 C：1，3，6，7，8，可算得 $\overline{x}=5$，$\sigma=2.92$，$C_v=0.583$，$\sum_{i=1}^{5}(x_i-\overline{x})^3=-36$，$C_s=-0.73$，系列为负偏分布。

【例 2.3.2】 某站有 1957—1980 年共计 24 年的年降水量资料，见表 2.3.5 第①、②列，经审查其代表性较好，试计算该样本资料的统计参数。

（1）将样本系列按由大到小的次序排列，即将表中第②列由大到小排队后列入第④列。

（2）计算均值，k_i，k_i-1，$(k_i-1)^2$ 及 $(k_i-1)^3$，分别填入第⑤、⑥、⑦、⑧、⑨列；并以 $\sum$②列 = $\sum$④列，$\sum$⑥列 = $\sum$⑦列，$\sum k_i=24.0$ 进行验算。

（3）将表 2.3.5 中资料代入公式计算统计参数。

由式（2.3.5），年降水量均值为

$$\overline{x} = \frac{1}{n}\sum_{i=1}^{n}x_i = \frac{1}{24}\times 13703 = 571 \text{(mm)}$$

由式（2.3.7），年降水量变差系数为

$$C_v = \sqrt{\frac{\sum_{i=1}^{n}(k_i-1)^2}{n-1}} = \sqrt{\frac{0.9465}{24-1}} = 0.20$$

由式（2.3.8），年降水量偏差系数为

$$C_s = \frac{\sum_{i=1}^{n}(k_i-1)^3}{(n-3)C_v^3} = \frac{0.0737}{(24-3)\times 0.20^3} = 0.44$$

表 2.3.5　　　　　　　　　某站年降水量统计参数及频率计算

年份	x_i /mm	序号 m	x_i /mm	$k_i=\dfrac{x_i}{\bar{x}}$	k_i-1 +	k_i-1 −	$(k_i-1)^2$	$(k_i-1)^3$	$P=\dfrac{m}{n+1}\times 100\%$
①	②	③	④	⑤	⑥	⑦	⑧	⑨	⑩
1957	745	1	841	1.47	0.47		0.2209	0.1038	4.0
1958	841	2	784	1.37	0.37		0.1369	0.0507	8.0
1959	386	3	745	1.31	0.31		0.0961	0.0298	12.0
1960	565	4	672	1.18	0.18		0.0324	0.0058	16.0
1961	623	5	663	1.16	0.16		0.0256	0.0041	20.0
1962	558	6	629	1.10	0.10		0.0100	0.0010	24.0
1963	585	7	627	1.10	0.10		0.0100	0.0010	28.0
1964	784	8	623	1.09	0.09		0.0081	0.0007	32.0
1965	561	9	585	1.02	0.02		0.0004	0	36.0
1966	488	10	565	0.99		0.01	0.0001	0	40.0
1967	543	11	561	0.98		0.02	0.0004	0	44.0
1968	629	12	558	0.98		0.02	0.0004	0	48.0
1969	410	13	556	0.97		0.03	0.0009	0	52.0
1970	663	14	548	0.96		0.04	0.0016	−0.0001	56.0
1971	556	15	543	0.95		0.05	0.0025	−0.0001	60.0
1972	526	16	530	0.93		0.07	0.0049	−0.0003	64.0
1973	548	17	526	0.92		0.08	0.0064	−0.0005	68.0
1974	627	18	514	0.90		0.10	0.0100	−0.0010	72.0
1975	672	19	512	0.90		0.10	0.0100	−0.0010	76.0
1976	514	20	491	0.86		0.14	0.0196	−0.0027	80.0
1977	346	21	488	0.85		0.15	0.0225	−0.0034	84.0
1978	530	22	410	0.72		0.28	0.0784	−0.0220	88.0
1979	491	23	386	0.68		0.32	0.1024	−0.0328	92.0
1980	512	24	346	0.61		0.39	0.1521	−0.0593	96.0
∑	13703		13703	24.00	1.80	1.80	0.9465	0.0737	

注　此表中第③、④、⑩列是为后面的频率计算所列,在此并不影响统计参数的计算。

2.3.5　总体、样本与抽样误差

2.3.5.1　总体与样本

随机变量的所有可能取值的全体,称为总体。从总体中随机抽取的一部分观测值称为样本。样本中所包含的项数称为样本容量。水文现象的总体通常是无限的,它是指自古迄今以至未来长远岁月中的无限水文系列。显然,水文变量的总体是未知的。

目前设站所观测到的几十年甚至上百年资料，只不过是一个有限的样本。因此，在水文分析计算中，遇到的都是样本资料。

总体和样本之间有着一定的区别，但也有密切的联系。由于样本是总体中的一部分，因而样本的特征在一定程度上反映了总体的特征，故总体的规律可以借助样本的规律来逐步地认识，这就是目前用已有水文资料来推估总体规律的依据。

2.3.5.2 抽样误差

对于水文现象而言，几乎所有水文变量的总体都是无限的，而目前掌握的资料仅仅是一个容量十分有限的样本，样本的分布不等于总体的分布。因此，由样本的统计参数去估计总体的统计参数，总会存在一定的误差，这样的误差是由随机抽样而引起的，故称为抽样误差。各种参数的抽样误差都是以均方差表示的，为了区别于其他误差，称为均方误。对于抽样误差，有以下结论：

（1）样本参数的均方误随样本容量 n 的增大而减小，即一般情况下，样本系列越长，抽样误差越小，样本对总体的代表性越好。因此，加大样本容量是提高样本系列代表性的途径。

（2）对给定的统计参数、样本容量的情况下，一般均值和变差系数的抽样误差较小，偏态系数的抽样误差太大，例如，即使样本容量 $n=100$，当 $C_v=0.1$，$C_s=2C_v=0.2$ 时，C_s 的抽样误差为 0.252，用相对误差表示为 126%。可见按式（2.3.8）计算得到的 C_s 值，其抽样误差太大而失去了使用价值。故一般认为没有上百年的资料，无法获得比较合理的 C_s 值。因此一般在实际计算中往往按照 C_s 和 C_v 的经验关系确定：

设计暴雨量：$C_s=3.5C_v$。

设计最大流量：当 $C_v<0.5$ 时，$C_s=(3\sim4)C_v$；当 $C_v>0.5$ 时，$C_s=(2\sim3)C_v$。

年径流及年降水：$C_s=2C_v$。

经验表明，在实际的水文分析计算中，通常不直接使用矩法估计的参数，而是以矩法公式计算的参数作为初始参数值，然后经过适线来确定。这种方法是我国水文界目前广泛使用的一种方法，将在后面详细介绍。

【任务解析单】

"1000 年一遇"的概念反映了随机事件发生的可能性大小。郑州大暴雨 1000 年一遇，也即大于等于这一级别的降雨量 1000 年才有可能遇到一次，反映了暴雨的稀遇。其中，1000 年是重现期，重现期越大，发生的可能小就越小。重现期与概率的意义是一样的，但重现期在工程中更常用。通过本节学习可以知道，水文变量值越大，概率越小，重现期越大。

【技能训练单】

1. 试将表 2.3.6 中年径流量的累积频率换算为重现期。

表 2.3.6　　　　　　　　　　　重 现 期 计 算 表

年径流量/（m³/s）	18.8	12.7	7.5	4.8	1.4
累积频率/%	5	20	50	75	95
重现期/年					

2. 设有一水文系列：100，70，80，40，90。试求该系列的均值 $\bar{x}$、模比系数 k_i、均方差 σ、变差系数 C_v、偏态系数 C_s。

【技能测试单】

1. 单选题

（1）偏态系数 $C_s > 0$，说明随机变量 x（　　）。
A. 出现大于均值的机会比出现小于均值的机会多
B. 出现大于均值的机会比出现小于均值的机会少
C. 出现大于均值的机会和出现小于均值的机会相等
D. 出现小于均值的机会为 0

（2）100 年一遇洪水，是指（　　）。
A. 大于等于这样的洪水每隔 100 年必然会出现一次
B. 大于等于这样的洪水平均 100 年可能出现一次
C. 小于等于这样的洪水正好每隔 100 年出现一次
D. 小于等于这样的洪水平均 100 年可能出现一次

（3）减少抽样误差的途径是（　　）。
A. 增大样本容量　　　　　　　　B. 提高观测精度
C. 改进测验仪器　　　　　　　　D. 提高资料的一致性

（4）正态分布的偏态系数（　　）。
A. $C_s = 0$　　　B. $C_s > 0$　　　C. $C_s < 0$　　　D. $C_s = 1$

（5）$P = 5\%$ 的丰水年，其重现期 T 等于（　　）年。
A. 5　　　　　B. 50　　　　　C. 20　　　　　D. 95

（6）$P = 95\%$ 的枯水年，其重现期 T 等于（　　）年。
A. 95　　　　　B. 50　　　　　C. 5　　　　　D. 20

（7）甲乙两河，通过实测年径流资料的分析计算，得各自的年径流量均值 $\bar{Q}_甲$、$\bar{Q}_乙$ 和均方差 $\sigma_甲$、$\sigma_乙$ 如下：甲河：$\bar{Q}_甲 = 100 \text{m}^3/\text{s}$，$\sigma_甲 = 42 \text{m}^3/\text{s}$；乙河：$\bar{Q}_乙 = 1000 \text{m}^3/\text{s}$，$\sigma_乙 = 200 \text{m}^3/\text{s}$ 两河相比，可知（　　）。
A. 乙河水资源丰富，径流量年际变化小
B. 乙河水资源丰富，径流量年际变化大
C. 甲河水资源丰富，径流量年际变化大
D. 甲河水资源丰富，径流量年际变化小

（8）C_s 不用矩法计算而用适线法确定的原因是（　　）。
A. C_s 矩法计算公式太复杂

B. 实测系列太短，C_s 矩法计算时抽样误差太大

C. 来源于习惯

D. 适线法比矩法简单

（9）样本系列计算出的三个统计参数 $\bar{x}$、C_v、C_s 值中，抽样误差最大是（　　）。

A. $\bar{x}$　　　　B. C_v　　　　C. C_s　　　　D. C_v 和 C_s

（10）重现期为 1000 年的洪水，其含义为（　　）。

A. 大于等于这一洪水的事件正好 1000 年出现一次

B. 大于等于这一洪水的事件很长时间内平均 1000 年出现一次

C. 小于等于这一洪水的事件正好 1000 年出现一次

D. 小于等于这一洪水的事件很长时间内平均 1000 年出现一次

2. 判断题

（1）统计参数 C_s 是表示系列离散程度的一个物理量。　　　　　　（　　）

（2）均方差 s 是衡量系列不对称（偏态）程度的一个参数。　　　　（　　）

（3）变差系数 C_v 是衡量系列相对离散程度的一个参数。　　　　　（　　）

（4）概率是指随机变量某值在总体中的出现机会；频率是指随机变量某值在样本中的出现机会。　　　　　　　　　　　　　　　　　　　　　　　　　　　（　　）

（5）重现期是指某一事件出现的平均间隔时间。　　　　　　　　　（　　）

（6）百年一遇的洪水，每 100 年必然出现一次。　　　　　　　　　（　　）

（7）改进水文测验仪器和测验方法，可以减小水文样本系列的抽样误差。（　　）

（8）由于矩法计算偏态系数 C_s 的公式复杂，所以在统计参数计算中不直接用矩法公式推求 C_s 值。　　　　　　　　　　　　　　　　　　　　　　　（　　）

（9）重现期与频率总是成倒数关系。　　　　　　　　　　　　　　（　　）

（10）水文研究样本系列的目的是用样本估计总体。　　　　　　　（　　）

任务 2.4　水 文 频 率 计 算

【任务单】

水文频率计算是综合运用水文学、水文统计学和其他数学原理，利用计算区的水文资料，分析水文事件的统计规律，定量表征水文变量设计值与设计标准（频率或重现期）之间的关系，是各类涉水工程规划、设计确定工程规模和管理决策的主要依据。水文频率计算是水文水利计算的重要环节，我国水文频率计算方法常采用 P-Ⅲ型分布，利用适线法通过样本来估计总体分布参数，推求工程水文设计年降雨量、设计年径流量、设计暴雨量、设计洪水等设计值，可为各项水利工程建设提供来水依据。例如某站有 1956—1984 年共 29 年的年降水量资料。试用适线法推求该站年降水量的统计参数，并确定相应于频率为 10%、50%、90% 的设计年降水量。本任务通过案例分析解决水文频率的计算方法。

【任务学习单】

2.4.1 水文频率计算的含义

水文频率计算是根据某水文现象的统计特性，利用现有水文资料，分析水文变量设计值与出现频率（或重现期）之间的定量关系。也就是通过样本系列的统计特征来估计其总体的统计特征，获得工程水文相关数据，如各种统计参数、某水文变量的频率等。

2.4.2 经验频率曲线

2.4.2.1 经验频率曲线及其绘制

所谓经验频率曲线，是指由实测样本资料绘制的频率曲线。

1. 经验频率计算

设某水文变量 X 的样本系列共 n 项，由大到小递减排列为 $x_1, x_2, \cdots, x_n$。欲计算 n 次观测中出现大于或等于 x_m 的频率，根据频率的定义式可得

$$P = \frac{m}{n} \times 100\% \tag{2.4.1}$$

式中　P——大于或等于数值 x_m 的经验频率（也称累积频率）；

　　　m——n 次观测中出现大于或等于 x_m 的次数，也即样本系列递减排列的序号；

　　　n——样本容量。

如果 n 项实测资料本身就是总体，则用式（2.4.1）计算经验频率并无不合理之处。但对于样本资料，当 $m=n$ 时，最末项 x_n 的频率为 $P=100\%$，这就意味着，样本之外不会出现比 x_n 更小的值，这显然不符合实际情况。因此，为克服这一缺点，我国常用下面的修正公式计算经验频率：

$$P = \frac{m}{n+1} \times 100\% \tag{2.4.2}$$

式（2.4.2）称为数学期望公式。式（2.4.2）中符号含义和式（2.4.1）中完全相同，形式也很简单，而且在水文统计中有一定的理论依据，计算结果比较符合实际情况，这是水文分析计算中最常用的经验频率计算公式。

2. 经验频率曲线绘制

经验频率曲线是根据某水文要素（随机变量）的实测样本资料系列 x_i（$i=1, 2, \cdots, n$），将其由大到小排列，计算排队后各值对应的累积频率，在专用的频率格纸上（也称机率格纸）点绘经验点，目估过点群中心绘制的累积频率分布曲线。其绘制步骤如下：

（1）将实测样本资料系列由大到小排队。

（2）计算各值的经验频率（累积频率）。

（3）在频率格纸上以水文变量的取值 x 为纵坐标，以经验频率 P 为横坐标，点绘经验频率点 (P_i, x_i)，$i=1, 2, \cdots, n$。

（4）目估通过点群中心连成一条光滑曲线，即为水文变量的经验频率曲线。

为避免频率曲线绘在普通格纸上两端特别陡峭，应用起来极不方便，故通常频率

曲线是绘在频率格纸（也称为海森频率格纸）上的。频率格纸的横坐标两端分格较稀而中间较密，纵坐标仍为普通均匀分格。对于正态分布的随机变量，其频率曲线绘在频率格纸上为一条直线。如图 2.4.1 所示，是某站实测的年降水量系列所绘成的年降水量的经验频率曲线。有了经验频率曲线，就可以在线上查出某一频率所对应的随机变量值。

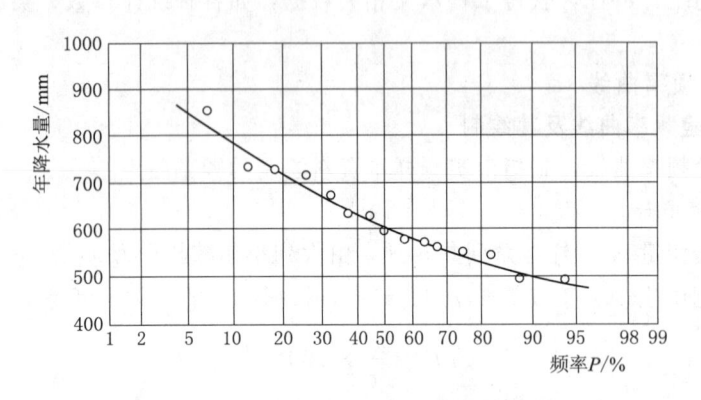

图 2.4.1　某站年降水量经验频率曲线

【例 2.4.1】　资料同 [例 2.3.2]，选用具有代表性的 1957—1980 年的降水量资料，绘制该样本系列的经验频率曲线。

（1）将系列由大到小排队（表 2.3.5 第④列），由式（2.4.2）计算排序后各值对应的频率，见表 2.3.5 第⑩列。

（2）由第④列和第⑩列相对应的数值，在频率格纸上点绘经验点。

（3）分析点群分布趋势，目估点群中心绘制经验频率曲线，如图 2.4.2 中的虚线。

有了经验频率曲线以后，便可以由曲线上查得指定频率的水文变量值。如指定频率 $P=5\%$，则从图上可查得其对应的年降水量 $x_P=8130\text{mm}$。

2.4.2.2　经验频率曲线存在问题

数理统计理论研究表明，样本容量 n 很大时，样本分布趋于总体分布。因此，经验频率曲线可作为总体分布的估计曲线。根据设计要求，可查出工程设计所需要的指定设计频率 P 的水文数据 x_P。但当需要推求如 $P=0.01\%$ 的设计值时，由于实测水文样本系列不太长，经验频率曲线的范围往往不能满足设计需要，而且目估外延缺乏准则，任意性太大，直接影响设计成果的正确性。另一方面，统计参数未知，不便于对不同水文变量的统计特征进行比较及成果的地区综合。

2.4.3　理论频率曲线

2.4.3.1　理论频率曲线的概念

探求频率曲线的数学方程，即寻求水文频率分布线型，一直是水文分析计算中一个争议性很强的课题。水文随机变量究竟服从何种分布，目前还没有充足的论证，而只能以某种理论线型近似代替。水文计算中所谓的"理论频率曲线"是指具有一定的数学方程的频率曲线，它并不是从水文现象的物理成因方面推导出来的，而是根据大量实测资

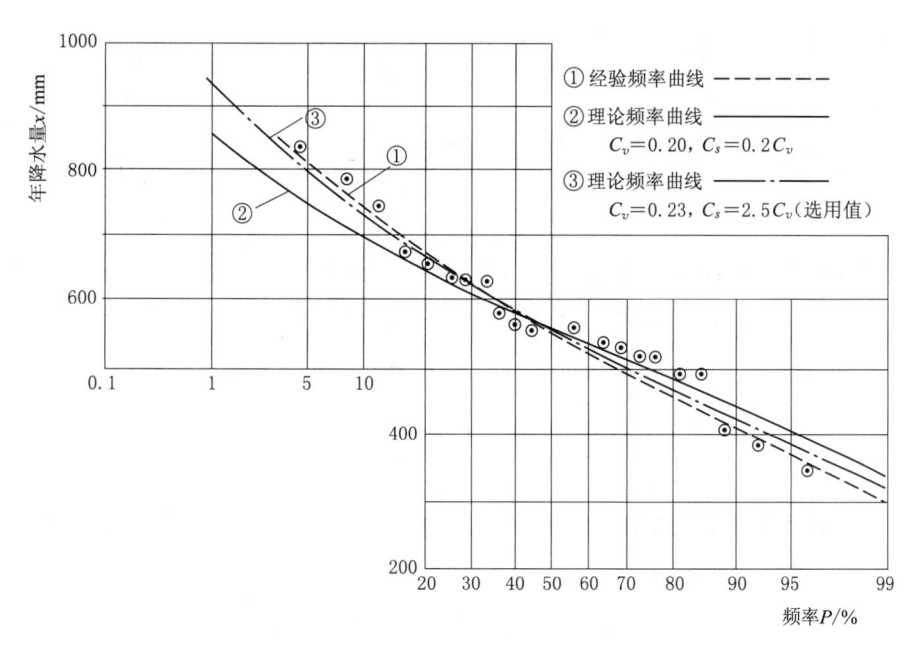

图 2.4.2 某站年降水量频率曲线

料的分布趋势,从数学已知频率曲线中挑选出来的。因此,它不能从根本上揭示水文现象的总体分布规律,只是作为一种数学工具,以弥补经验频率曲线的不足。

数学上有很多类型的频率曲线,严格地讲是概率分布曲线,而且各种曲线均有自己的数学方程。究竟哪一条可以应用到水文上来,主要是看该曲线的形状与水文变量的分布规律是否吻合,按此原则,我国水文界应用最为广泛的是 P-Ⅲ型频率曲线。下面主要介绍 P-Ⅲ型曲线。

2.4.3.2 P-Ⅲ型曲线

19 世纪末期,英国生物学家皮尔逊通过对大量物理、生物、经济等方面试验资料的分析研究,提出了 13 种随机变量的分布曲线,其中第Ⅲ型曲线被引入水文计算中,简称 P-Ⅲ型曲线,成为当今水文计算中常用的频率曲线线型。

P-Ⅲ型分布的密度函数为

$$f(x) = \frac{\beta^\alpha}{\Gamma(\alpha)} (x-a_0)^{\alpha-1} e^{-\beta(x-a_0)} \tag{2.4.3}$$

式中　$\Gamma(\alpha)$——α 的伽马函数;

　　　α、β、a_0——三个参数。

P-Ⅲ型分布密度曲线图形如图 2.4.3 所示。

可以推证,这三个参数 α、β、a_0 与总体统计参数 $\bar{x}$、C_v、C_s 有下列关系:

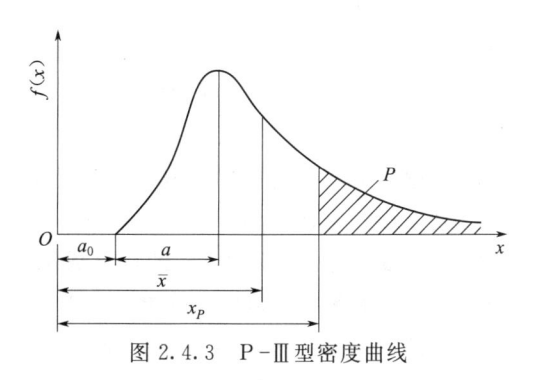

图 2.4.3　P-Ⅲ型密度曲线

$$\begin{cases} \alpha = \dfrac{4}{C_s^2} \\ \beta = \dfrac{2}{\overline{x}C_v C_s} \\ a_0 = \overline{x}\left(1 - \dfrac{2C_v}{C_s}\right) \end{cases} \tag{2.4.4}$$

a_0 是随机变量可能取得的最小值，故其密度曲线是一条一端有限一端无限的不对称单峰、正偏曲线。在水文资料中，如年降水量、洪峰流量等，都不可能出现负数，故 a_0 必须大于或等于零。由 $a_0 = \overline{x}\left(1 - \dfrac{2C_v}{C_s}\right)$ 得知，在水文频率计算中一般取 $C_s \geqslant 2C_v$。

显然，只要求出三个统计参数 $\overline{x}$、C_v、C_s，就可以得出 P-Ⅲ型分布的密度函数。但是，在水文计算上常用的是累积频率分布曲线，所以对式（2.4.3）进行积分得 P-Ⅲ型分布的分布函数

$$P = P(X \geqslant x_P) = \dfrac{\beta^\alpha}{\Gamma(\alpha)} \int_{x_P}^{\infty} (x-a_0)^{\alpha-1} e^{-\beta(x-a_0)} dx \tag{2.4.5}$$

式中 P——$P(X \geqslant x_P)$，见图 2.4.3 中的阴影部分。

当随机变量的 $\overline{x}$、C_v、C_s 已知时，式中参数的 α、β、a_0 也就确定，即可按照求积分的方法解出随机事件 $X \geqslant x_P$ 发生的累积频率 P。但上式的积分计算是比较复杂的，为了简化水文计算，前人已经通过数学推导，根据拟定的 C_s 值进行计算，制成了一套专用数表（见附表 1 和附表 2）供查用。与数表相应的计算公式为

$$x_P = (\Phi_P C_v + 1)\overline{x} = K_P \overline{x} \tag{2.4.6}$$

式中 Φ_P——离均系数，是 P 和 C_s 的函数，有表可查，见附表 1；

K_P——模比系数，是 P 和 C_v 的函数，见附表 2，当 C_v 与 C_s 成一定倍比时，可直接查附表 2。

【例 2.4.2】 已知某地多年平均年降水量 $\overline{P} = 1000$mm，$C_v = 0.5$，$C_s = 2C_v$，若年降水量的分布符合 P-Ⅲ型，试求 $P = 1\%$ 年降水量。

计算过程如下：

由 $C_s = 1.0$、$P = 1\%$ 查附表 1 得 $\Phi_{1\%} = 3.02$，利用式（2.4.6）得

$P_P = (\Phi_P C_v + 1)\overline{P} = (3.02 \times 0.5 + 1) \times 1000 = 2510$(mm)

或由 $C_v = 0.5$，$C_s = 2C_v$，$P = 1\%$ 查附表 2，得 $K_{1\%} = 2.51$，则

$P_P = K_P \overline{P} = 2.51 \times 1000 = 2510$(mm)

2.4.3.3 理论频率曲线的绘制

根据理论频率曲线的数学方程，由初选的统计参数算绘理论频率曲线，理论频率曲线的绘制方法如下例所示。

【例 2.4.3】 由［例 2.3.2］的计算成果 $\overline{x} = 571$mm，$C_v = 0.2$，$C_s = 2C_v$。查附表 1 或附表 2，计算并绘制相应的 P-Ⅲ曲线。

（1）根据 $C_s = 2C_v = 0.4$，查 Φ_P 表或 $C_v = 0.2$ 查 K_P 值表（$C_s = 2C_v$）得到不同

P 时 Φ_P 值和 K_P 值的,见表 2.4.1 第②、③栏。

(2) 根据表中 Φ_P 值或 K_P 值,由 $x_P=(\Phi_P C_v+1)\bar{x}$ 或 $x_P=K_P\bar{x}$ 计算各频率相应的 x_P,见表中第④列。

(3) 在频率格纸上点 (P,x_p),并用曲线板过点绘出光滑曲线即可,如图 2.4.4 所示。

表 2.4.1　　　　　某站年降水量 P-Ⅲ型频率分布曲线计算表

$P/\%$	①	1	2	5	10	20	50	75	90	95	99
Φ_P	②	2.62	2.26	1.75	1.32	0.82	−0.07	−0.71	−1.23	−1.52	−2.03
K_P	③	1.52	1.45	1.35	1.26	1.16	0.99	0.86	0.75	0.70	0.59
x_P	④	868	828	771	719	662	565	491	428	400	337.

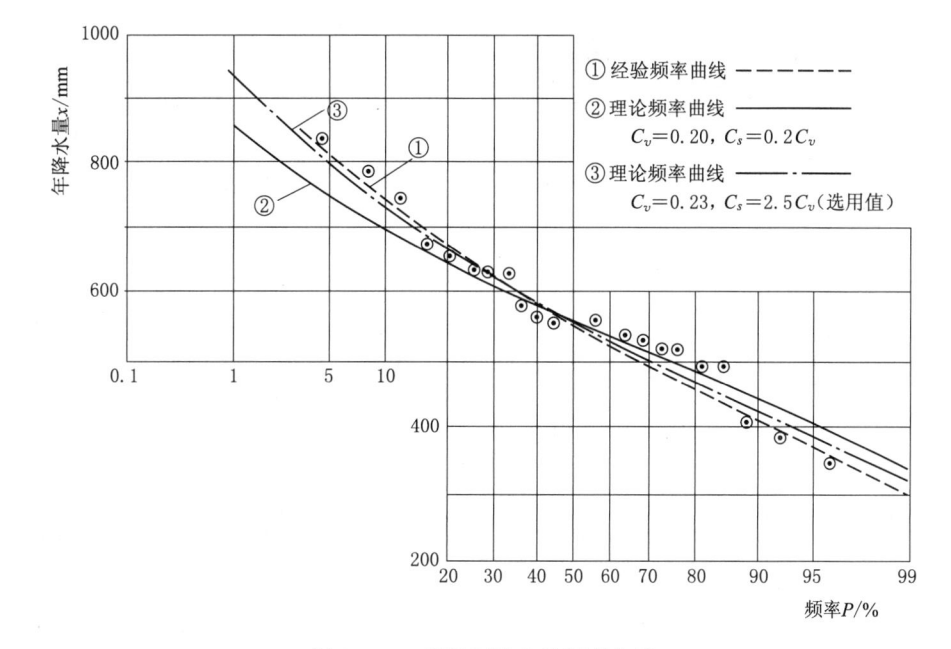

图 2.4.4　某站年降水量频率曲线

2.4.3.4　三个统计参数对 P-Ⅲ 曲线的影响

1. 均值 $\bar{x}$ 对频率曲线的影响

当 P-Ⅲ型频率曲线的参数 C_v 和 C_s 值一定时,均值 $\bar{x}$ 变化主要影响曲线的高低,均值增大,曲线统一升高;反之,均值减小,曲线统一降低,如图 2.4.5 所示,且均值大的频率曲线比均值小的频率曲线要陡。

2. 变差系数 C_v 对频率曲线的影响

为了消除均值的影响,以模比系数 K 为变量绘制频率曲线,如图 2.4.6 所示。图中 C_s 一定,当 $C_v=0$ 时,说明随机变量的取值都等于均值,故频率曲线即为 $K=1$ 的一条水平线。C_v 越大,说明随机变量相对于均值越离散,因而频率曲线将越偏离 $K=1$ 的水平线。随着 C_v 的增大,频率曲线的偏离程度也随之增大,显得越来越陡。

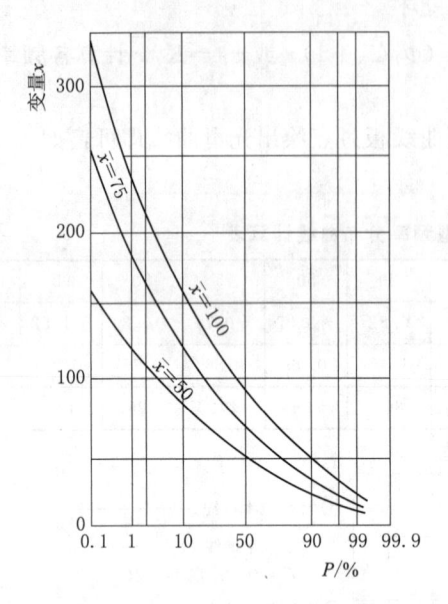

图 2.4.5 均值变化对频率曲线的影响

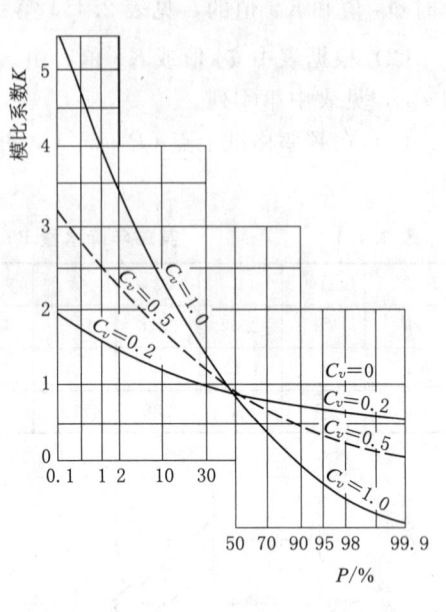

图 2.4.6 C_v 变化对频率曲线的影响

3. 偏态系数 C_s 对频率曲线的影响

水文特征值的统计规律一般为正偏，在正偏情况下，当 $\bar{x}$ 和 C_v 一定时，C_s 愈大时，均值（即图中 $K=1$）对应的频率愈小，频率曲线的中部愈向左偏，曲线向上凹。C_s 值越大，曲线凹势越显著，即频率曲线的上端变陡而下端变平缓，曲线越弯曲，如图 2.4.7 所示，反之，C_s 值减少，则曲线凹势变小。当 $C_s=0$ 时，频率曲线绘在频率格纸上为一条直线。

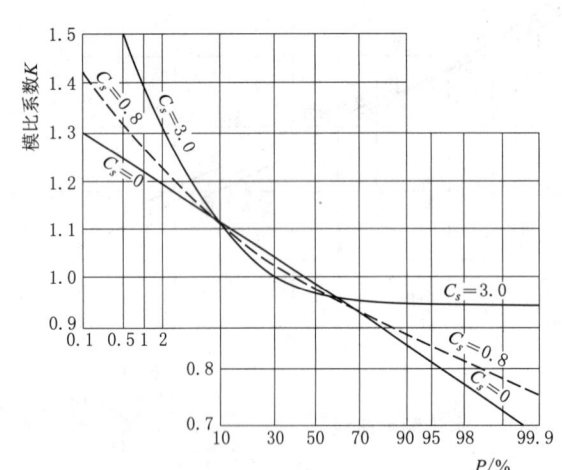

图 2.4.7 C_s 变化对频率曲线的影响

2.4.4 水文频率适线

适线法（或称配线法）是指用具有数学方程式的理论频率曲线来拟合水文变量的经验频率点据，以确定总体参数的估计值和总体分布估计曲线的方法。

适线法主要有两大类：目估适线法和优化适线法。

2.4.4.1 目估适线法

目估适线法的要点是：拟定理论频率曲线的线型，以样本经验点为依据，调试理论频率曲线的参数，用目估的方法使理论频率曲线与经验点配合良好。具体步骤如图 2.4.8 所示。

进一步说明以下几点。

（1）首先算绘经验频率点据。

（2）计算统计参数的初值。可用矩法公式计算 $\bar{x}$、C_v，并假定 C_s/C_v 比值。

（3）根据统计参数初值算绘 P-Ⅲ型理论频率曲线。将计算的理论频率点据点绘在经验频率所在的频率格纸上，用光滑的曲线依次连接理论频率点据，得初步的理论频率曲线，判断与经验点据的拟合情况。

（4）调整参数，重新算绘 P-Ⅲ型理论频率曲线，直到理论频率曲线与经验点据拟合良好为止，得到总体的统计参数。在统计参数调整中，矩法计算的 $\bar{x}$ 抽样误差较小，一般可不做修改，主要调整 C_v 及 C_s，一般调整最多的是偏差系数 C_s，其次是变差系数 C_v。

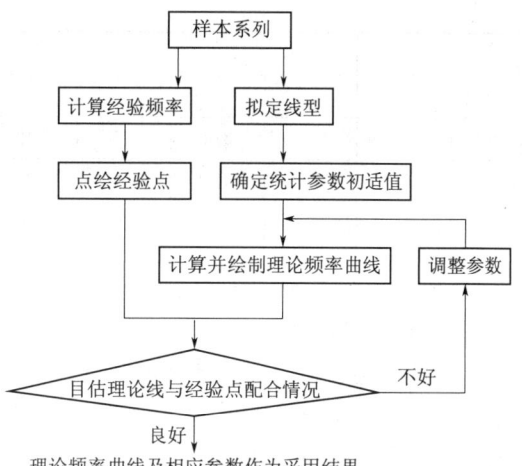

图 2.4.8 频率计算适线法框图

由以上可见，适线法层次清楚，图像明显，方法灵活，易于操作，适线时可以照顾重要的数据点。它是一种能较好地满足水文频率计算要求的估计方法，在水文计算中广泛采用。此法的实质是以经验分布为基础，去估计总体的分布及统计参数。

【例 2.4.4】 资料同 [例 2.3.2]，由某站具有代表性的 1957—1980 年的实测年降水量资料系列。试用适线法求该站年降水量的理论频率曲线，估计总体的统计参数。

根据给予的资料先计算经验频率和统计参数。在 [例 2.4.2]、[例 2.4.3] 中已有初步成果，并知 $\bar{x}=571\text{mm}$，变差系数 $C_v=0.20$，设 $C_s=2C_v=0.4$，作为初始值，进行适线，如图 2.4.2 中的②线，可见与经验点配合不好，主要原因是 C_v 偏小。因此，将 C_v 调整到 0.23，再用 $C_v=0.23$、$C_s=2C_v=0.46$ 适线，绘线后仍与经验点配合不好；经分析又是 C_s 偏小，故又将 C_s 调至 $2.5C_v$；采用 $C_v=0.23$、$C_s=2.5C_v$，均值不变绘线如图 2.4.4 中③线，可见与经验点配合良好，即为所求的频率曲线，其对应 $\bar{x}=571\text{mm}$，$C_v=0.23$，$C_s=2.5C_v$ 即是总体参数的估计值。以上适线过程见表 2.4.2。

表 2.4.2 某站年降水量频率计算

参 数		P/%								
		1	2	5	10	20	50	75	90	95
$\bar{x}=571$ $C_v=0.20$ $C_s=2C_v$	K_P	1.52	1.45	1.35	1.26	1.16	0.99	0.86	0.75	0.70
	x_P	868	828	771	719	662	565	491	428	400
$\bar{x}=571$ $C_v=0.23$	K_P	1.61	1.53	1.41	1.30	1.19	0.98	0.84	0.72	0.66

续表

参数		P/%								
		1	2	5	10	20	50	75	90	95
$C_s=2C_v$	x_P	919	874	805	742	679	560	480	411	377
$\overline{x}=571$ $C_v=0.23$	K_P	1.64	1.54	1.41	1.31	1.19	0.98	0.84	0.73	0.66
$C_s=2.5C_v$	x_P	936	879	805	748	679	560	480	417	377

2.4.4.2 优化适线法

优化适线法是在一定的适线准则（即目标函数）下，求解与经验点据拟合最优的频率曲线及相应统计参数的方法。随着计算机的推广普及，采用一定准则的优化适线法已被许多设计单位所使用。

目前，适线法可通过开发的 Excel 水文频率计算软件来实现。图 2.4.9 为利用河北省水文水资源勘测局工程技术人员开发的 Excel 水文频率计算软件。使用水文频率计算软件进行适线，具有方便、规范、减小计算工作量等显著优点。

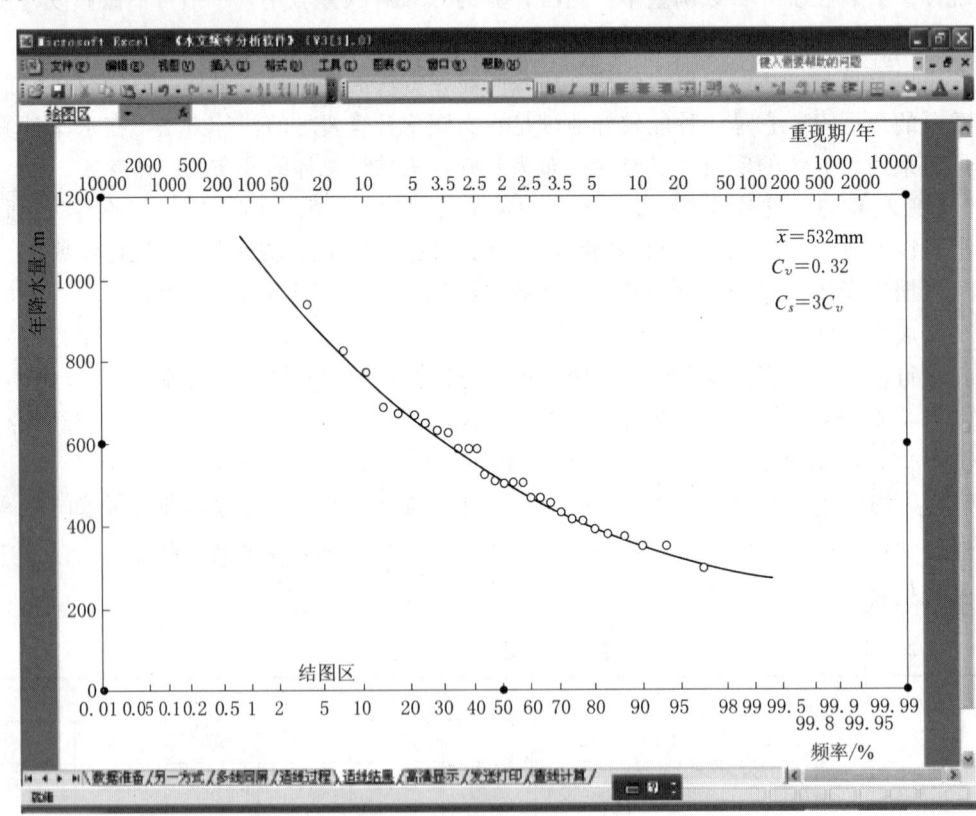

图 2.4.9 利用 Excel 水文频率计算软件的适线结果

目估适线法充分体现了水文设计人员对河流水文特性和水文要素统计特征的认知和经验，是我国普遍采用的方法，但不足之处是难以避免参数估计成果因人而异。对于适线得到的统计参数要进行合理性分析，例如适线法求得的年径流均值是否具有地区分布规律。具体内容在后面"设计年径流"和"设计洪水"章节中会学习。

【任务解析单】

【例 2.4.5】 某站年降水量资料见表 2.4.3。试用适线法推求该站年降水量的统计参数，并确定相应于频率为 10%、50%、90% 的年降水量。

表 2.4.3　　　　　　　　　某 站 年 降 水 量 资 料　　　　　　　　单位：mm

年份	1956	1957	1958	1959	1960	1961	1962	1963	1964	1965
年降水量	766.9	346.4	459.0	627.9	646.5	516.5	345.1	581.3	936.5	289.6
年份	1966	1967	1968	1969	1970	1971	1972	1973	1974	1975
年降水量	621.5	581.8	387.7	660.3	502.9	497.1	450.1	682.3	497.5	365.1
年份	1976	1977	1978	1979	1980	1981	1982	1983	1984	
年降水量	582.0	822.0	500.6	670.2	466.1	429.8	406.8	374.7	413.2	

具体计算步骤如下。

(1) 计算经验频率并点绘经验点据。

1) 将样本系列表 2.4.3 中资料填入计算表 2.4.4，将表中第②列由大到小排队后列入第④列。

表 2.4.4　　　　　　　　　经验频率与统计参数计算

年份	x_i/mm	序号	x_i/mm	$P=\dfrac{m}{n+1}\times 100\%$	$k_i=\dfrac{x_i}{\bar{x}}$	k_i-1	$(k_i-1)^2$
①	②	③	④	⑤	⑥	⑦	⑧
1956	766.9	1	936.5	3.3	1.760	0.760	0.5776
1957	346.4	2	822	6.7	1.545	0.545	0.2970
1958	459.0	3	766.9	10.0	1.442	0.442	0.1954
1959	627.9	4	682.3	13.3	1.283	0.283	0.0801
1960	646.5	5	670.2	16.7	1.260	0.260	0.0676
1961	516.5	6	660.3	20.0	1.241	0.241	0.0581
1962	345.1	7	646.5	23.3	1.215	0.215	0.0462
1963	581.3	8	627.9	26.7	1.180	0.180	0.0324
1964	936.5	9	621.5	30.0	1.168	0.168	0.0282
1965	289.6	10	582	33.3	1.094	0.094	0.0088
1966	621.5	11	581.8	36.7	1.094	0.094	0.0088
1967	581.8	12	581.3	40.0	1.093	0.093	0.0086
1968	387.7	13	516.5	43.3	0.971	−0.029	0.0008
1969	660.3	14	502.9	46.7	0.945	−0.055	0.0030
1970	502.9	15	500.6	50.0	0.941	−0.059	0.0035
1971	497.1	16	497.5	53.3	0.935	−0.065	0.0042

91

续表

年份	x_i/mm	序号	x_i/mm	$P=\dfrac{m}{n+1}\times 100\%$	$k_i=\dfrac{x_i}{\bar{x}}$	k_i-1	$(k_i-1)^2$
1972	450.1	17	497.1	56.7	0.934	−0.066	0.0044
1973	682.3	18	466.1	60.0	0.876	−0.124	0.0154
1974	497.5	19	459	63.3	0.863	−0.137	0.0188
1975	365.1	20	450.1	66.7	0.846	−0.154	0.0237
1976	582.0	21	429.8	70.0	0.808	−0.192	0.0369
1977	822.0	22	413.2	73.3	0.777	−0.223	0.0497
1978	500.6	23	406.8	76.7	0.765	−0.235	0.0552
1979	670.2	24	387.7	80.0	0.729	−0.271	0.0734
1980	466.1	25	374.7	83.3	0.704	−0.296	0.0876
1981	429.8	26	365.1	86.7	0.686	−0.314	0.0986
1982	406.8	27	346.4	90.0	0.651	−0.349	0.1218
1983	374.7	28	345.1	93.3	0.649	−0.351	0.1232
1984	413.2	29	289.6	96.7	0.544	−0.456	0.2079
合计	15427.4				28.999	−0.001	2.3369

2) 计算经验频率 P、k_i、k_i-1、$(k_i-1)^2$，分别填入第⑤、⑥、⑦、⑧列，并计算第⑥、⑦、⑧列各值的总计；

3) 在频率格纸上以表 2.4.4 中第④列降水量为纵坐标，以表 2.4.4 中第⑤列经验频率 P 为横坐标，点绘经验频率点据如图 2.4.10 中的散点所示。

(2) 用矩法公式计算统计参数，计算过程见表 2.4.4；由表中合计结果计算得年降水量均值为

$$\bar{x}=\frac{1}{n}\sum_{i=1}^{n}x_i=\frac{1}{29}\times 15427.4=532\ (\text{mm})$$

计算得年降水量均方差和变差系数为

$$s=\bar{x}\sqrt{\frac{\sum_{i=1}^{n}(k_i-1)^2}{n-1}}=532\times\sqrt{\frac{2.3369}{29-1}}=153.7$$

$$C_v=\frac{s}{\bar{x}}=\frac{153.7}{532}=0.29 \text{ 或 } C_v=\sqrt{\frac{\sum_{i=1}^{n}(k_i-1)^2}{n-1}}=\sqrt{\frac{2.3369}{29-1}}=0.29$$

(3) 算绘理论频率曲线。

1) 由统计参数初值，均值 $\bar{x}=532$mm，变差系数 $C_v=0.30$，设偏态系数 $C_s=2C_v=0.60$，作为初试值，查附表 2 得模比系数 K_P 值，见表 2.4.5 第②行，计算不同频率 P 相应的 x_P 值列入表 2.4.5 中第③行的对应数值点绘理论频率曲线，发现理论频率曲线在上部和下部均偏于经验点的下方，而中间部分略偏于经验点的上方，说明

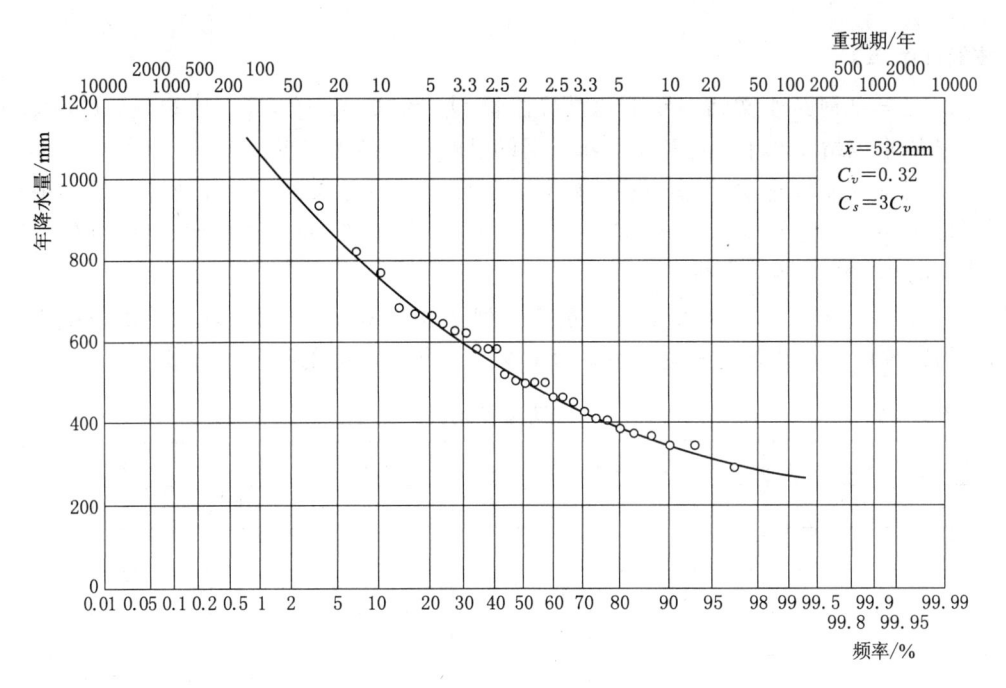

图 2.4.10 某站年降水量频率曲线

C_v、C_s 偏小。

2）调整参数，重新配线。增大 C_v、C_s，取均值 $\bar{x}=532\text{mm}$，变差系数 $C_v=0.32$，$C_s=3C_v=0.96$，再次计算不同频率 P 相应的 x_P 值列入表 2.4.5 中第⑤行。由①、⑤两行的对应数值点绘理论频率曲线，如图 2.4.10 所示，该线与经验点配合较好，将其作为该站采用的年降水量的频率曲线。

表 2.4.5　　　　　　　　　理论频率曲线选配计算表

频率	P/%	①	1	2	5	10	20	50	75	90	95	99
第一次适线 $\bar{x}=532\text{mm}$ $C_v=0.30$, $C_s=2C_v$	K_P	②	1.83	1.71	1.54	1.40	1.24	0.97	0.78	0.64	0.56	0.44
	x_P	③	973.6	909.7	819.3	744.8	659.7	516.0	415.0	340.5	297.9	234.1
第二次适线 $\bar{x}=532\text{mm}$ $C_v=0.32$, $C_s=3C_v$（采用）	K_P	④	1.96	1.81	1.60	1.43	1.24	0.95	0.77	0.64	0.58	0.48
	x_P	⑤	1042.7	962.9	851.2	760.8	659.7	505.4	409.6	340.5	308.5	255.4

（4）推求频率 10%、50%、90% 的年降水量。由表 2.4.5 第①、⑤行或由采用的年降水量频率曲线，可确定频率 10%、50%、90% 对应的年降水量分别为 $x_{10\%}=$

760.8mm、$x_{50\%}$=505.4mm 和 $x_{90\%}$=340.5mm。

【技能训练单】

1. 已知某河某水文站多年平均洪峰流量 $\overline{Q}_m$=1000m³/s，C_v=0.50，C_s=3.0C_v，试推求该站 500 年一遇和 100 年一遇的洪峰流量各为多少？

2. 已知某流域有 32 年实测径流资料，经频率适线已求得的总体统计参数年平均径流量 $\overline{W}$=100 万 m³，C_v=0.30，C_s=2.0C_v，试求 20 年一遇枯水年和 10 年一遇丰水年的年径流量各为多少？

3. 某水文站有 31 年的年平均流量资料列于表 2.4.6，试用适线法推求该站年降水量的频率曲线，并确定相应于频率为 10%、50%、90%的年平均流量。

表 2.4.6　　　　　某水文站历年年平均流量资料

年份	流量 Q_i/(m³/s)	年份	流量 Q_i/(m³/s)	年份	流量 Q_i/(m³/s)	年份	流量 Q_i/(m³/s)
1965	1676	1973	614	1981	343	1989	1029
1966	601	1974	490	1982	413	1990	1463
1967	562	1975	990	1983	493	1991	540
1968	697	1976	597	1984	372	1992	1077
1969	4072259	1977	214	1985	214	1993	571
1970	402	1978	196	1986	1117	1994	1995
1971	777	1979	929	1987	761	1995	1840
1972		1980	1828	1988	980		

【技能测试单】

1. 单选题

(1) 在水文频率计算中，我国一般选配 P-Ⅲ型曲线，这是因为（　　）。

A. 已从理论上证明它符合水文统计规律

B. 已制成该线型的 Φ_P 值表供查用，使用方便

C. 已制成该线型的 k_P 值表供查用，使用方便

D. 经验表明该线型能与我国大多数地区水文变量的频率分布配合良好

(2) 用配线法进行频率计算时，判断配线是否良好所遵循的原则是（　　）。

A. 抽样误差最小的原则

B. 统计参数误差最小的原则

C. 理论频率曲线与经验频率点据配合最好的原则

D. 设计值偏于安全的原则

(3) P-Ⅲ型曲线，当 C_s≠0 时，为一端有限，一端无限的偏态曲线，其变量的最小值 a_0=（1−2C_v/C_s）；由此可知，水文系列的配线结果一般应有（　　）。

A. C_s<2C_v　　B. C_s=2C_v　　C. C_s≤2C_v　　D. C_s≥2C_v

(4) 如下图若两条频率曲线的 C_v、C_s 值分别相等，则二者的均值 $\overline{x}_1$、$\overline{x}_2$ 相比

较，（　　）。

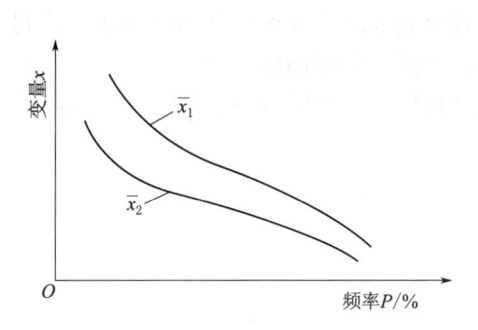

 A. $\overline{x}_1 < \overline{x}_2$ B. $\overline{x}_1 > \overline{x}_2$ C. $\overline{x}_1 = \overline{x}_2$ D. $\overline{x}_1 = 0$

(5) 某水文变量频率曲线，当 $\overline{x}$、C_v 不变，增大 C_s 值时，则该线（　　）。

 A. 两端上抬、中部下降   B. 向上平移
 C. 呈顺时针方向转动   D. 呈反时针方向转动

(6) 设计年径流量随设计频率（　　）。

 A. 增大而减小   B. 增大而增大   C. 增大而不变   D. 减小而不变

(7) 适线法使用的格纸称为（　　）格纸。

 A. 对数   B. 双对数   C. 频率   D. 米

(8) 适线法主要步骤不包括（　　）。

 A. 在频率格纸上绘制经验频率点据   B. 确定采用 P-Ⅲ型分布
 C. 假定多组统计参数   D. 查离均系数表绘制一条 P-Ⅲ型曲线

(9) 已知均值 $\overline{x}=1000\text{mm}$，变差系数 $C_v=0.4$，离均系数 $\Phi_P=6.5$，则设计值 $x_P=$（　　）。

 A. 3600   B. 2600   C. 3605   D. 2605

(10) 计算经验频率的数学期望公式为（　　）。

 A. $P=\dfrac{m}{n}$ B. $P=\dfrac{m}{n+1}$ C. $P=\dfrac{m+1}{n}$ D. $P=\dfrac{m+1}{n+1}$

2. 判断题

(1) 在频率曲线上，频率 P 越大，相应的设计值 x_P 就越小。（　　）

(2) 由于矩法计算偏态系数 C_s 的公式复杂，所以在统计参数计算中不直接用矩法公式推求 C_s 值。（　　）

(3) 水文系列的总体是无限长的，它是客观存在的，但我们无法得到它。（　　）

(4) 水文频率计算中配线时，增大 C_v 可以使频率曲线变陡。（　　）

(5) 给经验频率点据选配一条理论频率曲线，目的之一是便于频率曲线的外延。（　　）

(6) 水文频率计算中配线时，当 $\overline{x}$、C_v 不变，增大 C_s 值时，则频率曲线保持不变。（　　）

(7) 在频率曲线上，频率 $P=75\%$ 的设计值比频率 $P=25\%$ 的设计值大，水量多。（　　）

(8) 频率格纸的横坐标的分划就是按把标准正态频率曲线拉成一条直线的原理计算出来的。 (　　)

(9) 由实测样本资料绘制的频率曲线为经验频率曲线，则借助统计数学中用数学方程式表示的频率曲线称为理论频率曲线。 (　　)

(10) 增加水文样本容量，频率分布曲线的当 $\bar{x}$、C_v 和 C_s 值可能增大也可能减小。 (　　)

项目 3

径 流 计 算

任务 3.1 年 径 流 认 知

【任务单】

党的二十大报告指出,大自然是人类赖以生存发展的基本条件。尊重自然、顺应自然、保护自然,是全面建设社会主义现代化国家的内在要求。我们必须牢固树立和践行绿水青山就是金山银山的理念,站在人与自然和谐共生的高度谋划发展。

水是影响生态环境变化以及经济社会发展的重要因素,对河流径流的研究,是我们防洪、调水、农田灌溉、城市建设的基本依据,是发展节水农业、构建节水型社会建设的重要参考,也是推进生态文明建设、建设美丽中国的重要指标。本项目从年径流认知、径流分析方法、径流预测的视角,与学习者一起进行学习和探讨。为学习者从事水文计算、水文预报、资料管理等工作提供基本知识和技能。

课前任务:某流域面积是 890km²,该流域多年平均降雨量 692mm,径流系数 0.3,试问该流域径流量如何用径流总量、流量、径流模数来表示?在解决该任务时该注意什么问题?

【任务学习单】

3.1.1 年径流特性及其影响因素

3.1.1.1 年径流及其表示方法

1. 年径流

一个年度内,通过河流某一断面的水量,称为该断面以上流域的年径流量。它可用年平均流量(m^3/s)、年径流深(mm)、年径流总量(万 m^3、亿 m^3)、年径流模数 [$m^3/(s \cdot km^2)$] 表示。年径流量描述了某一断面的水资源量多少,但仅用年径流量表示是不够的,因为径流在一年内各个时段是不同的,处在不断变化之中。因此实际工作中描述河流某一断面的年径流,常用年径流量及其年内分配过程表示。所谓年径流的年内分配是指年径流在一年中各个月(或旬)的分配过程。

2. 径流的表示方法

径流分析计算中，常用的径流量表示方法和度量单位有下列几种：

（1）流量 Q：单位时间内通过河流某一过水断面的水体体积，单位为 m^3/s。

（2）径流总量 W：一定时段内通过河流某一过水断面的总水量，单位为 m^3。径流总量与平均流量的关系为

$$W = \overline{Q}T \tag{3.1.1}$$

式中 $\overline{Q}$——时段平均流量，m^3/s；

T——计算时段，s。

径流总量的单位有时也用时段平均流量与对应历时的乘积表示，如（m^3/s）·月、（m^3/s）·日，等。

（3）径流深 R：一定时段的径流总量平铺在流域面积上所得到的水层深度，以 mm 计。

$$R = \frac{W}{1000F} \tag{3.1.2}$$

式中 W——计算时段的径流量，m^3；

F——河流某断面以上的流域集水面积，km^2。

（4）径流模数 M：单位流域面积上所产生的流量，常用单位为 $m^3/(s \cdot km^2)$ 或 $L/(s \cdot km^2)$。其计算公式为

$$M = \frac{Q}{F} \tag{3.1.3}$$

（5）径流系数 α：流域某时段内径流深与形成这一径流深的流域平均降水量的比值，无因次。即

$$\alpha = \frac{R}{P_F} \tag{3.1.4}$$

3.1.1.2 年径流的特征

我国《水文年鉴》中，年径流量是按日历年度统计的，而在水文水利计算中，年径流量通常是按水文年度或水利年度统计的。水文年度以水文现象的循环规律来划分，即从每年汛期开始时起到下一年汛期开始前止。由于各地气候条件不同，水文年的起讫日期各地不一。我国规定，长江及其以南地区河流的水文年一般从 4 月 1 日或 5 月 1 日开始；淮河流域及其以北的河流包括华北及东北地区的河流从 6 月 1 日开始；对于北方春汛河流，则以融雪情况来划分水文年度。水利年度是以水库蓄泄循环周期作为一年，即从水库蓄水开始到第二年水库供水结束为一年。水利年的划分应视来水与用水的具体情况而定。通过对年径流观测资料的分析，可以得出年径流的变化具有以下特性。

（1）年径流具有大致以年为周期的汛期与枯季交替变化的规律，但各年汛、枯季有长有短，发生时间有迟有早，水量也有大有小，基本上年年不同，具有偶然性质。

（2）年径流量在年际间变化很大，有些河流年径流量的最大值可达到平均值的

2~3倍,最小值仅为平均值的0.1~0.2。年径流量的最大值与最小值之比:长江、珠江为4~5;黄河、海河为14~16。年径流量的年际变化,也可以由年径流量的变差系数C_v来反映,C_v越大,年径流量的年际变化越大。例如,淮河流域大部分地区为0.6~0.8,而华北平原一般超过1.0,部分地区可达1.4以上。

(3) 年径流量在多年变化中有丰水年组和枯水年组交替出现的现象。例如黄河1991—1997年连续7年出现断流;海河出现过两三年甚至四五年的连续干旱;松花江1960—1966年出现过连续7年丰水年组等。

3.1.1.3 年径流的影响因素

分析研究影响年径流量的因素,对年径流量的分析与计算具有重要的意义。尤其是只有短期实测径流资料时,常常需要利用年径流量与其影响因素之间的相关关系来插补、展延年径流量资料。同时,通过研究年径流量的影响因素,也可对年径流量计算成果的合理性作出分析论证。

由流域年水量平衡方程式$R=P-E-\Delta W-\Delta V$可知,年径流深R取决于年降水量P、年蒸发量E、时段始末的流域蓄水变量ΔW和流域之间的交换水量ΔV四项因素。前两项属于流域的气候因素,后两项属于下垫面因素以及人类活动情况。当流域完全闭合时,$\Delta V=0$,影响因素只有P、E和ΔW三项。

1. 气候因素对年径流的影响

气候因素中,年降水量与年蒸发量对年径流的影响程度随地理位置不同而有差异。在湿润地区降水量较多,其中大部分形成了径流,年径流系数较大,年径流量与年降水量相关关系较好,说明年降水量对年径流量起着决定性作用。在干旱地区,降水量较少,且极大部分消耗于蒸发,年径流系数很小,年径流量与年降水量的相关关系不太好,说明年降水量和年蒸发量都对年径流量以及年内分配起着相当大的作用。

以冰雪补给为主的河流,其年径流量的大小以及年内分配主要取决于前一年的降雪量和当年的气温变化。

2. 下垫面因素对年径流的影响

流域的下垫面因素包括地形、植被、土壤、地质、湖泊、沼泽、流域大小等。这些因素主要从两方面影响年径流量,一方面通过流域蓄水变量ΔW影响年径流量的变化;另一方面通过对气候因素的影响间接地对年径流量发生作用。

地形主要通过对降水、蒸发、气温等气候因素的影响间接地对年径流量发生作用。地形对降水的影响,主要表现在山地对气流的抬升和阻滞作用,使迎风坡降水量增大,增大的程度主要随水汽含量和抬升速度而定。同时,地形对蒸发也有影响,一般气温随地面高程的增加而降低,因而使蒸发量减少。所以,高程的增加对降水和蒸发的影响,一般情况下将使年径流量随高程的增加而增大。

湖泊对年径流的影响,一方面表现为湖泊增加了流域内的水面面积,由于水面蒸发往往大于陆面蒸发,因而增加了蒸发量,进而使年径流量减少;另一方面,湖泊的存在增加了流域的调蓄作用,巨大的湖泊不仅会调节径流的年内变化,还可以调节径流的年际变化。

流域大小对年径流的影响,主要表现为对流域内蓄水量的自行调节,影响径流量的年内分配及年际变化。大流域调蓄能力大，使得径流在时间上的分配过程趋于均匀。此外，流域面积越大，流域内部各地径流的不同期性越显著，所起的调节作用就更加明显。因此，一般情况下，同一气候区大流域年径流量的年际变化相比小流域的要小。

3. 人类活动对年径流的影响

人类活动对年径流的影响，包括直接影响和间接影响两个方面。直接影响如跨流域引水，将本流域的水量引到另一流域，直接减少本流域的年径流量。间接影响为通过增加流域蓄水量和流域蒸发量来减少流域的年径流量，如修水库、塘堰、旱地改水田、坡地改梯田、植树造林等，都将使流域蒸发量加大，从而减少年径流量。这些人类活动在改变年径流量的同时改变了径流的年内分配。

3.1.2 径流分析计算的内容

径流分析计算的主要内容包括径流特性分析、有流量资料情况下的径流分析计算、资料短缺条件下的径流分析计算、枯水径流分析计算、日平均流量历时曲线、径流年内分配计算等。

（1）径流特性分析包括径流的年内、年际变化规律、径流的丰枯变化规律，以及径流的地区分布及组成等。

（2）有流量资料情况下的径流分析计算包括年和时段径流量的频率分析计算。

（3）资料短缺条件下的径流分析计算包括有部分流量资料条件下的径流分析计算及无实测径流资料条件下的径流分析计算。有部分流量资料系列时，根据资料条件插补延长径流系列，然后进行频率分析。无实测径流资料系列时，主要采用水文比拟法、等值线图法及经验公式法等估算不同频率的年径流量。

（4）枯水径流分析计算包括历史枯水调查、资料的还原、系列的插补延长及频率分析计算等。

（5）根据工程设计的不同要求及不同的资料条件，日平均流量历时曲线主要包括多年综合日流量历时曲线、平均日流量历年曲线、代表年日流量历时曲线。

（6）径流年内分配计算主要包括典型年的选择及设计径流的年内分配计算。设计径流的年内分配计算有同倍比法缩放法和同频率法缩放法两种方法。

3.1.3 设计年径流及其设计保证率确定

3.1.3.1 设计年径流

所谓设计年径流，是指相应于设计频率（或设计保证率）的年径流量，以及设计年径流量在年内各月（或旬）的分配，其中，设计年径流量在年内各月（或旬）的分配称为年径流的年内分配。设计年径流的分析，是水利工程规划设计、进行管理和水资源供需分析等的重要依据，因为它为上述工程提供了来水资料。

3.1.3.2 设计保证率确定

1. 设计保证率概念

设计保证率是指多年用水期间，用水部门正常用水得到保证的程度，它是设计正常用水保证率的简称。水利水电部门正常工作的保证率，国家以规范的形式给出，在规划设计阶段由设计人员按照一定的方法和步骤选定。设计保证率常用的衡量方法有两种,即按保证正常用水的年数、按保证正常用水的历时(以日、旬或月为单位)来衡量。

$$P_{年} = \frac{正常工作的年数}{运行总年数} \times 100\%$$

$$P_{年} = \frac{正常工作的历时}{运行总历时} \times 100\%$$

采用哪种形式的设计保证率,视用水特性、水库调节性能及设计要求等因素而定。蓄水式电站、灌溉用水部门等,一般采用年保证率,对于无调节、日调节水电站,航运用水部门,以及其他不进行径流调节的用水部门,其保证率多采用历时保证率。例如,年调节灌溉水库设计保证率 $P=75\%$,则表示水库多年期间平均每 100 年有 75 年能按正常灌溉用水要求供水,其余 25 年允许供水破坏。在破坏的年份中,不论该年内缺水持续时间长短和缺水数量多少,凡是出现不满足正常供水的情况,则为供水破坏。

2. 设计保证率的选择

设计保证率是根据工程需要或用水需求而选用的保证率,它是水利水电工程设计的重要依据,其选用是一个十分复杂的技术经济问题。设计保证率选得高,则用水部门正常得到保证的程度就高,取得的效益大,但所需要的库容也大,工程费用就高。这就需要对不同保证率情况下的投资与效益以及供水破坏对国民经济有关部门的影响,进行全面的技术、经济的分析和比较,确定有利的保证率。但是,由于涉及因素非常复杂,计算十分困难,因此目前对设计保证率并不是根据计算,而是根据本地区的条件,考虑到技术、经济、政治及对人民生活的影响,参照国家行业标准中的规定来选取,通常是在行业标准中选取几个方案加以比较。

居民生活用水设计保证率较高,一般取 95%~99%,其他用水部门如下。

(1) 水电站的设计保证率。《小型水力发电设计规范》(GB 50071—2014)规定,水电站的设计保证率一般是考虑水电站的规模(如装机容量)和在电力系统中的比重来决定。此外,还参考系统中的用户组成与河流特性、河川径流特性、水库调节特性等因素进行选择。根据《小水电水能计算规程》(SL 76—2009)规定,水电站的设计保证率见表 3.1.1。

表 3.1.1　　　　　　　水电站设计保证率　　　　　　　单位:%

电力系统中水电站容量比重	<25	25~50	>50
水电站设计保证率	80~90	90~95	95~98

(2) 灌溉设计保证率。一般考虑灌区土地和水资源情况、农作物种类、气象和水文条件、水库调节性能等因素,根据《灌溉与排水工程设计标准》(GB 50288—2018)的规定,可查表确定不同作物的设计保证率,具体参照表 3.1.2。一般来说,南方灌溉设计保证率比北方高,大型灌区比中小型灌区高,自流灌区比提水灌区高。

在以往的小型灌区和基本农田建设中,有时也采用"抗旱天数"作为设计标准。

表 3.1.2　　　　　　　　　灌溉设计保证率　　　　　　　　单位：%

灌溉方式	地区	作物种类	灌溉设计保证率
地面灌溉	干旱地区或水资源紧缺地区	以旱作为主	50～75
		以水稻为主	70～80
	半干旱、半湿润地区或水资源不稳定地区	以旱作为主	70～80
		以水稻为主	75～85
	湿润地区或水资源丰富地区	以旱作为主	75～85
		以水稻为主	80～95
	各类地区	牧草和林地	50～75
喷灌、微灌	各类地区	各类作物	85～95

（3）航运设计保证率。航运设计保证率是指通航水位的保证程度，一般用历时保证率表示。对于季节性通航河道来说，它指的是通航季节内的历时保证率。按照《内河通航标准》（GB 50139—2014）中的规定，一般是按航道等级，结合其他因素由航运部门提供，设计时可参考表 3.1.3。

表 3.1.3　　　　　　　　　航运设计保证率　　　　　　　　单位：%

航道等级	一、二级	三、四级	五、六级
设计保证率	97～99	95～97	90～95

【任务解析单】

解析：根据本任务所学的知识，对前述任务进行分析。

前述流域的径流总量

$$W = \alpha \overline{F}\ \overline{H} = 0.3 \times 890 \times 10^6 \times 692 \times 10^{-3} = 184764 (\text{m}^3) \approx 0.185 (\text{万 m}^3)$$

径流流量

$$\overline{Q} = \frac{W}{T} = \frac{184764}{365 \times 24 \times 3600} = 0.00585 (\text{m}^3/\text{s})$$

径流模数

$$\overline{M} = \frac{\overline{Q}}{\overline{F}} = \frac{0.00585}{890} = 6.57 \times 10^{-6} [\text{m}^3/(\text{s} \cdot \text{km}^2)]$$

在进行任务解析单，要注意单位之间的换算，要精益求精。

【技能训练单】

1. 某流域的集水面积为 600km²，其多年平均径流总量为 5 亿 m³，试问其多年平均流量、多年平均径流深、多年平均径流模数为多少？

2. 何谓保证率？若某水库在运行 100 年中有 85 年保证了供水要求，其保证率为多少？

【技能测试单】

1. 单选题

(1) 我国年径流深分布的总趋势基本上是（　　）。

　A. 自东南向西北递减　　　　　　B. 自东南向西北递增

　C. 分布基本均匀　　　　　　　　D. 自西向东递增

(2) 径流是由降水形成的，故年径流与年降水量的关系（　　）。

　A. 一定密切　　　　　　　　　　B. 一定不密切

　C. 在湿润地区密切　　　　　　　D. 在干旱地区密切

(3) 人类活动对流域多年平均降水量的影响一般（　　）。

　A. 很显著　　　　B. 显著　　　　C. 不显著　　　　D. 根本没影响

(4) 流域中的湖泊围垦以后，流域多年平均年径流量一般比围垦前（　　）。

　A. 增大　　　　　B. 减少　　　　C. 不变　　　　　D. 不肯定

(5) 人类活动（例如修建水库、灌溉、水土保持等）通过改变下垫面的性质间接影响年径流量，一般说来，这种影响使得（　　）。

　A. 蒸发量基本不变，从而年径流量增加

　B. 蒸发量增加，从而年径流量减少

　C. 蒸发量基本不变，从而年径流量减少

　D. 蒸发量增加，从而年径流量增加

(6) 在年径流系列的代表性审查中，一般将（　　）的同名统计参数相比较，当两者大致接近时，则认为设计变量系列具有代表性。

　A. 参证变量长系列与设计变量系列

　B. 同期的参证变量系列与设计变量系列

　C. 参证变量长系列与设计变量同期的参证变量系列

　D. 参证变量长系列与设计变量非同期的参证变量系列

(7) 设计年径流量随设计频率（　　）。

　A. 增大而减小　　　　　　　　　B. 增大而增大

　C. 增大而不变　　　　　　　　　D. 减小而不变

(8) 衡量径流的年际变化常用（　　）表示。

　A. 年径流偏态系数　　　　　　　B. 多年平均径流量

　C. 年径流变差系数　　　　　　　D. 年径流模数

(9) 水文年度的起止日期是根据（　　）来划分的。

　A. 公历日期　　　　　　　　　　B. 水文现象的循环变化规律

　C. 水文管理部门设定　　　　　　D. 以上都可以

(10) 在我国北方，水文年度从一年的何时开始，到一年的何时结束？（　　）

　A. 1月1日开始，12月31日结束

　B. 7月1日开始，次年6月30日结束

　C. 9月1日开始，次年8月31日结束

D. 以融雪情况来划分

2. 判断题

(1) 年径流量是体积的概念，故它的单位必须用 m³ 来表示。（　）

(2) 工程设计时，采用的保证率越高越好。（　）

(3) 当径流资料充分时（具有多年的资料），也必须进行"三性"审查。（　）

(4) 每次降雨的雨量都将形成径流。（　）

(5) 降雨是影响径流的唯一因素。（　）

(6) 设计年径流的计算只需要计算其年径流总量即可，至于其年内如何分配无需计算，也无法计算。（　）

(7) 一般我们进行径流分析，都应以一定的累计频率为前提。（　）

任务 3.2　有流量资料时设计年径流计算

【任务单】

坚持问题导向，是习近平新时代中国特色社会主义思想世界观和方法论的重要内容。规划设计水利工程，是中国人民对幸福生活的殷切期盼。为更好地规划水利工程、科学地确定工程规模，我们需要对河流的年径流进行分析。

设计年径流计算的主要任务是研究自然界水文现象的发展变化规律，预估未来长时期内可能出现的水文情势，为工程设计提供依据。有流量资料是指设计代表站断面或参证流域断面有实测径流系列，其长度不应小于规范规定的年数。通过水文分析计算提供的来水资料，按设计要求，可推求设计断面所需设计年径流量及年内分配。例如某河拟兴建一水利水电工程，某河某断面有 18 年（1958—1976 年）的流量资料，具体见表 3.2.1，(1) 试求 $P=10\%$ 的设计丰水年、$P=50\%$ 的设计平水年、$P=90\%$ 的设计枯水年的设计年径流量；(2) 求设计枯水年（$P=90\%$）的设计年径流的年内分配。通过本案例来学习有流量资料时设计年径流计算的步骤和方法。

【任务学习单】

3.2.1　年径流资料的搜集（步骤1）

在水文资料收集与审查一讲中提到，人们通过水文资料、水文年鉴、水文数据库、水文手册、水文调查等，收集到代表站断面或参证流域断面的实测长系列径流资料。其长度不应小于规范规定的年数，即不应小于 30 年。对收集到的长系列资料，要进行审查后才能使用，以保证计算的精度。

3.2.2　年径流资料的审查（步骤2）

水文资料是水文分析计算的依据，它直接影响着工程设计的精度和工程安全。因此，对于所使用的水文资料必须认真地审查，这里所谓审查就是鉴定实测年径流量系列的可靠性、一致性和代表性。

1. 资料的可靠性审查

资料的可靠性是指资料的可靠程度。水文资料经过水文部门的多次审核，层层把关后刊印或录入数据库，应该说大多数是可靠的，但也不能排除个别错误存在的可能性。因此，使用时必须进行审查，并对水量特丰、特枯或中华人民共和国成立前以及其他有疑点的年份应进行重点审查。审查时可以从资料的来源、资料的测验和整编方法，尤其是水位-流量关系曲线的合理性等方面着手。如发现问题，应查明原因，纠正错误。审查的具体方法各站有所不同。对水位和流量成果要着重进行审查。

（1）水位资料。主要审查基准面和水准点，水尺零点高程的变化情况。

（2）流量资料。主要审查水位-流量关系曲线定得是否合理，是否符合测站特性。同时，还可根据水量平衡原理，进行上下游站、干支流站的年、月径流量对照，检查其可靠性。

（3）水量平衡的审查。根据水量平衡的原理，上、下游站的水量应该平衡，即下游站的径流量应等于上游站径流量加区间径流量。通过水量平衡的检查即可衡量径流资料的精度。

（4）流量观测和计算的方法与精度。如高水测流时，浮标系数采用的过高、过低，均会导致所测汛期流量偏大或偏小。

1949年前的水文资料质量较差，审查时应特别注意。

2. 资料的一致性审查

资料的一致性是指产生资料系列的条件是否一致。设计年径流计算时，需要的年径流系列必须在同一成因条件下形成，具有一致性。一致性是以流域气候条件和下垫面条件基本稳定为基础的。气候条件的变化是极其缓慢的，一般可认为在样本资料的几十年时间内是基本稳定的。但流域的下垫面条件在人类活动的影响下会发生较大变化，如修建水库、引水工程、分洪工程等，会造成产生径流的条件发生变化，从而使径流资料系列前后不一致。为此，需要对实测资料进行一致性修正。一般是将人类活动影响后的系列还原到流域大规模治理以前的天然状况下。还原的方法有多种，最常用的方法是分项调查法，该法以水量平衡为基础，即天然年径流量 $W_{天然}$ 应等于实测年径流量 $\Delta W_{实测}$ 与还原水量 $\Delta W_{还原}$ 之和。还原水量一般包括农业灌溉净耗水量 $W_{农业}$、工业净耗水量 $W_{工业}$、生活净耗水量 $W_{生活}$、蓄水工程的蓄水变量 $W_{调蓄}$（增加为正，减少为负）、水土保持措施对径流的影响水量 $W_{水保}$、水面蒸发增损量 $W_{蒸发}$ 和跨流域引水量 $W_{引水}$（引出为正，引入为负）、河道分洪水量 $W_{分洪}$（分出为正，分入为负）、水库渗漏水量 $W_{渗漏}$、其他水量 $W_{其他}$ 等，公式表示如下：

$$W_{天然} = W_{实测} + W_{还原} \tag{3.2.1}$$

$$W_{还原} = W_{农业} + W_{工业} + W_{生活} \pm W_{调蓄} \pm W_{水保} \pm W_{蒸发} \pm W_{引水} \pm W_{分洪} + W_{渗漏} \pm W_{其他} \tag{3.2.2}$$

上式中各部分水量，可根据实测和调查的资料分析确定。还应注意用上下游、干支流和地区间的综合平衡进行验证校核。

3. 资料的代表性审查

资料的代表性指样本的统计特性接近总体的统计特性的程度。样本系列代表性好，则抽样误差就小，水文计算成果精度也就高。

由于水文系列的总体分布是未知的，对于 n 年的样本系列，无法从样本自身来分析评价其代表性高低。但根据水文统计的原理，一般样本容量越大，其抽样误差越小。因此，样本资料的代表性审查，通常可通过其他更长系列的参证资料的多年变化特性来分析评价实测年径流量系列的丰、枯状况与年际变化规律。常用方法是采用统计参数进行对比分析，具体方法如下：

选择与设计站年径流量成因上有联系、具有长系列 N 年资料的参证变量，如邻近地区某站的年径流量或年降水量等。分别用矩法公式计算参证变量长系列 N 年的统计参数 $\overline{Q}_N$、C_{VN}，以及短系列 n 年（与设计站年径流量系列 n 年资料同期）的统计参数 $\overline{Q}_n$、C_{Vn}。如两者统计参数接近，可推断参证变量的 n 年短系列在 N 年长系列中具有较好的代表性，从而推断设计站 n 年的年径流量系列也具有较好的代表性。如两者统计参数相差较大（一般相差值超过 5%～10%），则认为设计站 n 年径流量系列代表性较差，这时应设法插补、延长系列，以提高系列的代表性。

显然，应用上述方法时应具备下列两个条件：①参证变量的长系列本身具有较高的代表性；②设计站年径流量与参证变量在时序上具有相似的丰枯变化。

3.2.3 设计年径流量的计算（步骤 3）

采用设计代表年法进行计算，其计算要素如下：

1. 设计长期年、月径流量系列

实测径流系列经过审查和分析后，再按水利年度排列为一个新的年、月径流系列。然后，从这个长系列中选出代表段。代表段中应包括有丰、平、枯水年，并且有一个或几个完整的调节周期；代表段的年径流量均值、变差系数应与长系列的相近。我们用这个代表段的年、月径流量过程来代表未来工程运行期间的年、月径流量变化。这个代表段就是水利计算所要求的所谓"设计年、月径流系列"，并以列表形式给出，见表 3.2.1，它是用过去历年实测的年、月径流量的年际、年内变化规律来概括未来工程运行期间的来水规律。

表 3.2.1　　　　　　　　某河断面历年逐月平均流量

年份	月平均流量/(m³/s)												年平均流量/(m³/s)
	6月	7月	8月	9月	10月	11月	12月	1月	2月	3月	4月	5月	
1958—1959	16.5	22	43	17	4.63	2.46	4.02	4.84	1.98	2.47	1.87	21.6	11.86
1959—1960	7.25	8.69	16.3	26.1	7.15	7.5	6.81	1.86	2.67	2.73	4.2	2.03	7.77
1960—1961	8.21	19.5	26.4	26.4	7.35	9.62	3.2	2.07	1.98	1.9	2.35	13.2	10.18
1961—1962	14.7	17.7	19.8	30.4	5.2	4.87	9.1	3.46	3.42	2.92	2.48	1.62	9.64
1962—1963	12.9	15.7	41.6	50.7	19.4	10.4	7.48	2.79	5.3	2.67	1.79	1.8	14.38
1963—1964	3.2	4.98	7.15	16.2	5.55	2.28	2.13	1.27	2.18	1.54	6.45	3.87	4.73
1964—1965	9.91	12.5	12.9	34.6	6.9	5.55	3.27	1.62	1.17	0.99	3.06		7.87
1965—1966	3.9	26.6	15.2	13.6	6.12	13.4	4.27	10.5	8.21	9.03	8.35	8.48	10.64
1966—1967	9.52	29	13.5	25.4	25.4	3.58	2.67	2.23	1.93	2.67	1.41	5.3	10.22

续表

年份	月平均流量/(m³/s)												年平均流量/(m³/s)
	6月	7月	8月	9月	10月	11月	12月	1月	2月	3月	4月	5月	
1967—1968	13	17.9	33.2	43	10.5	3.58	1.67	1.57	1.82	1.42	1.21	2.36	10.94
1968—1969	9.45	15.6	15.5	37.8	42.7	6.55	3.52	2.54	1.84	2.68	4.25	9	12.62
1969—1970	12.2	11.5	33.9	25	12.7	7.3	3.65	4.96	3.18	2.35	3.88	3.57	10.35
1970—1971	16.3	24.8	41	30.7	24.2	8.3	6.5	8.75	4.25	7.96	4.1	3.8	15.06
1971—1972	5.08	6.1	24.3	22.8	3.4	3.45	4.92	2.79	1.76	1.3	2.23	8.76	7.24
1972—1973	3.28	11.7	37.1	16.4	10.2	19.2	5.75	4.41	5.53	5.59	8.47	8.89	11.38
1973—1974	15.4	38.5	41.6	57.4	31.7	5.84	6.65	4.55	2.59	1.63	1.76	5.21	17.74
1974—1975	3.28	5.48	11.8	17.1	14.4	14.3	3.84	3.69	4.67	5.16	6.26	11.1	8.42
1975—1976	22.1	37.1	58	23.9	10.6	12.4	6.26	8.51	7.3	7.54	3.12	5.56	16.87

有了长系列的来水，就可与相应的历年用水过程配合，推求逐年的缺水量，进而推求设计的兴利库容。水利计算中称这种方法为长系列法，具体方法将在兴利调节计算中介绍。在实际工作中，当不具备上述条件或在规划设计阶段进行多方案比较时为节省工作量的情况下，中小型水利水电工程广泛采用代表年法，即设计代表年法或实际代表年法，这就相应地要求提供设计代表年或实际代表年的来水，将它作为未来工程运行期间径流情势的概率预估。

2. 设计代表年法设计年径流计算

根据工程要求或计算任务，设计代表年又可分为设计丰、平（中）、枯水年三种情况，并且通过不同频率来反映丰、平、枯水情况。一般丰水年的频率不大于25%，平水年的频率取50%，枯水年的频率不小于75%。对于灌溉工程、城镇供水工程只需推求设计保证率 P 相应的设计枯水年；对于水电工程一般应推求频率 $1-P_{设}$、50%、$P_{设}$ 分别相应的设计丰、平、枯三个代表年。水资源规划或供需分析中，一般需推求频率分别为20%（丰水）、50%（平水）、75%（偏枯）、90%或95%（枯水）的代表年。这些设计频率（也称为指定频率）相应的年径流量称为设计年径流量；设计年径流量在年内各月（或旬）的分配称为设计年内分配。

由此可见，当设计频率确定后，设计代表年的年、月径流量的计算内容包括两个环节：一是设计年径流量的计算；二是设计年内分配的计算。

下面重点来介绍设计年径流量或设计时段径流量的计算。

(1) 计算时段的确定。在确定设计代表年的径流时，一般要求年径流量及一些计算时段的径流量达到指定的设计频率。因此在对年径流量进行频率计算时，常需对其他计算时段的径流量也进行计算。计算时段，也称统计时段，它是按工程要求确定的。对灌溉工程，则取灌溉期或灌溉期各月作为计算时段；对水电工程，年水量和枯水期水量决定发电效益，采用年及枯水期作为计算时段。

(2) 频率计算。如计算时段为年，则按水利年统计逐年年径流量，构成年径流量系列。如计算时段为枯水期3个月，则统计历年连续最枯的3个月总水量，组成时段枯水量系列。《水利水电工程水文计算规范》（SL 278—2020）规定，径流频率计算依据的系列应在30年以上。

通过对年径流量系列或时段径流量系列频率计算，可推求指定频率的年径流量或时段径流量，即为设计年径流量或设计时段径流量。

应注意，适线时在照顾大部分点据的基础上，应重点考虑中下部平水年和枯水年点群的趋势定线；C_s值一般可采用$(2 \sim 3)C_v$，当调查到历史特枯水年（或枯水期）径流量时，必须慎重考证确定其重现期，然后合理确定其在样本中的经验频率，再进行绘点配线确定统计参数。

成果的合理性检查。应用数理统计方法推求的成果必须符合水文现象的客观规律，因此，需要对所求频率曲线和统计参数进行下列合理性检查。

（1）要求年及其他各时段径流量频率曲线在实用范围内不得相交。即要求同一频率的设计值，长时段的要大于短时段的，否则应修改频率曲线。

（2）各时段的径流量统计参数在时间上能协调。即均值随时段的增长而加大，C_v值一般随时段的增长而有递减的趋势。

（3）要求统计参数与上下游、干支流、邻近河流的同时段统计参数在地区上应符合一般规律。即流量的均值随流域面积的增大而增大，C_v值一般随流域面积的增大有减小的趋势。如不符，应结合资料情况和流域特点进行深入分析，找出原因。

（4）可将年径流量统计参数与流域平均年降水量统计参数进行对比。即年径流量的均值应小于流域平均年降水量的均值；而一般以降雨补给为主的河流，年径流量的C_v值应大于年降水量的C_v值。

3.2.4 设计年径流的年内分配计算（步骤4）

当求得设计年径流量及设计时段径流量之后，根据工程要求，求得设计频率的设计年径流量后，还必须进一步确定月（或旬）径流过程。目前常用的方法是：先从实测年、月径流量资料中，按一定的原则选择代表年。然后依据代表年的年内径流过程，将设计年径流量按一定比例进行缩放，求得所需的设计年径流年内分配过程。

1. 代表年的选择

代表年从实测径流资料中选取，应遵循下述三条原则：

（1）水量相近。即选取的代表年年径流量或时段径流量应与相应的设计值接近。

（2）选取对工程不利的年份。在实测径流资料中水量接近的年份可能不只一年，为了安全起见，应选用水量在年内的分配对工程较为不利的年份作为代表年。如对灌溉工程而言，应选灌溉需水期径流量比较枯，而非灌溉期径流量又相对较丰的年份，这种年内分配经调节计算后，需要较大的库容才能保证供水，以这种代表年的年径流分配形式代表未来工程运行期间的径流过程，所确定的工程规模对供水来说具有一定的安全保证。对水电工程而言，则应选取枯水期较长、枯水期径流量又较小的年份。

（3）水电工程一般选丰水、平水和枯水3个代表年，而灌溉工程只选枯水1个代表年。

2. 设计年径流年内分配计算

按上述原则选定代表年后，求出设计年径流量与代表年年径流量之比值$K_年$或求

出设计年供水期水量与代表年的供水期水量之比值 $K_{供}$，即

$$K_{年} = \frac{Q_{年,P}}{Q_{年,代}} \quad \text{或} \quad K_{供} = \frac{Q_{供,P}}{Q_{供,代}} \tag{3.2.3}$$

然后，以 $K_{年}$ 或 $K_{供}$ 值乘代表年的逐月（或旬）平均流量，即得到径流的年内分配过程。

以上称为缩放倍比，该方法标为同倍比缩放法，是一种简单易行的计算方法。此外，还有同频率缩放法，在此不做赘述。

当设计站实测年径流资料系列少于 30 年，或者资料系列虽长，但代表性不足时，若直接根据这些资料进行计算，求得的设计成果可能会有很大的误差。因此，为了提高计算精度，保证成果的可靠性，就必须设法将资料系列进行展延。至于展延前资料的可靠性和一致性审查，以及展延后的代表性分析，设计年径流量及其年内分配计算方法与具有长系列资料时方法相同，这里不再重复。

【任务解析单】

任务单某拟兴建一水利水电工程，某河某断面有 18 年（1958—1976 年）的流量资料，见表 3.2.1。(1) 试求 $P=10\%$ 的设计丰水年、$P=50\%$ 的设计平水年、$P=90\%$ 的设计枯水年的设计年径流量；(2) 求设计枯水年（$P=90\%$）的设计年径流的年内分配。

解析：1. 设计年径流量的计算

（1）进行年、月径流量资料的审查分析，认为 18 年实测系列具有较好的可靠性、一致性和代表性。

（2）将表 3.2.1 中的年平均径流量组成统计系列，按照适线法进行频率分析，从而求出指定频率的设计年径流量，频率计算结果如下：

均值 $\overline{Q} = 10.49 \text{m}^3/\text{s}$，$C_v = 0.32$，$C_s = 2C_v$

$P=10\%$ 的设计丰水年 $\quad Q_{丰P} = K_{丰}\overline{Q} = 1.43 \times 10.49 = 15.0 \text{ (m}^3/\text{s)}$

$P=50\%$ 的设计平水年 $\quad Q_{平P} = K_{平}\overline{Q} = 0.97 \times 10.49 = 10.18 \text{ (m}^3/\text{s)}$

$P=90\%$ 的设计枯水年 $\quad Q_{枯P} = K_{枯}\overline{Q} = 0.62 \times 10.49 = 6.50 \text{ (m}^3/\text{s)}$

2. 设计年径流年内分配的计算

代表年的选择：$P=90\%$ 的设计枯水年，$Q_{年,90\%} = 6.50 \text{m}^3/\text{s}$，与之相近的年份有 1971—1972 年（$Q=7.24\text{m}^3/\text{s}$）、1964—1965 年（$Q=7.87\text{m}^3/\text{s}$），1959—1960 年（$Q=7.77\text{m}^3/\text{s}$）、1963—1964 年（$Q=4.73\text{m}^3/\text{s}$）4 年。考虑分配不利，即枯水期水量较枯，选取 1964—1965 年作为枯水代表年，1971—1972 年作比较用。

以年水量控制求缩放倍比 K，由式（3.2.3）得

设计枯水年 $K_{年} = \dfrac{Q_{年,P}}{Q_{年,代}} = \dfrac{6.50}{7.87} = 0.825$（1964—1965 年代表年）

$K_{年} = \dfrac{Q_{年,P}}{Q_{年,代}} = \dfrac{6.50}{7.24} = 0.898$（1971—1972 年代表年）

以缩放倍比 K 乘以各自代表年的逐月径流，即得设计年径流年内分配，结果见

表 3.2.2。

表 3.2.2　　　　　设计年径流年内各月及全年径流量　　　　　单位：m³/s

项　目	6月	7月	8月	9月	10月	11月	12月	1月	2月	3月	4月	5月	全年总量	全年平均
1964—1965年	9.91	12.5	12.9	34.6	6.9	5.55	2	3.27	1.62	1.17	0.99	3.06	94.47	7.87
缩放倍比	0.825	0.825	0.825	0.825	0.825	0.825	0.825	0.825	0.825	0.825	0.825	0.825		
设计年内分配过程	8.18	10.31	10.64	28.55	5.69	4.58	1.65	2.70	1.34	0.97	0.82	2.52	77.94	6.49
1971—1972年	5.08	6.1	24.3	22.8	3.4	3.45	4.92	2.79	1.76	1.3	2.23	8.76	86.89	7.24
缩放倍比	0.898	0.898	0.898	0.898	0.898	0.898	0.898	0.898	0.898	0.898	0.898	0.898		
设计年内分配过程	4.56	5.48	21.82	20.47	3.05	3.10	4.42	2.51	1.58	1.17	2.00	7.87	78.03	6.50

【技能训练单】

1. 资料情况及测站分布见表 3.2.3 和图 3.2.1，现拟在 C 处建一水库，试简要说明展延 C 处年径流系列的计算方案？

表 3.2.3　　测站资料情况表

测站	集水面积/km²	实测资料长度
A	3600	1952—1985年
B	1000	1958—1985年
C	2400	1976—1985年
D	72500	1910—1985年

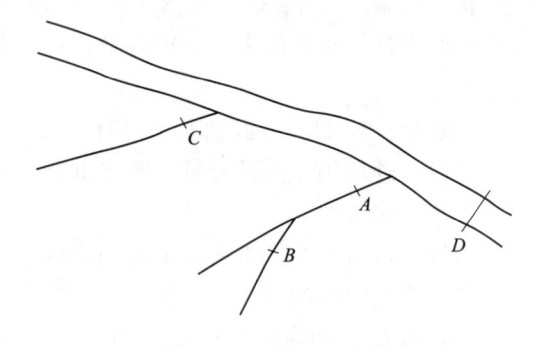

图 3.2.1　测站分布图

2. 某水文站的年平均流量系列见表 3.2.4，要求用配线法推求设计频率 $P=90\%$ 年均流量。

表 3.2.4　　　　　某水文站年平均流量表

年份	1960	1961	1962	1963	1964	1965	1966	1967	1968	1969	1970	1971	1972
年均流量/(m³/s)	810	730	940	1100	910	1090	750	850	920	890	990	1220	740
年份	1973	1974	1975	1976	1977	1978	1979	1980	1981	1982	1983	1984	
年均流量/(m³/s)	840	790	910	980	1150	1210	820	760	920	880	1160	830	

【技能测试单】

1. 单选题

(1) 具有长期实测径流资料，是指搜集设计代表站断面或参证流域断面有实测径流系列，不应小于（　　）。

A. 10 年　　　　　　B. 20 年　　　　　　C. 30 年　　　　　　D. 40 年

(2) 绘制年径流频率曲线，必须已知（　　）。

A. 年径流的均值、C_v、C_s 和线型

B. 年径流的均值、C_v、线型和最小值

C. 年径流的均值、C_v、C_s 和最小值

D. 年径流的均值、C_v、最大值和最小值

(3) 某站的年径流量频率曲线的 $C_s > 0$，那么频率为 50% 的中水年的年径流量（　　）。

A. 大于多年平均年径流量　　　　　　B. 大于等于多年平均年径流量

C. 小于多年平均年径流量　　　　　　D. 等于多年平均年径流量

(4) 频率为 $P = 10\%$ 的丰水年的年径流量为 $Q_{10\%}$，则 10 年一遇丰水年是指（　　）。

A. $\leqslant Q_{10\%}$ 的年径流量每隔 10 年必然发生一次

B. $\geqslant Q_{10\%}$ 的年径流量每隔 10 年必然发生一次

C. $\geqslant Q_{10\%}$ 的年径流量平均 10 年可能出现一次

D. $\leqslant Q_{10\%}$ 的年径流量平均 10 年可能出现一次

(5) 甲乙两河，通过实测年径流量资料的分析计算，获得各自的年径流均值 $\overline{Q}_甲$、$\overline{Q}_乙$ 和变差系数 $C_{v甲}$，$C_{v乙}$ 如下：

甲河：$\overline{Q}_甲 = 100 \mathrm{m^3/s}$，$C_{v甲} = 0.42$；乙河：$\overline{Q}_乙 = 500 \mathrm{m^3/s}$，$C_{v乙} = 0.25$。

二者比较可知（　　）。

A. 甲河水资源丰富，径流量年际变化大

B. 甲河水资源丰富，径流量年际变化小

C. 乙河水资源丰富，径流量年际变化大

D. 乙河水资源丰富，径流量年际变化小

(6) 中等流域的年径流 C_v 值一般较邻近的小流域的年径流 C_v 值（　　）。

A. 大　　　　　　B. 小　　　　　　C. 相等　　　　　　D. 大或相等

(7) 某流域根据实测年径流系列资料，经频率分析计算（配线）确定的频率曲线如图 3.2.2 所示，则推求出的 20 年一遇的设计枯水年的年径流量为（　　）。

A. Q_1　　　　　　B. Q_2

C. Q_3　　　　　　D. Q_4

(8) 在典型年的选择中，当选出的典型年不止一个时，对灌溉工程应选取（　　）。

A. 灌溉需水期的径流比较枯，非灌溉期径流比较丰的年份

B. 非灌溉需水期的径流比较枯的年份

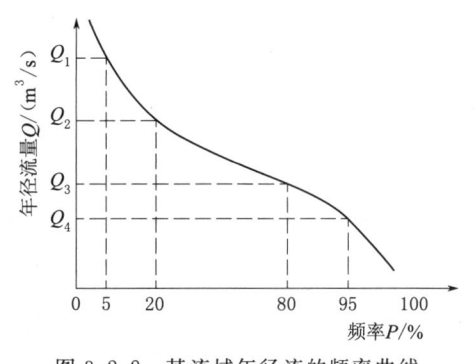

图 3.2.2　某流域年径流的频率曲线

C. 枯水期较长，且枯水期径流比较枯的年份

D. 丰水期较短，但枯水期径流比较枯的年份

（9）在典型年的选择中，当选出的典型年不止一个时，对水电工程应选取（　　）。

A. 灌溉需水期的径流比较枯的年份

B. 非灌溉需水期的径流比较枯的年份

C. 枯水期较长，且枯水期径流比较枯的年份

D. 丰水期较长，但枯水期径流比较枯的年份

（10）某一年的年径流量与多年平均的年径流量之比称为（　　）。

A. 模比系数　　　B. 偏态系数　　　C. 径流系数　　　D. 变差系数

2. 判断题

（1）选择径流代表年时，只需要考虑枯水年就可以了，丰水年和平水年不用考虑。（　　）

（2）径流分析时，其偏态系数和变差系数是不能随便改变的。（　　）

（3）径流分析的年内分配计算时，其方法必须使用同倍比放大法，因为它是当前最准确的方法。（　　）

（4）当缺少实测径流资料时，将不能进行径流分析。（　　）

（5）当实测径流资料不充分时（短期），应该对径流资料进行插补展延。（　　）

任务 3.3　缺乏流量资料时设计年径流计算

【任务单】

许多中小型流域设计年径流的分析计算，往往缺乏实测径流资料。此种情况下，设计年径流量只能采用间接的方法，目前常用等值线图法和水文比拟法估算年径流量分布的三个统计参数（即均值 $\overline{Q}$、变差系数 C_v 和偏态系数 C_s），然后就可以计算出设计年径流量，进而推求设计年内分配。

例如拟在某河流 B 断面处筑坝，该断面以上控制流域面积 190km²，已知该河流 B 断面上游 10km 处 A 断面作为参证站。A 断面处控制面积 176km²，多年平均流量为 4.4m³/s，$C_v=0.4$，$C_s=0.8$，90%的枯水代表年的年内分配表如下表所示。试用水文比拟法推求 B 断面处 $P=90\%$ 设计年径流量及其年内分配。

通过本案例我们来解决缺乏流量资料时设计年径流计算的方法。

表 3.3.1　　　　　　$P=90\%$ 设计年径流量年内分配表

月　份	3月	4月	5月	6月	7月	8月	9月	10月	11月	12月	1月	2月	全年总量
枯水代表年分配比/%	18.7	15.6	28.6	30.7	3.8	0.3	0.2	0.1	0.2	0.3	0.2	1.3	100

3.3.1 等值线图法

缺乏实测径流资料时，可用水文手册或水文图集上的多年平均径流深、年径流量变差系数的等值线图来推求设计年径流流量。

3.3.1.1 多年平均年径流深的估算

水文特征值（如年径流深、年降水量等）的等值线图表示这些水文特征值的地理分布规律。当影响这些水文特征值的因素是分区性因素（如气候因素）时，则该特征值随地理坐标不同而发生连续变化，利用这种特性就可以在地图上绘出它的等值线图。反之，有些水文特征值（如洪峰流量、特征水位等）的影响因素主要是非分区性因素（如下垫面因素——流域面积、河床下切深度等），则该特征值不随地理坐标而连续变化，也就无法绘出等值线图。对于同时受分区性因素和非分区性因素两种因素影响的特征值，应当消除非分区性因素的影响，才能得出该特征值的地理分布规律。

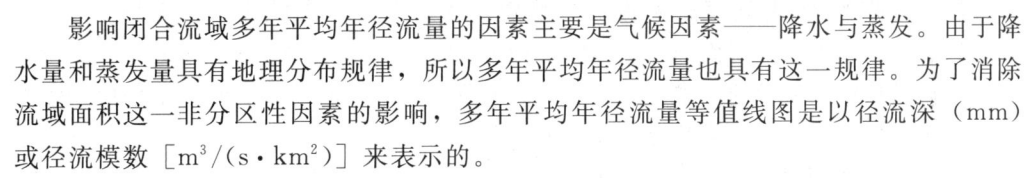

影响闭合流域多年平均年径流量的因素主要是气候因素——降水与蒸发。由于降水量和蒸发量具有地理分布规律，所以多年平均年径流量也具有这一规律。为了消除流域面积这一非分区性因素的影响，多年平均年径流量等值线图是以径流深（mm）或径流模数 $[m^3/(s·km^2)]$ 来表示的。

绘制降水量、蒸发量等水文特征值的等值线图时，是把各观测点的观测数值点注在地图上各对应的观测位置上，然后勾绘该特征值的等值线图。但在绘制多年平均年径流深（或模数）等值线图时，由于任一测流断面的径流量是由断面以上流域面上的各点的径流汇集而成的，是流域的平均值，所以应该将数值点注在最接近于流域平均值的位置上。当多年平均年径流深在地区上缓慢变化时，则流域形心处的数值与流域平均值十分接近。但在山区流域，径流量有随高程增加而增加的趋势，则应把多年平均年径流深点注在流域的平均高程处更为恰当。将一些有实测资料流域的多年平均年径流深数值点注在各流域的形心处（或平均高程）处，再考虑降水及地形特性勾绘等值线，最后用大、中流域的资料加以校核调整，并与多年平均年降水量、蒸发量等值线图对照，消除不合理现象，构成适当比例尺的多年平均年径流深等值线图。

用等值线图推求设计流域的多年平均年径流深时，先在图上绘出设计流域的分水线，然后定出流域的形心。当流域面积较小，且等值线分布均匀时，用地理插值法求出通过流域形心处的等值线数值即可作为设计流域的多年平均年径流深。如流域面积较大，或等值线分布不均匀时，则采用各等值线间部分面积为权重的加权法，求出全流域多年平均年径流深。具体方法与等雨量线法计算流域平均雨量相同，这里不再赘述。

对于中等流域，多年平均年径流深等值线图有很大的实用意义，其精度一般也较高。对于小流域，等值线图的误差可能较大。这是由于绘制等值线图时主要依据的是大、中等流域的资料，用来推求小流域的多年平均年径流深一般得到的数值偏大，其原因是小流域河槽下切深度较浅，一般为非闭合流域，不能汇集全部地下径流。故实际应用时，要进行调查，必要时加以修正。

3.3.1.2 年径流量变差系数 C_v 及偏态系数 C_s 的估算

影响年径流量年际变化的因素主要是气候因素,因此也可以用等值线图来表示年径流量变差系数 C_v 在地区的变化规律,并用它来估算缺乏资料的流域年径流量的变差系数 C_v 值。年径流量变差系数 C_v 等值线图的绘制和使用方法与多年平均年径流深等值线图相似。但 C_v 等值线图的精度一般较低,特别是用于小流域时,读数一般偏小,其主要原因是大、中等流域与小流域调蓄能力的差异而导致径流的年际变化不同。因此,必要时应进行修正。

至于年径流量偏态系数 C_s 值,可用水文手册上给出的各分区 C_s 与 C_v 的比值确定,一般常取 $C_s = 2C_v$。

3.3.1.3 设计年径流量的估算

求得上述三个统计参数后,根据指定的设计频率,查 P-Ⅲ 型曲线模比系数值表确定 K_P,然后由公式 $Q_P = k_P \overline{Q}$ 求得设计年径流量 Q_P。

【例 3.3.1】 拟在某河流 A 断面处修建一座水库,流域面积 $F = 176 \text{km}^2$。试用参数等值线法推求坝址断面 A 处的 $P = 90\%$ 的设计年径流量及其年内分配。

(1) 设计年径流量的推求。如图 3.3.1 所示,在流域所在地区的多年平均年径流深等值线及年径流量变差系数等值线图上,分别勾绘出流域分水线,并定出流域形心 $\overline{R}$ 位置。用直线内插法求出流域形心处数值为:$\overline{R} = 780$mm,$C_v = 0.39$,采用 $C_s = 2C_v$。

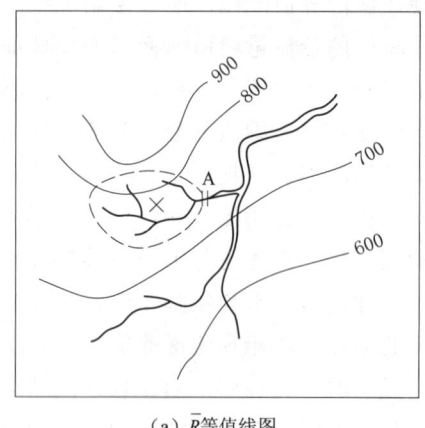

(a) $\overline{R}$ 等值线图　　(b) C_v 等值线图

图 3.3.1　某地区多年平均年径流深 $\overline{R}$ 及年径流量 C_v 等值线图

将多年平均年径流深 $\overline{R}$ 换算成多年平均径流量 $\overline{Q}$,得

$$\overline{Q} = \frac{1000F\overline{R}}{T} = \frac{1000 \times 176 \times 780}{31.54 \times 10^6} = 4.4 \text{ (m}^3/\text{s)}$$

由 $P = 90\%$、$C_v = 0.39$、$C_s = 2C_v$,查 P-Ⅲ 型曲线模比系数 K_P 值表,查得 90% 的设计频率对应的模比系数 $K_P = 0.54$。故坝址断面 $P = 90\%$ 的设计年径流量为

$$Q_P = K_P \overline{Q} = 0.54 \times 4.4 = 2.4 \text{ (m}^3/\text{s)}$$

(2) 设计年内分配的推求。由水文图集查得,流域所在分区的枯水代表年的年内分配比见表 3.3.2。只要用表中的各月分配比乘以设计年径流量,就可得到设计年内

分配过程。全年各月流量之和为28.79，除以12得2.4，等于设计值，计算正确。

表 3.3.2　　　　　　　　$P=90\%$设计年径流量年内分配表

月份	3月	4月	5月	6月	7月	8月	9月	10月	11月	12月	1月	2月	合计
$\dfrac{Q_月}{Q_年}$	2.24	1.88	3.44	3.71	0.46	0.03	0	0	0.01	0.04	0.03	0.16	12
平均流量/(m³/s)	5.38	4.51	8.26	8.9	1.1	0.07	0	0.00	0.02	0.10	0.07	0.38	28.79

3.3.2　水文比拟法

水文比拟法是将参证流域的水文资料（指水文特征值、统计参数、典型时空分布）移用到设计流域上来的一种方法。这种移用是以设计流域影响径流的各项因素与参证流域影响径流的各项因素相似为前提。因此使用水文比拟法时，关键在于选择恰当的参证流域，具体选择条件为：①参证流域与设计流域必须在同一气候区，且下垫面条件相似；②参证流域应具有长期实测径流资料系列，而且代表性好；③参证流域与设计流域面积不能相差太大。常见的参证流域为与设计站处于同一河流的上下游、干支流站或邻近流域。

3.3.2.1　多年平均年径流量的估算

当选择了符合要求的参证流域后，确定设计流域的多年平均年径流深，常用以下两种方法：

（1）直接移用径流深。若设计站与参证站位于同一条河流的上下游，两站的控制面积相差不超过3%时，一般可直接移用参证站的成果。

$$\overline{R}_设 = \overline{R}_参 \tag{3.3.1}$$

（2）用流域面积修正。若设计流域与参证流域流域面积相差在3%～15%以内，但区间降雨和下垫面条件与参证流域相差不大时，则应按面积比修正的方法来推求设计站多年平均流量，即

$$\overline{Q}_设 = (F_设 / F_参) \overline{Q}_参 \tag{3.3.2}$$

式中　$\overline{Q}_设$——设计流域、参证流域的多年平均流量，m³/s；

$F_设$、$F_参$——设计流域、参证流域的面积，km²。

移用参证流域的多年平均流量时，式（3.3.2）考虑采用面积比进行修正，可以看出，其原理与式（3.3.1）是相同的。

（3）用降水量修正。如果设计流域与参证流域的多年平均年降水量不同，就不能直接移用径流深。可假设径流系数接近，即$\dfrac{R_设}{P_设} = \dfrac{R_参}{P_参}$，考虑年降水量差异进行修正，即

$$\overline{R}_设 = (\overline{P}_设 / \overline{P}_参) \overline{R}_参 \tag{3.3.3}$$

式中　$\overline{P}_设$、$\overline{P}_参$——设计流域、参证流域的多年平均年降水量，mm。

3.3.2.2　年径流量变差系数C_v和偏态系数C_s的估算

年径流量变差系数C_v一般可直接移用，无须进行修正，并常采用$C_s = (2～3)C_v$。

3.3.2.3 设计年径流量的估算

有了上述三个统计参数后,推求设计年径流量 Q_P 的方法同等值线图法。

3.3.3 年径流年内分配过程计算

为配合参数等值线图的应用,各省(自治区、直辖市)水文手册、水文图集或水资源分析成果中,都按气候及地理条件划分了水文分区,并给出各分区的丰、平、枯各种年型的代表年分配过程,可供无资料流域推求设计年内分配查用。

当采用水文比拟法进行计算时,可同样将参证流域代表年的年内分配直接或间接移用到设计流域来。

【任务解析单】

【例 3.3.2】 拟在某河流 B 断面处筑坝,该断面以上控制流域面积 190km²,已知将该河流 B 断面上游 10km 处 A 断面作为参证站。A 断面处控制面积 176km²,多年平均流量为 4.4m³/s,$C_v=0.4$,$C_s=0.8$,枯水代表年的年内分配表见表 3.3.3。试用水文比拟法推求 B 断面处 $P=90\%$ 设计年径流量及其年内分配。

表 3.3.3 参证站 $P=90\%$ 枯水代表年内分配计算表

月 份	3月	4月	5月	6月	7月	8月	9月	10月	11月	12月	1月	2月	全年总量
枯水代表年分配比/%	18.7	15.6	28.6	30.7	3.8	0.3	0.2	0.1	0.2	0.3	0.2	1.3	100

解析:(1) 参证站多年平均净流深 $\overline{R_A} = \dfrac{\overline{Q}T}{1000F_A} = \dfrac{4.4 \times 3600 \times 24 \times 365}{1000 \times 176} = 788$(mm)。

(2) 用水文比拟法求得设计站多年平均径流量(直接按比例求得)4.75 m³/s。

设计站的年径流变差系数和偏态系数直接采用参证站的成果。即 $C_v=0.4$,$C_s=2C_v=0.8$。查 P-Ⅲ型曲线 90% 设计频率对应的模比系数 $K_P=0.53$,则 90%频率的设计年径流量 $Q_{90\%} = K_P \overline{Q_B} = 0.53 \times 4.75 = 2.52$(m³/s)。

(3) 直接移用参证站 $P=90\%$ 枯水代表年年内分配比,然后乘以设计年径流量 $Q_{90\%}$(还要再乘一年的月数 12),即得到设计年内分配,见表 3.3.4。

表 3.3.4 设计年径流量 $P=90\%$ 枯水年年内分配表

月 份	3月	4月	5月	6月	7月	8月	9月	10月	11月	12月	1月	2月	全年合计
枯水代表年分配比/%	18.7	15.6	28.6	30.7	3.8	0.3	0.2	0.1	0.2	0.3	0.2	1.3	100
设计年月径流量/(m³/s)	5.65	4.72	8.65	9.28	1.15	0.09	0.06	0.03	0.06	0.09	0.06	0.39	30.24

【技能训练单】

1. 某水库位于无资料区,设计流域的位置如图 3.3.2 所示,流域面积为 326km²。已知多年平均年径流深等值线图 [图 3.3.2 (a)] 及相应的 C_v 等值线图

[图 3.3.2（b）]，并根据流域所在分区，查得设计流域丰、平、枯三个代表年的分配百分比，见表 3.3.5。丰水年设计频率 $P=10\%$，平水年设计频率 $P=50\%$，枯水年设计频率 $P=90\%$。采用 $C_s=2C_v$。求坝址处的丰、平、枯三个代表年的设年径流量及年内分配。

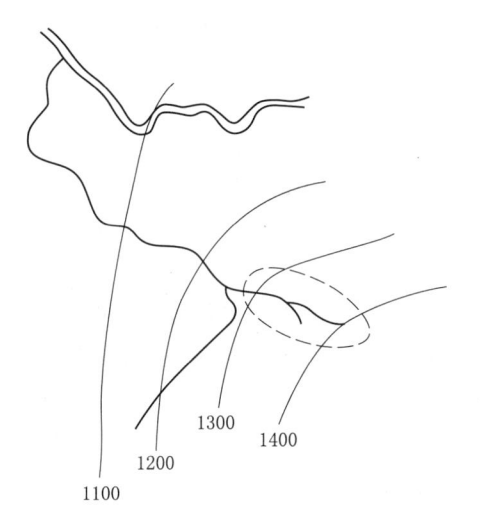

图 3.3.2 等值线图

（a）多年平均年径流深等值线图　　（b）年径流量变差系数 C_v 等值线图

表 3.3.5　　设计年径流量丰、平、枯三个代表年的年内分配百分比

类　别	3月	4月	5月	6月	7月	8月	9月	10月	11月	12月	1月	2月	全年
丰水代表年分配比/%	11.0	18.3	28.6	11.8	5.2	6.1	3.2	4.2	3.6	3.7	1.6	2.7	100.0
平水代表年分配比/%	9.8	9.3	27.3	20.2	10.2	5.9	2.9	4.0	2.6	1.9	3.1	2.8	100.0
枯水代表年分配比/%	10.5	13.2	13.7	36.6	7.3	5.9	2.1	3.5	1.7	1.2	1.0	3.3	100.0

2. 某水利工程，根据实测资料已求得设计断面处年径流的统计参数为 $\overline{Q}=51.1\text{m}^3/\text{s}$，$C_v=0.35$，采用 $C_s=2C_v$，试求设计枯水年 $P=90\%$ 的设计年径流量；并根据表 3.3.6 所列资料选择代表年，推求设计年径流的年内分配。

表 3.3.6　　　　　　设计站枯水年逐月平均流量表　　　　　单位：m^3/s

年　份	5月	6月	7月	8月	9月	10月	11月	12月	1月	2月	3月	4月
1955—1956 年	29.6	13.1	60.9	62.9	39.5	59.5	44.1	21.8	10.0	7.9	22.5	17.4
1972—1973 年	62.6	15.7	8.0	54.4	92.6	6.7	14.9	12.7	13.0	2.0	1.4	52.6

【技能测试单】

1. 单选题

（1）在设计年径流的分析计算中，把短系列资料展延成长系列资料的目的是（　　）。

A. 增加系列的代表性 B. 增加系列的可靠性
C. 增加系列的一致性 D. 考虑安全

（2）用多年平均径流深等值线图，求图3.3.3所示的设计小流域的多年平均径流深 y_0 为（ ）。

A. $y_0 = y_1$ B. $y_0 = y_3$
C. $y_0 = y_5$ D. $y_0 = \frac{1}{2}(y_1 + y_5)$

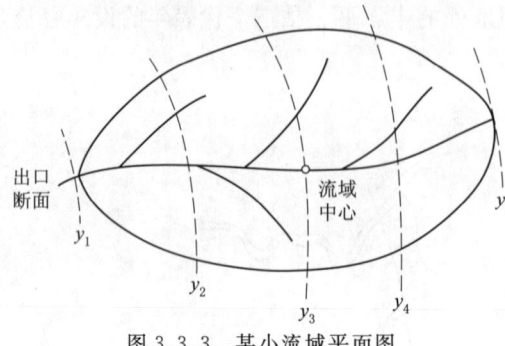

图3.3.3 某小流域平面图

（3）用多年平均年径流深等值线图求小流域的多年平均年径流时，其值等于（ ）。

A. 该流域出口处等值线值 B. 该流域形心处等值线值
C. 以上二值的平均值 D. 该流域离出口处最远点的等值线值

（4）某地在A河流的支流上修建了一座小型水库，平均每年拦蓄水量30万 m^3，修建时间为1990年。排除其他因素后，则在进行资料分析时，关于一致性分析，应该对A河流1990年后的年径流量（ ）。

A. 加30万 m^3 B. 减30万 m^3
C. 不用动 D. 由设计单位自由设定

（5）在年径流年内分配计算过程中，常采用设计代表年法和实际代表年法，其中在所选取的代表年基础上进行扩大和缩放的方法属于（ ）

A. 设计代表年法 B. 实际代表年法
C. 以上都对 D. 以上都不对

（6）某河道多年年平均径流流量为11.8m^3/s，1月份年径流流量2.6m^3/s。所选取的设计代表年年径流流量13.1m^3/s，则它的设计年径流量在1月份的分配流量为（ ）

A. 2.6m^3/s B. 2.89m^3/s C. 0.43m^3/s D. 0.34m^3/s

（7）当设计站的实测径流资料不足30年时，如何进行年径流的计算？（ ）

A. 有多少年用多少年
B. 对通过参证站对年径流资料进行插补展延
C. 套用邻省的径流资料
D. 以上方法均可

（8）缺乏实测径流资料时，采用等值线图法确定径流统计参数的方法称为（ ）。

A. 水文比拟法 B. 等值线图法
C. 泰森多边形法 D. 均值法

2. 判断题

（1）水文比拟法和等值线图法适用于任何情况的径流分析。 （ ）
（2）只要两流域距离比较近，那么其中一个流域就可以给另一个流域提供参证统

计参数。（　　）

（3）同一个流域，具有实测径流资料的径流分析，比无实测径流资料的径流分析，结果要更准一些。（　　）

（4）采用水文比拟法进行径流分析时，不需进行年内分配的计算。（　　）

（5）当缺少实测径流资料时，将不能进行径流分析。（　　）

（6）当实测径流资料不充分时（短期），应该对径流资料进行插补展延。（　　）

（7）采用水文比拟法进行径流分析时，可以将参证变量的均值、变差系数和偏态系数直接移用过来。（　　）

（8）当没有观测资料时，可用设计代表年法计算设计年径流量。（　　）

（9）水文比拟法是针对无实测资料情况的一种计算设计径流量的方法。（　　）

（10）应用等值线图法时，必须将观测点的观测数值点绘在河流出口处。（　　）

任务 3.4　枯水径流计算

【任务单】

水是生命之源、生产之要、生态之基，建设美丽中国，促进乡村振兴，就要保证水资源的供应。然而在一定程度上，大自然会间接性出现断流现象，形成枯水径流，如何准确分析枯水径流，是水利工作者必须重视的事情。

在天然河道中，在一年中出现较长时间断流现象的河流可称为季节性河流或间歇性河流。断流在地区上的分布和出现的规律，无论对枯水径流的研究，还是对国民经济建设，均具有重大意义。枯水径流与人类改造自然环境有密切关系。河川径流量在减少主要是因为人类活动。枯水径流向不利于人类方向变化，这迫使人们要重新改变径流分配，采取修坝筑堤、拦蓄洪水措施，以增加枯水水量。

有如下任务分析，见表中数据，用代表年 365 天的日平均流量，绘制分组流量下限值 Q_i 与相应的 P_i 点绘日平均流量历时曲线，并分析不同保证率的供水流量。

表 3.4.1　　　　　日平均流量历时曲线统计表

流量分组 /(m³/s)	历时/日数 分组	历时/日数 累积	相对历时 P_i /%
300（最大值）	2	2	0.55
250~299.9	11	13	3.56
200~249.9	13	26	7.12
150~199.9	15	41	11.2
…	…	…	…
10~14.9	3	364	99.7
4~9.9（最小值）	1	365	100

通过本案例，我们来解决枯水径流对供水流量的影响问题。

【任务学习单】

3.4.1 枯水径流认知

党的十八大以来，以习近平同志为核心的党中央高度重视水资源管理工作，提出了"节水优先、空间均衡、系统治理、两手发力"治水思路。水资源调配和管理既包括对洪水的研究，也包括枯水径流的研究。对于一个水文年度，河流的枯水径流是指当地面径流减少，河流的水源主要靠地下水补给的河川径流。一旦当流域地下蓄水耗尽或地下水位降低到不能再补给河道时，河道内会出现断流现象。这就会引起严重的干旱缺水。因此，枯水径流与工农业供水和城市生活供水等关系甚为密切，必须予以足够的重视。

枯水的研究困难较大，主要表现在枯水期流量测验资料和整编资料的精确度较低，受流域水文地质条件等下垫面因素影响和人类活动影响十分明显。长期以来人们对枯水径流的研究，不论是深度还是广度都远不如对洪水的研究。随着人口的增长、工农业生产的发展，以及我国对生态环境高质量发展的实践推进，枯水径流的研究越来越受到重视。

水资源供需矛盾的尖锐，对大量供水工程和环境保护工程的规划设计提出了更高的要求。为使规划设计的成果更加合理，这就必然要求对枯水径流做出科学的分析和计算。在许多情况下，就年径流总量而言，水资源是丰富的，但汛期的洪水径流难于全部利用，工程规模、供水方式等主要受制于供水期或枯水期的河川径流。因此，在工程规划设计时，一般需要着重研究各种时段的最小流量。例如对调节性能较高的水库工程，需要重点研究水库供水期或枯水期的设计径流量；而对于没有调节能力的工程，如为满足工农业用水需要在天然河道修建的抽水机站，要确定取水口高程及保证流量，选择水泵的装机容量和型号等，都需要确定全年或指定供水期内取水口断面处设计最小瞬时流量或最小时段（旬、连续几日或日）平均流量。

对于枯水径流的分析计算，通常采用下面几种方法：

（1）用年或供水期的最小流量频率计算。

（2）用等值线图法或水文比拟法估算。

（3）绘制日平均流量历时曲线。

3.4.2 有实测资料时设计枯水径流的计算

枯水径流可以用枯水流量或枯水水位进行分析。枯水径流的频率计算与年径流相似，但有一些比较特殊的问题必须加以说明。

3.4.2.1 枯水流量频率计算

（1）资料的选取和审查。枯水流量的时段，应根据工程设计要求和设计流域的径流特性确定。一般因年最小瞬时流量容易受人为的影响，所以常取全年（或几个月）的最小连续几天平均流量作为分析对象，如年最小1日、5日、7日、旬平均流量等。当计算时段确定后，可按年最小选样的原则，得到枯水流量系列（一般要求有20年以上连续实测资料），然后对枯水流量系列进行频率分析计算，推求出各种设计频率的枯水流量。枯水流量实测精度一般比较低，且受人类活动影响较大，因此，在分析计算时更应注重对原始资料的可靠性和一致性审查。

(2) $C_s < 2C_v$ 情况的处理。进行枯水流量频率计算时，经配线 C_s 常有可能出现小于 $2C_v$ 的情况，使得在设计频率较大时（如 $P=97\%$，$P=98\%$ 等），所推求的设计枯水流量有可能会出现小于零的数值。这是不符合水文现象客观规律的，目前常用的处理方法是用零来代替。

(3) $C_s < 0$ 情况的处理。水文特征值的频率曲线在一般情况下都是呈上凹的形状，但枯水流量（或枯水位）的经验分布曲线，有时会出现上凸的趋势，如图 3.4.1 所示。如用矩法公式计算 C_s，则 $C_s < 0$，因此必须用负偏频率曲线对经验点据进行配线。而现有的 P-Ⅲ型曲线离均系数 ϕ_P 值或 K_P 值由查表所得均属于正偏情况，故不能直接应用于负偏分布的配线，需作一定的处理。经数学计算可得

$$\Phi(-C_s, P) = -\Phi(C_s, 1-P) \tag{3.4.1}$$

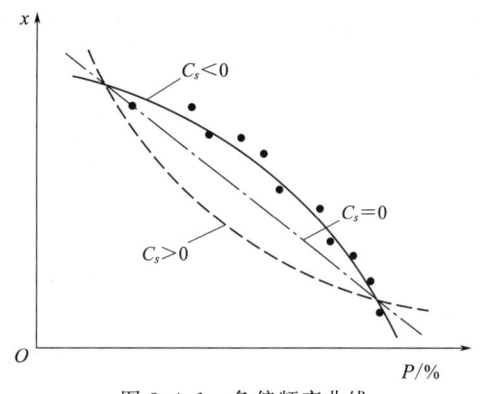

图 3.4.1 负偏频率曲线

就是说，C_s 为负时，频率 P 对应的 Φ 值，与 C_s 为正、频率 $1-P$ 对应的 Φ 值，其绝对值相等，符号相反。

必须指出，在枯水径流进行频率计算中，当遇到 $C_s < 2C_v$ 或 $C_s < 0$ 的情况时，应特别慎重。此时，必须对样本作进一步的审查，注意曲线下部流量偏小的一些点据，可能是由于受人为的抽水影响而造成的；并且必须对特枯年的流量（特小值）的重现期作认真的考证，合理地确定其经验频率，然后再进行配线。总之，要避免因特枯年流量人为的偏小，或其经验频率确定得不当，而错误地将频率曲线定为 $C_s < 2C_v$ 或 $C_s < 0$ 的情况。但如果资料经一再审查或对特小值进行处理后，频率分布确属 $C_s < 2C_v$ 或 $C_s < 0$，即可按上述方法确定。

此外，当枯水流量经验频率曲线的范围能够满足推求设计值的需要时，也可以采用经验频率曲线推求设计枯水流量。

【例 3.4.1】 某站年最小流量系列的均值 $\overline{Q}$ 为 4.96m³/s，C_v 为 0.10，C_s 为 -1.50。求 $P=95\%$ 的枯水流量。

先求出 $1-P=1-95\%=5\%$；根据 $C_s=1.5$，$P=5\%$ 查附表 1，得离均系数 Φ 值为 1.95，则本算例的离均系数

$$\Phi(-1.5, 95\%) = -\Phi(1.5, 5\%) = -1.95$$

由此求得 $P=95\%$ 的枯水流量为

$$Q_P = (1+\Phi C_P)\overline{Q} = (1-1.95 \times 0.10) \times 4.96 = 3.99 \text{ (m}^3/\text{s)}$$

3.4.2.2 设计枯水位频率计算

有时生产实际需要推求设计枯水位。当设计断面附近有较长的水位观测资料时，可直接对历年枯水位进行频率计算。但只有河道变化不大，且未受水工建筑物影响的

天然河道，水位资料才具有一致性，才可以直接用来进行频率计算并推求设计枯水位；而在河道变化较大的地方，应先用流量资料推求设计枯水流量，再通过水位—流量关系曲线转换成设计枯水位。

用枯水位进行频率计算时，必须注意以下基准面情况。

（1）同一观测断面的水位资料系列，在以往不同时期所取的基面可能不一致，如原先用测站基面，后来是用绝对基面，则必须统一转换到同一个基面上后再进行统计分析。

（2）水位频率计算中，采用的基面不同，所求统计参数的均值、变差系数也就不同，而偏态系数不变。在地势高的地区，往往水位数值很大，因此均值太大，则变差系数值变小，相对误差增大，不宜直接作频率计算。在实际工作中常取最低水位（或断流水位）作为统计计算时的基准面，即将实际水位都减去一个常数 a 后再作频率计算。但经配线法频率计算最后确定采用的统计参数，都应还原到实际基准面情况下，然后才能用以推求设计枯水位。若以 z 表示进行频率计算的水位系列，以 $Z=z+a$ 表示实际的水位系列，则两系列的统计参数可以按下式转换：

$$\overline{Z}=\overline{z}+a\ ;\ C_{v,z+a}=\frac{\overline{z}}{\overline{z}+a}C_{v,z}\ ;\ C_{s,z+a}=C_{s,z} \tag{3.4.2}$$

（3）有时需要将同一河流上的不同测站统一到同一基准面上，这时可将各个测站原有水位资料各自加上一个常数 a（基准面降低则 a 为正，基准面升高则 a 为负）。如各站系列的统计参数已经求得，则只需按式（3.4.2）转换，就能得到统一基面后水位系列的统计参数。

此外，当枯水位经验频率曲线的范围能够满足推求设计值的需要时，也可直接采用经验频率曲线推求设计枯水位。

3.4.3 缺乏实测资料时设计枯水径流的估算

3.4.3.1 设计枯水流量推求

当工程拟建处断面缺乏实测径流资料时，通常采用等值线图法或水文比拟法估算枯水径流量。

（1）等值线图法。由枯水径流量的影响因素分析可知非分区性因素对枯水径流的影响是比较大的，但随着流域面积的增大，分区性因素对枯水径流的影响会逐渐显著，所以就可以绘制出大、中流域的年枯水流量（如年最小流量、年最小日平均流量、连续最小几日的平均流量）模数的均值、C_v 等值线图及 C_s 分区图。由此就可求得设计流域年枯水流量的统计参数，从而近似估算出设计枯水流量。

由于非分区性因素对枯水径流的影响较大，所以年枯水流量模数统计参数的等值线图的精度远较年径流量统计参数等值线图低。特别是对较小河流，可能有很大的误差，使用时应认真分析。

（2）水文比拟法。在枯水径流的分析中，要正确使用水文比拟法，必须具备水文地质的分区资料，以便选择水文地质条件相近的流域作为参证流域。选定参证流域后，即可将参证流域的枯水径流特征值移用于设计流域。同时，还需通过野外查勘，观测设计站的枯水流量，并与参证站同时实测的枯水流量进行对比，以便合理确定设计站的设计枯水流量。

当参证站与设计站在同一条河流的上下游时，可以采用与年径流量一样的面积比方法修正枯水流量。

3.4.3.2 设计枯水位推求

当设计断面处缺乏历年实测水位系列时，设计断面枯水位常移用上下游参证站的设计枯水位，但必须按一定方法加以修正。

（1）比降法。当参证站距设计断面较近，且河段顺直、断面形状变化不大、区间水面比降变化不大时，可用下式推算设计断面的设计枯水位：

$$Z_{设} = Z_{参} \pm Li \tag{3.4.3}$$

式中　　$Z_{设}$，$Z_{参}$——设计断面与参证站的设计枯水位，m；

L——设计断面至参证站的距离，m；

i——设计断面至参证站的平均枯水水面比降。

（2）水位相关法。当参证站距离设计断面较远时，可在设计断面设置临时水尺与参证站进行对比观测，最好连续观测一个水文年度以上。然后建立两站水位相关关系，用参证站设计水位推求设计断面的设计水位。

（3）瞬时水位法。当设计断面的水位资料不多，难以与参证站建立相关关系，此时可采用瞬时水位法。即选择枯水期水位稳定时，设计站与参证站若干次同时观测的瞬时水位资料（要求大致接近设计水位，并且涨落变化不超过0.05m），然后计算设计站与参证站各次瞬时水位差，并求出其平均值$\overline{\Delta Z}$。根据参证断面的设计枯水位$Z_{参}$及瞬时平均差$\overline{\Delta Z}$，按下式便可求得设计断面的设计枯水位$Z_{设}$：

$$Z_{设} = Z_{参} + \overline{\Delta Z} \tag{3.4.4}$$

3.4.4 日平均流量（或水位）历时曲线

用以上方法，可为无调节水利水电工程的规划设计提供设计枯水流量或设计枯水位，但是不能得到超过或低于设计值可能出现的持续时间。在实际工作中，对于径流式电站、引水工程或水库下游有航运要求时，需要知道流量（或水位）超过或低于某一数值持续的天数有多少。例如，设计引水渠道，需要知道河流中来水量一年内出现大于设计值的流量有多少天，即有多少天取水能得到保证；航行需要知道一年中低于最低通航水位的断航历时等。解决这类问题就需要绘制日平均流量（或水位）历时曲线。

日平均流量历时曲线是反映流量年内分配的一种统计特性曲线，只表示年内大于或小于某一流量出现的持续历时，不反映各流量出现的具体时间。在规划设计无调蓄能力的水利水电工程时，常要求提供这种形式的来水资料。日平均流量历时曲线也可以不取年为时段，而取某一时期如枯水期、灌溉期等绘制，此时总历时就为所指定时期的总天数。如有需要，也可直接用水位资料绘制日平均水位历时曲线，方法与上述相同。

【任务解析单】

用各组流量下限值Q_i与相应的P_i点绘日平均流量历时曲线，并分析不同保证率的供水流量，见表 3.4.2。

解析： 绘制的方法将研究年份的全部日平均流量资料划分为若干组，组距不一定要求相等，对于枯水分析，小流量处组距可小些；大流量处组距可大些。然后按递减次序排列，统计每组流量出现的天数及累积天数（即历时），再将累积天数换算成相对历时 P_i（%），见表 3.4.1。用各组流量下限值 Q_i 与相应的 P_i 点绘关系线，即得日平均流量历时曲线，如图 3.4.2 所示。

表 3.4.2　　　　　　　　　日平均流量历时曲线统计表

流量分组 /(m³/s)	历时/日数 分组	历时/日数 累积	相对历时 P_i /%
300（最大值）	2	2	0.55
250～299.9	11	13	3.56
200～249.9	13	26	7.12
150～199.9	15	41	11.2
…	…	…	…
10～14.9	3	364	99.7
4～9.9（最小值）	1	365	100

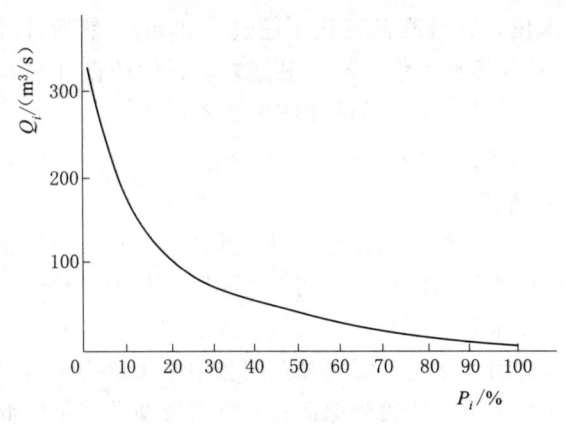

有了日平均流量历时曲线，就可求出超过某一流量的持续天数。例如，某取水工程设计枯水流量为 20m³/s，在图 3.4.2 上查得相对历时 P_i=80%，也就是一年中流量大于或等于 20m³/s 的历时为 365×80%=292（d），即全年中有 292d 能保证取水，而其余 73d 流量低于设计值，不能保证取水。

图 3.4.2　日平均流量历时曲线

【技能训练单】

1. 枯水径流对人类生产和生活有何影响？
2. 人类怎样才能有效地改善枯水径流量？

【技能测试单】

1. 单选题

(1) 枯水径流变化相对稳定，是因为它主要来源于（　　）。
A. 地表径流　　B. 地下蓄水　　C. 河网蓄水　　D. 融雪径流
(2) 在进行频率计算时，说到某一重现期的枯水流量时，常以（　　）。
A. 大于该径流的概率来表示　　B. 大于和等于该径流的概率来表示

C. 小于该径流的概率来表示　　　　D. 小于和等于该径流的概率来表示

（3）在枯水径流分析的日历时曲线上，累计频率越高，其对应的日平均流量越（　　）

A. 大　　　　　　B. 小　　　　　　C. 不变　　　　　　D. 无法判定

2. 判断题

（1）枯水径流分析中，一般采用全年（或几个月）连续最小几天平均流量作分析对象。（　　）

（2）日历时曲线法是枯水径流分析的一种常用方法。（　　）

（3）径流量的分析时，用流量作单位是不准确的。（　　）

（4）当值具备短期实测数据时，其数据的插补展延是根据已有数据的规律进行的。（　　）

（5）水文累计频率曲线在任何时候都是一条下凹的曲线。（　　）

项目 4

设 计 洪 水 计 算

任务4.1 洪 水 认 知

【任务单】

　　古人云"水能载舟,亦能覆舟",水的力量是强大的,她能滋养一切,也有能量覆灭一切。洪水灾害是世界上最严重的自然灾害之一,洪水往往分布在人口稠密、农业垦殖度高、江河湖泊集中、降雨充沛的地方,如北半球暖温带、亚热带。我国幅员辽阔,河网水系密布,地形复杂,季风气候显著,是世界上水灾频发且影响范围较广泛的国家之一。我国水务工作者以兴利除害,治理水患为己任,承担着国家江河治理和防洪制涝之大任,守护人民生命财产的安全。

　　研究洪水,就要认识洪水及其特征,什么是洪水的三要素?防洪工程的洪水标准有哪些?

【任务学习单】

4.1.1 洪水与设计洪水

　　流域内暴雨或大规模的融雪产生大量的地面径流,在短期内迅速汇入河槽,使河道中流量骤增,水位猛涨,水流呈波状下泄,这种径流称为洪水。当洪水超过江河的防洪能力时,如不加以防范就会造成洪水灾害,危及工矿企业及人民的生命财产安全。

PPT-4.1.1

微课-4.1.2

4.1.1.1 洪水特征

　　一次洪水持续时间的长短与暴雨特性及流域自然地理特性有关,一般由数十小时到数十天。流域上每发生一次洪水,洪水过程可由水文站实测水位及流量资料绘制,如图4.1.1所示。从图4.1.1所示的

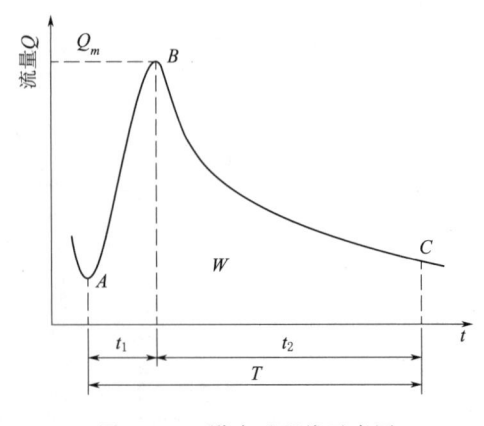

图 4.1.1 洪水过程线示意图

洪水过程线上可以看出：

(1) 起涨点 A。该点表示地面径流骤然增加，河流水位迅猛上升，流量开始增大，是一次洪水开始起涨的位置。

(2) 洪峰点 B。洪峰流量是一次洪水过程线上的最高点（瞬时最大流量）。

(3) 落平点 C。一次暴雨形成的地面径流基本消失，转为地下径流补给，因此 C 点可作为分割地面径流与地下径流的一个特征点。从 A 到 B 出现的时间，称为涨洪历时 t_1，从 B 到 C 的时间称为退水历时 t_2。从 A 到 C 出现的时间称为一次洪水的总历时 T，$T=t_1+t_2$，一般情况下 $t_1<t_2$。

(4) 洪水过程线 $Q(t)$。洪水过程线表示洪水流量随时间变化的过程。山溪性小河洪水陡涨陡落，流量过程线的线形多为单峰型，且峰形尖瘦，历时短；平原性河流及大流域因流域调蓄作用较大，汇流时间长，加上干支流洪水的组合，峰型迭起，过程线形状多呈复式峰型。

(5) 洪水总量 W。T 时段内通过断面的总水量称为洪水总量，数值上等于洪水过程线 $Q(t)$ 与横坐标轴 t 包围的面积。

洪峰流量 Q_m、洪水总量 W 和洪水过程线 $Q(t)$ 是表示洪水特性的三个基本水文变量，称为洪水三要素，简称"峰、量、型"。

4.1.1.2 洪水灾害

在河流、湖泊等水体上兴建的水利水电工程或其他各种工程，如堤堰、闸坝、水电站、桥涵、码头、取水口或排污口等，它们本身的安全和正常工作的条件都直接受到洪水的威胁。若洪水流量或水位超过了容许的数量，即将出现防洪安全事故。轻则破坏工程正常工作条件，例如使水库调蓄洪水、码头停泊船只、取水口引水、水电站发电等功能受阻，使所建工程不能获得效益，无法实现预期的设计目标，重则会危及工程本身的安全，造成局部或全部损毁，随之而来的是停电、停水和中断交通，甚至还会引起溃堤、垮坝而形成洪水，伴随着毁灭性灾害。当洪水超过江河的防御标准便会形成洪水灾害。洪水灾害是人类经常遭遇的严重灾害之一，主要有以下几种类型：

(1) 江河洪水泛滥。洪水泛滥灾害，多发生在各大江河的中、下游平原地区，如长江中下游、黄淮海平原、东北三江平原、珠江三角洲等地。这些地区地势低平，易受水淹，沿岸良田肥沃、人口密集、工农业发达，一旦洪水泛滥，涉及面广、影响范围大、损失严重，是我国的防洪重点。

(2) 山洪暴发。山洪暴发成灾，多发生在江河上游的山谷地带。如在云南山区时有发生，1981 年四川洪水灾害就是这种类型。山区地势陡峻，雨后汇流集中，水势迅猛，冲击力大，若地表覆盖差，蓄水保土能力低，破坏性就更大。

(3) 泥石流。泥石流是山区特殊水流，挟带大量稠泥、泥球、砂石块等，借洪水为动力，顺势从坡陡的沟谷上游，混流而下至沟口，泥石盖地，冲毁村庄成灾。多发生在砂石多且地质较松的北方地区，南方局部地区也可能发生。

此外，一些地区，也会发生砂石压田和冰凌灾害。砂石压田成灾，主要指江河洪水泛滥或山洪暴发后，洪水虽退，但留下一片"沙洲"或"砂石"压盖田地；冰凌灾害多发生在北方地区，严冬河面封冻，大地回春时，上、下游河面解冻不一，可能有大块冰凌顺流而下，甚至形成冰坝，在某河段冲毁堤岸、建筑物而造成灾害。

4.1.1.3 防洪措施

防洪措施指防止或减轻洪水灾害损失的各种手段和对策。洪灾发生的原因有自然因素和人为因素。洪水是导致洪灾的内因；而人类自身与洪水争地，缩小了洪水宣泄和调蓄的空间，加剧了洪水灾害，这是外因。通过实践，人们逐步认识到，要完全消除洪水灾害是不可能的。目前，我国防洪减灾战略正在从控制洪水向洪水管理转变，从无序、无节制的与洪水争地转变为有序、可持续的与洪水协调共处的战略，从以建设工程体系为主的战略转变为在防洪工程体系的基础上，建成全面的防洪减灾工作体系。应该指出，这些新的战略、理念，绝不意味着从工程措施转向非工程措施，忽视工程措施，也不是两者的并立，而是两者的有机结合。通过工程措施和非工程措施的有机结合抗御洪水，达到防洪减灾的目的。

1. 防洪工程措施

防洪工程措施是指为防御洪水而采取的各种工程技术手段。如水库工程、修筑堤防、整治河道、分（蓄、滞）洪、开挖减河及水土保持等。

(1) 水库工程。通过水库调节拦蓄洪水，削减洪峰，可以减小下游洪水损失，并且可以与兴利相结合，获得综合效益。水库工程是近代河流治理开发中普遍采用的方法。

(2) 修筑堤防、整治河道。堤防是沿河、渠、湖、海岸边或行洪区、分洪区、围垦区的边缘修筑的挡水建筑物，是防洪保护区的屏障，是主要的防洪措施之一，通常配合其他防洪措施解决防洪问题；整治河道是提高河道宣泄能力的措施之一，如挖深拓宽河槽、裁弯取直、整修河工建筑物等。

(3) 分（蓄）洪工程。分（蓄）洪工程也称为分（蓄、滞）洪工程。分洪是在河流的适当位置修建分洪闸、引洪道等建筑物，将河道容纳不下的洪水，分往附近的其他河流、湖泊、蓄洪区、滞洪区或海洋；蓄洪是利用蓄滞洪区蓄留一部分或全部洪水水量，待枯水期供给兴利部门使用；滞洪是利用蓄滞洪区，暂时滞留一部分洪水水量，以削减洪峰流量，待洪峰过后，再腾空滞洪容积。分（蓄）洪工程则是指用分泄（蓄、滞）河道洪水的办法，以保障防护区安全的防洪工程措施。

目前，我国江河中下游平原地区，现有堤防工程一般只能防御 10～20 年一遇的洪水，重点地区也只能防御约 100 年一遇的洪水，而在重点保护对象以上或其邻近的下游修建分（蓄）洪工程，配合堤防可以进一步提高保护对象的防洪标准。因此，分（蓄）洪工程是流域防洪中的一项重要防洪措施。例如，海河流域中下游的减河或新河及蓄滞洪区、黄河下游的北金堤分洪工程、长江中游的荆江分洪工程等。

(4) 水土保持。水土保持是指防止水土流失而采取的保护、改良与合理利用水土资源的综合性措施。其形式多样，如山区、丘陵地区建设水平梯田、埝地、坝地，开挖环山沟，修建塘坝、谷坊等。水土保持工程的主要作用是增加地表抗冲刷能力，防止水土流失；增加降雨入渗，减小地面径流，涵养水源，维持生态平衡；防止河床淤高，减免河流水害，保障水利设施的运用与安全等。水土保持工程是蓄水防洪的根本措施，并可通过其获得综合效益。

2. 防洪非工程措施

防洪非工程措施是指通过法令、政策、经济手段和工程以外的技术手段，以减轻洪灾损失的措施。防洪非工程措施一般包括防洪法规、洪水预报、洪水调度、洪水警报、洪泛区管理、河道清障、超标准洪水防御措施、洪水保险、洪灾救济等。防洪非工程措施的基本内容，一般可概括为：

（1）洪泛区管理。按洪水危险程度和排洪要求，将不宜开发区和允许开发区严格划分开；允许开发区也根据可能淹没的概率规定一定用途，并通过政府颁布法令或条例进行管理，防止侵占行洪区，达到经济合理地利用洪泛区。对洪水易淹区内的建筑物及其内部财物设备的放置等方面都给予规定。例如规定建筑物基础的高程、结构，规定财物存放在安全地点，或在洪水到来前移至安全地点等。

（2）洪水保险。通常指强制性的洪水保险，即对淹没概率不同的地区，对开发利用者强制收取不同保险费率，从经济上约束洪泛区的开发利用。

（3）制定居民应急撤离计划和对策。在洪水易淹区设立各类洪水标志，并事先建立救护组织和准备抢救器材，根据发布的洪水警报进行撤离。

（4）建立洪水预报警报系统。把实测或利用雷达遥感收集到的水文、气象、降雨、洪水等数据，通过通信系统传递到预报部门分析，有的直接输入电子计算机进行处理，作出洪水预报，提供具有一定预见期的洪水信息，必要时发出警报，以便提前为抗洪抢险和居民撤离提供信息，以减少洪灾损失。它的效果取决于社会的配合程度，一般洪水预见期越长，精度越高，效果就越显著。中国1954年长江洪水预报和1958年黄河洪水预报，以及美国1969年密西西比河洪水预报，均取得良好效果。

（5）救灾。从社会筹措资金、国家拨款或利用国际援助等进行救济，给受灾者以适当补偿，以安定社会秩序，恢复居民生产生活。救灾虽不能减少洪灾损失，但可减少间接损失，增加社会效益。

随着社会经济的发展，非工程防洪措施越来越受到人们的广泛认同和重视。防洪工程措施能有效地控制洪水，但其防洪标准是有限的；防洪非工程措施虽不能控制洪水或增加洪水的出路，但其防洪减灾的作用是防洪工程措施所不能替代的。因此，在强调其一的作用时，绝不能否认或者取代另一个的防洪减灾作用。无论是进行区域的防洪规划，还是防洪工程的管理运用，均应遵循工程措施和非工程措施有机结合的防洪减灾战略。

4.1.1.4 设计洪水

设计洪水是指符合设计标准的洪水，是堤防和水工建筑物设计的依据。设计洪水特性可以由三个控制性的要素来描述，即设计洪峰流量 Q_m、设计洪水总量 W 和设计洪水过程线 $Q(t)$。

设计洪峰流量 Q_m 是指设计洪水的最大流量。对于堤防、桥梁、涵洞及调节性能小的水库等，一般可只推求设计洪峰流量。例如，堤防的设计标准为100年一遇，只要求堤防能防御100年一遇的洪峰流量，至于洪水总量多大，洪水过程线形状如何，均不重要，故也称之为"以峰控制"法。

设计洪水总量 W 是指自洪水起涨至洪水落平时的总径流量，相当于设计洪水过程线与时间坐标轴所包围的面积。设计洪水总量随计算时段的不同而不同。1d、3d、7d等固定时段的连续最大洪量,是指计算时段内水量的最大值,简称最大1d洪量、最大3d洪量、最大7d洪量等。大型水库调节性能高,洪峰流量的作用就不显著,而洪水总量则起着决定防洪库容的重要作用,当设计洪水主要由某一历时的洪量决定时,称为"以量控制"。在水利工程的规划设计时,一般应同时考虑洪峰和洪量的影响,要以峰和量同时控制。

设计洪水过程线$Q(t)$包含了设计洪水的所有信息,是水库防洪规划设计计算时的重要入库洪水资料。

4.1.2 防洪设计标准及其确定

洪水泛滥造成的洪灾是自然灾害中最重要的一种,它给城市、乡村、工矿企业、交通运输、水利水电工程、动力设施、通信设施及文物古迹以及旅游设施等带来巨大的损失。为了保护上述对象不受洪水的侵害,减少洪灾损失,各种防洪工程在规划设计时,必须选择一定大小的洪水作为设计依据,以便按此来对水工建筑物或防洪区进行防洪安全设计。如果洪水定得过大,工程虽然偏于安全,但会使工程造价增大而不经济;若洪水定得过小,虽然经济但工程遭受破坏的风险增大,因此,如何选择较为合适的洪水作为防洪工程的设计依据,就涉及一个标准,这个标准就是防洪设计标准。防洪标准是指担任防洪任务的水工建筑物应具备的防御洪水能力的洪水标准,一般可用防御洪水相应的重现期或出现的频率来表示,如50年一遇、100年一遇等。

防洪设计标准分两类:水工建筑物本身的防洪标准和防护对象的防洪标准。防洪标准的确定是一个非常复杂的问题,一般顺序为:根据工程规模、重要性确定等别;根据工程等别确定水工建筑物的级别;根据水工建筑物的级别确定建筑物的洪水标准。我国2017年1月颁发了《水利水电工程等级划分及洪水标准》(SL 252—2017)及2014年制定了《防洪标准》(GB 50201—2014),这两部标准适用于防洪保护区、工矿企业、交通运输设施、电力设施、环境保护设施、通信设施、文物古迹和旅游设施、水利水电工程等防护对象,防御暴雨洪水、融雪洪水、雨雪混合洪水和海岸、河口地区防御潮水的规划、设计、施工和运行管理工作。

在《防洪标准》(GB 50201—2014)中明确了两种防洪标准的概念。一是上述的水工建筑物本身的防洪标准(即设计标准);二是与防洪对象保护要求有关的防洪区的防洪安全标准(即防洪标准)。关于防洪区的防洪安全标准,是依据防护对象的重要性分级设定的。例如,确定城市防洪标准时,是根据城市防护区政治、经济地位的重要性、常住人口或当量经济规模指标分为四个防护等级,其防护等级和防洪标准应按表4.1.1,其他保护对象防洪标准的确定也是如此。

关于水利水电工程建筑物本身的防洪标准,是先根据工程规模、效益和在国民经济中的重要性,按其综合利用任务和功能类别或不同工程类型分为5个等别,供水、灌溉、发电工程的等别,应根据其供水规模、供水对象的重要性、灌溉面积和装机容量按表4.1.2确定;水库、拦河水闸、灌排泵站与引水枢纽工程的等别,按表4.1.3确定。水利水电工程的永久性水工建筑物的级别,应根据其所属工程的等别、作用和重要性,按表4.1.4确定。

表 4.1.1　　　　　　　　　城市防护区的防护等级和防洪标准

防护等级	重要性	常住人口/万人	当量经济规模/万人	防洪标准/[重现期/年]
Ⅰ	特别重要	≥150	≥300	≥200
Ⅱ	重要	<150，≥50	<100，≥40	200～100
Ⅲ	比较重要	<50，≥20	<300，≥100	100～50
Ⅳ	一般重要	<20	<40	50～20

注　当量经济规模为城市防护区人均 GDP 指数与人口的乘积，人均 GDP 指数为城市防护区人均 GDP 与同期全国人均 GDP 的比值。

表 4.1.2　　　　　　　　　供水、灌溉、发电工程的等别

工程等别	工程规模	供水			灌溉	发电
		供水对象的重要性	引水流量/亿 m³	年引水量/(m³/s)	灌溉面积/万亩	装机容量/MW
Ⅰ	特大型	特别重要	≥50	≥10	≥150	≥1200
Ⅱ	大型	重要	<50，≥10	<10，≥3	<150，≥50	<1200，≥300
Ⅲ	中型	比较重要	<10，≥3	<3，≥1	<50，≥5	<300，≥50
Ⅳ	一般	一般	<3，≥1	<1，≥0.3	<5，≥0.5	<50，≥10
Ⅴ			<1	<0.3	<0.5	<10

注　1. 跨流域、水系、区域的调水工程纳入供水工程统一确定。
　　2. 供水工程的引水流量指渠首设计引水流量，年引水量指渠首多年平均引水量。
　　3. 灌溉面积指设计灌溉面积。

表 4.1.3　　　　　　　　水库、拦河水闸、灌排泵站与引水枢纽工程的等别

工程等别	工程规模	水库工程	拦河坝水闸工程	灌溉与排水工程		引水枢纽
				泵站工程		
		总库容/亿 m³	过闸流量/(m³/s)	装机流量/(m³/s)	装机功率/MW	引水流量/(m³/s)
Ⅰ	大（1）型	≥10	≥5000	≥200	≥30	≥200
Ⅱ	大（2）型	<10，≥1	<5000，≥1000	<200，≥50	<30，≥10	<200，≥50
Ⅲ	中型	<1，≥0.1	<1000，≥100	<50，≥10	<10，≥1	<50，≥10
Ⅳ	小（1）型	<0.1，≥0.01	<100，≥20	<10，≥2	<1，≥0.1	<10，≥2
Ⅴ	小（2）型	<0.01，≥0.001	<20	<2	<0.1	<2

注　1. 水库总库容指水库最高水位以下的静库容，洪水期基本恢复天然状态的水库枢纽总库容采用正常蓄水位以下的静库容。
　　2. 拦河坝水闸工程指平原区的水闸枢纽工程，过闸流量为按校核洪水标准泄洪时的水闸下泄流量。
　　3. 灌溉引水枢纽工程包括拦河或顺河向布置的灌溉取水枢纽，引水流量采用设计流量。
　　4. 泵站工程指灌溉、排水（涝）的提水泵站，其装机流量、装机功率指包括备用机组在内的单站指标；由多级或多座泵站联合组成的泵站系统工程的等别，可按其系统的规模指标确定。

设计永久性水工建筑物所采用的洪水标准，分为正常运用和非常运用两种情况，分别称为设计标准和校核标准。通常用正常运用的洪水来确定水利水电枢纽工程的设计洪水位、设计泄洪流量等水工建筑物设计参数，这个标准的洪水称为设计洪水。设计洪水发生时，工程应保证能正常运用，一旦出现超过设计标准的洪水，则水利工程一般就不能保证正常运用了。

表 4.1.4　永久性水工建筑物的级别

工程等别	水工建筑物 主要建筑物	水工建筑物 次要建筑物
Ⅰ	1	3
Ⅱ	2	3
Ⅲ	3	4
Ⅳ	4	5
Ⅴ	5	5

由于水利工程的主要建筑物一旦破坏，将造成灾难性的严重损失，因此规范规定洪水在短时期内超过设计标准时，主要水工建筑物不允许破坏，仅允许一些次要建筑物损毁或失效，这种情况就称为非常运用条件或标准，按照非常运用标准确定的洪水称为校核洪水。水库工程水工建筑物的防洪标准，应根据其级别和坝型，按表 4.1.5 确定，其他水利水电工程防洪标准的确定也是如此。我国各部门现行的防洪标准，有的规定为只有设计标准，有的规定有设计和校核两级标准，在工程设计中，设计标准由国家制定，以设计规范给出。

表 4.1.5　水库工程水工建筑物的防洪标准

水工建筑物等别	防洪标准/[重现期/年] 山区、丘陵区 设计	防洪标准/[重现期/年] 山区、丘陵区 校核 混凝土坝、浆砌石坝	防洪标准/[重现期/年] 山区、丘陵区 校核 土坝、堆石坝	防洪标准/[重现期/年] 平原、滨海区 设计	防洪标准/[重现期/年] 平原、滨海区 校核
Ⅰ	1000~500	5000~2000	可能最大洪水（PMF）或 10000~5000	300~100	2000~1000
Ⅱ	500~100	2000~1000	500~100	100~50	1000~300
Ⅲ	100~50	1000~500	100~50	50~20	300~100
Ⅳ	50~30	500~200	50~30	20~10	100~50
Ⅴ	30~20	200~100	30~20	10	50~20

另外，水库重要建筑物的防洪标准一般要高于下游防护对象的防洪标准。因为没有上游水库的安全，就谈不上下游防护对象的安全，一旦大坝失事，对下游将造成十分严重的后果。当防护对象非常重要时，防护对象的防洪标准也可与上游水库重要建筑物的防洪标准相同。

【任务解析单】

解析：防洪工程措施，是沿河、渠、湖、海岸边或行洪区、分洪区、围垦区的边缘修筑的堤防挡水建筑物，是防洪保护区的屏障，是主要的防洪措施之一。某堤防防洪（潮）标准为50年一遇，堤防等级为2级，穿堤建筑物级别为2级，是根据《水利水电工程等级划分及洪水标准》（SL 252—2017），见表4.4.6确定。

表 4.4.6　　　　　　　　　堤防永久性水工建筑物级别

防洪标准/ [重现期(年)]	≥100	<100，≥50	<50，≥30	<30，≥20	<20，≥10
堤防级别	1	2	3	4	5

【技能训练单】

1. 请分析某 60 万人口的中型城市，其城市防护区的防护等级和防洪标准。
2. 某水库工程总库容为 15 亿 m³，坝体为混凝土重力坝，请分析该水库工程规模及工程等别，该水库应采用多大的设计标准和校核标准？

【技能测试单】

1. 单选题

(1) 河道中水位迅猛上涨，流量骤增，水流呈波状下泄的水文现象为（　　）。
A. 涨洪　　　　B. 落洪　　　　C. 洪水　　　　D. 径流

(2) 一次洪水中，涨水期历时比落水期历时（　　）。
A. 长　　　　　B. 短　　　　　C. 一样长　　　D. 不能肯定

(3) 设计洪水是指（　　）。
A. 设计断面的洪水　　　　　　　　B. 符合设计标准的洪水
C. 任一频率的洪水　　　　　　　　D. 历史特大洪水

(4) 反映一次洪水过程特性的三个要素是（　　）。
A. 洪水标准、洪峰流量、洪水历时
B. 洪水标准、洪水总量、洪水历时
C. 洪峰流量、1 日洪量、3 日洪量
D. 洪峰流量、洪水总量和洪水过程线

(5) 防洪对象保护要求有关防护区的防洪安全标准称为（　　）。
A. 防洪标准　　B. 设计标准　　C. 校核标准　　D. 防护标准

(6) 防洪工程措施是指为防御洪水而采取的各种工程技术手段，下列哪一项不是防洪的工程措施？（　　）
A. 水库工程　　　　　　　　　　　B. 修筑堤防、整治河道
C. 分（蓄、滞）洪　　　　　　　　D. 洪水预报警报系统

(7) 水工建筑物本身所采用的正常运用情况洪水标准是指（　　）。
A. 防洪标准　　B. 洪水标准　　C. 设计标准　　D. 校核标准

(8) 水工建筑物本身所采用的非常运用情况洪水标准是指（　　）。
A. 防洪标准　　B. 洪水标准　　C. 设计标准　　D. 校核标准

(9) 大坝的设计洪水标准比下游防护对象的防洪标准（　　）。
A. 一样　　　　B. 高　　　　　C. 低　　　　　D. 不能确定

(10) 一次洪水过程中，把洪水流量最大点的流量称为（　　）。

A．洪峰流量　　　B．洪水总量　　　C．洪水历时　　　D．洪水过程

2．判断题

（1）洪水是由暴雨或融雪形成的。（　　）

（2）洪峰、洪量、洪水历时称为"洪水三要素"。（　　）

（3）一次洪水过程中，洪水过程线表示洪水流量随时间变化的过程。（　　）

（4）洪水灾害是人类经常遇到的严重自然灾害之一。（　　）

（5）洪水灾害只有通过防洪工程措施消除。（　　）

（6）洪水过程线包含了设计洪水的所有信息，是水库防洪规划时的重要入库洪水资料。（　　）

（7）设计洪水是设计断面的洪水，是堤防和水工建筑物设计的依据。（　　）

（8）设计洪水的标准，是根据工程的规模及其重要性，依据国家有关规范选定的。（　　）

（9）在T时段内，洪水过程线与横坐标包围的面积上的水量为洪水总量。（　　）

（10）防洪非工程措施是指通过经济手段和工程以外的技术手段，可以消除洪水损失的措施。（　　）

任务4.2　由流量资料计算设计洪水

【任务单】

某流域拟建小型水库一座，经分析确定水库枢纽本身永久水工建筑物正常运用洪水标准（设计标准）$P=1\%$，非常运用洪水标准（校核标准）$P=0.1\%$。该工程坝址位置有25年实测洪水资料（1958—1982年），为了提高资料代表性，曾多次进行洪水调查，得知1900年发生特大洪水，洪峰流量为3750m^3/s，考证期为80年。经分析选定2000年7月的一次洪水为典型洪水。①试根据以上条件推求设计标准和校核标准的设计洪峰流量各为多少？②用峰比放大法推求校核标准的设计洪水过程线。

【任务学习单】

4.2.1　洪水资料的收集与审查

设计洪水是水利工程规划设计、防洪策略和水资源管理的重要水文数据，是防洪规划和防洪工程预设计的最大洪水，设计洪水的内容包括设计洪峰、不同时段的设计洪量、设计洪水过程线、设计洪水的地区组成和分期设计洪水等，可根据工程特点和设计要求计算其全部或部分内容。我国设计洪水的计算方法可分为有资料和无资料两种情况。有资料情况下推求设计洪水的方法是由实测流量资料推求设计洪水。根据《水利水电工程设计洪水计算规范》（SL 44—2006）中的规定，结合我国现有水文观测资料情况，坝址或其上下游具有30年以上实测洪水，并有历史洪水调查和考证资料时，应采用频率分析法计算设计洪水。应用此法推求设计洪水时，要求具有长期洪水流量（或洪水位）资料，且应进行历史洪水的调查考证，然后运用频率分析方法计

算设计洪水；若此种资料系列较短，经过插补展延后再应用频率分析法计算，可直接根据工程断面处水文站的洪水流量资料来推求设计洪水。

4.2.1.1 洪水资料的收集与选样

洪水系列是从工程所在地点或邻近地点水文观测（包括实测和插补延长）资料中选取表征洪水过程特征值［如洪峰流量、各种时段（24h、72h、7d 等）洪量］的样本。根据洪水特征、工程特点和规划、设计要求，选取洪峰流量系列，或分别选取洪峰流量和几个时段的洪量系列，以使设计洪水过程既能较好反映洪水特性，又不致破坏洪水过程的完整性，构成样本系列进行频率计算。洪水频率计算是把河流每年发生的洪水过程作为一次随机事件，实际上它包含若干次不同的洪水过程，到目前为止还无法直接对洪水过程线进行频率计算。因此常用的做法是按照一定的原则对洪水特征值进行选样，所谓选样，是指从每年的全部洪水过程中，选取洪水特征值组成样本系列。

《水利水电工程设计洪水计算规范》（SL 44—2006）中指出，对于洪峰流量，采用年最大值法选样。即每年挑选一个最大的瞬时洪峰流量，若有 n 年资料，则可得到 n 个最大洪峰流量构成样本系列：Q_{m1}，Q_{m2}，…，Q_{mn}。

对于洪量，采用固定时段年最大值法独立选样。首先根据当地洪水特性和工程设计的要求确定洪量相应的时段，称为统计时段或计算时段（包括洪水总历时和控制时段），然后在每年的洪水过程中，分别独立地选取不同时段的年最大洪量，组成不同时段的洪量样本系列。

固定时段的确定，应根据汛期洪水过程变化特性、水库调洪能力和调洪方式以及下游河段有无防洪要求等因素综合确定。首先是根据流域洪水特性和工程要求确定设计洪水的总历时，然后在其中确定几个控制时段（即洪水过程对调洪后果起控制作用的时段）。一般常用的时段为：1h、3h、6h、12h、24h（或 1d）、3d（或 72h）、5d、7d、10d、15d、30d 等。控制时段是指洪水过程对工程调洪起控制作用的时段。对水库工程而言，它接近于调洪过程中从蓄洪开始至达到最高蓄水位后的全部历时。显然，它与流域洪水特性和工程调洪能力有关。一般来说，当流域洪水过程尖瘦、洪水历时较短、水库调洪库容较小、而泄洪能力大时较短，反之较长。在实际工作中，控制时段是通过对调洪演算成果分析后确定的。当较长时，一般再将时段划分为若干短时段（以 2～3 时段为宜）。

所谓独立选样，是指同一年中最大洪峰流量及各时段年最大洪量的选取互不干扰，各自都取全年最大值。例如，洪量计算时段为 1d、3d、5d，每年选取的这 3 个洪量特征值有可能在同一场洪水中，也有可能不在同一场洪水中，如图 4.2.1 所示，

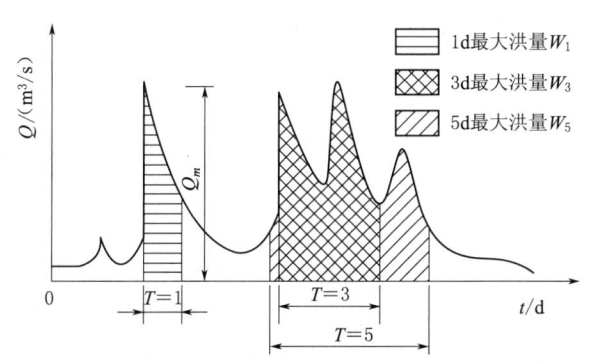

图 4.2.1 洪量独立选样示意

如果有 n 年资料即可得到 3 组不同时段的年最大洪量系列：

$$W_{11}, W_{12}, \cdots, W_{1n}$$
$$W_{31}, W_{32}, \cdots, W_{3n}$$
$$W_{51}, W_{52}, \cdots, W_{5n}$$

年最大瞬时洪峰流量值和各种时段的年最大洪量值，可由水文年鉴上逐日平均流量表或洪水水文要素摘录表统计求得，或者直接从水文特征值统计资料上查得。

需要指出，许多地区的洪水常由不同成因（如融雪、暴雨）、不同类型（如台风、锋面）的降水形成，选样时要注意区分，不宜把它们混在一起作为一个洪水系列。

4.2.1.2 洪水资料审查

在应用资料进行计算之前，首先要对原始水文资料进行审查，洪水资料必须可靠，具有必要的精度，而且具备频率分析所必需的某些统计特性，例如洪水系列中各项洪水相互独立，且服从同一分布等。资料审查的内容与年径流量资料审查相似，即审查资料的可靠性、一致性和代表性。

1. 可靠性审查

审查洪水资料可靠性的目的是减少观测和整编中的误差和改正其错误，重点应审查设计洪水计算成果影响较大的大洪水年份，以及观测、整编质量较差的年份，特别是战争年代及政治动乱时期的观测记录。审查的主要内容是测站的变迁，水尺零点高程的变化等；测流断面的冲淤情况，上游附近河段的决口、溃堤及改道等洪灾事件等；对调查的历史洪水，应多方面分析论证洪峰流量、洪量及重现期的可靠性，并注意不要遗漏考证期内的大洪水；对重要的大洪水资料，还得经过实地勘测和取证。

审查的方法可参照水文资料整理方法和要求进行。一般可作历年水位-流量关系曲线的对照检查；通过上下游、干支流各断面的水量平衡及洪水流量、水位过程线的对照，流域的暴雨过程和洪水过程的对照等，进行合理性检查。如发现问题，应会同原整编单位做进一步审查，必要时作适当的修正。

2. 一致性审查

洪水资料的一致性审查主要是审查在调查或观测期中，洪水形成条件是否相同。形成条件不同的洪水，其洪水统计规律也不同，就不能将这些洪水资料放在一起作为一个样本系列进行频率计算。当使用的洪水资料受人类活动（如修建水工建筑物、整治河道等）的影响有明显变化时，应进行还原计算，使洪水资料换算到天然状态的条件下。

3. 代表性审查

洪水资料的代表性审查，主要是审查洪水资料构成的样本系列是否能够代表总体的统计特性。但洪水的总体无法获得，所以一般认为，资料年限越长，并能包括大、中、小等各种洪水年份，则代表性越好。

洪水资料代表性审查的方法有两种：一种是周期性分析，即通过实测资料与历史洪水调查及文献考证资料进行对比分析，看其是否包含大、中、小洪水年份及特大洪水年份。另一种方法是与上下游站或邻近流域水文站的长系列参证资料进行对比分析。由于上、下游站或邻近流域水文站的参证资料与本站洪水资料具有同步性，若参证系列资料年限较长,且这段时期代表性较好,则可以判断本站同期的洪水资料也具有较好的代表性(可参考年径流的审查方法)。如果发现代表性不好,可采取历史洪水调查、考证历史文献和对洪水系列进行插补延长等方法,这是提高洪水系列代表性的有效途径。

4.2.1.3 洪水资料的插补展延

如实测洪水系列较短或实测期内有缺测年份,应对洪水资料进行插补延长,以便扩大样本的容量,提高其代表性,保证设计精度。插补展延方法一般有以下几种。

1. 根据上下游站的洪水特征值进行相关分析插补展延

当设计断面处实测资料年限不够长或资料有缺失时,可根据上、下游站或邻近相似河流测站的资料进行相关分析。若相关关系不好,应设法提高其相关性,如以区间测站相应流量为参数进行复相关分析。当相关关系较为密切时,便可以用来插补或展延系列。

当设计断面处没有实测资料,而其上、下游站具有实测流量资料时,若设计站与上、下游参证站流域面积相差不超过 3%,且区间无分洪、滞洪设施时,可将上游或下游参证站的洪峰流量数值直接移用到设计断面。若两站面积相差不超过 15%,且流域自然地理条件比较一致,流域内暴雨分布比较均匀,可按式(4.2.1)将参证站实测流量资料换算至设计断面处:

$$Q_m = \left(\frac{F}{F'}\right)^n Q'_m \tag{4.2.1}$$

式中 Q_m、Q'_m——设计站、参证站洪峰流量,m^3/s;

F、F'——设计站、参证站流域面积,km^2;

n——指数,对大、中型河流,n 值一般在 0.5~0.7 之间,对 $F<100km^2$ 的小流域,$n \geqslant 0.7$,也可根据实测洪水资料分析确定。

2. 利用本站峰量关系进行插补展延

通常根据调查到的历史洪峰或由相关法求得缺测年份的洪峰,利用峰量关系可以推求相应的洪水总量。也可以先由流域暴雨径流关系推求出洪量,再插补其相应的洪峰。

对于面积较小的流域,暴雨分布较均匀,汇流时间也较短,峰量关系常呈单一关系。但对于面积较大的流域,峰量关系一般要受到降雨历时、暴雨分布和峰型影响,峰量之间的关系不够密切,这时可视具体情况引进适当的参数,以改善其相关关系。常用的参数有峰型(单峰或复峰)、暴雨中心位置、降雨历时等。

3. 利用暴雨径流关系插补展延

流域一般都具有较长期的雨量资料,这时可利用洪峰流量缺测年份的最大暴雨资料。简化的办法是建立某一定时段的流域平均暴雨量与洪峰、洪量的相关关系,然后由暴雨资料插补洪水资料。

4. 根据相邻河流的洪水特征值进行插补展延

若有与设计流域自然地理特征相似、暴雨洪水成因一致的邻近流域,如果资料表明该流域同次洪水的各特征值与设计流域的洪水特征值之间确实存在良好的相关关系，也可用来插补展延。

4.2.2 特大洪水及不连续系列

4.2.2.1 特大洪水及其作用

所谓特大洪水，目前还没有一个非常明确的定量标准，通常是指比实测系列中的一般洪水大得多的稀遇洪水，例如模比系数 $K \geqslant 2 \sim 3$。特大洪水包括调查历史特大洪水（简称历史洪水）和实测洪水中的特大值。

中华人民共和国成立以后，我国水文工作者在全国范围内进行了大量的历史洪水调查和考证工作，调查到许多宝贵的历史洪水资料。充分考虑历史洪水资料，可以补充实测资料的不足，起到延长系列，极大提高系列代表性的作用，使设计洪水成果趋于稳定、合理。因此，设计洪水计算，应尽量利用本流域或河段和相邻流域历史上发生的大洪水资料。随着时间的推移，早期的历史洪水洪痕调查越来越困难，因此，洪水调查的重点是工程河段近期发生的大洪水。早期历史洪水调查，主要利用以往流域机构、各设计院、水文部门大量的历史洪水调查成果，这些成果现已汇编成册，其历史洪水位一般可直接引用，重点是应根据汇编之后发生的大洪水资料，对原水位-流量关系进行复核，特别是其参数选用和高水延长。

目前，我国各条河流的实测流量资料多数都不长，一般都不超过 100 年，即使经过插补延后几十年的资料来推算 100 年一遇、1000 年一遇等稀遇洪水，难免会存在较大的抽样误差。而且，每当出现一次大洪水后，设计洪水的数据及结果就会产生很大的波动，若以此计算成果作为水工建筑物防洪设计的依据，显然是不可靠的。如果能调查和考证到若干次历史特大洪水加入频率计算，就相当于将原来几十年的实测系列加以延长，这将大大提高资料系列的代表性，增加设计成果的可靠度。例如，我国某河某水库，在 1955 年规划设计时，仅以 20 年实测洪峰流量系列计算设计洪水，求得 1000 年一遇洪峰流量 $Q_m = 7500 \text{m}^3/\text{s}$。其后于 1956 年发生了特大洪水，洪峰流量 $Q_m = 13100 \text{m}^3/\text{s}$，超过了原 1000 年一遇洪峰流量。加入该年洪水后按 $n=21$ 年重新计算，求得 1000 年一遇洪峰流量 $Q_m = 25900 \text{m}^3/\text{s}$，为原设计值的 3 倍多，可见计算成果很不稳定。若加入 1794 年、1853 年、1917 年和 1939 年等历史洪水，并将 1956 年的实测洪水与历史洪水放在一起，进行特大值处理，则求得 1000 年一遇洪峰流量 $Q_m = 22600 \text{m}^3/\text{s}$。紧接着 1963 年又发生了 $Q_m = 12000 \text{m}^3/\text{s}$ 的特大洪水，将它加入系列计算，得到 1000 年一遇的洪峰流量 $Q_m = 23300 \text{m}^3/\text{s}$，与 22600 m^3/s 比较只相差 4%。这充分说明考虑历史洪水，并对调查和实测的特大洪水作特大值处理，设计成果也基本趋于稳定。上述计算成果见表 4.2.1。

表 4.2.1 某水库不同资料系列设计洪水计算成果表

计算方案	系列项数	历史洪水个数	设计洪峰流量/(m³/s) $P=0.1\%$
Ⅰ	20	0	7500
Ⅱ	21	0	25900
Ⅲ	24	4	22600
Ⅳ	25	4	23300

上述实例充分说明了调查、考证历史上发生的大洪水是提高洪水系列代表性的又一重要、有效的手段。加入洪水特大值，补充了实测资料的不足，起到了延长系列和增加系列代表性的作用，从而减少了抽样误差，使设计值趋于稳定，有效地提高了设计成果的可靠性。

4.2.2.2 不连序系列

由于特大洪水的出现机会总是比较少的，因而其相应的考证期（调查期）N 必然大于实测系列的年数 n，而在 $N-n$ 时期内的各年洪水信息尚不确知。把特大洪水和实测一般洪水加在一起组成的样本系列，在由大到小排队时其序号不连序，中间有空缺的序位，这种样本系列称为不连序系列。若由大到小排队时序号是连贯不间断的，这种样本系列则称为连序系列。一般地讲，实测年径流系列为连序系列，含洪水特大值的洪水系列为不连序系列。不连序系列有三种可能情况，如图4.2.2所示。

图 4.2.2（a）中为实测系列 n 年以外有调查的历史大洪水 Q_{M1}，其调查期为 N 年。

图 4.2.2（b）中没有调查的历史大洪水，而实测系列中的 Q_M 远比一般洪水大，经论证其考证期可延长为 N 年，将 Q_M 放在 N 年内排位。

图 4.2.2（c）中既有调查历史大洪水，又有实测的特大值，这种情况比较复杂，关键是要将各特大值的调查考证期考证准确，并弄清排位的次序和范围。

对于不连序的样本系列，其经验频率的计算及统计参数的初估，与连序样本系列有所不同，这就是所谓的特大洪水的处理问题。

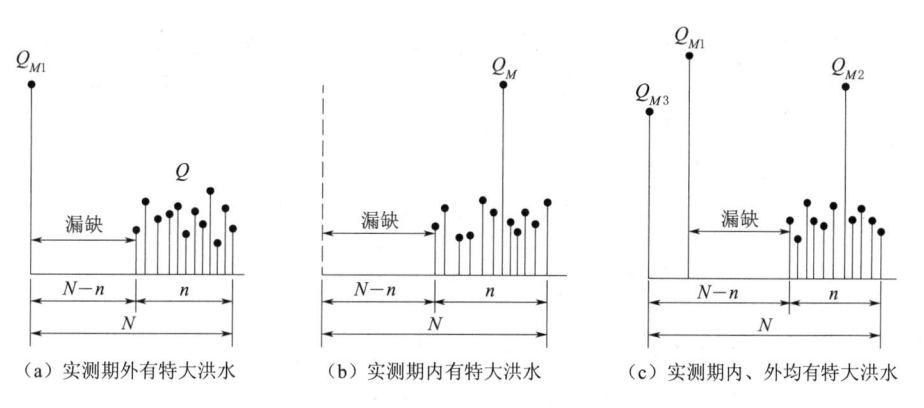

图 4.2.2 特大洪水组成的不连续洪水系列

4.2.3 洪水频率分析

洪水频率分析是根据数理统计理论，选定频率曲线分布线型，用统计参数估计法由洪水样本推求洪水总体分布的方法，一种是由洪水系列的统计特征推求洪水总体的统计参数，如矩法、概率权重矩法和线性矩法等；一种是适线法，将系列中的每项洪水由大到小依次序排列，采用经验频率公式求得每项洪水样本的绘点位置（超过频率），得到洪水的经验点据分布，选定总体（频率分布曲线线型），并按一定的适线准则，选择经验分布与总体分布拟合良好的统计参数，从而推求洪水设计值。

4.2.3.1 洪水经验频率计算

考虑特大洪水的不连序系列,其经验频率计算常常是将特大值和一般洪水分开,分别计算。目前我国采用的计算方法有以下两种。

1. 独立样本法

独立样本法（分别处理法），即将实测一般洪水样本与特大洪水样本，分别看作是来自同一总体的两个连序随机样本，则各项洪水分别在各自的样本系列内排位计算经验频率。其中特大洪水按式（4.2.2）计算经验频率。

$$P_M = \frac{M}{N+1} \times 100\% \tag{4.2.2}$$

式中　M——特大洪水排位的序号，$M=1, 2, \cdots, a$；

N——特大洪水首项的考证期，即为调查最远的年份迄今的年数；

P_M——特大洪水第 M 项的经验频率，%。

同理，n 个一般洪水的经验频率按式（4.2.3）计算：

$$P_m = \frac{m}{n+1} \times 100\% \tag{4.2.3}$$

式中　m——实测洪水排位的序号，$m=l+1, l+2, \cdots, n$；

l——实测系列中抽出作特大值处理的洪水个数；

n——实测洪水的项数；

P_m——实测洪水第 m 项的经验频率，%。

2. 统一样本法

统一样本法（统一处理法），即将实测系列和特大值系列都看作是从同一总体中任意抽取的一个随机样本，各项洪水均在 N 年内统一排位计算其经验频率。

设调查考证期 N 年中有 a 个特大洪水，其中有 l 项发生在实测系列中，则此 Q 个特大洪水的排位序号 $M=1, 2, \cdots, a$，其经验频率仍按式（4.2.2）计算。而实测系列中剩余的 $(n-l)$ 项的经验频率按式（4.2.4）计算：

$$P_m = \left[P_{Ma} + (1 - P_{Ma}) \frac{m-l}{n-l+1} \right] \times 100\% \tag{4.2.4}$$

式中　P_{Ma}——N 年中末位特大值的经验频率，$P_{Ma} = \frac{a}{N+1} \times 100\%$；

l——实测系列中抽出做特大值处理的洪水个数；

m——实测系列中各项在 n 年中的排位序号，l 个实测特大值应该占位；

n——实测系列的年数。

【例 4.2.1】 某站 1938—1982 年共 45 年洪水资料，其中 1949 年洪水比一般洪水大得多，应从实测系列中抽出作特大值处理。另外，通过调查历史洪水资料，得知本站自 1903 年以来的 80 年间有两次特大洪水，分别发生在 1921 年和 1903 年。经分析考证，可以确定 80 年以来没有遗漏比 1903 年更大的洪水，洪水资料见表 4.2.2，试用两种方法分析计算各次洪水的经验频率，并进行比较。

(1) 根据已知资料分析，对特大洪水和实测洪水进行排序，排序结果见表 4.2.2 所示。

(2) 分别处理法计算经验频率。按式（4.2.2）和式（4.2.3）分别计算洪水特大值系列及实测洪水系列的各项经验频率。1921 年洪水 $Q_M = 8540 \text{m}^3/\text{s}$，在特大值系列中（$N=80$ 年）排第一，则

$$P_{1921} = \frac{M_1}{N+1} \times 100\% = \frac{1}{80+1} \times 100\% = 1.23\%$$

$$P_{1949} = \frac{M_2}{N+1} \times 100\% = \frac{2}{80+1} \times 100\% = 2.47\%$$

$$P_{1903} = \frac{M_3}{N+1} \times 100\% = \frac{3}{80+1} \times 100\% = 3.70\%$$

实测系列中由于将 1949 年抽出作特大值处理（$l=1$），所以排位实际上应从 $m=l+1$ 开始，即 1940 年洪水经验频率为

$$P_m = \frac{m}{n+1} \times 100\% = \frac{2}{45+1} \times 100\% = 4.35\%$$

其他一般洪水的经验频率计算同 1940 年洪水经验频率的计算，结果见表 4.2.2。

(3) 统一处理法计算经验频率。a 个特大值洪水的经验频率仍用式（4.2.2）计算，结果与独立样本法相同。实测洪水的经验频率按式（4.2.4）计算，1940 年洪峰流量的经验频率为

$$P_m = \left[P_{Ma} + (1 - P_{Ma}) \frac{m-l}{n-l+1} \right] \times 100\%$$

$$= \left[3.70\% + (1 - 3.70\%) \times \frac{2-1}{45-1+1} \right] \times 100\% = 5.84\%$$

其余各项实测洪水的经验频率可仿此计算，成果列入表 4.2.2 中。

表 4.2.2　　某站洪峰流量系列经验频率分析计算表

洪水资料	洪水性质	特大洪水			一般洪水				
	年份	1921	1949	1903	1949	1940	1979	…	1981
	洪峰流量	8540	7620	7150	5020	4740	…		2580
排位情况	排位时期	1903—1982 年（$N=80$ 年）			1938—1982 年（$n=45$ 年）				
	序号	1	2	3	—	2	3	…	45
独立取样分别排位（方法 1）	计算公式	式（4.2.2）			式（4.2.3）				
	经验频率/%	1.23	2.47	3.70	—	4.35	6.52	…	97.8
统一取样统一排位（方法 2）	计算公式	式（4.2.2）			式（4.2.4）				
	经验频率/%	1.23	2.47	3.70		5.84	7.98	…	97.8

由表 4.2.2 中计算结果可以看出，特大洪水的经验频率两种方法计算一致；而实测一般洪水的经验频率两种方法计算结果不同，如 1940 年洪水（$m=2$），分别处理法计算频率为 4.35%，统一处理法计算为 5.84%，可见第二种方法计算的经验频率比第一种方法计算值大。

研究表明，统一处理法公式更具有理论依据。分别处理法可能出现特大洪水的经验频率与实测洪水的经验频率有"重叠"的不合理现象，即末位几项特大洪水的经验

频率大于首几位实测一般洪水的经验频率，但由于其比较简单，因此目前两种方法都在使用。一般来说，分别处理法适用于实测系列代表性较好，而历史洪水排位可能有遗漏的情况，统一处理法适用于在调查考证期 N 年内为首的各项历史洪水确系连序而无错漏的情况。

4.2.3.2 洪水频率曲线统计参数估算方法

根据我国许多长期洪水系列分析结果和多年来设计工作的实际经验，对频率曲线线型作了大量分析和研究，认为 P-Ⅲ型适用于全国大多数河流的水文特征，因此水利水电部门规定洪水频率曲线线型采用 P-Ⅲ型。特殊情况经分析论证后，也可采用其他线型。P-Ⅲ型水文频率分布待估计的三个特征参数为：均值 $\bar{x}$，变差系数 C_v，偏态系数 C_s。水文频率计算常用的参数估计方法，依据"多种方法、综合分析、合理选定"的原则，估计统计参数和设计值。一类为矩法及基于矩法的各种改进方法，如概率权重矩法与线性矩法以及权函数（包括单、双权函数）法，另一类为基于拟合优度为目标的各种适线法。

1. 矩法

对于不连序系列，矩法公式与连续系列的计算公式有所不同。设调查考证期 N 年内共有 a 个特大洪水，其中 l 个发生在实测系列中，$(n-l)$ 项为一般洪水。假定除去特大洪水后的 $(N-a)$ 年系列，其均值和均方差与 $(n-l)$ 年系列的均值和均方差相等，即 $\bar{x}_{N-a}=\bar{x}_{n-l}$，$s_{N-a}=s_{n-l}$，可推导出不连序系列的均值和变差系数的计算公式如下：

$$\bar{x}=\frac{1}{N}\left(\sum_{j=1}^{a}x_j+\frac{N-a}{n-l}\sum_{i=l+1}^{n}x_i\right)$$

$$C_v=\frac{1}{\bar{x}}\sqrt{\frac{1}{N-1}\left[\sum_{j=1}^{a}(x_j-\bar{x})^2+\frac{N-a}{n-l}\sum_{i=l+1}^{n}(x_i-\bar{x})^2\right]}$$

$$C_s=\frac{N\left[\sum_{j=1}^{a}(x_j-\bar{x})^3+\frac{N-a}{n-l}\sum_{i=l+1}^{n}(x_i-\bar{x})^3\right]}{(N-1)(N-2)\bar{x}^3 C_v^3}$$

式中 $\bar{x}$、C_v、C_s——加入特大洪水值的洪峰流量或洪量的均值、变差系数和偏差系数；

x_j——特大洪水的洪峰流量或洪量，$j=1、2、\cdots、a$；

x_i——特大洪水的洪峰流量或洪量，$i=l+1、l+2、l+3、\cdots、n$；

N——调查洪水的考证期；

a——特大洪水个数；

n——一般洪水个数；

l——实测系列中特大洪水的项数。

矩法是一种最简单的参数估计方法，其与频率曲线线型无关。由于总体矩和样本矩的差异（样本矩偏小）及变量离散化的误差，除均值外，由矩法估计的参数及由此所得的频率曲线计算的设计值总是系统偏小，其中尤以 C_v 偏小更为明显。而偏差系

数 C_s 由于抽样误差较大，一般不直接计算，而是参考相似流域分析成果，选用一定的 C_s/C_v 值作为初始值。

2. 适线法

适线法的特点是在一定的适线准则下，求解与经验点据拟合最优的频率曲线的统计参数的方法，这也是选定频率曲线分布线型的主要方法。适线步骤与水文频率的适线步骤相同。《水利水电工程设计洪水计算规范》（SL 44—2006）中指出，在洪水频率计算中，推求洪水特征值的理论频率曲线，目前我国普遍采用适线法。适线法是在经验频率点据和频率曲线线型确定之后，通过调整参数选配一条与经验点据配合最佳的理论频率曲线。适线的原则如下：

（1）适线时尽量照顾点群趋势，使曲线上、下两侧点子数目大致相等，并交错均匀分布。若全部点据配合有困难，可侧重考虑上部和中部点子。

（2）应分析经验点据的精度，使曲线尽量地接近或通过比较可靠的点据。

（3）历史洪水，特别是为首的几个历史特大洪水，一般精度较差，适线时，不宜机械地通过这些点据，而使频率曲线脱离点群；但也不能为照顾点群趋势使曲线离开特大值太远，应考虑特大历史洪水的可能误差范围，以便调整频率曲线。

（4）要考虑不同历时洪水特征值参数的变化规律，以及同一历时的参数在地区上变化规律的合理性。

4.2.3.3　设计成果的合理性分析和安全保证值

设计洪水计算是基于数理统计理论，由洪水样本估计其总体分布及设计值的过程，因此，它们不可避免地包含有相当的误差。首先是基本资料等原始误差，例如实测水文资料的测量误差，历史洪枯水调查成果推估误差和水文系列代表性、一致性问题等；其次是方法误差，其中包括理论误差，例如水文频率分布线型的水文物理和数理依据不足，经验频率公式（绘点位置）的差异，参数估计的近似计算和模拟方法的偏差及精度问题等。因此，可以综合同一地区各站成果，通过对比分析，做合理性检查。

1. 成果的合理性分析

主要是对洪峰流量及洪量设计成果包括各项统计参数进行合理性检查。检查时，一方面根据邻近地区河流的一般规律，检查设计成果有无偏大偏小的情况，从而发现问题并及时修正。另一方面，也要注意设计站与邻近站的差别，不要机械地强求一致。

在自然地理条件比较一致的地区，一般来说，随着河流流域面积的增大，年最大洪峰流量和洪量的多年均值及一定频率的设计值都将有所增大，而 C_v 值减小。设计站不同时段的洪量之间也可以检查，时段不同的频率曲线在实用范围内不应相交。洪量随时段长度的增加而增大，而 C_v、C_s/C_v 值则逐渐减小。计算的统计参数可与流域周围站的统计参数对照比较，看是否符合地区规律以及从统计参数随时间变化关系上分析；还可以由设计暴雨量和暴雨径流关系来检查比较。值得注意的是，有时也会出现反常现象，这就要求对具体问题做具体分析。

2. 设计洪水的安全保证值

由样本资料推求水文随机变量的总体分布,进而得到设计值,必然存在抽样误差。对于大型水利水电工程或重点工程,如果经过综合分析发现设计值确有可能偏小时,为了安全起见,可在校核洪水设计值上增加不超过 20% 的安全保证值。这只是一个规定性的技术措施,并没有多少理论依据。因此,目前还有不同的看法和意见。

4.2.4 设计洪水过程线推求

所谓设计洪水过程线,是指符合工程设计洪水要求的流量过程线。目前水文计算中常用方法是典型洪水放大法,即从实测洪水中选出和设计要求相近的洪水过程线作为典型,然后按设计的峰和量将典型洪水过程线放大。此法的关键是如何恰当地选择典型洪水和如何进行放大。推求设计洪水过程线就是寻求设计情况下可能出现的洪水过程,并用它进行防洪调节计算,以确定水库的防洪规模和溢洪道的型式、尺寸。

4.2.4.1 典型洪水过程线的选择

典型洪水的选取可考虑以下几个方面:

(1) 从资料较完整和可靠的实测大洪水资料中选取。

(2) 选择在设计条件下可能发生的有代表性的洪水过程,即洪水出现的季节、洪峰次数、洪水历时、主峰位置等,能概括地代表大洪水的一般特性。

(3) 选择能满足工程设计要求,对防洪偏于不利的洪水过程线作为典型。一般来说,调洪库容较小时,尖瘦型洪水过程线对调洪不利;调洪库容很大时,矮胖型洪水过程线对调洪不利;对双峰型洪水来说,一般前峰小、后峰大的洪水过程线对调洪不利。

当流域洪水成因、地区组成有明显的季节性,并导致洪水过程也有明显差别时,应分别选取典型洪水过程线。

4.2.4.2 典型洪水过程线的放大

1. 同倍比放大法

该法是按同一放大系数 K 放大典型洪水过程线的纵坐标,使放大后的洪峰流量等于设计洪峰流量 Q_{mp},或使放大后的洪量等于设计洪量 W_p,如果使放大后的洪水过程线的洪峰等于设计洪峰流量 Q_{mp},称为峰比放大,放大系数见式 (4.2.5)。

$$K_Q = \frac{Q_{mp}}{Q_{md}} \quad (4.2.5)$$

式中 Q_{md}——典型洪水的洪峰流量。

如果使放大后的洪水过程线洪量等于设计洪量,称为量比放大,放大系数见式 (4.2.6)。

$$K_W = \frac{W_p}{W_d} \quad (4.2.6)$$

式中 W_d——典型洪水的洪量。

同倍比放大,方法简单、计算工作量小,但在一般情况下,K_Q 和 K_W 不会完全相等,所以按峰放大后的洪量不一定等于设计洪量,按量放大后的洪峰流量不一定等于设计洪峰流量。

2. 分时段同频率控制放大法

在放大典型过程线时，若按洪峰和不同历时的洪量分别采用不同的倍比，使放大后的过程线的洪峰及各种历时的洪量分别等于设计洪峰和设计洪量。分时段同频率控制放大法，就是用同一频率的洪峰和各时段的洪量控制放大典型洪水过程线，分时段同频率放大选定时段洪量，使一场洪水符合经调洪后的防洪设计指标，放大后的过程线，其洪峰流量和各种历时的洪水总量都符合同一设计频率，称为"峰、量同频率放大"，简称"同频率放大法"，此法能适应多种防洪工程，目前大、中型水库规划设计中，主要采用此法。

分时段控制放大所选用的控制时段历时 t，主要考虑以下几个因素。

（1）要符合洪水特性。最长历时可根据洪水过程的长短来选定，应尽量照顾峰型的完整。

（2）与调洪主要时段的长短紧密联系。一般可将水库开始蓄洪至最高库水位的时段称为调洪主要时段。一般来说，水库调洪库容小、泄流能力大的，调洪主要时段短；反之，则较长。

（3）当 t 较长时，一般再将 t 时段划分成若干时段。所选取的时段数目不宜过多，一般以 2~3 个时段为宜。通常采用洪峰、24h、72h、7d、15d 等时段。各时段放大系数计算公式为式 (4.2.7)~式 (4.2.10)。

洪峰的放大倍比
$$K_Q = \frac{Q_{mp}}{Q_{md}} \tag{4.2.7}$$

最大 1d 洪量的放大倍比
$$K_1 = \frac{W_{1p}}{W_{1d}} \tag{4.2.8}$$

最大 3d 洪量中除最大 1d，其余 2d 的放大倍数：
$$K_{3-1} = \frac{W_{3p} - W_{1p}}{W_{3d} - W_{1d}} \tag{4.2.9}$$

由于 3d 之中包括了 1d，即 W_{3p} 中包括了 W_{1p}，W_{3d} 中包括了 W_{1d}，而典型 1d 的过程线已经按 K_1 放大了。因此，就只需要放大其余 2d 的洪量。

同理，最大 7d 洪量中除最大 3d，其余 4d 的放大倍数：
$$K_{7-3} = \frac{W_{7p} - W_{3p}}{W_{7d} - W_{3d}} \tag{4.2.10}$$

在典型放大过程中，由于两种控制时段衔接的地方放大倍比不一致，因而放大后的交界处往往产生不连续的突变现象，使过程线呈锯齿形，此时可以徒手修匀，使成为光滑曲线，但要保持设计洪峰和各历时设计洪量不变。同频率放大法推求的设计洪水过程线，较少受到所选典型的影响，比较符合设计标准。其缺点是可能与原来的典型相差较远，甚至形状有时也不能符合自然界中河流洪水形成的规律。为改善这种情况，尽量减少放大的层次，例如除洪峰和最长历时的洪量外，只取一种对调洪计算起直接控制作用的历时，称为控制历时，并依次按洪峰、控制历时和最长历时的洪量进行放大，以得到设计洪水过程线。

【例 4.2.2】 某水库 1000 年一遇设计洪峰和各历时洪量分别为 $Q_{m,0.1\%} =$

$10245\text{m}^3/\text{s}$，$W_{1,0.1\%}=114000\text{m}^3/(\text{s}\cdot\text{h})$，$W_{3,0.1\%}=226800\text{m}^3/(\text{s}\cdot\text{h})$，$W_{7,0.1\%}=348720\text{m}^3/(\text{s}\cdot\text{h})$，经分析选定 1991 年 8 月的一次洪水为典型洪水见表 4.2.4，用同频率法推求 1000 年一遇设计洪水过程线。

(1) 计算典型洪水的洪峰流量和各历时洪量。洪量放大的历时为 1d、3d、7d，计算典型洪水洪峰流量 Q_{md} 及各历时洪量 W_{1d}、W_{3d}、W_{7d}。计算典型洪水的峰和量时采用"长包短"，即把短历时洪量包在长历时洪量之中，以保证放大后的设计洪水过程线峰高量大，峰型集中，便于计算和放大。洪量的选样不要求长包短，是为了所取得的样本是真正的年最大值，符合独立随机选样要求，两者都是从安全角度出发的。计算洪峰流量及各历时洪量的放大倍比，结果列于表 4.2.3。以此进行逐时段放大，并修匀，最后所得设计洪水过程线见表 4.2.4 及图 4.2.3。

根据表 4.2.4，典型洪水的洪峰及各历时洪量时段及计算如下：

6 日 8 时，典型洪峰为 $Q_{md}=4900\text{m}^3/\text{s}$。

6 日 2 时—7 日 2 时，典型最大 1d 洪量：

$$W_1 = \frac{(1780+4900)\times 6}{2} + \frac{(4900+3150)\times 6}{2} + \frac{(3150+2583)\times 6}{2}$$
$$+ \frac{(2583+1860)\times 6}{2} = 74718\ [(\text{m}^3/\text{s})\cdot\text{h}]$$

5 日 8 时—8 日 8 时，典型最大 3d 洪量：

$$W_7 = 74718 + \frac{(510+915)\times 12}{2} + \frac{(915+1780)\times 6}{2} + \frac{(1860+1070)\times 6}{2}$$
$$+ \frac{(1070+885)\times 12}{2} + \frac{(885+727)\times 12}{2} = 121545[(\text{m}^3/\text{s})\cdot\text{h}]$$

4 日 8 时—11 日 8 时，典型最大 7d 洪量：

$$W_7 = 121545 + \frac{(268+375)\times 12}{2} + \frac{(375+510)\times 12}{2} + \frac{(727+576)\times 12}{2}$$
$$+ \frac{(576+411)\times 12}{2} + \frac{(411+365)\times 12}{2} + \frac{(365+312)\times 12}{2}$$
$$+ \frac{(312+236)\times 12}{2} + \frac{(236+230)\times 12}{2} = 159255[(\text{m}^3/\text{s})\cdot\text{h}]$$

(2) 计算洪峰流量及各历时洪量的放大倍比。

洪峰的放大倍比 $\quad K_Q = \dfrac{Q_{mp}}{Q_{md}} = \dfrac{10245}{4900} = 2.09$

1d 洪量的放大倍比 $\quad K_1 = \dfrac{W_{1p}}{W_{1d}} = \dfrac{114000}{74718} = 1.53$

表4.2.3　　　　　设计洪水和典型洪水特征值统计成果

项　目	洪峰流量/(m³/s)	洪量/[(m³/s)·h]		
		1日	3日	7日
$P=0.1\%$的设计洪峰及各历时洪量	10245	114000	226800	348720
典型洪水的洪峰及各历时洪量起讫日期	6日8时	6日2时—7日2时	5日8时—8日8时	4日8时—11日8时
典型洪水的洪峰及各历时洪量	4900	74718	121545	159255
放大倍比	2.09	1.53	2.41	3.23

由于3d之中包括了1d，即W_{3p}中包括了W_{1p}，W_{3d}中包括了W_{1d}，而典型1d的过程线已经按K_1放大了。因此，就只需要放大其余2d的洪量，所以这一部分的放大倍比为

$$K_{3-1}=\frac{W_{3p}-W_{1p}}{W_{3d}-W_{1d}}=\frac{226800-114000}{121545-74718}=2.41$$

同理，在放大典型过程线7d中其余4d时，放大倍比为

$$K_{7-3}=\frac{W_{7p}-W_{3p}}{W_{7d}-W_{3d}}=\frac{348720-226800}{159255-121545}=3.23$$

（3）根据倍比系数放大典型洪水，结合典型洪水的形状和修匀原则对放大过程进行修正。具体操作在表中进行调整，并进行验证，使得各时段设计洪量不能有较大的误差。放大结果见表4.2.4。

表4.2.4　　　　　同频率放大法设计洪水过程线计算

典型洪水过程线			放大倍比K	设计洪水流量过程/(m³/s)	修正后设计洪水流量过程/(m³/s)
月	日	时	Q/(m³/s)		
8	4	8	268	3.23	866	866
		20	375	3.23	1211	1211
	5	8	510	3.23/2.41	1647/1229	1440
		20	915	2.41	2205	2205
	6	2	1780	2.41/1.53	4290/2723	3500
		8	4900	2.09	10245	10245
		14	3150	1.53	4820	4820
		20	2583	1.53	3952	3952
	7	2	1860	1.53/2.41	2846/4483	3660
		8	1070	2.41	2579	2579
		20	885	2.41	2133	2133
	8	8	727	2.41/3.23	1752/2348	2050
		20	576	3.23	1860	1860
	9	8	411	3.23	1328	1328
		20	365	3.23	1179	1179
	10	2	312	3.23	1008	1008
		20	236	3.23	762	762
	11	8	230	3.23	743	743

(4) 根据放大结果,并绘制放大后的洪水过程线,如图 4.2.3 所示。

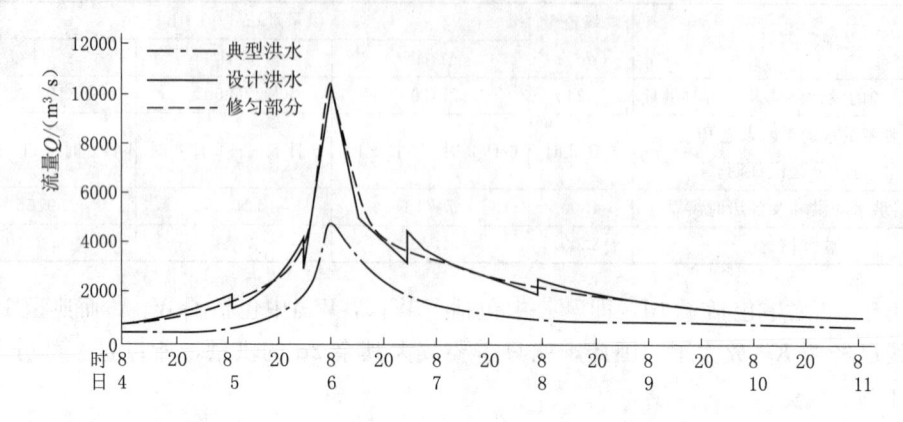

图 4.2.3 某水库 $P=0.1\%$ 设计洪水与典型洪水过程线

【任务解析单】

某流域拟建小型水库一座,经分析确定水库枢纽本身永久水工建筑物正常运用洪水标准(设计标准)$P=1\%$,非常运用洪水标准(校核标准)$P=0.1\%$。该工程坝址位置有 25 年实测洪水资料(1958—1982 年),经选样审查后洪峰流量资料列入表4.2.5,为了提高资料代表性,曾多次进行洪水调查,得知 1900 年发生特大洪水,洪峰流量为 $3750\text{m}^3/\text{s}$,考证期为 80 年。经分析选定 1975 年 8 月的一次洪水为典型洪水见表 4.2.7。(1) 试根据以上条件推求设计标准和校核标准的设计洪峰流量各为多少?(2) 用峰比放大法推求校核标准的设计洪水过程线?

解析:(1) 根据已知资料分析,1975 年洪水与 1900 年洪水属于同一量级,仅次于 1900 年居第二位,且与实测洪水资料相比洪峰流量值明显偏大。因而,可从实测系列中抽出作特大值处理,所以 $l=1$, $a=2$, $N=80$, $n=25$。

(2) 经验频率按独立样本法列表计算,见表 4.2.5。

表 4.2.5　　　　　　　　　经验频率曲线计算成果

洪峰流量				经验频率计算			
按时间次序排序		按数量大小排序		特大洪水 $N=80$		一般洪水 $n=25$	
年份	$Q_m/(\text{m}^3/\text{s})$	年份	$Q_m/(\text{m}^3/\text{s})$	M	P_M	m	P_m
1900	3750	1900	3750	1	1.23		
1958	639	1975	3300	2	2.47	空位	
1959	1475	1965	2510			2	7.7
1960	984	1971	2300			3	11.5
1961	1100	1981	2050			4	15.4
1962	661	1978	1800			5	19.2
1963	1560	1963	1560			6	23.1

续表

| 洪峰流量 |||| 经验频率计算 ||||
| 按时间次序排序 || 按数量大小排序 || 特大洪水 $N=80$ || 一般洪水 $n=25$ ||
年份	$Q_m/(\text{m}^3/\text{s})$	年份	$Q_m/(\text{m}^3/\text{s})$	M	P_M	m	P_m
1964	815	1959	1475			7	26.9
1965	2510	1969	1450			8	30.8
1966	705	1974	1380			9	34.6
1967	1000	1961	1100			10	38.5
1968	479	1967	1000			11	42.3
1969	1450	1960	984			12	46.2
1970	510	1977	926			13	50.0
1971	2300	1982	875			14	53.8
1972	720	1973	850			15	57.7
1973	850	1964	815			16	61.5
1974	1380	1979	780			17	65.4
1975	3300	1972	720			18	69.2
1976	406	1966	705			19	73.1
1977	926	1962	661			20	76.9
1978	1800	1958	639			21	80.8
1979	780	1980	615			22	84.6
1980	615	1970	510			23	88.5
1981	2050	1968	479			24	92.3
1982	875	1976	406			25	96.2

（3）用矩法公式计算统计参数初始值。

$$\overline{Q}_m = \frac{1}{N}\left(\sum_{j=1}^{a}Q_j + \frac{N-a}{n-l}\sum_{i=l+1}^{n}Q_i\right) = \frac{1}{80}\times\left(3750 + \frac{80-2}{25-1}\times 26590\right) = 1168(\text{m}^3/\text{s})$$

$$C_v = \frac{1}{\overline{Q}_m}\sqrt{\frac{1}{N-1}\left[\sum_{j=1}^{a}(Q_j-\overline{Q}_m)^2 + \frac{N-a}{n-l}\sum_{i=l+1}^{n}(Q_i-\overline{Q}_m)^2\right]} = 0.58$$

选取 $C_s = 3C_v$。

（4）理论频率曲线推求时先以样本统计参数 $\overline{Q}_m = 1168\text{m}^3/\text{s}$，$C_v = 0.58$，$C_s = 3.0C_v$ 作为初始值查表并计算 P-Ⅲ型理论频率曲线，见表 4.2.6 第一次适线计算的 Q_P，将本次计算成果绘成图 4.2.4 曲线Ⅰ为初试结果，可以看出，曲线上半部系统偏低，应重新调整统计参数，调整结果见表 4.2.6，$C_v = 0.65$，$C_s = 3.5C_v$ 时所得理论频率曲线与中高水点据配合较好，见图 4.2.4 中曲线Ⅱ。此线即为所求的频率曲线，相应的统计参数为 $\overline{Q}_m = 1168\text{m}^3/\text{s}$，$C_v = 0.65$，$C_s = 3.5C_v$，据此可从图 4.2.4 Ⅱ线上查出洪峰流量的设计值为：$P = 1\%$ 时，$Q_{m1\%} = 4018\text{m}^3/\text{s}$；$P = 0.1\%$ 时，

$Q_{m0.1\%}=5933\mathrm{m}^3/\mathrm{s}$。

表 4.2.6 理论频率曲线适线计算成果

频率 P/%		0.1	0.5	1	2	5	10	20	50	75	90	95
第一次适线 $\bar{Q}_m=1168\mathrm{m}^3/\mathrm{s}$ $C_v=0.58$ $C_s=3.0C_v$	K_P	4.23	3.38	3.01	2.64	2.14	1.77	1.38	0.84	0.58	0.45	0.40
	Q_P	4940	3948	3516	3084	2500	2067	1612	981	677	526	467
第二次适线 $\bar{Q}_m=1168\mathrm{m}^3/\mathrm{s}$ $C_v=0.65$ $C_s=3.5C_v$	K_P	5.08	3.92	3.44	2.94	2.30	1.83	1.36	0.78	0.55	0.46	0.44
	Q_P	5933	4578	4018	3434	2686	2137	1588	911	642	537	514

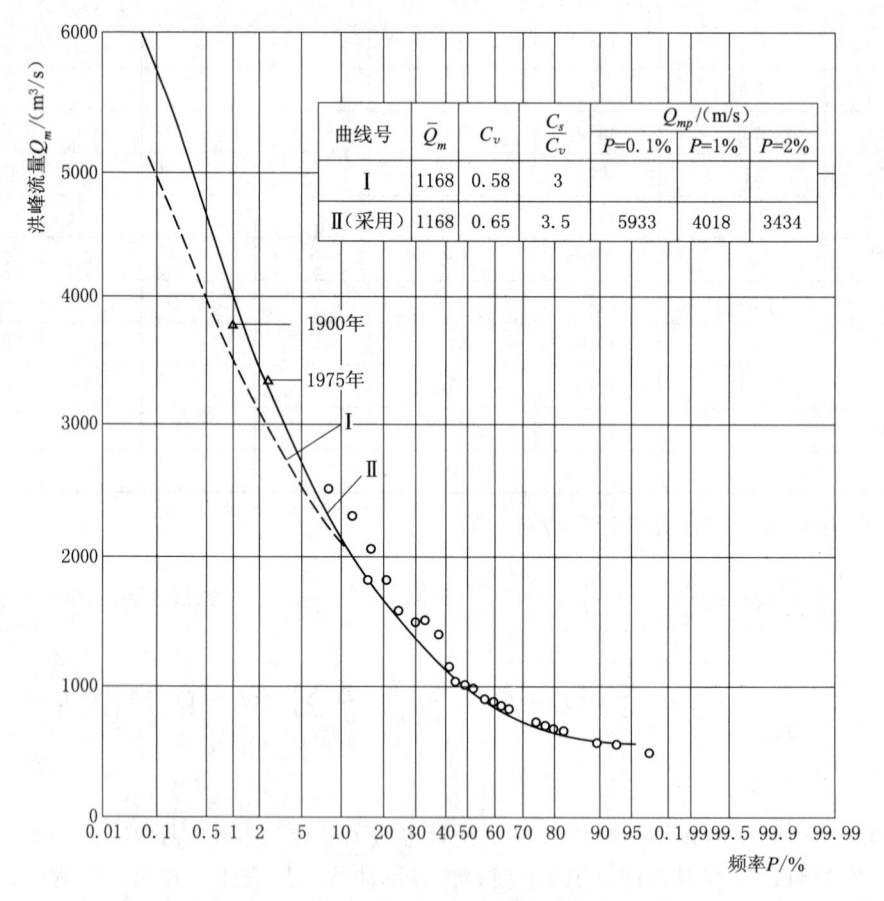

图 4.2.4 某洪峰流量频率曲线图

(5) 同倍比法推求设计洪水过程线，选取的典型洪水过程见表 4.2.7，用峰比放大法推求千年一遇设计洪水过程线，计算洪峰的放大倍比为 $K_Q=\dfrac{Q_{mp}}{Q_{md}}=\dfrac{5900}{4410}=1.37$ 放大结果见表 4.2.7。

表 4.2.7　　　　　　　　同倍比放大法设计洪水过程线计算

典型洪水过程线				放大倍比 K	设计洪水流量过程 /(m³/s)
月	日	时	Q/(m³/s)		
8	4	0	241	1.37	330
		12	338	1.37	463
	5	0	459	1.37	629
		12	823	1.37	1127
		18	1602	1.37	2195
	6	0	3300	1.37	4521
		6	2835	1.37	3884
		12	2324	1.37	3184
		18	1674	1.37	2293
	7	0	963	1.37	1319
		12	796	1.37	1090
	8	0	654	1.37	896
		12	518	1.37	710
	9	0	370	1.37	507
		12	328	1.37	449
	10	0	280	1.37	384
		12	189	1.37	259
	11	0	207	1.37	283

【技能训练单】

1. 某站具有 1950—2005 年的实测洪水资料，按年最大值法选样构成洪峰流量系列，其中 1 号洪峰流量为 $4650\text{m}^3/\text{s}$，2 号洪峰流量为 $4080\text{m}^3/\text{s}$，最小洪峰流量为 $460\text{m}^3/\text{s}$，该站调查历史洪水分别发生在 1901 年和 1933 年，洪峰流量分别为 $5860\text{m}^3/\text{s}$ 和 $6420\text{m}^3/\text{s}$，经论证从 1900 年以来没有发生比二者更大的洪水，试分析计算特大值和实测值（部分）的经验频率。

2. 某水库工程，根据实测资料已求得设计断面处洪峰、流量的统计参数均值 $\overline{Q}_m=850\text{m}^3/\text{s}$，变差系数为 $C_v=0.35$，偏态系数 $C_s=3C_v$，已知 $C_s=3C_v$ 时。试求防洪标准 50 年一遇、设计标准 100 年一遇时的设计洪峰、流量各为多少？

3. 已求得某站 100 年一遇洪峰流量和 1d、3d、7d 洪量分别为：$Q_{m,1\%}=2790\text{m}^3/\text{s}$、$W_{1d,1\%}=1.20$ 亿 m^3，$W_{3d,1\%}=1.97$ 亿 m^3，$W_{7d,1\%}=2.55$ 亿 m^3。选得典型洪水过程线，并计算得典型洪水洪峰及各历时洪量分别为：$Q_{md}=2180\text{m}^3/\text{s}$、$W_{1d}=1.06$ 亿 m^3，$W_{3d}=1.48$ 亿 m^3，$W_{7d}=1.91$ 亿 m^3。试按同频率放大法计算 100 年一遇设计洪水的放大系数。

【技能测试单】

1. 单选题

(1) 在洪水峰、量频率计算中，洪峰流量选样的方法是采用（　　）。
A. 最大值法　　　B. 年最大值法　　　C. 年最小值法　　　D. 年均值法

(2) 在洪水峰、量频率计算中，洪量选样的方法是采用（　　）。
A. 固定时段最大值法　　　　　　B. 固定时段年最大值法
C. 固定时段年最小值法　　　　　D. 固定时段均值法

(3) 如实测洪水系列较短或实测期内有缺测年份，应对洪水资料进行插补延长，提高其（　　）。
A. 可靠性　　　B. 一致性　　　C. 代表性　　　D. 普遍性

(4) 调查、考证历史特大洪水的作用是（　　）。
A. 提高洪水系列可靠性　　　　　B. 提高洪水系列一致性
C. 提高洪水系列代表性　　　　　D. 提高洪水系列普遍性

(5) 把调查、考证历史特大洪水与实测洪水加在一起组成的样本系列称为（　　）。
A. 连续系列　　　B. 不连续系列　　　C. 样本系列　　　D. 总体系列

(6) 用典型洪水同频率放大法推求设计洪水，则（　　）。
A. 放大的峰不等于设计洪峰、量等于设计洪量
B. 放大的峰等于设计洪峰、量不等于设计洪量
C. 放大的峰等于设计洪峰、各历时量等于设计洪量
D. 放大的峰和量都不等于设计值

(7) 一般水库在由典型洪水放大推求设计洪水时，常采用（　　）。
A. 同频率放大法　　　　　　B. 同倍比放大法
C. 可任意选择两种方法之一　　D. 同时用两种方法

(8) 选择典型洪水的原则是"可能"和"不利"，所谓不利是指（　　）。
A. 典型洪水峰型集中，主峰靠前　　B. 典型洪水峰型集中，主峰居中
C. 典型洪水历时卡，洪量较大　　　D. 典型洪水洪峰集中，主峰靠后

(9) 典型洪水同频率放大的次序是（　　）。
A. 短历时洪量、长历时洪量、峰　　B. 峰、长历时洪量、短历时洪量
C. 短历时洪量、峰、长历时洪量　　D. 峰、短历时洪量、长历时洪量

(10) 对放大后的设计洪水进行修匀是依据（　　）。
A. 水量平衡　　　　　　B. 过程线与典型洪水相似
C. 过程线光滑　　　　　D. 典型洪水过程线的变化趋势

2. 判断题

(1) 当坝址或其上下游具有30年以上实测洪水资料，推求设计洪水的方法是由实测流量资料推求设计洪水。（　　）

(2) 对洪水形成条件是否相同，洪水资料是否受人类活动的影响，是进行洪水一致性审查。（　　）

(3) 不连续洪水系列频率适线步骤与连续系列频率适线步骤相同。（　　）

(4) 不连续洪水系列频率适线时尽量照顾点群趋势，若全部点据配合有困难，可侧重考虑上部和中部点子。（　　）

(5) 典型洪水放大法推求设计洪水过程线适合无流量资料洪水计算。（　　）

(6) 同倍比放大法能同时满足设计洪峰、设计峰量的要求。（　　）

(7) 同频率放大法计算出来的设计洪水过程线，一般来讲各时段的洪量是满足设计要求的。（　　）

(8) 所谓"以长包短"是指短时段洪量包含在长时段洪量内，用典型洪水进行同频率放大计算时，采用的是"以长包短"的方式逐段控制放大。（　　）

(9) 实测典型洪水的选择原则是洪峰高量大，对工程有利的大洪水。（　　）

(10) 对某一地点的洪水频率计算中，不同频率洪水的设计值是不一样的。（　　）

任务 4.3　由暴雨资料计算设计洪水

【任务单】

暴雨洪水是由较大强度的降雨而形成的自然现象，是引起江河水量迅速增加并伴随水位急剧上升的现象，简称雨洪。在中低纬度地带，洪水的发生多由暴雨引起，并引发洪水、山体滑坡、泥石流等，进而导致村庄、房屋、船只、桥梁、游乐设施等受淹，甚至被冲毁，造成生命财产损失，还可能造成水利工程失事。我国大部分地区的洪水主要由暴雨形成，根据雨量资料先推求设计暴雨，再由设计暴雨推求设计洪水，是计算设计洪水的重要途径之一。

某水库集水面积为 341km^2，为了防洪复核，拟采用暴雨资料来推求 $P=1\%$ 的设计洪水，其资料如下，请根据下列暴雨参数、产流参数和汇流参数推求 $P=1\%$ 的设计洪水。

(1) 暴雨参数：暴雨设计历时为 24h，流域中心最大 24h 点雨量统计参数 $\overline{P}_{24}=110\text{mm}$，$C_v=0.5$，$C_s=3C_v$，暴雨点面这算系数为 $\alpha=0.92$。暴雨时程分配百分比见表 4.3.1：

表 4.3.1　设计暴雨时程分配百分比

时段（$\Delta t=6\text{h}$）	1	2	3	4	合计
分配百分比/%	11	63	17	9	100
设计暴雨过程/mm					

(2) 产流参数：本水库位于湿润地区 $I_m=100\text{mm}$，用同频率法求得设计 $P_{ap}=65\text{mm}$，流域稳定下渗率 $f_c=1.5\text{mm/h}$。

(3) 汇流参数：设计地表洪水过程由综合瞬时单位线法推求，流域综合瞬时单位线参数 $n=3.5$，$k=4.0$，$\Delta t=6\text{h}$。设计地下洪水过程采用简化三角形法计算，假定地下径流的峰值出现在地面径流的终止时刻，地下径流的历时是地面径流的 2 倍。基

流取常数 $20\mathrm{m}^3/\mathrm{s}$。

【任务学习单】

当工程所在流域及邻近地区具有 30 年以上实测和插补延长的暴雨资料，并具有一定的实测暴雨洪水的对应资料，可供分析建立流域的产流、汇流方案时，则先由暴雨资料通过频率计算求得设计暴雨，再经过流域产流和汇流计算推求出设计洪水过程线。此外，还可根据水文气象资料，利用成因分析的方法推求出可能最大暴雨，然后再经过产流、汇流计算求出可能最大洪水。

在为数众多的中小流域工程，大多地点没有流量观测资料，利用设计暴雨推求设计洪水往往成为主要的计算方法。对于特别重要的大型水利水电工程，有可能最大降水计算的可能最大洪水则是工程校核洪水设计标准之一。此外，近几十年来不少流域陆续兴建了大量的水利工程及水土保持工程，人类活动的影响使流量资料系列的一致性遭到不同程度的破坏，还原计算比较困难。所以采用雨量资料作为设计洪水计算的依据或与流量资料分析成果作比照，即使具有长期实测洪水资料的流域，往往也需要用暴雨资料来推求设计洪水，同由流量资料推求的设计洪水进行比较；互相参证以提高设计洪水的可靠程度。

4.3.1 降雨径流形成

降雨径流是指雨水降落到流域表面上，经过流域的蓄渗等过程分别从地表面和地下汇集到河网，最终流出流域出口的水流。从降雨开始到径流流出流域出口断面的整个物理过程称为径流的形成过程，如图 4.3.1 所示。

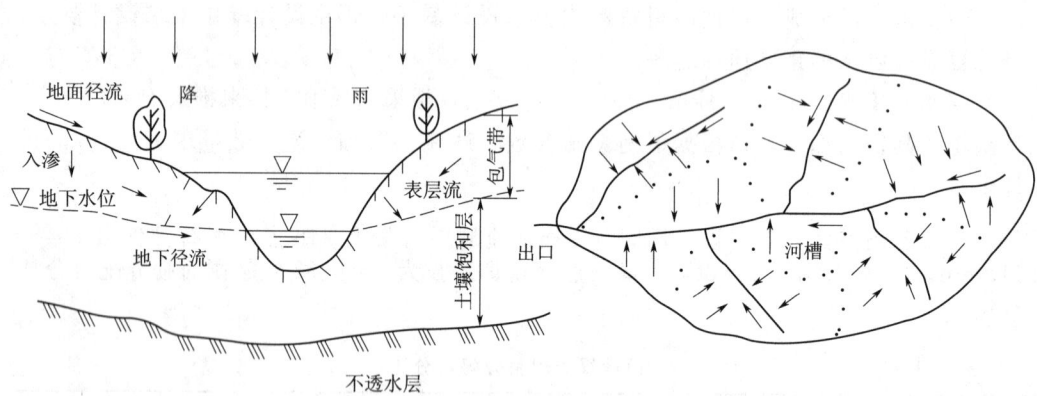

图 4.3.1 降雨径流形成过程示意图

降雨径流的形成过程，是一个极其复杂的物理过程。但人们为了研究方便，通常将其概括为产流和汇流两个过程。

4.3.1.1 产流过程

降雨开始时，除了很少一部分降落在河流水面直接形成径流外，其他大部分则降落到流域坡面上的各种植物枝叶表面，首先要被植物的枝叶吸附一部分，成为植物截留量，到雨后被蒸发掉。降雨满足植物截留量后便落到地面上称为落地雨，开始下渗充填土壤孔隙，随着表层土壤含水量的增加，土壤的下渗能力也逐渐减小，当降雨强度超过土壤的下渗能力时，地面就开始积水，并沿坡面流动，在流动过程中有一部分水量要流到低洼的地方并滞留其中，称为填洼量，还有一部分将以坡面漫流的形式流入河槽形成径流，称为地面径流。下渗到土壤中的雨水，按照下渗规律由上往下不断深入。通常由于流域土壤上层比较疏松，下渗能力强，下层结构紧密，下渗能力弱，这样便在表层土壤孔隙中形成一定的水流沿孔隙流动，最后注入河槽，这部分径流称为壤中流（或表层流）。壤中流在流动过程中是极不稳定的，往往和地面径流穿叉流动，难以划分开来，故在实际水文分析中常把它归入地面径流。若降雨延续时间较长，继续下渗的雨水经过整个包气带土层，渗透到地下水库当中，经过地下水库的调蓄缓缓渗入河槽，形成浅层地下径流。另外，在流出流域出口断面的径流当中，还有与本次降雨关系不大、来源于流域深层地下水的径流，它比浅层地下径流更小、更稳定，通常称为基流。

综上所述，由一次降雨形成的河川径流包括地面径流、壤中流和浅层地下径流三部分，总称为径流量，也称产流量。降雨量与径流量之差称为损失量。它主要包括储存于土壤孔隙中间的下渗量、植物截留量、填洼量和雨期蒸散发量等。可见，流域的产流过程就是降雨扣除损失产生各种径流成分的过程。

流域特征不同，其产流机制也不同。干旱地区植被差，包气带厚，表层土壤渗水性弱，流域的降雨强度和下渗能力的相对变化支配着超渗雨的形成，一旦有超渗雨形成便产生地面径流，它是次雨洪的主要径流成分，而壤中流和浅层地下径流就比较少。这种产流方式称为超渗产流。对于气候湿润、植被良好、流域包气带透水性强的地区，通常降雨强度很难超过下渗能力，其产流量大小主要取决于流域的前期包气带的蓄水量，与雨强关系不大。如果降雨入渗的水量超过流域的缺水量，流域"蓄满"，开始产流，不仅形成地面径流、壤中流，而且也形成一定量的浅层地下径流，这种产流方式称为蓄满产流。超渗产流和蓄满产流是两种基本的产流方式，二者在一定的条件下可以相互转换。

4.3.1.2 汇流过程

降雨产生的径流，由流域坡面汇入河网，又通过河网由支流到干流，从上游到下游，最后全部流出流域出口断面，称为流域的汇流过程。因为流域面积是由坡面和河网构成的，所以流域汇流又可分为坡面汇流和河网汇流两个小过程。坡面汇流是指降雨产生的各种径流由坡地表面、饱和土壤孔隙及地下水库当中分别注入河网，引起河槽中水量增大、水位上涨的过程。当然这几种径流由于所流经的路径不同，各自的汇流速度也就不同。一般地面径流最快，壤中流次之，地下径流则最慢。所以地面径流的汇入是河流涨水的主要原因。汇入河网的水流，沿着河槽继续下泻，便是河网汇流过程。在这个过程中，涨水时河槽可暂时滞蓄了一部分水量而对水流起调节作用。当坡面汇流停止时，河网蓄水往往达到最大，此后则逐渐消退，直至恢复到降雨前河水的基流上。这样就形成了流域出口断面的一次洪水过程。如图4.3.2所示。

产流和汇流两个过程，不是相互独立的，实际上几乎是同时进行的，即一边有产流，一边也有汇流，不可能截然分开。整个过程非常复杂。出口断面的洪水过程是全流域综合影响和相互作用的结果。由设计暴雨推求设计洪水，常先由设计暴雨通过产流计算求得设计净雨过程，再由设计净雨过程通过流域汇流计算求得设计洪水过程线。前者主要有降雨径流关系法和初损后损法等，后者主要有单位线（经验单位线、瞬时单位线和综合单位线）法和推理公式法。因此，由暴雨资料推求设计洪水包含设计暴雨计算、产流计算和汇流计算三个主要环节，计算程序如图4.3.3所示。

4.3.2 设计暴雨的计算

设计暴雨是指符合设计标准的面平均暴雨量及过程。推

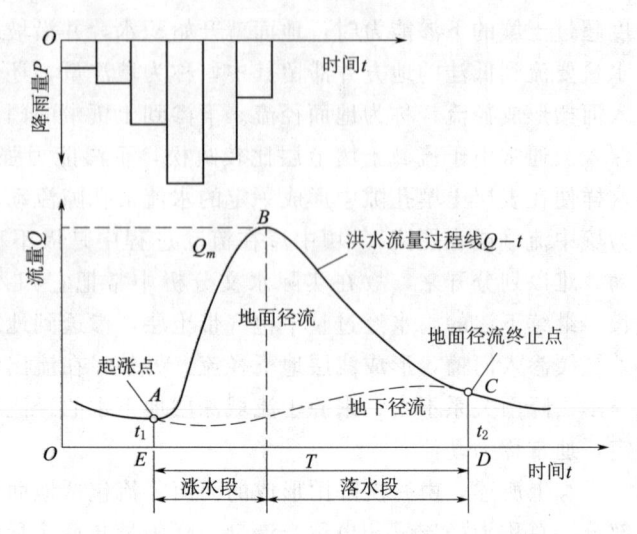

图4.3.2 降雨过程与流量过程对比示意图

求设计洪水所需要的是流域上的设计面暴雨过程。根据当地雨量资料条件，计算方法可分资料充足和资料短缺两种方法。前一种是由面平均雨量资料系列直接进行频率计算，方法类似于由流量资料推求设计洪水的方法，适用于雨量资料充分的流域；后一种方法是通过降雨的点面关系，由设计点雨量间接推求设计面暴雨量，有时直接以点代面，适用于雨量资料短缺的中小流域。

图4.3.3 由暴雨资料推求设计洪水流程框图

4.3.2.1 由暴雨资料计算设计暴雨

（1）面暴雨量的选样。面暴雨资料的选样，一般采用年最大值法。其方法是先根据当地雨量的观测站资料，根据设计精度要求确定各计算时段，一般为6h、12h、1d、3d、7d、…，并计算出各时段面平均雨量；然后再按独立选样方法，选取历年各时段的年最大面平均雨量组成面暴雨量系列。

为了保证频率计算成果的精度，应尽量插补展延面暴雨资料系列，并对系列进行可靠性、一致性与代表性审查与修正。

（2）面暴雨量的频率计算。面暴雨量的频率分析计算所选用的线型和经验频率公式与洪水频率分析计算相同，其计算步骤包括暴雨特大值的处理、适线法绘制频率曲线、设计值的推求此处不再重述。

（3）设计暴雨时程分配的推求。设计暴雨的时程分配就是设计暴雨的降雨强度过程线，也称设计雨型。暴雨在时程上变化多端，总量相等的暴雨可以有各种不同的过程，因此，设计雨型的计算关键在于选择典型的暴雨过程，设计暴雨过程的方法也与设计洪水相似，首先选定一次典型暴雨过程，然后以各历时的设计暴雨量为控制缩放典型，得到设计暴雨过程。典型暴雨的选择原则，首先，要考虑所选典型暴雨的分配

过程应是设计条件下可能发生的；其次，还要考虑对工程不利的情况。所谓可能发生，首先是从量上来考虑，即典型暴雨的雨量应接近设计暴雨的雨量，因设计暴雨比较稀遇，因而应从实测最大的几次暴雨中选择典型，要使所选典型的雨峰个数、主雨峰位置和实际降雨日数是大暴雨中常见的情况。所谓对工程不利，是指暴雨比较集中、主雨峰靠后，其形成的洪水对水库安全不利。

选择典型时，原则上应从各年的面雨量过程中选取。为了减少工作量或资料条件限制，有时也可选择单站雨量（即点雨量）过程作典型。一般来说，单站典型比面雨量典型更为不利。例如淮河上游"75·8暴雨"就常被选作该地区的暴雨典型。如图4.3.4所示，这场暴雨从8月4日起至8日止，历时5d。但暴雨量主要集中在8月5—7日3d内。林庄站最大3d雨量1605.3mm，5d最大雨量1631.1mm；板桥站最大3d雨量1422.4mm，5d雨量1451.0mm。而各代表站在3d中的最后1d（8月7日）的雨量占3d的50%～70%。这一天的雨量又集中在最后6h内。这是一次多峰暴雨，主雨峰靠后，对水库防洪极为不利。

典型暴雨过程的缩放方法与设计洪水的典型过程缩放计算基本相同，一般采用同频率放大法。具体见［例4.3.1］。

【例4.3.1】 已求得某流域千年一遇1d、3d、7d设计面暴雨量分别为320mm、521mm、712.4mm，并已选定了典型暴雨过程如图4.3.4所示。通过同频率放大推求设计暴雨的时程分配。

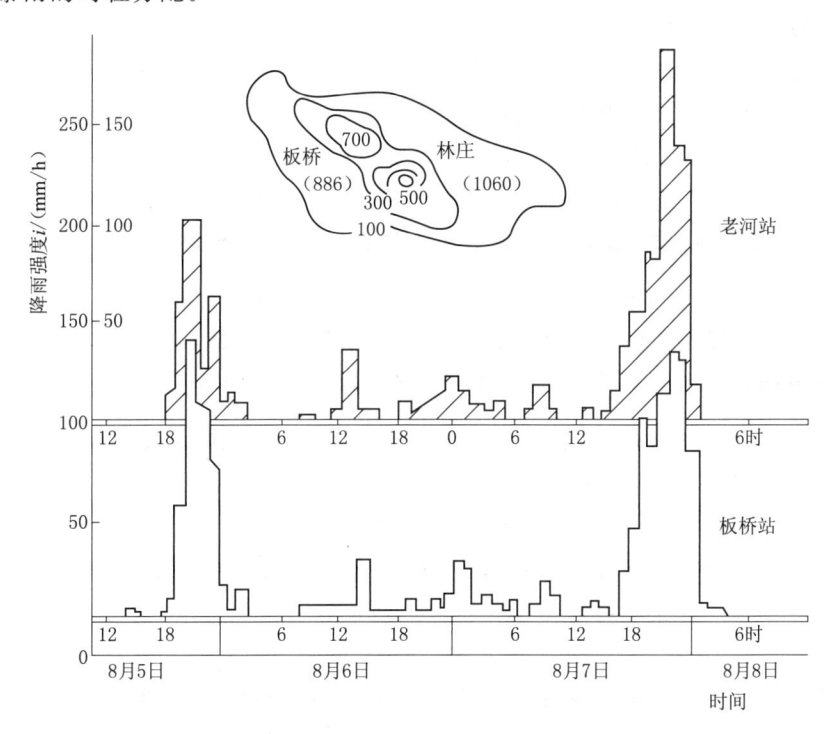

图 4.3.4　河南1975年8月暴雨时程分配图

典型暴雨1d（第4日）、3d（第3～5日）、7d（第1～7日）最大暴雨量分别为

160mm、320mm 和 393mm，结合各历时设计暴雨量计算各段放大倍比为

最大 1d $\quad K_1 = \dfrac{320}{160} = 2.0$

最大 3d 中其分 2d $\quad K_{3-1} = \dfrac{521-320}{320-160} = 1.26$

最大 7d 中其余 4d $\quad K_{7-3} = \dfrac{712.4-521}{393-320} = 2.62$

将各放大倍比填入表 4.3.2 中各相应位置，乘以相应的典型雨量即得设计暴雨过程。必须注意，放大后的各历时总雨量应分别等于其设计雨量，否则，应予以修正。

表 4.3.2　　　　　某流域设计暴雨过程计算表

时间/d	1	2	3	4	5	6	7	合计
典型暴雨过程/mm	32.4	10.6	130.2	160.0	29.8	9.2	20.8	393.0
放大倍比 K	2.62	2.62	1.26	2.00	1.26	2.62	2.62	
设计暴雨过程/mm	85.0	27.8	163.6	320.0	37.4	24.1	54.5	712.4

4.3.2.2 短缺暴雨资料计算设计暴雨

当流域内的雨量站较少，或各雨量站资料长短不一，难以求出满足设计要求的面暴雨量系列时，可先求出流域中心的设计点雨量，然后通过降雨的点面关系进行转换，求出设计面暴雨量。

1. 设计点雨量计算

求设计点雨量时，如果在流域中心处有雨量站且系列足够长，则可用该站的暴雨资料直接进行频率计算求得设计点雨量。如果在流域中心没有足够的雨量资料，则可先求出所在流域中心附近各测站的设计点雨量，然后通过地理插值，求出流域中心的设计点雨量。若流域缺乏暴雨资料时，则通过各地水文手册所提供的各时段年最大暴雨量的 $\overline{P}_t$、C_v 的等值线图及 C_s/C_v 的分区图，计算设计点雨量。

此外对于流域面积小、历时短的设计暴雨，也可采用暴雨公式计算设计点雨量。其方法是根据各地区的水文手册（图集）查得设计流域中心的 24h 暴雨统计参数（$\overline{P}_{24}$、C_v、C_s），计算出该流域 24h 设计雨量 P_{24P}，并按暴雨公式求出设计雨力 S_P，其计算式为式（4.3.1）。

$$S_P = P_{24P} \, 24^{n-1} \tag{4.3.1}$$

任一短历时的设计暴雨 P_{24P}，可通过暴雨公式转换得到，计算公式见式（4.3.2）。

$$P_{tP} = S_P t^{n-1} \tag{4.3.2}$$

暴雨递减指数 n 要经实测资料分析，通过地区综合得出，一般不是常数，当 $t < t_0$ 时，$n = n_1$；当 $t > t_0$ 时，$n = n_2$。t_0 经资料分析在我国大部分地区取 1h，$n_1 = 0.5$ 左右，$n_2 = 0.7$ 左右；少数省份 t_0 取 6h，设计暴雨可由另一公式计算，这里不再介绍。具体应用时，可由当地的水文手册查得。

2. 设计面暴雨量的计算

按上述方法求出设计点雨量后,就可由流域降雨点面关系,很容易地转换出流域设计年平均雨量,即设计面暴雨量。各地区的水文手册中,刊有不同历时暴雨的点面关系图(表),可供查用。

当流域较小时,可直接用设计点雨量代替设计面暴雨量,以供推求小流域设计洪水用。

3. 设计暴雨时程分配的推求

在无实测资料时,可借用邻近暴雨特性相似流域的典型暴雨过程,或引用各省(区)暴雨洪水图集中按地区综合概化成的典型概化雨型(一般以百分比表示),来推求设计暴雨的时程分配。如[例4.3.2]所示。

【例4.3.2】 某流域已求得$P=1‰$的最大1d、3d设计面雨量$P_{1,P}=200\text{mm}$;$P_{3,P}=410\text{mm}$。流域所在地区的概化雨型见表4.3.3中的分配百分比,试推求设计暴雨的时程分配。

先按日程分配百分比求暴雨日程分配。由表4.3.3可见最大1d雨量出现在第2天,三天中其余两天的雨量$P_{3,P}-P_{1,P}=410-200=210\text{(mm)}$按百分比分配在第1、第3天。求得设计暴雨日程分配后,然后按各时段占日雨量的百分比,即可求得设计暴雨逐时段的分配过程,见表中最后一栏。

表4.3.3　　　　　　　某流域所在地区的概化雨型计算表

日程/日	1				2				3				合计
$P_{1,P}$占百分比/%						100							100
$P_{3,P}-P_{1,P}$占百分比/%		45								55			100
各日时段数($\Delta t=6\text{h}$)	1	2	3	4	1	2	3	4	1	2	3	4	12
各时段占日雨量百分比/%	15	20	44	21	9.3	17.5	54	19.2	15	20	44	21	300
设计暴雨日程分配/mm		94.5				200.0				115.5			410
设计暴雨时程分配/mm	14.2	18.9	41.6	19.8	18.6	35	108	38.4	17.3	23.1	50.8	24.3	410

4.3.3 设计净雨计算

一次降雨中,产生径流的部分为净雨,不产生径流的部分为损失。一场降雨的损失包括植物枝叶截留、填充流程中的洼地、雨期蒸发和降雨初期的下渗,其中降雨初期和雨期的下渗为最主要的损失。因此,降雨量P扣除相应的流域损失量L_f即得净雨量R(即径流),称为产流量。净雨量的大小除与本次降雨量有关外,还与降雨开始时刻的流域湿润程度,即前期影响雨量P_a有关。求得设计暴雨后,还要扣除损失,才能算出设计净雨,扣除损失的方法,常用径流系数法、降雨径流相关图法和初损后损法3种。

4.3.3.1 径流系数计算设计净雨量

降雨损失过程是一个非常复杂的过程;影响因素很多,我们把各种损失综合反映在一个系数中,称为径流系数。对于某次暴雨洪水,求得流域平均雨量P,由洪水过程线求得径流深R,则一次暴雨的径流系数为$\alpha=R/P$。根据若干次暴雨的α值,取

其平均值 $\bar{\alpha}$，或为了安全选取其较大值或最大值作为设计采用值。各地水文手册均载有暴雨径流系数值，可供参考使用。还应指出，径流系数往往随暴雨强度的增大而增大。因此，根据暴雨资料求得的径流系数，可根据其变化趋势进行修正，用于设计条件。这种方法是一种粗估的方法，精度较低。

4.3.3.2 降雨径流相关法计算设计净雨量

对于气候湿润、植被良好、流域包气带透水性强的地区，当流域发生大雨后，土壤含水量达到流域蓄水容量，降雨损失等于流域蓄水量减去初始土壤含水量，降雨量扣除损失量后即为径流量，这就是蓄满产流模式，见式（4.3.3）。

$$R = P - (I_m - P_a) \tag{4.3.3}$$

式中　P——降雨量，mm；

　　　R——净雨量（产流量），mm；

　　　P_a——前期影响雨量（降雨开始前的土壤含水量），mm；

　　　I_m——流域最大损失水量（流域包气带最大蓄水量），mm。

1. 降雨径流相关图的建立

降雨径流相关法是以暴雨和洪水资料为依据，通过分析多次实测降雨量 P、径流深 R 和雨前土壤含水量 P_a 之间建立 $P-P_a-R$ 关系图，一般以次降雨量 P 为纵坐标，以相应的径流深 R 为横坐标，以流域前期影响雨量 P_a 为参数，然后按点群分布的趋势和规律，定出一条以 P_a 为参数的等值线，这就是该流域的 $P-P_a-R$ 三变量降雨径流相关图，如图 4.3.5（a）所示。相关图做好后，要用若干次未参加制作相关图的雨洪资料，对相关图的精度进行检验与修正，以满足精度要求。当降雨径流资料不多，相关点据较少，按上述方法定线有一定的困难时，可绘制简化的三变量相关图，即以 $P+P_a$ 为纵坐标、R 为横坐标的 $(P+P_a)-R$ 相关图，如图 4.3.5（b）

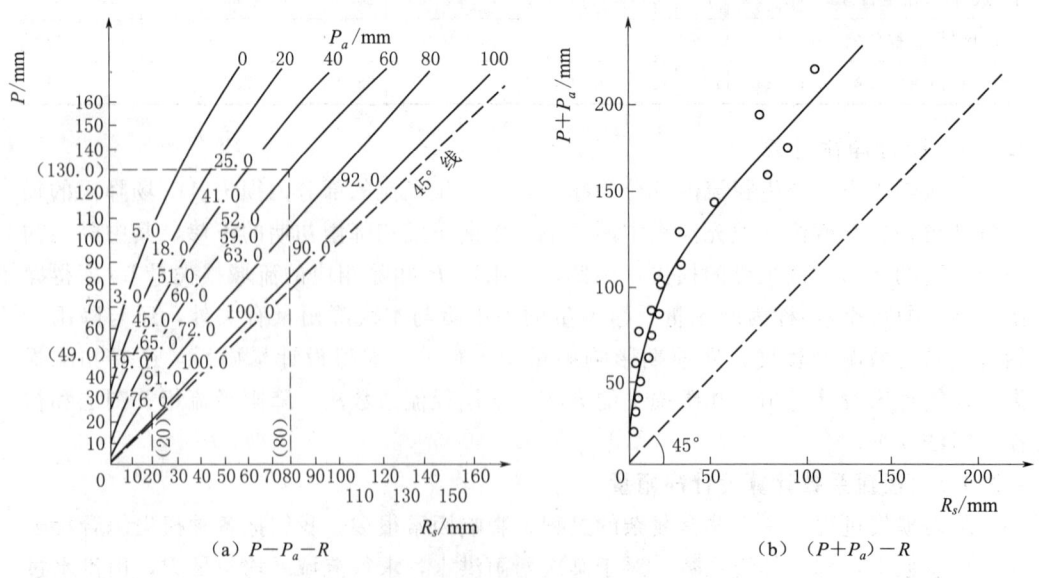

图 4.3.5　降雨径流相关图

所示。依据此图来推求设计净雨及净雨过程,该法常用于湿润地区或干旱、半干旱地区的多雨季节。

必须指出,降雨径流相关图中的径流有地面径流与总径流之分,两者有很大的差别,前者是以超渗产流为基础建立的,而后者则是以蓄满产流为基础建立的,有时尚需划分地面及地下径流。

有的省份对降雨径流相关图选配了数学公式,有的省不考虑P_a,直接建立二变量的降雨径流相关图;有的省则采用直线表示上述二变量的降雨径流相关图,亦即径流系数法;而有的省采用了理论的降雨径流关系,即蓄满产流模型来推求设计净雨。具体见各地区的水文手册。

2. 前期影响雨量的计算

直接计算流域下垫面包气带土壤含水量的变化非常困难,可用间接方法计算反映土壤含水量指标的前期影响雨量P_a,其计算式为式(4.3.4)。

$$P_{a,t+1}=K_a(P_{a,t}+P_t);\ P_{a,t}\leqslant I_m \qquad (4.3.4)$$

式中 $P_{a,t+1}$、$P_{a,t}$——第$t+1$天和第t天开始时的前期影响雨量,mm;

P_t——第t天的流域降雨量,mm;

K_a——流域蓄水的日消退系数,各月可近似取一个平均值;

I_m——流域最大损失水量,mm,即流域久旱之后($P_a=0$)普降大雨使流域全面产流的总损失量,特定流域是一个固定的常量。

根据I_m的概念,可用式(4.3.5)估算K_a值

$$K_a=1-E_m/I_m \qquad (4.3.5)$$

式中 E_m——流域日蒸散发能力,可近似地以水面蒸发观测值代替。

从上式可以看出K_a和I_m的关系,即I_m愈大,K_a亦愈大。相应地也表示所考虑的影响土层深度亦愈大。因此,对于一个流域来说,K_a和I_m是配对使用的;它没有唯一解,但有一个合理的取值范围,K_a值一般变化在0.85~0.95。

前期影响雨量的计算要注意两个问题,一是计算的起始P_a值,一般可从假定久旱无雨期某日$P_a=0$起算;也可认为连续大雨后某日$P_a=I_m$;二是要注意在逐日计算过程中,P_a值不应大于流域最大蓄水量,当计算遇到$P_a>I_m$,则取$P_a=I_m$。

【例4.3.3】 某流域经分析,I_m为80mm,有雨日流域蒸发能力$E_m=3.2$mm/d,无雨日流域蒸发能力$E_m=5.5$mm/d,6月21日流域已经蓄满。试计算6月30日的前期影响雨量P_a是多少?

先根据各日降雨量将各日流域蒸发能力E_m填入表4.3.4第3列,按式(4.3.5)计算各日K_a值,再按式(4.3.4)计算前期影响雨量P_a。6月21日流域蓄满,取$P_a=I_m=80$mm,6月21日有降雨,故6月22日按$P_{a,t+1}=K_a(P_{a,t}+P_t)=0.96\times(80+42.8)=117.9mm>80$mm,取$P_a=I_m=80$mm,其他各日前期影响雨量依次计算,结果见表4.3.4。

表 4.3.4　　　　　　　　某流域 P_a 逐日计算表 ($I_m=80$)

时间（月.日）	日降雨量 P_t	日蒸发能力 E_m	K_a	前期影响雨量 P_a
6.20	105.2	3.2	0.96	
6.21	42.8	3.2	0.96	80
6.22	33.5	3.2	0.96	80
6.23	0.3	3.2	0.96	80
6.24		5.5	0.93	77.1
6.25		5.5	0.93	71.7
6.26	8.6	3.2	0.96	66.7
6.27	53.6	3.2	0.96	75.3
6.28	11	3.2	0.96	80
6.29	2	3.2	0.96	80
6.30		5.5	0.93	78.7

3. 降雨径流相关图的应用

利用降雨径流相关图可查出设计净雨及过程。其方法是由时段累加降雨量，查降雨径流相关图曲线得相应的时段累加净雨量，然后相邻累加净雨量相减得到各时段的设计净雨量，如例 4.3.4 所示。

需要强调的是由实测降雨径流资料建立起来的降雨径流相关图，应用于设计条件时，必须处理如下两方面的问题：

（1）降雨径流相关图的外延。设计暴雨常常超出实测点据范围，使用降雨径流相关图时，需对相关曲线作外延。以蓄满产流为主的湿润地区，其上部相关线接近于 45°直线，外延比较方便。干旱地区的产流方案外延时任意性大，必须慎重。

（2）设计条件下 $P_{a,P}$ 的确定。有长期实测暴雨洪水资料的流域，可直接计算各次暴雨的 P_a，用频率计算法求得设计值 $P_{a,P}$，有时也用几场大暴雨所分析的 P_a 值，取其平均值作为 $P_{a,P}$。

中小流域缺乏实测资料时，可采用各地区水文手册分析的成果确定 $P_{a,P}$ 值大约为 I_m 的 2/3 倍，湿润地区大一些，干旱地区一般较小。

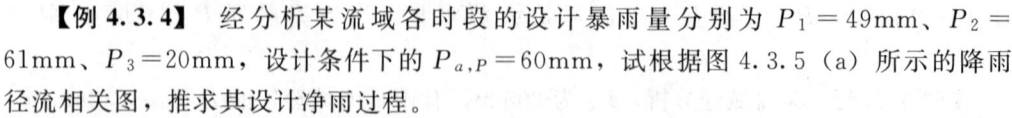

【例 4.3.4】 经分析某流域各时段的设计暴雨量分别为 $P_1=49$mm、$P_2=61$mm、$P_3=20$mm，设计条件下的 $P_{a,P}=60$mm，试根据图 4.3.5（a）所示的降雨径流相关图，推求其设计净雨过程。

在图 4.3.5（a）中的 $P_a=60$mm 的曲线上，先由第一时段暴雨量 $P_1=49$mm，查得净雨 $R_1=19$mm；然后由 $P_1+P_2=49+61=110$mm，查曲线得 $R_1+R_2=60$mm，则 $R_2=60.19=41$mm；同理，由 $P_1+P_2+P_3=49+61+20=130$mm，查曲线得 $R_1+R_2+R_3$ 为 80mm，则 $R_3=80.41=20$mm。因此，设计净雨过程为 $R_1=19$mm、$R_2=41$mm、$R_3=20$mm。

4. 设计净雨的划分

对于湿润地区，一次降雨所产生的径流量包括地面径流和地下径流两部分。由于地面径流和地下径流的汇流特性不同，在推求洪水过程线时要分别处理。为此，在由降雨径流相关图求得设计净雨过程后，需将设计净雨划分为设计地面净雨和设计地下净雨两部分。

按蓄满产流方式，当流域降雨使包气带缺水得到满足后，全部降雨形成径流，其中按稳定入渗率 f_c 入渗的水量形成地下径流 R_g，降雨强度 i 超过 f_c 的那部分水量形成地面径流 R_s。设时段为 Δt，可用式（4.3.6）计算时段净雨 R。

$$\left. \begin{array}{l} i > f_c \text{ 时，} R_g = f_c \Delta t, R_s = R - R_g = (i - f_c) \Delta t \\ i \leqslant f_c \text{ 时，} R_g = R = i \Delta t, R_s = 0 \end{array} \right\} \quad (4.3.6)$$

可见，f_c 是个关键数值，只要知道 f_c 就可以将设计净雨划分为 R_s 和 R_g 两部分。f_c 是流域土壤、地质、植被等因素的综合反映。如流域自然条件无显著变化，一般认为 f_c 是不变的，因此 f_c 可通过实测雨洪资料分析求得，可参考有关专业书籍。各地区的水文手册中刊有分析成果，可供无资料的中小流域查用。

【例 4.3.5】 已知湿润地区某小流域设计 100 年一遇 3d，12 个时段的暴雨过程见表 4.3.5，经分析求得该流域最大损失量 $I_m = 100\text{mm}$，设计条件下的前期影响雨量 $P_{a,p}$ 取 $(2/3)I_m$，流域植被条件良好，地下水埋藏较浅，流域稳定下渗率 $f_c = 1.5\text{mm/h}$，试分析计算该流域设计总净雨过程、地面净雨过程和地下净雨过程。

表 4.3.5　　　　　　　　　某流域设计暴雨过程（$\Delta t = 6\text{h}$）

时段	1	2	3	4	5	6	7	8	9	10	11	12	合计
雨量/mm	2.5	14.8	1.2	0	0	3.6	17.8	55.6	46.8	20.1	5.6	2.2	170.2

计算地面净雨和地下净雨过程。根据蓄满产流的概念，当流域降雨满足 I_m 之后开始产流，超过稳渗率 f_c 形成地面径流，以 f_c 下渗的形成地下净雨，根据式（4.3.6）计算见表 4.3.6。由于 $I_m = 100\text{mm}$，前期影响雨量 $P_a = \frac{2}{3} I_m = \frac{2}{3} \times 100 \approx 66.7(\text{mm})$，土壤亏水量 $I = I_m - P_a = 100 - 66.7 = 33.3(\text{mm})$，如第 7 时段，累计雨量 39.9 大于土壤亏水量 33.3，余 6.6mm 雨量为时段净雨，地下净雨为 $R_g = f_c t_c = 1.5 \times \left(\frac{6.5}{17.8}\right) \times 6 = 3.3(\text{mm})$，地面净雨 $R_s = R - R_g = 6.6 - 3.3 = 3.3(\text{mm})$；第 8 时段地下净雨为 $R_g = f_c \Delta t = 1.5 \times 6 = 9.0(\text{mm})$，地面净雨 $R_s = R - R_g = 55.6 - 9.0 = 46.6(\text{mm})$；其他时段算法相同，第 11、12 时段，都属于 $i < f_c$，故没有地面净雨形成。计算结果列于表 4.3.6 中。

表 4.3.6　　　　　　　　某流域设计净雨过程计算（$\Delta t = 6\text{h}$）

时段	1	2	3	4	5	6	7	8	9	10	11	12	合计
雨量 P	2.5	14.8	1.2	0	0	3.6	17.8	55.6	46.8	20.1	5.6	2.2	170.2
累计雨量	2.5	17.3	18.5	18.5	18.5	22.1	39.9	95.5	142.3	162.4	168.0	170.2	
累计净雨量	0	0	0	0	0	0	6.6	62.2	109	129.1	134.7	136.9	

续表

时段	1	2	3	4	5	6	7	8	9	10	11	12	合计
时段净雨量 R							6.6	55.6	46.8	20.1	5.6	2.2	136.9
地下净雨 R_g							3.3	9.0	9.0	9.0	5.6	2.2	38.1
地面净雨 R_s							3.3	46.6	37.8	11.1	0	0	98.8

4.3.3.3 初损后损法计算设计净雨

1. 初损后损法基本原理

在干旱地区的产流计算一般采用下渗曲线进行扣损，按照对下渗的处理方法不同，可分为下渗曲线法和初损后损法。下渗曲线法多是采用下渗量累积曲线扣损，即将流域下渗量累积曲线和雨量累积曲线绘在同一张图上，通过图解分析的方法确定产流量及过程。由于受雨量观测资料的限制及存在着在各种降雨情况下下渗曲线不变的假定，使得下渗曲线法并未得到广泛应用。生产上常使用初损后损法扣损。

初损后损法是将下渗过程简化为初损与后损两个阶段，如图4.3.6所示。从降雨开始到出现超渗产流的阶段称为初损阶段，其历时记为 t_0，这一阶段的损失量称为初损量用 I_0 表示，I_0 为该阶段的全部降雨量。

产流以后的损失称为后损，该阶段的损失常用产流历时内的平均下渗率 $\bar{f}$ 来计算。当时段内的平均雨强 $\bar{i} > \bar{f}$ 时；按 $\bar{f}$ 入渗，净雨量为 $P_i - \bar{f}\Delta t$；反之 $\bar{i} \leqslant \bar{f}$ 时，按 $\bar{i}$ 入渗，此时图4.3.6中的降雨量 P_n 全部损失，净雨量为零。按水量平衡原理，对于一场降雨所形成的地面净雨深可用式（4.3.7）计算。

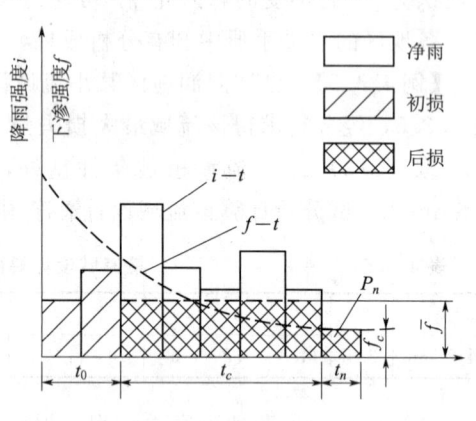

图4.3.6 初损后损示意图

$$R_s = P - I_0 - \bar{f} t_c - P_n \tag{4.3.7}$$

式中　P——次降雨量，mm；

R_s——次降雨所形成的地面净雨深，mm；

I_0——初损量，mm；

t_0——产流历时，h；

$\bar{f}$——产流历时内的平均下渗率，mm/h；

P_n——后损阶段非产流历时 t_n 内的雨量，mm。

用式（4.3.7）进行净雨量计算时，必须确定 I_0 与 $\bar{f}$。

2. 初损 I_0 的确定

在流域较小时，降雨分布基本均匀，出口断面洪水过程线的起涨点反映了产流开始的时刻。因此，起涨点以前雨量的累积值可作为初损 I_0 的近似值，如图4.3.7所示。

初损 I_0 与前期影响雨量 P_a、降雨初期 t_0 内的平均雨强 i_0、月份 M 及土地利用等有关。因此，常根据流域的具体情况，从实测资料分析出 I_0 及 P_a、i_0、M 中选择适当的因素，建立它们与 I_0 的关系，如图 4.3.8 所示，由此图可查出某条件下的 I_0。

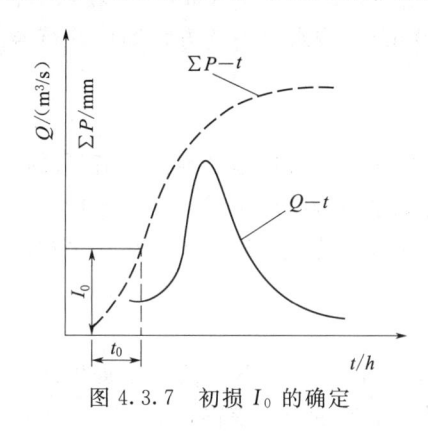

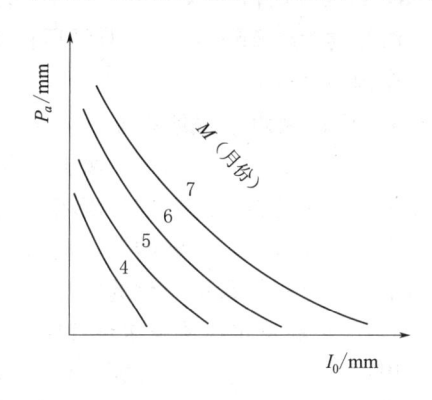

图 4.3.7　初损 I_0 的确定

图 4.3.8　I_0-M-P_a 相关图

3. 平均下渗率 $\bar{f}$ 的确定

有实测雨洪资料时，平均下渗率 $\bar{f}$ 的计算式（4.3.8）为

$$\bar{f}=\frac{P-I_0-R_s-P_n}{t_c} \tag{4.3.8}$$

式 (4.3.8) 中 t_c 与 $\bar{f}$ 有关。所以 $\bar{f}$ 的确定必须结合实测雨洪资料，进行试算求出。影响的主要因素有前期影响雨量 P_a、产流历时 t_c 与超渗期的降雨量 P_{t_c}。如果不区分初损与后损，仅考虑一个均化的产流期内的平均损失率，这种简化的扣损方法叫平均损失率法。初损后损法用于设计条件时，也同样存在外延问题，外延时必须考虑设计暴雨雨强因素的影响。

对于干旱地区的超渗产流方式，除了有少量的深层地下水外，几乎没有浅层地下径流，因此求得的设计净雨基本上全部是地面径流，不存在设计净雨划分的问题。

【例 4.3.6】 某干旱流域已建立 I_0-P_a 相关图，且分析得流域平均下渗率 $\bar{f}=1.5\text{mm/h}$。某次降雨过程见表 4.3.7，前期影响雨量 $P_a=15.4\text{mm}$，试推求该次降雨的净雨过程。

表 4.3.7　　　　　　　　初损后损法净雨计算过程

时段/时	降雨过程 P/mm	初损量 I_0/mm	后损量 $\bar{f}t_c$/mm	地面净雨 R_s/mm
1/(3—6 时)	1.2	1.2		
2/(6—9 时)	17.8	17.8		
3/(9—12 时)	36.0	12.0	3.0	21.0
4/(12—15 时)	8.8		4.5	4.3
5/(15—18 时)	5.4		4.5	0.9
6/(18—21 时)	7.7		4.5	3.2
7/(21—24 时)	1.9		1.9	0
合　计	78.8	31.0	18.4	29.4

由 $P_a=15.4\text{mm}$，查 $I_0—P_a$ 相关图得 $I_0=31.0\text{mm}$。由降雨过程分析可知，要满足初损量为 31.0mm，第 3 时段应有初损量 $(31.0-1.2-17.8)\text{mm}=12.0\text{mm}$，历时 1h，故第 3 时段后渗历时 $t_c=2\text{h}$，后渗量 $\overline{f}t_c=1.5\times2=3.0\text{(mm)}$，第 4、5、6 时段后渗量均为 4.5mm，最后时段后损量为 1.9mm。按水量平衡方程即可计算各时段地面净雨，见表 4.3.7。

4.3.4 设计洪水过程线推求

由径流形成过程可知，流域上各点产生的净雨，经过坡地和河网汇流形成出口断面流量过程线的整个过程称为流域汇流。设计洪水过程线的推求，就是设计净雨的汇流计算。一般来说，流域的设计地面洪水过程线采用等流时线及单位线法来推求。设计地下洪水过程线采用简化的方法推求。

4.3.4.1 经验单位线法推求设计洪水过程线

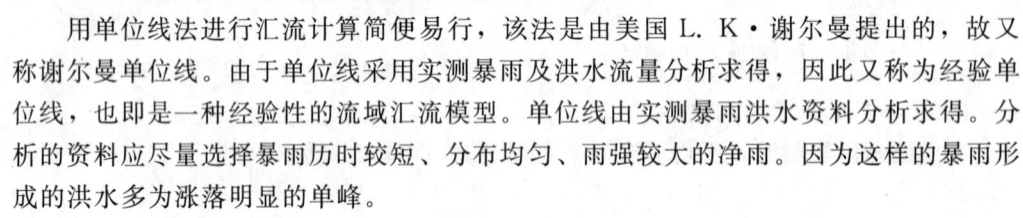

用单位线法进行汇流计算简便易行，该法是由美国 L. K·谢尔曼提出的，故又称谢尔曼单位线。由于单位线采用实测暴雨及洪水流量分析求得，因此又称为经验单位线，也即是一种经验性的流域汇流模型。单位线由实测暴雨洪水资料分析求得。分析的资料应尽量选择暴雨历时较短、分布均匀、雨强较大的净雨。因为这样的暴雨形成的洪水多为涨落明显的单峰。

1. 单位线的定义与假定

一个流域上，单位时段 Δt 内均匀降落单位深度（一般取 10mm）的地面净雨，在流域出口断面形成的地面径流过程线，定义为单位线。

单位线时段取多长，将依流域洪水特性而定。流域大，洪水涨落比较缓慢，Δt 取得长一些；反之，Δt 要取得短一些。Δt 一般取为单位线涨洪历时 t_r 的 $1/2\sim1/3$，即 $\Delta t=(1/2\sim1/3)t_r$，以保证涨洪段有 3~4 个点子控制过程线的形状。在满足以上要求的情况下，并常按 1h、3h、6h、12h 等选取 Δt。

(1) 倍比假定。如果一个流域上有两次降雨，它们的净雨历时 Δt 相同，例如都是一个单位时段 Δt，但地面净雨深不同，分别为 R_a 和 R_b，则它们各自在流域出口形成的地面径流过程线 $Q_a—t$、$Q_b—t$ 如图 4.3.9 的洪水历时相等，并且相应流量成比例，皆等于 R_a/R_b，即流量与净雨呈线性关系式 (4.3.9)。

$$\frac{Q_{a1}}{Q_{b1}}=\frac{Q_{a2}}{Q_{b2}}=\frac{Q_{a3}}{Q_{b3}}=\cdots=\frac{R_a}{R_b} \tag{4.3.9}$$

(2) 叠加假定。如果净雨历时不是一个单位时段而是 m 个时段，则各时段所形成的地面流量过程线互不干扰。出口断面的流量过程线等于 m 个时段净雨的地面流量过程之和。

如图 4.3.10 所示，由于 R_a 较 R_b 推后一个 Δt，地面流量过程 $Q—t$ 应由两个时段净雨形成的地面流量过程错后一个 Δt 叠加而得。

根据以上两条基本假定，就能解决多时段净雨推求单位线和由净雨推求洪水过程的问题。

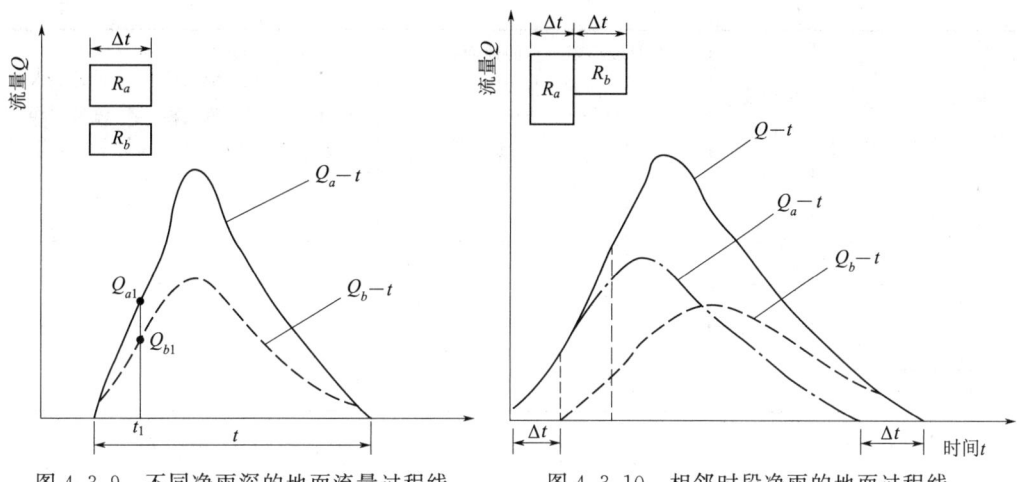

图 4.3.9　不同净雨深的地面流量过程线　　图 4.3.10　相邻时段净雨的地面过程线

2. 应用单位线推求洪水过程

一个流域根据多次实测雨洪资料分析多条单位线后，经过平均或分类综合，就得到了该流域实用单位线，即汇流计算方案。由设计净雨，即可以应用单位线按列表计算法推求设计洪水过程。现结合表 4.3.7 的示例说明其计算步骤如下：

【例 4.3.7】 请根据［例 4.3.6］的净雨过程，本流域除深层地下径流见表 4.3.8 第⑨列，几乎没有浅层地下径流，请根据本流域 $\Delta t=6h$ 的单位线见表 4.3.8 第①、③列，该流域地下径流比较稳定，每时段 $\Delta t=6h$ 的地下径流量 $Q_b=30\text{m}^3/\text{s}$，推求本流域设计洪水过程线。

表 4.3.8　　　　　某流域单位线法推求设计洪水过程

时段 $\Delta t=3h$	设计净雨 R_i/mm	单位线 q /(m³/s)	各时段净雨产生的地面径流过程/(m³/s)				总的地面径流过程 /(m³/s)	地下径流过程 /(m³/s)	设计洪水流量过程 /(m³/s)
			6mm	30mm	12mm	5mm			
①	②	③	④	⑤	⑥	⑦	⑧	⑨	⑩
0		0	0				0	30	30
1	6	28	17	0			17	30	47
2	30	250	150	84	0		234	30	264
3	12	130	78	750	34	0	862	30	892
4	5	81	49	390	300	14	753	30	783
5		54	32	243	156	125	556	30	586
6		35	21	162	97	65	345	30	375
7		21	13	105	65	41	224	30	254
8		12	7	63	42	27	139	30	169
9		5	3	36	25	18	82	30	112

续表

时段 $\Delta t=3\text{h}$	设计净雨 R_i/mm	单位线 q /(m³/s)	各时段净雨产生的地面径流过程/(m³/s)				总的地面径流过程 /(m³/s)	地下径流过程 /(m³/s)	设计洪水流量过程 /(m³/s)
			6mm	30mm	12mm	5mm			
①	②	③	④	⑤	⑥	⑦	⑧	⑨	⑩
10		0	0	15	14	11	40	30	70
11			0	6	6	12	30	42
12				0	3	3	30	33
13					0	0	30	30

(1) 按照倍比定理，用单位线求各时段净雨产生的地面径流过程，即用 6/10 乘单位线各流量值得净雨为 6mm 的地面径流过程，列于第④列，依此类推，求得各时段净雨产生的地面径流过程，分别列于第④～⑦列。

(2) 按叠加假定将第④～⑦列的同时刻流量叠加，得总的地面径流过程，列于第⑧列。

(3) 计算地下径流过程。因地下径流比较稳定，根据已知条件取为 30m³/s，列于第⑨列。

(4) 地面、地下径流过程按时程叠加，得第⑩列的设计洪水过程。

4.3.4.2 瞬时单位线法推求设计洪水过程线

1. 瞬时单位线的概念

瞬时单位线是指流域上均匀分布的瞬时时刻（即 $\Delta t \rightarrow 0$）的单位净雨在出口断面处形成的地面径流过程线。其纵坐标常以 $u(0,t)$ 或 $u(t)$ 表示，无因次。瞬时单位线可用数学方程式表示，概括性强，便于分析。

J. E. Nash 设想流域的汇流可看作是 n 个调蓄作用相同的串联水库的调节，且假定每一个水库的蓄泄关系为线性，则可导出瞬时单位线的数学方程式（4.3.10）。

$$u(t)=\frac{1}{K\Gamma(n)}\left(\frac{1}{K}\right)^{n-1}e^{-t/K} \tag{4.3.10}$$

式中　$u(t)$——t 时刻的瞬时单位线的纵坐标；

n——线性水库的个数；

$\Gamma(n)$——n 的伽马函数；

e——自然对数的底，$e\approx 2.71828$；

K——线性水库蓄泄方程的汇流历时。

前述经验单位线的两个基本假定同样适用于瞬时单位线，瞬时单位线与时间轴所包围的面积为 1.0，计算式（4.3.11）。

$$\int_0^\infty u(t)\text{d}t=1.0 \tag{4.3.11}$$

显然，决定瞬时单位线的参数只有 n、K 两个。n 越大，流域调节作用越强；K 值相当于每个线性水库输入与输出的时间差，即滞时。整个流域的调蓄作用所造成的流域滞时为 nK。只要求出流域的 n、K 值，就可推求该流域的瞬时单位线。

2. 瞬时单位线的综合

瞬时单位线的综合实质上就是参数 n、K 的综合。但是，在实际工作中一般并不直接对 n、K 进行综合，而是根据中间参数 m_1、m_2 等来间接综合，$m_1 = nK$，$m_2 = \frac{1}{n}$。实践证明，n 值相对稳定，综合的方法见各地区水文手册。

对 m_1 进行地区综合一般是首先通过建立单站的 m_1 与雨强 i 之间的关系，其关系式为 $m_1 = ai^{-b}$，求出相应于雨强为 10mm/h（或其他指定值）的 $m_{1,(10)}$。然后根据各站的 $m_{1,(10)}$ 与流域地理因子（如 F、J、L 等）建立关系，$m_{1,(10)} = f(F, L, J, \cdots)$，则 $m_1 = m_{1,(10)} \times (10/i)^b$，从而求得任一雨强 i 相应的 m_1。其次，是对指数 b 进行地区综合。一般 b 随流域面积的增大而减小。有时也可直接对单站的 $m_1 - i$ 关系式中的 a、b 进行综合，而不经 $m_{1,(10)}$ 的转换。

3. 综合瞬时单位线的应用

由于瞬时单位线是由瞬时净雨产生的，而实际应用时无法提供瞬时净雨，所以用综合瞬时单位线推求设计地面洪水过程线时，需将瞬时单位线转换成时段为 Δt（与净雨时段相同）、净雨深为 10mm 的时段单位线后，再进行汇流计算。具体步骤如下：

（1）求瞬时单位线的 S 曲线。S 曲线是瞬时单位线的积分曲线，其公式为

$$S(t) = \int_0^t u(0, t) \mathrm{d}t = \frac{1}{\Gamma(n)} \int_0^{t/K} \left(\frac{t}{K}\right)^{n-1} e^{-\frac{t}{K}} d\left(\frac{t}{K}\right) \tag{4.3.12}$$

公式表明 $S(t)$ 曲线也是参数 n、K 的函数。生产中为了应用方便，已制成 $S(t)$ 关系表供查用，见附表 3。

（2）求无因次时段单位线。将求出的 $S(t)$ 曲线向后错开一个时段 Δt，即得 $S(t, \Delta t)$。两条 S 曲线的纵坐标差为时段为 Δt 的无因次时段单位线，其计算公式 (4.3.13)。

$$u(\Delta t, t) = S(t) - S(t - \Delta t) \tag{4.3.13}$$

（3）求有因次时段单位线。根据单位线的特性可知，有因次时段单位线的纵坐标之和为：$\sum q_i = \frac{10F}{3.6\Delta t}$；而无因次时段单位线的纵坐标之和为：$\sum u(\Delta t, t) = 1.0$。

有因次时段单位线的纵高 q_i 与无因次时段单位线的纵高 $u(\Delta t, t)$ 之比等于其总和之比，见式 (4.3.14)。

$$\frac{q_i}{u(\Delta t, t)} = \frac{\sum q_i}{\sum u(\Delta t, t)} = \frac{10F}{3.6\Delta t} \tag{4.3.14}$$

由此可知，时段为 Δt、10mm 净雨深时段单位线的纵坐标计算公式 (4.3.15)。

$$q_i = \frac{10F}{3.6\Delta t} u(\Delta t, t) \tag{4.3.15}$$

（4）汇流计算。由设计净雨过程计算设计洪水过程线，可由设计净雨过程中的地面净雨，通过单位线的汇流计算求得地面径流过程；根据单位线的定义及倍比性和叠加性假定，用各时段设计地面净雨（换算成 10 的倍数）分别去乘单位线的纵高得到对应的部分地面径流过程，然后把它们分别错开一个时段后叠加即得到设计地面洪水过程，见式 (4.3.16)。

$$Q_i = \sum_{i=1}^{n} \frac{R_{si}}{10} q_{t-i+1} \tag{4.3.16}$$

根据单位线的定义可知，单位线只能用来推求流域设计地面洪水过程线。湿润地区的设计洪水过程线还包括设计地下洪水过程线。如果流域的基流量较大，不可忽视时，则还需加上基流。另一部分净雨则以稳定下渗强度 f_c 进入地下水库，经地下水库调蓄后缓慢地流向流域出口处形成地下径流过程，其计算可把地下径流概化成三角形过程，并假定其底长 T_g 为地面径流底长的两倍，该法认为地面、地下径流的起涨点相同，由于地下洪水汇流缓慢，所以将地下径流过程线概化为三角形过程，且将峰值放在地面径流过程的终止点。则地下径流总量 W_g 见式 (4.3.17)。

$$W_g = \frac{Q_{mg} T_g}{2} \tag{4.3.17}$$

而地下径流总量等于地下净雨总量，即 $W_g = 1000 R_g F$，因此得到地下径流洪峰流量见式 (4.3.18)。

$$Q_{mg} = \frac{2W_g}{T_g} = \frac{2000 R_g F}{T_g} \tag{4.3.18}$$

式中　Q_{mg}——地下径流过程线的洪峰流量，m³/s；

　　　T_g——地下径流过程总历时，s；

　　　R_g——地下净雨深，mm；

　　　F——流域面积，km²。

因此，湿润地区的设计洪水过程线是设计地面洪水过程线、设计地下洪水过程线和基流三部分叠加而成的。干旱地区的设计地面过程线即为所求的设计洪水过程线。

【例 4.3.8】　陕西省南部某流域属于山丘区，流域面积 $F = 118 \text{km}^2$，干流平均坡度 $J = 0.05$，$P = 1\%$ 的设计地面净雨过程（$\Delta t = 6\text{h}$）$R_1 = 15\text{mm}$、$R_2 = 25\text{mm}$，设计地下总净雨深 $R_g = 9.5\text{mm}$，基流 $Q_{基} = 5\text{m}^3/\text{s}$，地下径流历时为地面径流的 2 倍。求该流域 $P = 1\%$ 的设计洪水过程线。

(1) 推求瞬时单位线的 $S(t)$ 曲线和无因次时段单位线，计算结果见表 4.3.9。

1) 根据该流域所在的区域，查《陕西省水文手册》得 $n = 3$，$m_1 = 2.4(F/J)^{0.28} = 2.4 \times (118/0.05)^{0.28} = 21.1$，则 $K = m_1/n = 21.1/3 = 7.0(\text{h})$。

2) 因 $\Delta t = 6\text{h}$，用 $t = N\Delta t$，插入时段 $N = 0, 1, 2, \cdots$，填入表 4.3.9 中的第①列。

3) 由参数 $n = 3$、$K = 7.0$，计算 t/K，见第②列，查附表 3 得瞬时单位线的 $S(t)$ 曲线，见第③列。

4) 将 $S(t)$ 曲线顺时序向后移一个时段（$\Delta t = 6\text{h}$），得 $S(t - \Delta t)$ 曲线，见第④列，用式 (4.3.13) 计算无因次时段单位线，见第⑤列。

5) 将无因次时段单位转换为 6h、10mm 的时段单位线，用式 (4.3.15)，将⑤列中的无因次时段单位线转换为有因次的时段单位线，填入第⑥列。

$$q_i = \frac{10F}{3.6\Delta t} u(\Delta t, t) = \frac{10 \times 118}{3.6 \times 6} u(\Delta t, t) = 54.63 u(\Delta t, t)$$

检验时段单位线：$y = \dfrac{3.6\Delta t \sum q_i}{F} = \dfrac{3.6 \times 6 \times 54.63}{118} = 10(\text{mm})$，计算正确。

表 4.3.9　　　　　　　　　综合瞬时单位线计算

时段 ($\Delta t = 6\text{h}$)	t/K	$S(t)$	$S(t-\Delta t)$	$u(\Delta t, t)$	6h、10mm 净雨的时段单位线 $q(t)/(\text{m}^3/\text{s})$
①	②	③	④	⑤	⑥
0	0	0		0	0
1	0.9	0.063	0	0.063	3.4
2	1.7	0.243	0.063	0.180	9.8
3	2.6	0.482	0.243	0.239	13.0
4	3.4	0.660	0.482	0.178	9.7
5	4.3	0.803	0.660	0.143	7.8
6	5.1	0.883	0.803	0.080	4.4
7	6.0	0.938	0.883	0.055	3.0
8	6.9	0.967	0.938	0.029	1.6
9	7.7	0.983	0.967	0.016	0.9
10	8.6	0.991	0.983	0.008	0.4
11	9.4	0.995	0.991	0.004	0.2
12	10.3	0.998	0.995	0.003	0.2
13	11.1	0.999	0.998	0.001	0.1
14	12	1.000	0.999	0.001	0.1
15		1.000	1.000	0	0
合计				1.0	54.6

(2) 设计洪水过程线的推求。

1) 计算设计地面径流过程：根据单位线的特性，各时段设计地面净雨换算成 10 的倍数后，分别去乘单位线的纵坐标得到相应的部分地面径流过程，然后把它们分别错开一个时段后叠加便得到设计地面洪水过程，即用式 (4.3.16) 计算，见表 4.3.10 第⑥列。

表 4.3.10　　　　　　　　　设计洪水过程线计算表

时段 ($\Delta t = 6\text{h}$)	地面净雨过程 R_s /mm	6h、10mm 净雨的时段单位线 $q(t)$ /(m³/s)	净雨产生的地面径流过程/(m³/s)		地面径流过程 Q_s	地下径流过程 Q_g	基流 Q_b	设计洪水过程 Q_p
			15	25				
①	②	③	④	⑤	⑥	⑦	⑧	⑨
0		0	0		0	0	5.0	5.0
1	15	3.4	5.1	0	5.1	0.2	5.0	10.3

171

续表

时段 ($\Delta t=6$h)	地面净雨 过程R_s /mm	6h、10mm净雨的 时段单位线$q(t)$ /(m³/s)	净雨产生的地面 径流过程/(m³/s)		地面径 流过程 Q_s	地下径 流过程 Q_g	基流 Q_b	设计洪 水过程 Q_p
			15	25				
①	②	③	④	⑤	⑥	⑦	⑧	⑨
2	25	9.8	14.7	8.5	23.2	0.4	5.0	28.6
3		13.0	19.5	24.5	44.0	0.6	5.0	49.6
4		9.7	14.6	32.5	47.1	0.8	5.0	52.9
5		7.8	11.7	24.3	36.0	1.0	5.0	42.0
6		4.4	6.6	19.5	26.1	1.2	5.0	32.3
7		3.0	4.5	11.0	15.5	1.4	5.0	21.9
8		1.6	2.4	7.5	9.9	1.6	5.0	16.5
9		0.9	1.4	4.0	5.4	1.8	5.0	12.2
10		0.4	0.6	2.3	2.9	2.0	5.0	9.9
11		0.2	0.3	1.0	1.3	2.2	5.0	8.5
12		0.2	0.3	0.5	0.8	2.4	5.0	8.3
13		0.1	0.2	0.5	0.7	2.6	5.0	8.3
14		0.1	0.2	0.3	0.5	2.8	5.0	8.3
15		0	0	0.3	0.3	3.0	5.0	8.3
16				0	0	3.2	5.0	8.2
17						3.0	5.0	8.0
18						2.8	5.0	7.8
19						…	…	…
合计	40	54.6						

2) 计算设计地下径流过程：

地下径流总历时　　$T_g=2T_s=2\times 16\times 6=192$(h)

地下径流总量　　$W_g=1000R_gF=1000\times 9.5\times 118=112.1$(万 m³)

地下径流洪峰流量　　$Q_{mg}=\dfrac{2W_g}{T_g}=\dfrac{2\times 112.1\times 10^4}{192\times 3600}=3.2$(m³/s)

按直线比例内插得每一时段地下径流的涨落均为 0.2m³/s。经计算即可得出表 4.3.10 第⑦列的设计地下径流过程。

3) 将设计地面径流、地下径流及基流相加，得设计洪水过程线，见表 4.3.10 第⑨列。

【任务解析单】

对任务单中水库防洪复核，采用暴雨资料推求设计洪水过程的任务解析步骤如下：

解：1. 设计暴雨计算

根据本流域中心最大 24h 点雨量统计参数 $\overline{P}_{24}=110$mm，$C_v=0.5$，$C_s=3C_v$，暴雨点面折算系数为 $\alpha=0.92$。求得 $P=1\%$ 的最大 1 日的设计点暴雨量为

$$\overline{P}_{24,1\%}=K_{1\%}\overline{P}_{24}=2.67\times110=294(\text{mm})$$

$P=1\%$ 的最大 1 日的设计面暴雨量为

$$\overline{P}_{F24,1\%}=\alpha\cdot\overline{P}_{24,1\%}=0.92\times294=270(\text{mm})$$

设计暴雨过程计算表见表 4.3.11。

表 4.3.11　　　　　　　设计暴雨过程计算表

时段（$\Delta t=6$h）	1	2	3	4	合计
分配百分比/%	11	63	17	9	100
设计暴雨过程/mm	29.7	170.1	45.9	24.3	270

2. 设计净雨过程计算

本水库位于湿润地区 $I_m=100$mm，用同频率法求得设计 $P_{aP}=65$mm，流域稳定下渗率 $f_c=1.5$mm/h。设计净雨计算过程见表 4.3.12。

表 4.3.12　　　　　水库设计净雨过程计算（$\Delta t=6$h）

时段（$\Delta t=6$h）	1	2	3	4	合计
分配百分比/%	11	63	17	9	100
设计暴雨/mm	29.7	170.1	45.9	24.3	270
设计净雨/mm	0	134.8	45.9	24.3	205
地下净雨/mm	0	7.1	9.0	9.0	25.1
地面净雨/mm	0	127.7	36.9	15.3	179.9

根据蓄满产流的概念，当流域降雨满足 I_m 之后开始产流，超过稳渗率 f_c 形成地面径流，以 f_c 下渗的形成地下净雨，根据式（4.3.6）计算见表 4.3.12。由于 $I_m=100$mm，前期影响设计雨量 $P_{aP}=65$mm，土壤亏水量 $I=I_m-P_a=100-65=35$(mm)，如第 2 时段累计雨量大于土壤亏水量 35，余 134.8mm 为时段净雨，地下净雨为 $R_g=f_ct_c=1.5\times\left(\dfrac{134.8}{170.1}\right)\times6=7.1$(mm)，地面净雨 $R_s=R-R_g=134.8-7.1=127.7$(mm)；第 3、4 时段地下净雨为 $R_g=f_c\Delta t=1.5\times6=9.0$(mm)，地面净雨为 36.9mm 和 15.3mm。计算结果列于表 4.3.12 中。

3. 设计洪水过程的推求

(1) 推求瞬时单位线的 $S(t)$ 曲线和无因次时段单位线，推求综合瞬时单位线计算过程见表 4.3.13。

1) 根据该流域所在的区域，$n=3$，$k=4.0$，$\Delta t=6$h，用 $t=N\Delta t$，$N=0$、1、2、…，计算 t/k，填入表 4.3.13 中的第②列。

2) 由参数 $n=3$ 和第②列 t/K 值，查附表 3 得瞬时单位线的 $S(t)$ 曲线，见表 4.3.13 第③列。将 $S(t)$ 曲线顺时序向后移一个时段（$\Delta t=6$h），得 $S(t-\Delta t)$ 曲线，见第④列。

3) 用 $u(\Delta t,t)=S(t)-S(t-\Delta t)$ 计算无因次时段单位线，见第⑤列。

4) 将无因次时段单位转换为 6h、10mm 的时段单位线，用式（4.3.15）将⑤列中的无因次时段单位线转换为有因次的时段单位线填入第⑥列。

$$q_i=\frac{10F}{3.6\Delta t}u(\Delta t,t)=\frac{10\times 314}{3.6\times 6}u(\Delta t,t)=145.37u(\Delta t,t)$$

检验时段单位线：$y=\dfrac{3.6\Delta t\sum q_i}{F}=\dfrac{3.6\times 6\times 145.4}{314}=10$（mm），计算正确。

表 4.3.13　　　　　　　　　　综合瞬时单位线计算

时段（$\Delta t=6$h）	t/K	$S(t)$	$S(t-\Delta t)$	$u(\Delta t,t)$	6h、10mm 净雨的时段单位线 $q(t)/$(m³/s)
①	②	③	④	⑤	⑥
0	0	0		0	0
1	1.5	0.191	0	0.191	27.8
2	3	0.577	0.191	0.386	56.1
3	4.5	0.826	0.577	0.249	36.2
4	6	0.938	0.826	0.112	16.3
5	7.5	0.980	0.938	0.042	6.1
6	9	0.994	0.980	0.014	2.0
7	10.5	0.998	0.994	0.004	0.6
8	12	1.000	0.998	0.002	0.3
9	13.5	1.000	1.000	0	0
合计				1.0	145.4

(2) 计算设计地面径流过程：

根据单位线的特性，各时段设计地面净雨换算成 10 的倍数后，分别去乘单位线的纵坐标得到相应的部分地面径流过程，见表 4.3.14 第④、⑤、⑥列，然后把它们分别错开一个时段后叠加便得到设计地面洪水过程，见表 4.3.14 第⑦列。

(3) 计算设计地下径流过程：

地面径流总历时见表 4.3.14 第⑦列　　$T_s=6\times 11=66$(h)

地下径流总历时　　$T_g=2T_s=2\times 11\times 6=132$(h)

地下径流总量　　$W_g=1000R_gF=1000\times 25.1\times 314=788.1$(万 m³)

地下径流洪峰流量　　$Q_{mg}=\dfrac{2W_g}{T_g}=\dfrac{2\times 788.1\times 10^4}{132\times 3600}=33.1$(m³/s)

按直线比例内插得每一时段地下径流的涨落均为 1.6m³/s。经计算即可得出表

4.3.14 第⑧列的设计地下径流过程。

将设计地面径流、地下径流及基流相加,得设计洪水过程线,见表4.3.14第⑩列。

表 4.3.14　　　　　　　　设计洪水过程线计算表

时段 (Δt=6h) ①	地面净雨过程 Rs/mm ②	6h、10mm净雨的时段单位线 $q(t)$ /(m³/s) ③	净雨产生的地面径流过程/(m³/s) 127.7 ④	36.9 ⑤	15.3 ⑥	地面径流过程 Q_s ⑦	地下径流过程 Q_g ⑧	基流 Q_b ⑨	设计洪水过程 Q_P ⑩
0		0	0			0	0	20.0	20.0
1	127.7	27.8	355.0	0		355.0	3.0	20.0	378.0
2	36.9	56.1	716.4	102.6	0	819.0	6.0	20.0	845.0
3	15.3	36.2	462.3	207.0	42.5	711.8	9.0	20.0	740.8
4		16.3	208.1	133.6	85.8	427.5	12.0	20.0	459.5
5		6.1	77.9	60.1	55.4	193.4	15.0	20.0	228.4
6		2.0	25.5	22.5	24.9	72.9	18.0	20.0	110.9
7		0.6	7.7	7.4	9.3	24.4	21.0	20.0	65.4
8		0.3	3.8	2.2	3.1	9.1	24.0	20.0	53.1
9		0	0	1.1	0.9	2.0	27.0	20.0	49.1
10				0	0.5	0.5	30.0	20.0	50.6
11					0	0	33.1	20.0	53.1
12							30.0	20.0	50.0
13							27.0	20.0	47.0
14							24.0	20.0	44.0
15							21.0	20.0	41.0
16							…	…	…
合计	208.3	145.4							

【技能训练单】

1. 某流域雨量站测得2020年9月1—11日雨量分别为99.5、0、0、25.8、0、18、75.5、11.2、0、0、0、88.0,暴雨径流系数为0.8。试求最大1d、3d、7d天雨量及其净雨量各为多少?

2. 已知某流域集水面积$F=210\text{km}^2$,分析求得3h、10mm的单位线见表4.3.15,现求得一场降雨两个时段的净雨分别为25mm和18mm,每时段$\Delta t=3\text{h}$的地下径流量$Q_b=10\text{m}^3/\text{s}$,试推求本流域设计洪水过程线。

表 4.3.15　　　　　　　$\Delta t=3\text{h}$,10mm 的单位线

时段	0	1	2	3	4	5	6	合计
流量 q/(m³/s)	0	60	150	90	50	30	0	380

项目 4 设计洪水计算

【技能测试单】

1. 单选题

(1) 暴雨资料系列的选样方法是采用（　　）。
A. 年最大值法　　　　　　　　B. 固定时段年最大值法
C. 年最小值法　　　　　　　　D. 与大洪水时段对应的时段年最大值法

(2) 设计暴雨的时程分配就是设计暴雨的降雨强度过程线，也称为（　　）。
A. 设计雨型　　B. 设计暴雨　　C. 设计净雨　　D. 设计洪水

(3) 某流域的一场洪水中，地面径流的消退速度与地下径流的相比（　　）。
A. 前者大于后者　B. 前者小于后者　C. 前者小于等于后者　D. 二者相等

(4) 一次洪水流量过程线下的面积表示（　　）。
A. 地面径流总量　B. 地下径流总量　C. 基流量　　D. 径流总量

(5) 某流域一次暴雨洪水的地面净雨与地面径流深的关系是（　　）。
A. 前者大于后者　　　　　　　B. 前者小于后者
C. 前者等于后者　　　　　　　D. 二者可能相等或不等

(6) 在湿润地区，当流域蓄满后，若雨强 i 大于等于稳渗率 f_c，则此时下渗率 f 为（　　）。
A. $f > i$　　B. $f = i$　　C. $f = f_c$　　D. $f < f_c$

(7) 以前期影响雨量（P_a）为参数的降雨（P）径流（R）相关图 P—P_a—R，当 P 相同时，应该 P_a 越大，（　　）。
A. 损失越大，R 越大　　　　B. 损失越小，R 越大
C. 损失越大，R 越小　　　　D. 损失越小，R 越小

(8) 按蓄满产流模式，当某一地点蓄满后，该点雨强 i 大于稳渗率 f_c，则该点此时降雨产生的径流为（　　）。
A. 地面径流和地下径流　　　　B. 地面径流
C. 地下径流　　　　　　　　　D. 不产流

(9) 对于超渗产流，一次降雨所产生的径流为（　　）。
A. 地面径流和地下径流　　　　B. 地面径流
C. 地下径流　　　　　　　　　D. 不产流

(10) 对于初损后损阶段，产流以后的损失称为（　　）。
A. 初损　　B. 后损　　C. 降雨　　D. 入渗

(11) 当降雨满足初损后，形成地面径流的必要条件是（　　）。
A. 雨强大于下渗能力　　　　　B. 雨强大于枝叶截留
C. 雨强大于填洼量　　　　　　D. 雨强大于蒸发量

(12) 一个流域，单位时段 Δt 内均匀降落单位深度 10mm 的地面净雨，在流域出口断面形成的地面径流过程线，称为（　　）。
A. 地面径流过程线　　　　　　B. 地下径流过程线
C. 径流过程线　　　　　　　　D. 经验单位线

(13) 单位线是用来推求流域（　　）洪水过程的方法。

A. 设计地面　　　　　　　　B. 设计地下
C. 地面和地下　　　　　　　D. 设计基流

（14）某流域根据三场降雨，形成相同历时的地面净雨过程，按照地面径流形成的两个假定，它们在流域出口形成的地面径流总历时分别为 t_1，t_2，t_3 关系正确的是（　　）。

A. $t_5>t_2>t_3$　　　　　　B. $t_5<t_2<t_3$
C. $t_5=t_2=t_3$　　　　　　D. $t_5 \geqslant t_2 \geqslant t_3$

（15）湿润地区地下径流总量等于（　　）。

A. 地下净雨总量　　　　　　B. 地面净雨总量
C. 净雨总量　　　　　　　　D. 径流总量

2. 判断题

（1）由暴雨资料推求设计洪水时，设计暴雨与相应设计洪水的频率相同。（　　）

（2）推求设计暴雨过程时，典型暴雨过程放大计算一般采用同倍比放大法。
　　　　　　　　　　　　　　　　　　　　　　　　　　　　　　　　（　　）

（3）对同一流域，因受降雨等多种因素的影响，各场洪水的消退都不一致。
　　　　　　　　　　　　　　　　　　　　　　　　　　　　　　　　（　　）

（4）对同一流域，降雨一定时，雨前流域蓄水量大，损失小，则净雨多，产流大。
　　　　　　　　　　　　　　　　　　　　　　　　　　　　　　　　（　　）

（5）蓄满产流模型认为，在湿润地区，降雨使包气带未达到田间持水量之前不产流。　　　　　　　　　　　　　　　　　　　　　　　　　　　　　　（　　）

（6）按蓄满产流的概念，当流域蓄满后，只有超渗的部分形成地面径流和地下流。　　　　　　　　　　　　　　　　　　　　　　　　　　　　　　　（　　）

（7）在干旱地区，当降雨满足初损后，若雨强 i 大于下渗率 f 则开始产生地面径流。　　　　　　　　　　　　　　　　　　　　　　　　　　　　　　（　　）

（8）时段单位线可以推求任何流域上的洪水过程线。　　　　　　　　（　　）

（9）对同一流域而言，不管净雨历时是否相同，但只要是 10mm 净雨，则形成的单位线的径流量是相等的。　　　　　　　　　　　　　　　　　　　　（　　）

（10）根据流域特征和降雨特征，由综合单位线公式求得单位线的要素或瞬时单位线的参数，而后求得单位线，称综合单位线法。　　　　　　　　　　（　　）

任务 4.4　小流域设计洪水计算

【任务单】

党的二十大报告指出，尊重自然、顺应自然、保护自然，是全面建设社会主义现代化国家的内在要求。必须牢固树立和践行绿水青山就是金山银山的理念，站在人与自然和谐共生的高度谋划发展。

小流域通常是指二、三级支流以下以分水岭和下游河道出口断面为界集水面积在

项目 4　设计洪水计算

50km² 以下的相对独立和封闭的自然汇水区域，覆盖范围包括山、水、林、田、路、村等多要素，是流域系统的一个重要组成部分。小流域综合治理是以水为纽带，合理安排农、林、牧、副各业用地，布置水土保持农业耕作措施、林草措施与工程措施，做到互相协调，互相配合，形成综合的防治措施体系，以达到保护、改良与合理利用小流域水土资源的目的，提高生态经济效益和社会经济可持续发展，构建"绿水青山就是金山银山"的乡村振兴之路。

在某小流域拟建一小型水库进行水土治理，已知该水库所在流域为山区，且土质为黏土。其坝址断面以上的流域面积，在适当比例尺地形图上勾绘出分水线后，用求积仪量算得流域面积 $F=84\text{km}^2$，从坝址断面起，沿主河道至分水岭的最长距离，在地形图上用分规量算得流域的长度 $L=20\text{km}$，平均坡度 $J=0.01$。

(1) 用推理公式计算坝址处 $P=1\%$ 的设计洪峰流量为多少？

(2) 选取洪水过程线因素 $r=2$，用概化三角形推求该流域的设计洪水过程线。

【任务学习单】

若工程所在流域缺乏实测暴雨洪水资料时，通常只能利用暴雨等值线图和一些简化公式间接方法估算设计洪水。这类方法主要适用于中小流域，有关的等值线图、公式或一些经验数据等，在各省（自治区、直辖市）编制的分区《雨洪图集》及《水文手册》中均有刊载，可供无资料的中小流域估算设计洪水使用。

最后必须指出，无论采用哪种方法计算设计洪水，都要借鉴工程所在地及其附近的历史洪水调查资料，其可以用来参加设计计算或者作为分析论证的依据。另外，上述几种方法并不是彼此孤立的，而是相辅相成的，应遵循："多种方法、综合分析、合理选用"的基本原则。

4.4.1　小流域洪水的特点

小流域与大中流域的特性有所不同，但多大面积的流域才算小流域，水利上通常指面积小于 50km² 或河道基本上是在一个县属范围内的流域。小流域设计洪水计算广泛应用于中、小型水利工程中，如修建农田水利工程、水库、排洪沟，渠系上交叉建筑物如涵洞、泄洪闸等，铁路、公路上的小桥涵设计，城市和工矿地区的防洪工程，都必须进行设计洪水计算。与大、中流域相比，小流域设计洪水具有以下 3 方面的特点。

(1) 从水文学角度来看，小流域应具有以下特点：在汇流条件上，小流域汇流以坡面汇流为主；在资料条件上，小流域大多往往缺乏暴雨和流量资料，特别是流量资料；在点面雨量转换上，由于集水面积小，一般可以用点雨量代替面雨量，但这与地理条件有关，因此，各省区对于小流域的规定是不统一的。

(2) 从计算任务上来看，小流域上兴建的水利工程一般规模较小，没有多大的调洪能力，所以计算时常以推求设计洪峰流量为主，对洪水总量及洪水过程线的要求相对较低。

(3) 从计算方法上来看，小型工程的数量较多，分布面广，为满足众多的小型水利水电、交通、铁路等工程短时期提交设计成果的要求，计算方法应力求简便，使广大技术人员易于掌握和应用。

小流域设计洪水计算工作已有 100 多年的历史，计算方法在逐步充实和发展，由简单到复杂，由计算洪峰流量到计算洪水过程。归纳起来，有经验公式法、推理公式法、综合单位线法、调查洪水法以及水文模型等方法。本节主要介绍推理公式法，其他方法只作简要介绍或不做介绍。

4.4.2 小流域设计暴雨计算

小流域设计暴雨与其所形成的洪峰流量假定具有相同频率。因小流域缺少实测暴雨系列，故多采用以下步骤推求设计暴雨：按省（自治区、直辖市）水文手册及《暴雨径流查算图表》上的资料计算特定历时的暴雨量；将特定历时的设计雨量通过暴雨公式转化为任一历时的设计雨量。

4.4.2.1 年最大 24h 设计暴雨量计算

小流域一般不考虑暴雨在流域面上的不均匀性，多以流域中心点的雨量代替全流域的设计面雨量。小流域汇流时间短，成峰暴雨历时也短，从几十分钟到几小时，通常小于 1 天。以前自记雨量记录很少，多为 1d 的雨量记录，大多数省（自治区、直辖市）和部门都已绘制 24h 暴雨统计参数等值线图。在这种情况下，应首先查出流域中心点的年最大 24h 降雨量均值 $\bar{P}_{24}$ 及 C_v 值，再由 C_s 与 C_v 之比的分区图查得 C_s/C_v 的值，由 $\bar{P}_{24}$、C_v 与 C_s 即可推出流域中心点的某频率的 24h 设计暴雨量。

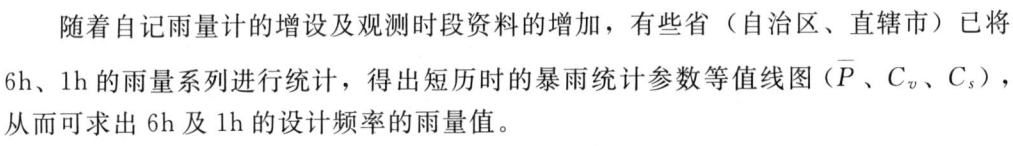

随着自记雨量计的增设及观测时段资料的增加，有些省（自治区、直辖市）已将 6h、1h 的雨量系列进行统计，得出短历时的暴雨统计参数等值线图（$\bar{P}$、C_v、C_s），从而可求出 6h 及 1h 的设计频率的雨量值。

4.4.2.2 暴雨公式

1. 暴雨公式

前面推求的设计暴雨量为特定历时（24h、6h、1h 等）的设计暴雨，而推求设计洪峰流量时需要给出任一历时的设计平均雨强或雨量。通常用暴雨公式，即暴雨的强度—历时关系将年最大 24h（或 6h 等）设计暴雨转化为所需历时的设计暴雨，目前水利部门多用如下暴雨公式形式。

$$\bar{i}_{t,P} = \frac{S_P}{t^n} \text{ 或 } P_{t,P} = S_P t^{1-n} \tag{4.4.1}$$

式中　$\bar{i}_{t,P}$——为历时为 t 频率为 P 的平均暴雨强度，mm/h；

　　　S_P——为 $t=1h$，频率为 P 的平均雨强，俗称雨力，mm/h；

　　　n——为暴雨参数或称暴雨递减指数；

　　　$P_{t,P}$——为频率为 P，历时为 t 的暴雨量，mm。

2. 暴雨公式参数确定

暴雨参数可通过图解分析法来确定。对式（4.4.1）两边取对数，在对数格式上，$\lg i_{t,P}$ 与 $\lg t$ 为直线关系，即 $\lg i_{t,P} = \lg S_P - n \lg t$，参数 n 为此直线的斜率，$t=1h$ 的纵坐标读数就是 S_P，如图 4.4.1 所示。由图可见，在 $t=1h$ 处出现明显的转折点。

当 $t \leqslant 1h$ 时，取 $n=n_1$；$t>1h$ 时，则 $n=n_2$。

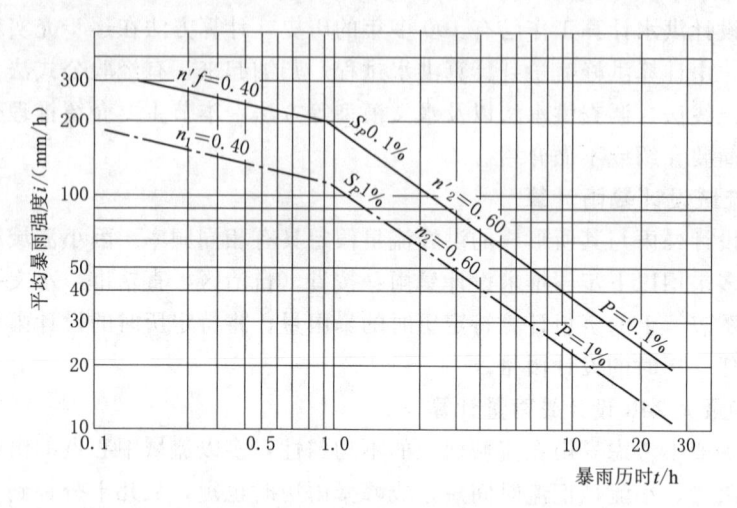

图 4.4.1 暴雨强度—历时—频率曲线

图 4.4.1 上的点据是根据分区内有暴雨系列的雨量站资料经分析计算而得到的。首先计算不同历时暴雨系列的频率曲线，读取不同历时各种频率的 $P_{t,P}$，将其除以历时 t，得到 $\overline{i}_{t,P}$，然后以 $\overline{i}_{t,P}$ 为纵坐标，t 为横坐标，即可点绘出以频率 P 为参数的 $\lg i_{t,P}$—P—$\lg t$ 关系线。

暴雨递减指数 n 对各历时的雨量转换成果影响较大，如有实测暴雨资料分析得出能代表本流域暴雨特性的 n 值最好。小流域多无实测暴雨资料，需要利用 n 值反映地区暴雨特征的性质，将本地区由实测资料分析得出的 $n(n_1, n_2)$ 值进行地区综合，绘制 n 值分区图，供无资料流域使用。一般水文手册中均有 n 值分区图。

S_P 值可根据各地区的水文手册，查出设计流域的 $\overline{P}_{24}$、C_v、C_s，计算出 $P_{24,P}$，然后由式（4.4.2）计算得出。如地区水文手册中已有 S_P 等值线图，则可直接查用。

S_P 及 n 值确定之后，即可用暴雨公式进行不同历时暴雨间的转换。24h 雨量 $P_{24,P}$ 转换为 th 的雨量 $P_{t,P}$，可以先求 1h 雨量 $P_{1,P(S_P)}$，再由 S_P 转换为 th 雨量。

因 $$P_{24,P}=\overline{i}_{24,P}\times 24=S_P\times 24^{(1-n_2)} \tag{4.4.2}$$
则 $$S_P=P_{24,P}\times 24^{(n_2-1)}$$

由求得的 S_P 转求 th 雨量 $P_{t,P}$ 公式为式（4.4.3）和式（4.4.4）。

当 $1h<t\leqslant 24h$ 时 $$P_{t,P}=S_P t^{(1-n_2)}=P_{24,P}\times 24^{(n_2-1)}\times t^{(1-n_2)} \tag{4.4.3}$$

当 $t\leqslant 1h$ 时 $$P_{t,P}=S_P t^{(1-n_1)}=P_{24,P}\times 24^{(n_2-1)}\times t^{(1-n_1)} \tag{4.4.4}$$

上述以 1h 处分为两段直线是概括大部分地区 $P_{t,P}$ 与 t 之间的经验关系，未必与各地的暴雨资料拟合得很好。如有些地区采用多段折线，也可以分段给出各自不同的转换公式，不必限于上述形式。

设计暴雨过程是进行小流域产汇流计算的基础。小流域暴雨时程分配一般采用最大 3h、6h 及 24h 作同频率控制，各地区水文图集或水文手册均载有设计暴雨分配的典型，可供参考。

【例 4.4.1】 某小流域拟建一小型水库，该流域无实测降雨资料，需推求历时 $t=2h$、设计标准 $P=1\%$ 的暴雨量。

（1）在该省水文手册上，查得流域中心处暴雨的参数如下：

$$\overline{P}_{24}=100\text{mm}，C_v=0.50，C_s=3.5C_v，t_0=1\text{h}，n_2=0.65$$

（2）求最大 24h 设计暴雨量，由暴雨统计参数和 $P=1\%$，查附表 2 得 $K_P=2.74$，故

$$P_{24,1\%}=K_P\overline{P}_{24}=2.74\times100=274(\text{mm})$$

（3）设计雨力 S_P 计算：

$$S_P=P_{24,1\%}\,24^{n_2-1}=274\times24^{-0.35}=90(\text{mm/h})$$

（4）$t=2h$，$P=1\%$ 的设计暴雨量：

$$P_{2,1\%}=S_Pt^{1-n_2}=90\times2^{1-0.65}=115(\text{mm})$$

4.4.3 推理公式计算设计洪峰流量

推理公式法是由暴雨资料推求小流域设计洪水的一种简化方法。所谓推理公式，也叫合理化公式，它是把流域的产流、汇流过程均做了概化，利用等流时线原理，经过一定的推理过程，得出小流域的设计洪峰流量的推求方法。

4.4.3.1 推理公式的形式

在一个小流域中，若流域的最大汇流长度为 L，流域的汇流时间为 τ。根据等流时线原理，当净雨历时 t_c 大于等于汇流历时 τ 时称全面汇流，即全流域面积 F 上的净雨汇流形成洪峰流量；当 t_c 小于 τ 时称部分汇流，即部分流域面积上 F_{t_c} 的净雨汇流形成洪峰流量，形成最大流量的部分流域面积 F_{t_c} 是汇流历时相差 t_c 的两条等流时线在流域中所包围的最大面积，又称最大等流时面积。

当 $t_c \geq \tau$ 时，根据小流域的特点，假定 τ 历时内净雨强度均匀，流域出口断面的洪峰流量 Q_m 计算公式为式（4.4.5）。

$$Q_m=0.278\frac{R_\tau}{\tau}F \tag{4.4.5}$$

式中 R_τ——τ 历时内的净雨深，mm；

0.278——即 $\frac{1}{3.6}$，是 Q_m 用 m³/s、F 用 km²、τ 用 h 的单位换算系数。

当 $t_c<\tau$ 时，只有部分面积 F_{t_c} 上的净雨产生出口断面最大流量，计算公式为式（4.4.6）。

$$Q_m=0.278\frac{R_R}{t_c}F_{t_c} \tag{4.4.6}$$

式中 R_R——次降雨产生的全部净雨深，mm；

F_{t_c}——与流域形状、汇流速度和 t_c 大小等有关，因此详细计算是比较复杂的，生产实际中一般采用简化方法，其近似假定 F_{t_c} 随汇流时间的变化可概化为线性关系式为式（4.4.7）。

$$F_{t_c} = \frac{F}{\tau} t_c \tag{4.4.7}$$

将式（4.4.7）代入式（4.4.6），则部分汇流计算洪峰流量的简化公式为（4.4.8）。

$$Q_m = 0.278 \frac{R_R}{\tau} F \tag{4.4.8}$$

综合上述全面汇流（$t_c \geqslant \tau$）与部分汇流（$t_c < \tau$）情况，计算洪峰流量公式为式（4.4.9）和式（4.4.10）。

$$Q_m = 0.278 \frac{R_\tau}{\tau} F \quad (t_c \geqslant \tau) \tag{4.4.9}$$

$$Q_m = 0.278 \frac{R_R}{\tau} F \quad (t_c < \tau) \tag{4.4.10}$$

式（4.4.9）及式（4.4.10）即为推理公式的基本形式，式中 τ 可用式（4.4.11）计算。

$$\tau = \frac{0.278 L}{m J^{\frac{1}{3}} Q_m^{\frac{1}{4}}} \tag{4.4.11}$$

式中　J——流域平均坡度，包括坡面和河网，实用上以主河道平均比降来代表，以小数计；

　　　L——流域汇流的最大长度，km；

　　　m——汇流参数，与流域及河道情况等条件有关。

式（4.4.9）及式（4.4.10）中的地面净雨计算可分为两种情况，如图 4.4.2 所示。

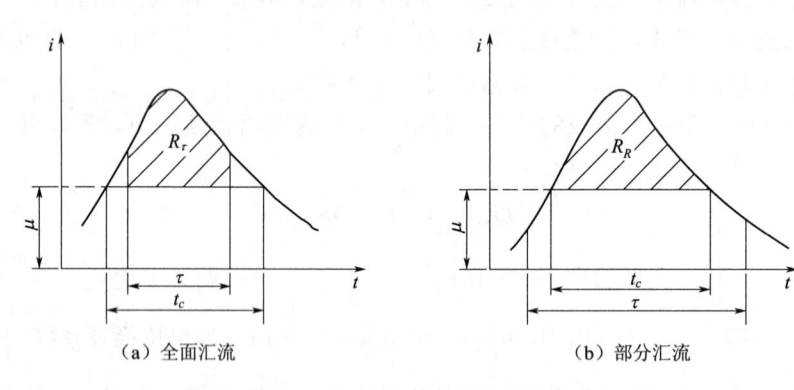

图 4.4.2　两种汇流情况示意图

（a）全面汇流　　　（b）部分汇流

当 $t_c \geqslant \tau$ 时，历时 τ 的地面净雨深 R_τ，可用式（4.4.12）计算：

$$R_\tau = (\bar{i}_\tau - \mu)\tau = S_P \tau^{1-n} - \mu\tau \tag{4.4.12}$$

当 $t_c < \tau$ 时，产流历时内的净雨深 R_R 可用式（4.4.13）计算：

$$R_R = (\bar{i}_{t_c} - \mu) t_c = S_P \tau^{1-n} - \mu t_c = n S_P t_c^{1-n} \tag{4.4.13}$$

式中　$\bar{i}_\tau$、$\bar{i}_{t_c}$——汇流历时与产流历时内的平均雨强，mm/h；

　　　μ——产流参数，mm/h。

经推导，净雨历时 t_c。可用式（4.4.14）计算：

$$t_c = \left[(1-n)\frac{S_P}{\mu}\right]^{\frac{1}{n}} \tag{4.4.14}$$

可见，由推理公式计算小流域设计洪峰流量的参数有三类：流域特征参数 F、J、L；暴雨特性参数 n、S_P；产、汇流参数 m、μ。Q_m 可以看成是上述参数的函数，即

$$Q_m = f(F, L, J; n, S_P; m, \mu)$$

产流参数 μ 代表产流历时 t_c 内地面平均入渗率，又称损失参数。推理公式法假定流域各点的损失相同，把 μ 视为常数。μ 值的大小与所在地区的土壤透水性能、植被情况、降雨量的大小及分配、前期影响雨量等因素有关，不同地区其数值不同，且变化较大。

汇流参数 m 是流域中反映水力因素的一个指标，用以说明洪水汇集运动的特性。它与流域地形、植被、坡度、河道糙率和河道断面形状等因素有关。一般可根据雨洪资料反算，然后进行地区综合，建立它与流域特征因素间的关系，以解决无资料地区确定 m 的问题。各省在分析大暴雨洪水资料后都提供了 μ 和 m 值的简便计算方法，可在当地的水文手册（图集）中查到。

4.4.3.2　推理公式计算设计洪峰流量

（1）当 $t_c \geqslant \tau$ 时，把式（4.4.12）代入式（4.4.9）得洪峰计算公式（4.4.15）。

$$Q_m = 0.278\frac{R_\tau}{\tau}F = 0.278\left(\frac{S_P\tau^{1-n} - \mu\tau}{\tau}\right)F = 0.278\left(\frac{S_P}{\tau^n} - \mu\right)F \tag{4.4.15}$$

（2）当 $t_c < \tau$ 时，把式（4.4.13）代入式（4.4.10）得洪峰计算公式（4.4.16）。

$$Q_m = 0.278\frac{R_R}{\tau}F = 0.278\left(\frac{nS_P t_c^{1-n}}{\tau}\right)F \tag{4.4.16}$$

经过整理，可得推理公式计算式为式（4.4.17）和式（4.4.18）。

$$\begin{cases} Q_{mP} = 0.278\left(\dfrac{S_P}{\tau^n} - \mu\right)F \\ \tau = 0.278\dfrac{L}{mJ^{\frac{1}{3}}Q_{mP}^{\frac{1}{4}}} \end{cases} (t_c \geqslant \tau) \tag{4.4.17}$$

$$\begin{cases} Q_{mP} = 0.278\left(\dfrac{nS_P t_c^{1-n}}{\tau}\right)F \\ \tau = 0.278\dfrac{L}{mJ^{\frac{1}{3}}Q_{mP}^{\frac{1}{4}}} \end{cases} (t_c < \tau) \tag{4.4.18}$$

对于以上方程组，只要知道 7 个参数：F、L、J、n、S_P、μ、m，便可求出 Q_{mP}。求解方程有试算法、图解法和迭代法等。

4.4.3.3　设计洪峰流量的推求方法

应用推理公式推求设计洪峰流量的方法很多，本讲介绍实际应用较广且比较简单的试算法、图解交点法和迭代法。

1. 试算法

该法是以试算的方式联解方程组（4.4.17）或式（4.4.18）。具体计算步骤如下：

（1）通过对设计流域调查了解，结合当地的水文手册（图集）及流域地形图，确定流域的几何特征值 F、L、J，暴雨的统计参数（$\bar{H}$、C_v、C_s/C_v）及暴雨公式中的参数 n，产流参数 μ 及汇流参数 m。

（2）计算设计暴雨的雨力 S_P 与雨量 P_{tP}，并由产流参数 μ 计算设计净雨历时 t_c。

（3）将 F、L、J、t_c、m 代入式（4.4.17）或式（4.4.18），其中 Q_{mP}、τ 未知，故需用试算法求解。试算的步骤为：先假设一个 Q_{mP}，代入式（4.4.17）计算出一个相应的 τ，将它与 t_c 比较判断属于何种汇流情况，求出一个 Q_{mP}，若 Q_{mP} 与假设的 Q_{mP} 一致（误差在1%以内），则该 Q_{mP} 及 τ 即为所求；否则，另设 Q_{mP} 重复上述试算步骤，直至满足要求为止。

2. 图解交点法

该法和试算法基本相同，只是将试算过程变成图解。首先假设一组 τ 代入式（4.4.17）或式（4.4.18）计算出相应的 Q_{mP}。再假设一组 Q_{mP}，分别代入式（4.4.17）或式（4.4.18）计算相应的 τ'，然后在同一张图上分别点绘曲线 $\tau-Q_{mP}$ 及 $Q_{mP}-\tau'$，如图4.4.3所示。两条线交点的纵横坐标显然同时满足上述两个方程，因此交点读数 $Q_{mP}-\tau$，即为所求的解。

计算完成后由式（4.4.14）计算 t_c，并与所求得的 τ 值进行比较，若 $t_c \geqslant \tau$，原假定为全面汇流条件成立由式（4.4.17）联解；否则，若 $t_c < \tau$，则改由式（4.4.18）联解，重复上述计算，并重新绘图求交点。

3. 迭代法

图解分析法的思路也可用逐步试算的办法求解，即迭代试算法。该法首先假设一个初始 τ_1，代入洪峰流量的计算式（4.4.17）或式（4.4.18）求出洪峰流量，再将其代入 τ 的计算式计算一个 τ_2，比较两者是否相等，若相等则 τ 和 Q_{mP} 即为所求。若不等则将 τ_2 代入洪峰流量的计算公式重复以上计算步骤，直至相等为止，该法较图解分析法精度高。

需要说明以上三种方法，在计算前 τ 未知，因此在选用洪峰流量的计算公式时一般都是先假设 $t_c \geqslant \tau$，属于全面汇流的情况（实际小流域多数属于此种情况），待求解出 Q_{mP}、τ 后，再进行检验。即由式（4.4.17）计算 t_c 与 τ 比较，若 $t_c \geqslant \tau$，则计算正确；若 $t_c < \tau$，则按式（4.4.18）重新计算。

4.4.4　经验公式计算设计洪峰流量

地区经验公式是根据本地区实测洪水资料或调查的相关洪水资料进行综合归纳，直接建立洪峰流量和影响因素之间的关系方程。经验公式方法简单，应用方便，但地区性比较强，公式繁多，多数是各地根据当地实际水文情况统计和推理得出。按建立公式时考虑的因素多少，将经验公式可分为单因素公式和多因素公式。

4.4.4.1　单因素经验公式

以流域面积为参数的单因素经验公式是经验公式中最为简单的一种形式。把流域面积看作是影响洪峰流量的主要因素，其他因素可用一些综合参数表达，式

(4.4.19）的形式为

$$Q_{mP} = C_P F^n \tag{4.4.19}$$

式中　Q_{mP}——频率为 P 的设计洪峰流量，m^3/s；

　　　C_P——随地区和频率而变化的综合；

　　　n——经验指数；

　　　F——流域面积，km^2。

C_P、n 随地区和频率而变化，可在各省区的水文手册中查到。

4.4.4.2　多因素经验公式

多因素经验公式是以流域特征与设计暴雨等主要影响因素为参数建立的经验公式。洪峰流量主要受流域面积、流域形状与设计暴雨等因素的影响，而其他因素可用一些综合参数表达，见式（4.4.20）～式（4.4.22）的形式。

$$Q_{mP} = C R_{24,P} F^n \tag{4.4.20}$$

$$Q_{mP} = C R_{24,P}^\alpha f^\gamma F^n \tag{4.4.21}$$

$$Q_{mP} = C R_{24,P}^\alpha J^\beta f^\gamma F^n \tag{4.4.22}$$

式中　$R_{24,P}$——频率 P 时的设计年最大 24h 净雨量，mm；

　　　α、β、γ、n——经验指数；

　　　C——综合经验系数；

　　　f——流域形状系数，$f = F/L^2$。

经验公式不着眼于流域的产汇流原理，只进行该地区资料的统计归纳，故地区性很强，两个流域洪峰流量公式的基本形式相同，它们的参数和系数会相差很大。很多省（自治区、直辖市）的水文手册（图集）上都有经验公式，使用时一定要注意公式的适用范围。

4.4.5　小流域设计洪水过程线推求

对于一些有一定调节能力的中小型水库，为分析这些工程的调洪能力和防洪效果，除推求设计洪峰流量外，还需选配相应的设计洪水过程线。选配设计洪水过程线一般包括以下几个步骤：①将设计净雨量分成几段，洪峰段按流域汇流时间 τ 分出一段，其余各段可根据雨型特点再分为三段或四段；②主峰段过程可以采用三点、五点或多点概化过程线，其余各段可简单采用三点（即三角形）过程线；③将各分段概化过程线按同时间叠加，即可求得设计洪水过程线。

4.4.5.1　概化三角形过程线

一般小流域洪水过程多为陡涨陡落，洪峰持续时间较短，过程近似为三角形。因此通常假定洪水涨水和退水均按直线变化，洪水过程线是最简单的三角形。如图 4.4.3

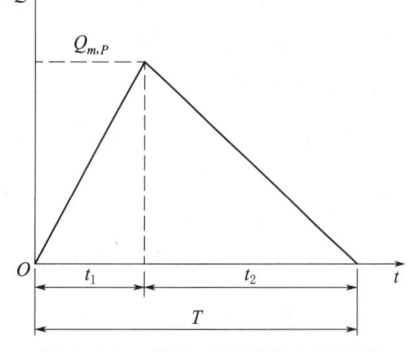

图 4.4.3　概化三角形洪水过程线

所示。

三角形洪水过程线的设计洪峰流量，已由前述推理公式法或经验公式法求得。设计洪量可用下式计算：

$$W_P = 10^3 R_P F \tag{4.4.23}$$

式中　W_P——设计洪水总量，m^3；

　　　F——流域面积，km^2；

　　　R_P——设计净雨总量，mm；可由最大 24h 设计暴雨扣损求得。

由三角形特性知

$$W_P = \frac{1}{2} Q_{mP} T \tag{4.4.24}$$

所以设计洪水总历时

$$T = \frac{2W_P}{Q_{mP}} \tag{4.4.25}$$

式中　T——设计洪水总历时，h；

　　　W_P——设计洪水总量，m^3；

　　　Q_{mP}——设计洪水总量，m^3/s。

由图 4.4.3 可见，$T=t_1+t_2$。t_1 为涨水历时，t_2 为退水历时。一般情况下 $t_2 > t_1$，根据有些地区的分析 $t_2:t_1=1.5\sim 3.0$。$t_2/t_1=r$，称为洪水过程线因素，则有

$$T = t_1 + t_2 = t_1(1+r) \text{ 或 } t_1 = \frac{T}{1+r} \tag{4.4.26}$$

当 Q_{mP}、T、t_1 确定后，便可以绘出三角形过程线。

4.4.5.2　概化五边形过程线

概化五边形过程线是在三角形过程的基础之上，略加改进，将涨水段和退水段各增一个转折点，控制 $\triangle ACD$ 和 $\triangle EHB$ 面积相等，使其变成五边形的过程，如图 4.4.4 所示。过程线上各点的坐标，可根据本地区小流域的实测单峰大洪水过程线综合分析概化定出。

【任务解析单】

对任务单中小流域设计洪水计算的任务解析步骤如下：

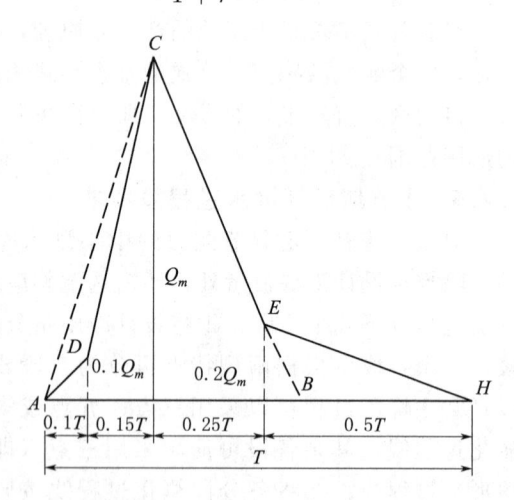

图 4.4.4　概化五边形洪水过程线

1. 计算设计暴雨

(1) 查该省水文手册，得流域中心处暴雨参数如下：

$\overline{P}_{24}=100\text{mm}$，$C_v=0.50$，$C_s=3.5C_v$，$t_0=1\text{h}$，$n_2=0.65$

(2) 计算最大 24h 设计暴雨量，由暴雨统计参数及 $P=1\%$ 查附表 2，得 $K_{1\%}=$

2.74，故
$$P_{24,1\%} = K_{1\%} \bar{P}_{24} = 2.74 \times 100 = 274 \text{ (mm)}$$

（3）计算设计雨力 S_P。
$$S_{1\%} = P_{24,1\%} \times 24^{(n_2-1)} = 274 \times 24^{(0.65-1)} = 90 \text{ (mm/h)}$$

则其他历时设计雨量为
$$P_{t,P} = S_P t^{(1-n_2)} = 90 t^{0.35}$$

2. 设计净雨计算

根据该流域自然地理特性，查当地水文手册得设计条件下的产流参数 $\mu = 3.0 \text{mm/h}$，按式（4.4.14）计算净雨历时 t_c 为
$$t_c = \left[(1-n) \frac{S_{1\%}}{\mu} \right]^{\frac{1}{n}} = \left[(1-0.65) \times \frac{90}{3.0} \right]^{\frac{1}{0.65}} = 37.24 \text{(h)}$$

3. 计算设计洪峰流量

（1）试算法。根据该流域的汇流条件，由 $\theta = L/J^{\frac{1}{3}} = 90.9$，由该省《水文手册》确定本流域的汇流系数 $m = 0.28 \theta^{0.275} = 0.97$。

假设 $Q_{m,P} = 500 \text{ m}^3/\text{s}$，代入式（4.4.11）计算汇流历时 τ 为
$$\tau = \frac{0.278L}{mJ^{\frac{1}{3}}Q_m^{\frac{1}{4}}} = \frac{0.278 \times 20}{0.97 \times 0.01^{\frac{1}{3}} \times 500^{\frac{1}{4}}} = 5.6 \text{ (h)}$$

因 $t_c > \tau$ 属于全面汇流，由式（4.4.17）计算得
$$Q_{m1\%} = 0.278 \left(\frac{S_{1\%}}{\tau^n} - \mu \right) F = 0.278 \times \left(\frac{90}{5.6^{0.65}} - 3 \right) \times 84 = 615 \text{(m}^3/\text{s)}$$

所求结果与假设不符，应重新假设 Q_{mP} 值继续试算，直至计算值与假设值的差值符合精度要求，本例经试算得 $Q_{m1\%} = 640 \text{m}^3/\text{s}$，$\tau = 5.29 \text{h}$，属于 $t_c > \tau$ 的情况，计算结果正确。

（2）图解交点法。首先假定为全面汇流，假设一组 τ，用式（4.4.15）计算出相应的 Q'_{mP}。再假设一组 Q_{mP}，计算出相应的 τ'。具体计算见表4.4.1。

表 4.4.1   图 解 交 点 法 计 算 表

假设 τ/h	计算 Q'_{mP}/(m³/s)	假设 Q_{mP}/(m³/s)	计算 τ'/h
①	②	③	④
5.60	615	550	5.49
5.40	632	600	5.37
5.20	649	650	5.27
5.00	668	700	5.17

根据表 4.4.1 在同一张图上分别绘制曲线 τ—Q'_{mP} 及 Q_{mP}—τ'，如图 4.4.5 所

示，交点读数得 $Q_{m1\%}=640\mathrm{m}^3/\mathrm{s}$，$\tau=5.29\mathrm{h}$ 即为两式的解。

验算：$t_c=37.24\mathrm{h}$，$\tau=5.29\mathrm{h}$，$t_c>\tau$ 原假设为全面汇流是合理的，不必重新计算。

(3) 迭代法。首先假定为全面汇流，假设第一个 $\tau=1$，用式 (4.4.17) 计算出相应的 Q_{mP}，把计算得 Q_{mP} 计算出相应的 τ'。然后把 τ' 值回代入 τ 直到计算得 $\tau'=\tau$ 时，得 $Q_{m1\%}=643\mathrm{m}^3/\mathrm{s}$，$\tau=5.28\mathrm{h}$ 即为两式的解，验算过程同图解交点法，具体计算见表 4.4.2。

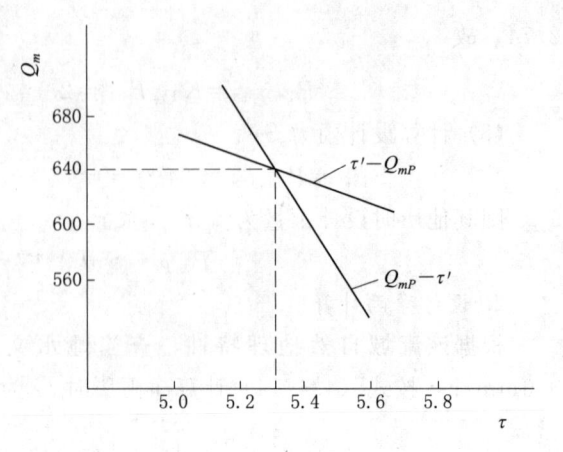

图 4.4.5 图解交点法

表 4.4.2 迭代法计算表

假设 τ/h ①	假设 Q_{mP}/(m³/s) ②	计算 τ'/h ③
1	2032	3.96
3.96	789	5.02
5.02	666	5.24
5.24	646	5.28
5.28	643	5.28

4. 计洪水过程线推算

以上已经计算得出 $Q_{m1\%}=640\mathrm{m}^3/\mathrm{s}$，$\tau=5.29\mathrm{h}$，$t_c=37.2\mathrm{h}$，选取洪水过程线因素 $r=2$，推求概化三角形洪水过程线。

由于 $t_c>\tau$，属全流域汇流，由式 (4.4.12) 计算设计净雨量：
$$R_\tau = S_p \tau^{1-n} - \mu\tau = 90 \times 5.29^{1-0.65} - 3.0 \times 5.29 = 145 (\mathrm{mm})$$

由式 (4.4.23) 计算设计洪水总量：
$$W_{1\%} = 10^3 R_R F = 10^3 \times 145 \times 84 = 1218 \times 10^4 (\mathrm{m}^3)$$

由式 (4.4.25) 计算设计洪水总历时：
$$T = \frac{2W_{1\%}}{Q_{m1\%}} = \frac{2 \times 1218 \times 10^4}{640} = 38063\mathrm{s} = 10.57(\mathrm{h})$$

由式 (4.4.26) 及 $r=2$ 计算设计洪水涨水历时：
$$t_1 = \frac{T}{1+r} = \frac{10.57}{1+2} = 3.52(\mathrm{h})$$

退水历时 $t_2 = T - t_1 = 10.57 - 3.52 = 7.05(\mathrm{h})$

由 Q_{mP}、T、t_1、t_2 即可绘出设计洪水概化三角形过程线。

【技能训练单】

1. 已知某小流域雨力 $S_P=100\text{mm/h}$，暴雨衰减指数 $n_2=0.65$，试根据暴雨公式和暴雨参数推求历时为 6h、12h、24h 的设计暴雨量各为多少？

2. 某流域特征参数 $F=194\text{km}^2$，主河长 $L=32.1\text{km}$，河道比降 $J=9.32‰$；由本地区《水文手册》查得流域中心处年最大 24h 暴雨参数为：$\overline{P}_{24}=85.0\text{mm}$，$C_v=0.45$，$C_s=3.5C_v$，$n_2=0.75$；流域的汇流参数由《水文手册》查得 $m=0.092\,[L/(J^{\frac{1}{3}}F^{\frac{1}{4}})]^{0.636}$，$\mu=3.0\text{mm/h}$，设计洪水过程线为三角形，且 $t_1/t_2=2$。试用推理公式计算该流域 $P=1\%$ 的设计洪水过程。

【技能测试单】

1. 单选题

（1）以下关于小流域的说法最全面的是哪一项？（　　）

A. 集水面积在 300~500km² 以下

B. 小流域计算主要是推求设计洪峰流量

C. 流域中心点雨量代替全流域上面雨量

D. 以上说法都是

（2）下列哪种方法不用于推求小流域设计洪峰流量？（　　）

A. 推理公式法　　　　B. 经验公式法

C. 综合单位线法　　　D. 同配比放大法

（3）推理公式法可以推求小流域设计洪水的（　　）。

A. 设计洪峰流量　　　B. 设计洪水过程线

C. 设计洪量　　　　　D. 设计洪水历时

（4）简化三角形法可推求小流域设计洪水的哪个要素（　　）。

A. 洪水标准　　　　　B. 洪水历时

C. 洪峰流量　　　　　D. 洪水过程线

（5）小流域暴雨资料推求设计洪水时，一般假定（　　）。

A. 设计暴雨的频率大于设计洪水的频率

B. 设计暴雨的频率小于设计洪水的频率

C. 设计暴雨的频率等于设计洪水的频率

D. 设计暴雨的频率大于等于设计洪水的频率

（6）用暴雨资料推求设计洪水的原因是（　　）。

A. 用暴雨资料推求设计洪水精度高

B. 用暴雨资料推求设计洪水方法简单

C. 流量资料不足或要求多种方法比较

D. 大暴雨资料容易收集

（7）小流域设计暴雨的特点描述错误的下列哪一项？（　　）

A. 小流域有充足的水文资料

B. 小流域往往缺乏实测暴雨资料

C. 小流域产汇流历时比较短

D. 小流域中心点雨量可代替面雨量

(8) 湿润地区地下净雨总量表达式正确的是（　　）。

A. $W_g = Q_{mg} T$　　　B. $W_g = 1000 R_g F$　　　C. $W_g = RF$　　　D. $W_g = \overline{Q} T$

(9) 在小流域汇流中，当净雨历时 t_c 大于流域汇流时间 τ 时，洪峰流量是由（　　）形成的。

A. 全面汇流　　　B. 部分汇流　　　C. 坡面汇流　　　D. 河网汇流

(10) 在小流域汇流中，当净雨历时 t_c 大于流域汇流时间 τ 时，洪峰流量是由（　　）。

A. 部分流域面积上的全部净雨所形成

B. 全部流域面积上的部分净雨所形成

C. 部分流域面积上的部分净雨所形成

D. 全部流域面积上的全部净雨所形成

2. 判断题

(1) 小流域洪水是由暴雨形成的。　　　　　　　　　　　　　　　　（　）

(2) 小流域洪水过程中，一般涨洪历时和退水历时相等。　　　　　　（　）

(3) 小流域洪水灾害是人类经常遇到的自然灾害之一。　　　　　　　（　）

(4) 小流域洪水灾害通过防洪工程措施可以完全消除。　　　　　　　（　）

(5) 小流域暴雨通过坡面汇流和河网汇流到达流域出口形成洪水过程。（　）

(6) 暴雨点面关系是 $P_F = \alpha P$，它用于由设计点雨量推求设计面雨。（　）

(7) 暴雨公式 $P_{t,P} = S_P t^{1-n}$ 中的 S_P 为 $t = 1h$ 的降雨量。　　　（　）

(8) 小流域 24h 设计暴雨量可采用暴雨统计参数均值 $\overline{P}_{24}$ 及 C_v、C_s 值计算。

（　）

(9) 小流域的全部净雨汇集形成洪峰流量。　　　　　　　　　　　　（　）

(10) 小流域上净雨从流域上某点流至出水断面所经历的时间，称为流域汇流时间。

（　）

项目 5

水 库 水 利 计 算

任务 5.1 水 库 认 知

【任务单】

水库是人们为了对河川径流在时间上和空间上进行重新分配,减少或增加某一时间、某一地区的径流量;或者为了抬高水位,达到某些用水的目的,而建造的一个人工蓄水湖。中国长江三峡水利枢纽工程,又称为三峡大坝,为长江上游段建设的大型水利工程项目,也是世界上规模最大的水电站,是中国也是世界上有史以来建设的最大的水坝。三峡水利枢纽是治理长江、开发长江的关键。工程施工非常困难,从开始规划到建设,实施前后历经100多年。工程设计坝顶高程185m,防洪限制水位为145m,而正常蓄水位和设计洪水位均为175m,防洪库容221.5 亿 m^3,校核洪水为180.4m。三峡大坝是怎样调节长江水流的?什么是正常蓄水位、设计洪水位?什么是防洪库容?三峡大坝的坝顶高程、正常蓄水位是怎么确定的?如何应用水库特性曲线,确定水库相应的特征水位和特征库容,是本任务要解决的关键问题。

【任务学习单】

5.1.1 水库的调节作用

水库工程是基层最为常见的蓄水工程,一般是通过在河流上筑坝形成一定的库容,拦截并蓄积丰水期水量,在缺水期放出供给用户,满足用水要求。要合理开发利用水资源,修建水库调节来水和用水之间的矛盾是一种普遍的、有效的工程。这种利用专门的水工建筑物(如大坝、水库和渠道等)来重新分配河川径流,以适应需水过程的措施称为径流调节。其中,为减免洪水灾害,在汛期拦蓄洪水、削减洪峰流量,防止或减轻洪水灾害而进行的调节称为防洪调节;为提高枯水期(或枯水年)的供水量,满足灌溉、水力发电机城镇工业、生活用水等兴利要求而进行的调节称为兴利调节。所以水库的主要作用是进行径流调节,以解决河流来水与用户用水之间的矛盾,满足用水的不同需求。因此,水库的兴利作用就是调余补缺;其次,水库还有其他作用,比如防洪、生态补水、航运、跨地区调水等。

5.1.2 兴利调节分类

5.1.2.1 按调节周期长短划分

水库的蓄泄，随来水与用水的变化而变化。由库空到蓄满，再到放空，循环一次所经历的时间，称为调节周期。按调节周期的长短，兴利调节可分为日调节、周调节、年调节和多年调节等类型。以灌溉为主的水库常为年调节或多年调节。

1. 日调节

日调节一般多见于发电水库。它是将昼夜间基本均匀的来水进行重新分配，即将夜间多余的水量蓄存起来，待白天用水多时再放出。如图 5.1.1 所示，水库将一日中来水 Q 大于用水 q 的水量蓄存起来，集中供应于 Q 小于 q 的时段。调节周期为一日。

2. 周调节

周调节是将星期日的多余水量蓄存起来，在其他用水多的日子里放出。如图 5.1.2 所示。调节周期为一周。

河川径流在一天或一周内的变化是不大的，而用电负荷，白天和夜晚，或工作日与休息日之间，差异却较大，有了水库就可以把夜间或休息日负荷小时的多余水量，需存起来增加白天和工作日高负荷时的发电量。

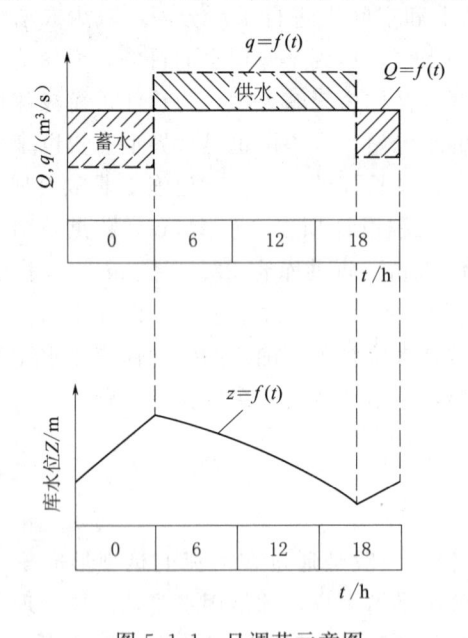

图 5.1.1 日调节示意图

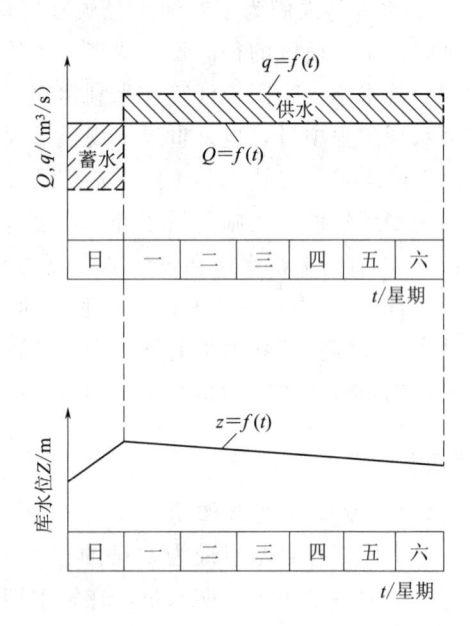

图 5.1.2 周调节示意图

3. 年调节

在我国，一般河流径流的季节变化是很大的，丰水期和枯水期相差悬殊。径流调节的任务就是在丰水期将多余的水量存蓄在水库中，供枯水期使用。年调节是将一年内洪枯季节的径流进行重新分配，即将年内洪水期的多余水量蓄存起来，等枯水期缺水时放出。如图 5.1.3 所示，调节周期为一年。

4. 多年调节

当用水量较大时，或设计保证率较高时，设计年径流量小于年用水量，这时修建年调节水库满足不了用水的要求，须把丰水年多余的水量拦蓄在水库中，补充枯水年供水量的不足。这种跨年度的调节称为多年调节。多年调节水库往往需经过若干个丰水年才能蓄满，然后将存蓄的水量分配在随后的枯水年份里用掉，而并非年年蓄满或放空。即调节周期为多年。如图 5.1.4 所示。

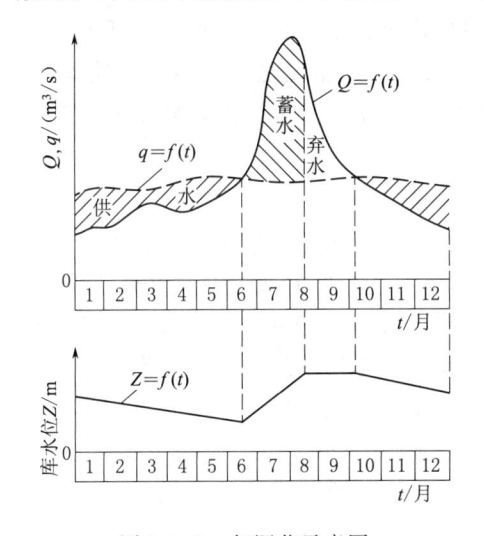

图 5.1.3　年调节示意图

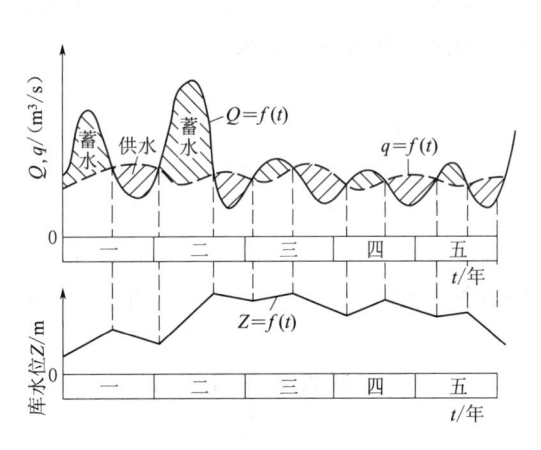

图 5.1.4　多年调节示意图

水库用以兴利调节的库容相对于河流的多年平均年径流量越大，调节径流的性能就越好，调节周期也就越长，调节利用径流的程度就越高。长调节周期的水库往往可以兼有短调节周期的作用，如多年调节水库同时可以进行年调节、周调节等。

此外，调节周期的长短还取决于来水与用水的矛盾。目前，在水资源供需矛盾十分突出的北方地区，水库基本上都需要进行多年调节。对于设计水库来讲，在设计枯水年年内来水量大于用水量，经水库调节，尚有弃水发生，称不完全年调节；如果水库能将设计年年内全部来水量，完全按用水量要求重新分配且没有弃水，称完全年调节。完全年调节和不完全年调节的概念是相对的。

5.1.2.2　按两水库相对位置和调节方式划分

1. 补偿调节

水库至下游用水部门取水地点之间常有较大的区间面积，区间入流显著不受水库控制，为了充分利用区间来水量，水库应配合区间流量变化补充放水，尽可能使水库放水流量与区间入流量的合成流量等于或接近于下游用水要求。这种视水库下游区间来水流量大小，控制水库补充放水流量的调节方式，称为补偿调节。

2. 梯级调节

布置在同一条河流上的多座水库，排列成由上而下的阶梯状，称为梯级水库。梯级水库的特点是水库之间存在着水量的直接联系（对水电站来说有时还有水头的影响，称水力联系），上级水库的调节直接影响到下游各级水库的调节。在进行下级水库的调节计算时，必须考虑到流入下级水库的来水量是由上级水库调节和用水后下泄的水量与上下两级水库间的区间来水量两部分组成的。梯级调节计算一般自上而下逐级进行。当上级调节性能好，下级水库调节性能差时，可考虑上级水库对下级水库进行补偿调节，以提高梯级总的调节水量。对梯级水库进行的径流调节，称为梯级调节。

3. 径流电力补偿调节

位于不同河流上但属同一电力系统联合供电的水电站群，可以根据它们所在流域的水文特性及各自的调节性能差别，通过电力联系来进行相宜之间的径流补偿调节，以提高水库群总的水利水电效益。这种通过电力联系的补偿调节称为径流电力补偿调节。

4. 反调节

为了缓解上游水库进行径流调节时给下游用水部门带来的不良影响，在下游适当地点修建水库对上游水库的下泄流量过程进行重新调节，称为反调节，又称再调节。河流综合利用中，经常出现上游水库为水力发电进行日调节造成下泄流量和下游水位的剧烈变化而对下游航运带来不利影响，水电站年内发电用水过程与下游灌溉用水的季节性变化不一致的情况，修建反调节水库有助于缓解这些矛盾。

5.1.3 水库特性曲线与特征水位

在河流上拦河筑坝形成人工湖用来进行径流调节，这就是水库。一般来说，水库的容积（简称库容）主要与库区内的地形及河流的比降等特性有关。如库区内地形开阔，则库容较大，如为一峡谷，则库容较小。河流比降小，库容就大，比降大，库容就小。根据库区河谷形状，水库有河道型和湖泊型两种。

用来反应水库库区地形特性的曲线，称为水库特性曲线，有水库的水位—面积曲线和水位—容积曲线两种。用来反应水库工作状况的水位，称为水库特征水位，与特征水位相应的库容称水库特征库容。特性曲线和特征水位都是水库规划设计的重要依据。

5.1.3.1 水库特性曲线

对于一座水库来讲，水位越高则水库面积越大，库容越大。不同水位有相应的水库面积和库容，对径流调节有直接影响。一般可根据1/10000、1/5000比例尺的地形图，用求积仪或数方格等方法，求得不同高程（高程的间隔可用1m、2m或5m）时水库的面积，即水库某一水位相应的等高线与坝轴线所包围的面积。然后以水库水位为纵坐标，水库面积为横坐标，绘制水库水位—面积关系曲线如图5.1.5所示。水库面积特性曲线是研究水库库容、淹没范围和计算水库蒸发损失的依据。

可由水库面积特性曲线求得。方法是：①按水库水位—面积曲线中的水位分层，得相应的水面面积；②自库底向上逐层计算各相邻水位间的容积 ΔV_i；③将 ΔV_i 由库底自下而上依次逐层累加，即得各级水位下的容积 V；④以水位 Z 为纵坐标，相应的容积 V 为横坐标，点绘 $Z—V$ 关系点据，并连成光滑曲线，即得水库水位—容积关系曲线。水库水位—容积关系曲线是估算渗漏损失水量和确定水库水位或库容的依据。相邻高程间的部分容积可按式（5.1.1）计算：

$$\Delta V = \frac{F_1 + F_2}{2} \Delta Z \tag{5.1.1}$$

式中 ΔV——相邻高程间（即相邻水位间）的容积，万 m³；

F_1、F_2——相邻上、下水位相应的水库面积，万 m²；

ΔZ——高程间隔（相邻水位差），m。

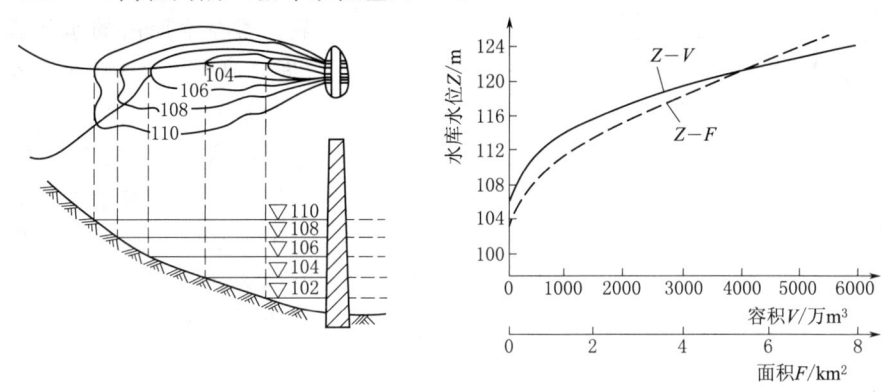

图 5.1.5 水库水位—面积、水位—容积曲线图

或用较精确的公式：

$$\Delta V = \frac{1}{3}(F_1 + \sqrt{F_1 F_2} + F_2)\Delta Z \tag{5.1.2}$$

当库区地形变化不大时，用式（5.1.1）计算；当库区地形变化较大时，用式（5.1.2）计算较为精确。水库容积关系曲线的计算见表 5.1.1。水库面积关系曲线和容积关系曲线的一般形状，如图 5.1.6 所示。

表 5.1.1　　　　　　　　水　库　库　容　计　算

水位 Z/m	面积 $F_库$/万 m²	水位差 Z/m	容积 V/万 m³	库容 V/万 m³
（1）	（2）	（3）	（4）	（5）
50.5	0	0.5	1.33	0
51.0	8	1.0	18.7	1.33
52.0	32	1.0	45.3	20.0
53.0	60	1.0	74.9	65.3
54.0	91	1.0	106.5	140.2
55.0	123	1.0	139.7	246.7
56.0	157	1.0	174.3	386.4
57.0	192	1.0	209.7	560.7
58.0	228	1.0	246.3	770.4
59.0	265	1.0	283.3	1016.7
60.0	302	1.0	320.7	1300.0
61.0	340	1.0	359.3	1620.7
62.0	379	1.0	398.3	1980.0
63.0	418	1.0	438.7	2378.3
64.0	460	1.0	480.0	2817.0
65.0	500			3297.0

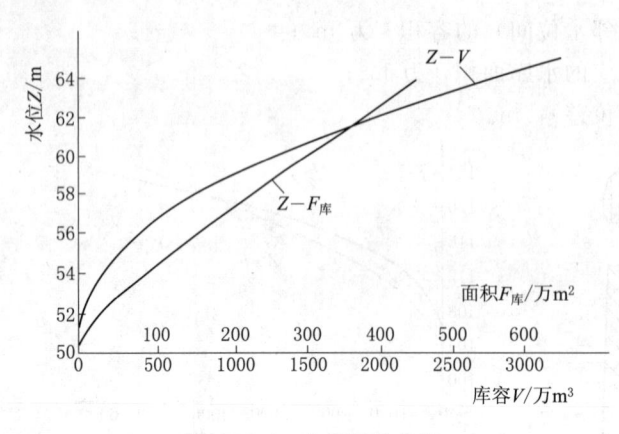

图 5.1.6　水库特性曲线

当假定入库流量为零，水面水平时面积特性曲线和容积特性曲线可以通过以上方法得到。蓄在水库内的水体为静止（即流速为零）时，所观察到的水面是静力平衡条件下的自由水面，这种库容称为静水库容。一般情况下，对于库面开阔的湖泊型水库，入库流速较小时，水面曲线接近水平，以静库容计算，误差不大。但当入库流量较大，库中又有一定流速时，水面曲线并非水平，在库末端的水位要高于坝前水位，即形成所谓的由坝前向上游壅水的回水曲线。水库的蓄水量中，除静库容外，还有一部分楔形蓄量，如图 5.1.7 中的阴影部分。这两部分容积之和，才是水库的实际库容，一般称为动库容。而以动库容绘制的水库库容曲线，称为动库容曲线。对于楔形蓄量所占比重较大的水库，应当采用动库容曲线进行调节计算。动库容曲线的绘制，可采用水力学方法推求不同坝前水位和不同入库流量时的库区水面曲线而进行。所得的是一组以入库流量为参数的水位—容积曲线。

当研究水库回水淹没和浸没的确实范围，或做库区洪水演进计算时，或当动库容占调洪库容比重较大时，必须考虑和研究动库容的影响。动库容的计算，需要资料多，比较麻烦，为了简便起见，一般的调节计算多采用静库容。

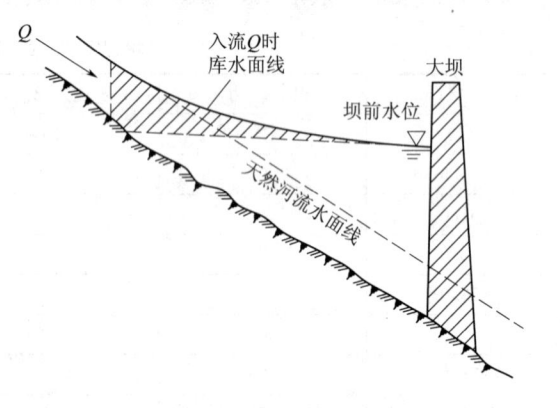

图 5.1.7　水库动库容示意图

5.1.3.2　水库特征水位及库容

表示水库工程规模及运用要求的各种库水位，称为水库特征水位。它们是根据河流的水文条件、坝址的地形地质条件和各用水部门的需水要求，通过调节计算，并从政治、技术、经济等因素进行全面综合分析论证来确定的。这些特征水位和库容各有其特定的任务和作用，体现着水库运用和正常工作的各种特定要求。它们也是规划设计阶段，确定主要水工建筑物尺寸（如坝高和溢洪道大小），估算工程投资、效益的基本依据。这些特征水位和相应的库容，通常有下列几种，如图 5.1.8 所示。

1. 死水位与死库容

在正常运用情况下，允许水库消落的最低水位，称为死水位。死水位以下的库容称为死库容或垫底库容。死库容一般用于容纳水库泥沙、抬高坝前水位和增加库内水深。正常运用情况下，死库容不参与径流调节，只有在特殊干旱年份或其他特殊情况，如战备要求、地震等，为保证紧要用水、安全等要求，经慎重研究，才允许临时动用死库容部分存水。确定死水位所应考虑的主要因素是：

（1）保证水库有足够的发挥正常效用的使用年限（俗称水库寿命）。主要是考虑留部分库容供泥沙淤积的需要。

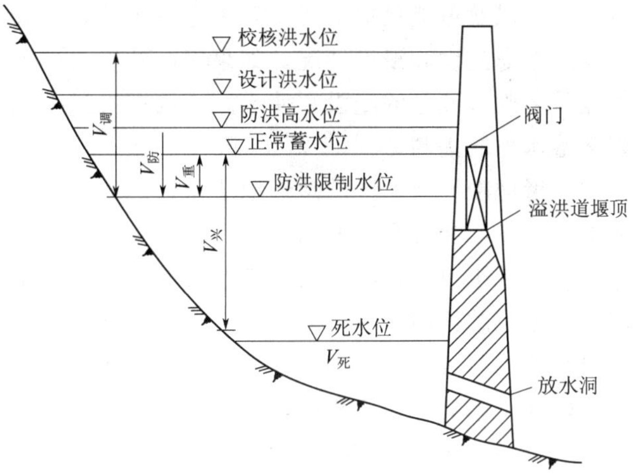

（2）保证水电站所需要的最低水头和自流灌溉必要的引水高程。水电站水轮机的选择，都有一个允许的水头变化范围，其取水口的高程也要求库水位始终保持在某一高程以上。自流灌溉要求库水位不低于灌区地面高程加上引水水头损失值。死水位越高，则自流灌溉的控制面积也越大；在抽水灌溉时，也可使抽水的扬程减小。

图 5.1.8 水库特征水位及其相应库容示意图

（3）库区航运和渔业的要求。当水库回水尾端有浅滩，影响库尾水体的流速和航道尺寸，或库区有港口，则为维持最小航深，均要求死水位不能低于上述相应的水位。水库的建造，为发展渔业提供了优良的条件。因此，死库容的大小，必须顾及在水库水位消落到最低时，尚有足够的水面面积和水库容积，以维持鱼群生存的需要。对于北方地区的水库，因冬季有冰冻现象，尚应考虑在死水位冰层以下，仍能保留足够的容积，供鱼群栖息。

2. 正常蓄水位与兴利库容

在正常运行条件下，为了满足兴利部门枯水期的正常用水，水库在供水开始时应蓄到的最高水位，称为正常蓄水位，又称正常高水位或设计兴利水位。它决定水库的规模、效益和调节方式，在很大程度上决定水工建筑物的尺寸、型式和水库淹没损失。正常蓄水位到死水位之间的库容，是水库实际可用于径流调节的库容，称为兴利库容，又称调节库容。正常蓄水位与死水位之间的深度，称为消落深度，又称工作深度。当采用无闸门控制的泄洪建筑物时，它与溢洪道堰顶高程齐平；当溢洪道有闸门控制时，它是闸门关闭时允许长期维持的水面最高蓄水位。理论上，它可以与闸门关闭时的门顶高程相等。实际上，由于考虑波浪的影响，它略低于门顶高程。

正常蓄水位是水库最重要的特征水位之一。因为它直接关系到一些主要水工建筑物的尺寸、投资淹没、综合利用效益及其他工作指标。大坝的结构设计、其强度和稳定性计算，也主要以它为依据。因此，大中型水库正常蓄水位的选择是一个重要问题，往往牵涉到技术、经济、政治、社会环境影响等方面，需要全面考虑、综合分析确定。而一般的考虑原则，有下列几点：

（1）根据兴利的实际需要。即从水库要负担的综合利用任务和对天然来水的调节程度要求，以及可能投资的多少等来考虑水库规模和正常蓄水位的高低。

（2）考虑淹没和浸没情况。如果库区的重要城镇、工矿企业、重要交通线路、大片耕地、名胜古迹等的淹没，使水库淹没损失过大或安置移民困难较大时，则必须限制正常蓄水位的提高。

（3）考虑坝址及库区的地形地质条件。例如坝基及两岸地基的承载能力、库区周边的地形、库岸和分水岭的高程等。当库水位达某一高程后，可能由于地形的突然开阔或坝肩出现垭口等，将使大坝工程量明显增大而不经济，或可能引起水库大量渗漏而限制库水位的抬高。

（4）考虑河段上下游已建和拟建水库枢纽情况。主要是梯级水库水头的合理衔接问题，以及不影响已建工程的效益等。

3. 防洪限制水位和结合库容

它是汛期允许兴利蓄水的上限水位，同时也是水库汛期防洪运用时的起调水位。该水位以上的库容，只有在发生洪水时，才允许作为滞蓄洪水使用。在整个汛期中，一旦入库的洪水消退，水库就应尽快泄流，使库水位再回到汛限水位。在溢洪道设闸的情况下，为了利用部分兴利库容容纳洪水，并在汛末有利于拦蓄洪水的退水量以蓄满兴利库容，汛限水位往往在正常蓄水位以下选择。汛限水位与正常蓄水位之间的库容，可兼作兴利与防洪之用，称为结合库容（也称为共用库容）（$V_结$或$V_共$）。当遇到下游防护对象的设计标准洪水时，水库为控制下泄流量而拦蓄洪水，这时在坝前（上游侧）达到的最高水位称防洪高水位（$Z_防$）。它与防洪限制水位之间的库容，称为防洪库容（$V_防$）。

应该注意的是，只有在出现洪水时，水库水位才允许超过防洪限制水位。当洪水消退时，水库水位应回降到防洪限制水位。在我国，防洪限制水位是个很重要的参数，它比死水位更重要，它牵涉的面更广，如库尾淹没问题就常取决于这个水位的高低。防洪限制水位，可根据洪水特性、防洪要求和水文预报条件，在汛期不同时段分期拟定。例如按主汛期、非主汛期，或按分期设计洪水分别拟定不同的防洪限制水位。防洪限制水位应尽可能定在正常蓄水位以下，以减少专门的防洪库容，特别是当水库溢洪道设闸门时，一般闸门顶高程与正常蓄水位齐平，而防洪限制水位就常定在正常蓄水位之下。

4. 设计洪水位

设计洪水位是指水库遇到设计洪水时，水库自汛限水位对该洪水进行调节，正常泄洪设施全部打开，坝前达到的最高水位。它是水库正常运用情况下允许达到的最高水位，也是挡水建筑物稳定计算的依据。它与汛限水位之间的库容，称为拦洪库容（$V_拦$）。

设计洪水位是水库的重要参数之一，它决定了设计洪水情况下的上游洪水淹没范围，它同时又与泄洪建筑物尺寸、型式有关，而泄洪设备型式（包括溢流堰泄洪孔、泄洪隧洞）的选择，则应根据设计工程的地形、地质条件和坝型、枢纽布置特点拟定，并应注意以下几点：

（1）如拦河坝为不允许溢流的土坝、堆石坝等当地材料坝，则除有专门论证外，应设置开敞式溢洪道。

（2）为增加水库运用的灵活性，尤其是下游有防洪任务的水库，一般均宜设置部分泄洪底孔和中孔。泄洪底孔要尽可能与排沙、放空底孔相结合。

（3）泄洪设备的型式选择，应考虑经济性和技术可靠性。当在河床布置有困难时，可研究在河岸布置部分旁侧溢洪道和泄洪隧洞。

（4）泄洪闸门类型和启闭设备的选择，应满足洪水调度等方面的要求。

5. 校核洪水位和调洪库容

校核洪水位是指水库遇到校核洪水时，水库自汛限水位对该洪水进行调节，正常泄洪设施与非常泄洪设施先后启用，在坝前达到的最高水位。它是水库非常运用情况下允许达到的最高水位，是确定坝顶高程及进行大坝安全校核的主要依据。校核洪水位与汛限水位之间的库容称为调洪库容（$V_{调}$）。

6. 总库容和有效库容

校核洪水位以下的全部库容称为总库容。当防洪与兴利有部分结合库容时，$V_{总} = V_{死} + V_{兴} + V_{调} - V_{结}$；当防洪与兴利无结合库容时，$V_{总} = V_{死} + V_{兴} + V_{调}$。总库容是表示水库规模的代表性指标，可作为划分水库等级、确定工程安全标准的重要依据。

水库总库容 V 的大小是水库最主要指标。通常按此值的大小，把水库划分为下列五等：

大（1）型——大于 10 亿 m^3；

大（2）型——1 亿～10 亿 m^3；

中型——0.1 亿～1 亿 m^3；

小（1）型——0.01 亿～0.1 亿 m^3；

小（2）型——小于 0.01 亿 m^3。

校核洪水位与死水位之间的库容，称为有效库容，即 $V_{有效} = V_{总} - V_{死}$。它的作用是参与径流调节，满足兴利和防洪的要求。由设计洪水位和校核洪水位加上各自的风浪高和安全超高，取两者的较大值，即为坝顶高程。

【任务解析单】

三峡水库在正常运用情况下，为满足兴利除害的要求而蓄到的最高蓄水位叫作正常蓄水位。初步设计阶段，长江水利委员会在可行性研究阶段确定的"一级开发、一次建成、分期蓄水、连续移民"建设方案及最终正常蓄水位为 175m 的基础上，又重点研究了 172m、175m、177m 三个方案。正常蓄水位越高，防洪、发电、航运等综合效益越大，但水库淹没及移民数量越大，泥沙淤积越难处理，投资越多，对库区生态与环境的影响越大。三个正常蓄水位方案的比较结果符合上述规律，但没有大的实质不同。考虑到 175m 正常蓄水位方案是论证阶段经有关专家组、有关部分和地方反复研究，一致推荐的，又经国务院三峡工程审查委员会审查通过并经国务院批准的，因此，初设阶段仍推荐采取 175m 正常蓄水位方案，相应的三峡水库总库容为 393 亿 m^3。

【技能训练单】

1. 某水库水位 Z 与面积 F 的关系已由地形图量得，见表 5.1.2。试求：

(1) 水库水位库容关系。

表 5.1.2　　　　　　　某水库水位 Z 与面积 F 关系

Z/m	97	110	115	120	125	130	135	140	145	150	155	160	170	175
F/万 m²	0	54	120	206	401	480	587	720	925	1080	1260	1490	1983	2560

(2) 绘制水库水位面积和水位库容曲线。

2. 某水库的防洪限制水位 55m，校核洪水位 62m，水库的特性曲线如图 5.1.9 所示。

(1) 确定该水库的调洪库容和总库容的大小。

(2) 确定这两种水位下的库水面面积大小。

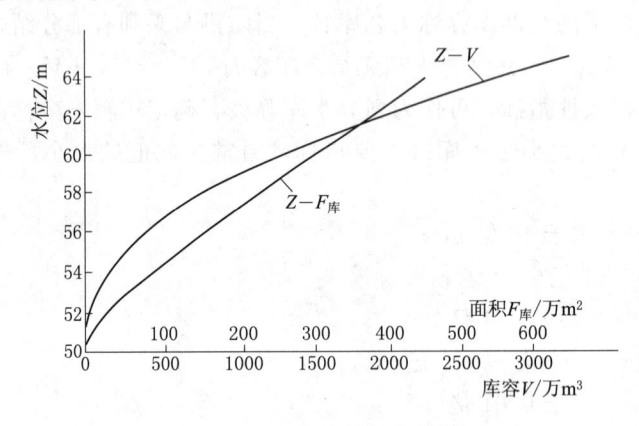

图 5.1.9　水库特性曲线图

3. 请写出图 5.1.10 中各特征水位的名称，并标注出特征水位相应的特征库容。

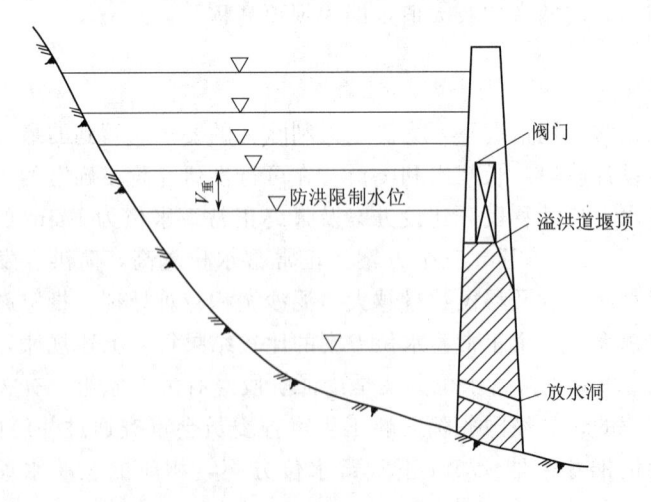

图 5.1.10　水库特征水位图

【技能测试单】

1. 单选题

（1）年调节调节周期为（　　　）。

　　A. 半年　　　　　B. 一年　　　　　C. 二年　　　　　D. 多年

（2）对于设计水库来讲，在设计枯水年年内来水量大于用水量，经水库调节，尚有弃水发生，称（　　　）。

　　A. 不完全年调节　B. 兴利调节　　　C. 完全年调节　　D. 防洪调节

（3）视水库下游区间来水流量大小，控制水库补充放水流量的调节方式，称为（　　　）。

　　A. 完全年调节　　B. 不完全年调节　C. 补偿调节　　　D. 兴利调节

（4）通过电力联系的补偿调节称为（　　　）。

　　A. 径流电力补偿调节　　　　　　　B. 防洪调节

　　C. 梯级调节　　　　　　　　　　　D. 补偿调节

（5）用来反应水库工作状况的水位，称为（　　　）。

　　A. 库容　　　　　B. 水库特征水位　C. 特性曲线　　　D. 再调节

（6）一般的调节计算多采用（　　　）。

　　A. 死库容　　　　B. 动库容　　　　C. 正常库容　　　D. 静库容

（7）在正常运用情况下，允许水库消落的最低水位，称为（　　　）。

　　A. 正常水位　　　B. 设计水位　　　C. 死水位　　　　D. 校核水位

（8）正常蓄水位到死水位之间的库容，称为（　　　）。

　　A. 兴利库容　　　B. 死库容　　　　C. 动库容　　　　D. 静库容

（9）水库正常运用情况下允许达到的最高水位称为（　　　）。

　　A. 正常蓄水位　　B. 死水位　　　　C. 设计洪水位　　D. 校核洪水位

（10）能反映库区地形特性的曲线被称为（　　　）。

　　A. 面积曲线　　　B. 容积曲线　　　C. 水库特性曲线　D. 水位曲线

2. 判断题

（1）利用专门的水工建筑物（如大坝、水库和渠道等），来重新分配河川径流，以适应需水过程的措施称为径流调节。　　　　　　　　　　　　　　　　（　　）

（2）水库工程是基层最为常见的蓄水工程，一般是通过在河流上筑坝形成一定的库容，拦截并蓄积丰水期水量，在缺水期放出供给用户，满足用水要求。　（　　）

（3）按调节周期的长短，兴利调节可分为日调节、周调节、月调节和年调节等类型。　　　　　　　　　　　　　　　　　　　　　　　　　　　　　　（　　）

（4）对于设计水库来讲，在设计枯水年年内来水量大于用水量，经水库调节，尚有弃水发生，称不完全年调节。　　　　　　　　　　　　　　　　　　（　　）

（5）布置在同一条河流上的多座水库，排列成由上而下的阶梯状，称为补偿水库。

　　　　　　　　　　　　　　　　　　　　　　　　　　　　　　　　（　　）

任务5.2 水库死水位确定

【任务单】

某水库工程水库坝址以上集雨面积7.52km²，多年平均入库径流量665万m³，多年平均入库流量为0.21m³/s。水库$P=0.5\%$校核洪水位996.523m，总库容121万m³，水库正常蓄水位为993.00m，相应库容96.7万m³，死水位964.00m，相应库容3.67万m³，兴利库容93.03万m³，库容系数14%，为年调节水库。根据《防洪标准》(GB 50201—2014)、《水利水电工程等级划分及洪水标准》(SL 252—2017)，工程等别为Ⅳ等，工程规模为小（1）型。该水库工程建设后，年供水量为272.2万m³。那么该水库死水位和死库容是如何确定的？在确定死水位和死库容时需要考虑哪些因素？如何确定不同条件下死水位及死库容的大小，是本任务要解决的关键问题。

【任务学习单】

5.2.1 水库的水量损失

水库建成蓄水后，一方面引起了库区与库周的地下水运动变化，库水将补给周围的地下水，因而增加了渗漏损失量；另一方面库水面也比天然河道增大很多，因而增加了蒸发损失量。这两部分水量损失，统称为水库的水量损失。在水库的规划设计和运用中，必须考虑这些损失，以保证正常供水。

5.2.1.1 水库的蒸发损失

建库后，虽水库的蒸发损失是指水库兴建前后因蒸发量的不同，所造成的水量差值。修建水库前，除原河道为水面蒸发外，整个库区都是陆面蒸发，而这部分陆面蒸发量已反映在坝址断面处的实测年径流资料中。建库之后，库区内陆面面积变为水库水面的这部分面积，由原来的陆面蒸发变成为水面蒸发。因水面蒸发比陆面蒸发大，故所谓蒸发损失就是指由陆面面积变为水面面积所增加的额外蒸发量，以ΔW表示为

$$\Delta W = 1000(E_水 - E_陆)F_v \quad (5.2.1)$$

$$E_水 = KE_测 \quad (5.2.2)$$

$$E_陆 = \overline{E} = \overline{H} - \overline{R} \quad (5.2.3)$$

式中　ΔW——水库的蒸发损失量，m³；

　　　$E_测$——实测水面蒸发量，mm；

　　　K——蒸发器（皿）折算系数，一般为0.65~0.80；

　　　$E_水$——水面蒸发量，mm；

　　　$E_陆$——陆面蒸发量，mm；

　　　$\overline{H}$——闭合流域多年平均年降水量，mm；

　　　$\overline{R}$——闭合流域多年平均年径流深，mm；

$\overline{E}$——闭合流域多年平均年陆面蒸发量，mm；

F_v——建库增加的水面面积，取计算时段始末的平均面积，km²，如果水库形成前的水面面积（如湖泊河川等），与水库总面积的相对比值不大，则计算时可忽略不计，取水库总面积作为 F_v 的值。

在蒸发资料比较充分时，要作出与来水、用水对应的水库年蒸发损失系列，其年内分配即采用当年实测的年内分配。如果资料不充分，在年调节计算（或多年调节计算）时，可采用多年平均的年蒸发量和多年平均的年内分配。

【例 5.2.1】 某水库流域面积上多年平均年降水量为 524.5mm。多年平均年径流深为 83.8mm。水库附近气象站 80cm 蒸发器测得的多年平均年月水面蒸发量见表 5.2.1，折算系数 $K=0.80$。试求该水库各月的蒸发损失深度。

表 5.2.1　　　　某水库附近气象站多年平均年月蒸发量表　　　　单位：mm

月份	1	2	3	4	5	6	7	8	9	10	11	12	全年
蒸发量	38.1	53.6	114.0	208.0	301.0	249.0	201.0	166.0	147.0	115.0	57.2	35.5	1685.4

（1）求陆面蒸发深度 $E_陆$：

$$E_陆 = \overline{H} - \overline{R} = 524.5 - 83.3 = 441.2 (\text{mm})$$

（2）求年水面蒸发深度 $E_水$：

$$E_水 = K E_测 = 0.80 \times 1685.4 = 1348.3 (\text{mm})$$

（3）求年蒸发损失深度 ΔE：

$$\Delta E = E_水 - E_陆 = 1348.3 - 441.2 = 907.1 (\text{mm})$$

（4）利用表 5.2.1 的年月分配情况，求得各月蒸发损失深度见表 5.2.2。

表 5.2.2　　　　某水库蒸发损失计算表

月　份	1	2	3	4	5	6	7	8	9	10	11	12	全年
月分配比/%	2.26	3.18	6.76	12.34	17.86	14.78	11.93	9.85	8.72	6.82	3.39	2.11	100
月蒸发损失深度/mm	20.5	28.9	61.4	111.9	162.0	134.0	108.2	89.3	79.1	61.9	30.8	19.1	907.1

5.2.1.2　渗漏损失

水库建成并蓄水后，水位抬高，水压力增大，水库蓄水量的渗漏损失随之加大。渗漏量的大小与库区、坝址的地质及水文地质条件，以及坝的施工质量有关。如果渗漏比较严重，则调节计算中应有所考虑，以求有较高的计算精度。水库的渗漏损失主要表现在以下几个方面：

（1）经过能透水的坝身（如土坝、堆石坝等），以及闸门、水轮机等的渗漏。

（2）通过坝基及大坝两翼的渗漏。

（3）通过库底向较低的透水层及库外的渗漏。

常用的经验指标见表 5.2.3。

表 5.2.3　　　　　　　　估算水库渗漏损失经验指标表

水文地质条件	月渗漏量相当于当月水库蓄水量的百分数/%	年渗漏量相当于当年水库蓄水量的百分数/%	水库年平均水位相应的水面面积消落深度/m
优良	0～1.0	0～10	0～0.5
中等	1.0～1.5	10～20	0.5～1.0
较差	1.5～3.0	20～40	1.0～2.0

在水库运行的最初几年，渗漏损失往往较大（大于上述经验数值），因为初蓄时，为了湿润土壤及抬高地下水位需要额外损失水量。水库运行多年以后，由于库床泥沙颗粒间的空隙逐渐被细泥或黏土淤塞，渗透系数变小，同时库岸四周地下水位逐渐抬高，也使渗漏量减少。鉴于此，在渗漏量严重的地区，常通过人工放淤来减少库床的渗漏。

5.2.2　水库死水位的确定

水库死水位是水库正常运行的最低水位。死水位以下的死库容是不能用来进行径流调节的。死库容的作用，主要是淤积部分泥沙和抬高库水位。在规划设计水库时，需要先确定水库的死水位，再进行调节计算，以求得兴利库容和正常蓄水位。水库死水位的确定，主要应考虑以下几个方面。

5.2.2.1　满足自流灌溉的死水位

承担灌溉任务的水库，往往希望能自流灌溉。自流灌溉要求水库水位不低于灌区地面高程加上引水水头损失值。死水位越高，自流灌溉的面积越大；在抽水灌溉时，也可使抽水的扬程减少。为此，放水建筑物的下游水位要有一定高程，如图 5.2.1 中的 A 点。这一高程可由灌区控制高程及渠道的纵坡和长度推算。渠道设计流量所需要的最小水头 H_{min}，再加上 1/2 引水管内径，即得相应的死水位。可用下式计算：

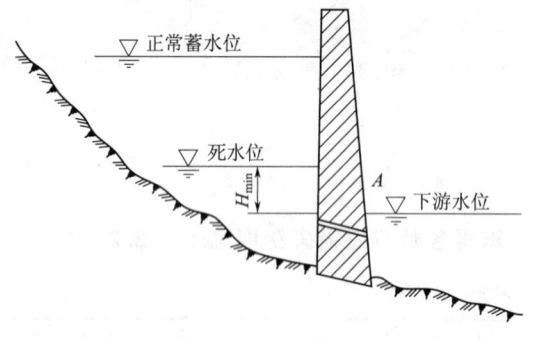

图 5.2.1　考虑灌溉要求确定死水位示意图

$$Z_{死} = Z_{渠} + \frac{D_{内}}{2} + H_{min} + iL \tag{5.2.4}$$

式中　$Z_{渠}$——渠首设计控制高程，m；
　　　i、L——引水管坡度和长度，m；
　　　$D_{内}$——引水管内径，m；
　　　H_{min}——渠道设计流量的最小水头，m。

5.2.2.2　满足水库泥沙淤积的死水位

修建在多泥沙河流上的水库，必须考虑泥沙淤积对水库运用的影响。水库在调节径流的同时需要排沙减淤以延长寿命。为了对泥沙进行调节，需要有专门的堆沙库容。但由于库中泥沙的运行规律比较复杂，淤积过程难以精确计算，且泥沙在水库中的淤积形态也多种多样，因此，常采用简化的方法，即假定有部分泥沙沉积在库内，且淤积直抵坝前呈水平状态，来计算水库运用 T 年后的淤积总容积 $V_{沙总}$，即

$$V_{沙总} = TV_{沙年} \quad (5.2.5)$$

对于悬移顶年淤积量

$$V_{悬} = \frac{\overline{\rho}\overline{W}m}{(1-P)\gamma} \quad (5.2.6)$$

式中 $V_{悬}$——悬移顶年淤积量，m^3；

$\overline{\rho}$——坝址断面多年平均含沙量，kg/m^3；

$\overline{W}$——坝址断面多年平均年径流量，m^3；

m——库中泥沙的沉积率，%，此值与库容的相对大小、水库调节程度及控制运用方式等有关；

ρ——淤积体的孔隙率，$\rho = 0.3 \sim 0.4$；

γ——干沙颗粒的质量密度，t/m^3，$\gamma = 2.0 \sim 2.8$。

其中，式（5.2.6）仅对悬移质泥沙而言。若推移质泥沙占一定比重，应在总入库泥沙中予以考虑。一般可以悬移质泥沙的某一百分数作为推移质泥沙量。

由此淤积库容查库容曲线，即可得到满足泥沙淤积要求的死水位。

5.2.2.3 满足水电站最低水头的死水位

承担发电任务的水库，死水位或正常蓄水位以及消落深度的选择，是需要通过经济比较的。如果正常蓄水位已经选定，考虑到水轮机都有一个允许的水头变化范围这一因素，水库的死水位应在保证水轮机所需要的最低水头的范围来选择，以利于发出较多的电能和出力。

5.2.2.4 满足其他兴利部门要求的死水位

当水库上游有通航要求时，水库死水位不得低于最小航深的要求，同时需要考虑船闸、码头与库水位的关系。水库有水产养殖任务时，死水位的确定还要保证有足够的水面面积与容积，以满足水库在枯水期末放水后仍有一定的水体供鱼类活动和生长。另外，为了满足生态、环境、旅游、卫生等需要，要求水库水位消落到死水位时，有一定的面积和容积。

【任务解析单】

由于该水库兼具人饮及灌溉功能，影响死水位的主要因素有水库淤沙、取水口最小淹没深、灌区及集镇供水区域高程。水库灌区主要分布在当地镇政府下游，海拔高程比水库坝址低，对死水位限制较小。拟建水厂最高高程957.00m，人畜饮水及灌溉区域主要分布于860~960m之间，故本阶段确定死水位的主要因素是以满足泥沙淤积为要求，结合取水设施以及最小淹没深来确定死水位。

1. 泥沙淤积计算

根据径流计算成果，坝址断面多年平均径流量665万 m^3，$V_w/W_入 = 0.145$，查《泥沙设计手册》中的"拦沙率"经验关系曲线，大塘水库拦沙率约为92%。坝址断

面多年平均悬移质输沙量752t,推移质按悬移质的20%计,则推移质输沙量150.4t,输沙总量902.4t,泥沙容重按1.3t/m³,年输沙量694.15m³,推移质为全部淤积,50年泥沙淤积量为4.15万t,泥沙淤积体积为3.24万m³;不同年限坝址坝前淤沙高程计算成果见表5.2.4。

表5.2.4　　　　　　　　　某水库坝址泥沙淤积计算成果

序号	使用年限/年	多年平均排沙比法		
		淤积库容V/万m³	淤积高程Z/m	
			水平	坝前
1	1	0.065	953.51	952.67
2	5	0.324	955.6	954.07
3	10	0.647	957.19	955.13
4	15	0.971	958.41	955.94
5	20	1.29	959.43	956.62
6	25	1.62	960.31	957.21
7	30	1.94	961.06	957.21
8	35	2.26	961.73	958.15
9	40	2.59	962.22	958.55
10	45	2.91	962.7	958.91
11	50	3.24	963.35	959.23

2. 淹没水深计算

根据表5.2.4计算成果,50年设计坝前淤积高程为959.23m,进口底板高程应高于坝前淤积高程,本次设计取进口底板高程为960.00m,进口闸门段孔口尺寸设计为1.5m×1.5m。根据《水利水电工程进水口设计规范》(SL 285—2020),有压进水口从防止产生贯通式漏斗漩涡考虑,进口顶部低于最低水位的最小淹没深度按下式计算:

$$S = Cv\sqrt{d}$$

式中　S——闸门顶板高程以上最小淹没深度,m;
　　　C——进水口形状系数,取0.55;
　　　v——闸孔断面平均流速,取0.5m/s;
　　　d——闸孔高度,取1.5m。

经计算,$S=0.34m$。

3. 坝址死水位的选择

根据计算,坝址处50年设计坝前淤积高程为959.23m,水平淤积高程为963.35m。进水口底板高程为960.00m,淹没水深0.34m。根据《水利水电工程进水口设计规范》(SL 285—2020),最小淹没深度不应小于1.5~2m。且死水位不应小于水平淤积高程963.35m。取水口应保证在淤沙高程以上并满足最小淹没深度要求,满足《水利水电工程进水口设计规范》(SL 285—2020)的要求。综合以上各点要求,本次死水位取值范围应为 963.35～963.5m，最终本项目死水位定为 964.00m，死库容 3.67 万 m³。

【技能训练单】

1. 已知某水库下述泥沙资料：多年平均流量 $Q=18.92\text{m}^3/\text{s}$，多年平均含沙量 $\rho=0.255\text{kg/m}^3$，孔隙 $p=0.35$，$m=1$，$\gamma=2400\text{kg/m}^3$，设计使用年限 $T=100$ 年，推移质按悬移质的 10% 计算。试求：

(1) 计算淤积库容。

(2) 查上题水库 $Z-V$ 曲线定出淤积水位。

2. 某水库集水面积 $F=472\text{km}^2$，多年平均流量 $Q=18.9\text{m}^3/\text{s}$，多年平均降水量 $H=2004\text{mm}$，多年平均水面蒸发量 $E_\text{水}=1600\text{mm}$，折算系数 $K=0.85$，水库蒸发月分配比见表 5.2.5，试求水库的蒸发损失深度。

表 5.2.5　　　　　　　　水库蒸发月分配比

月份	1	2	3	4	5	6	7	8	9	10	11	12	全年
百分比/%	6.8	5.3	7.1	7.6	9.3	8.3	10.4	9.8	9.7	9.8	8.8	7.1	100

【技能测试单】

1. 单选题

(1) 在正常运用情况下，允许水库消落的最低水位，称为（　　）。

A. 正常水位　　　　B. 设计水位　　　　C. 死水位　　　　D. 校核水位

(2) 水库兴建前后因蒸发量的不同，所造成的水量差值称为（　　）。

A. 蒸发损失　　　　B. 渗漏损失　　　　C. 结冰损失　　　　D. 其他损失

(3)（　　）是水库正常运行的最低水位。

A. 死水位　　　　B. 正常蓄水位　　　　C. 消落水位　　　　D. 设计水位

(4)（　　）要求水库水位不低于灌区地面高程加上引水水头损失值。

A. 抽水灌溉　　　　B. 水源　　　　C. 正常水位　　　　D. 自流灌溉

(5) 修建在多泥沙河流上的水库，必须考虑（　　）淤积对水库运用的影响。

A. 水温　　　　B. 泥沙　　　　C. 流量　　　　D. 流速

(6) 水库的渗漏损失主要表现在（　　）。

A. 经过能透水的坝身（如土坝、堆石坝等），以及闸门、水轮机等的渗漏。

B. 通过坝基及大坝两翼的渗漏。

C. 通过库底向较低的透水层及库外的渗漏。

D. 以上说法都正确

(7) 水库正常蓄水位与死水位之间的深度，被称为（　　）。

A. 消落水深　　　　B. 设计水位　　　　C. 正常蓄水位　　　　D. 校核水位

(8) 大型水库正常使用年限分为（　　）

A. 20~30 年　　　　B. 50~100 年　　　C. 100 年　　　　D. 50 年

（9）对于发电为主的水库，其死水位的确定主要应考虑以下哪方面的要求？（　　）

A. 满足自流灌溉要求　　　　　　B. 满足水库泥沙淤积要求

C. 满足水电站最低水头要求　　　D. 满足其他兴利部门要求

（10）在多沙河道修建水库，为不影响兴利蓄水，需设置（　　），满足水库泥沙淤积。

A. 死库容　　　B. 兴利库容　　　C. 淤沙库容　　　D. 防洪库容

2. 判断题

（1）在规划设计水库时，需要先确定水库的正常蓄水位，再进行调节计算确定水库的死水位。（　　）

（2）水库的水量损失主要是渗漏损失量。（　　）

（3）小型水库的正常使用年限是 20~30 年。（　　）

（4）河流泥沙含量的多少与死库容没有关系。（　　）

（5）在生产实际中渗漏损失量与库区水文地质条件有关。（　　）

（6）死库容一般用于容纳水库泥沙、抬高坝前水位和增加库内水深。正常运用情况下，死库容不参与径流调节。（　　）

任务 5.3　年调节水库兴利调节计算

【任务单】

三峡工程具有防洪、发电、航运和枯期向下游补水等巨大的综合利用效益，其水库调度运用是实现这些效益的重要手段。三峡水库正常蓄水位为 175m，有防洪库容 221.5 亿 m^3，兴利调节库容 165 亿 m^3，具有年调节能力。三峡水库蓄水运用以来，为提前、高效、全面发挥三峡工程的综合效益，实现蓄水 175m 的目标，结合水库蓄水运用的实践，开展了一系列水库调度运用方案的深入研究和优化工作以及调度规程编制工作，为三峡工程的科学调度运用提供了技术支撑，对推进三峡工程全面发挥效益起了重要作用。例：某年调节水库调节年度的来水与用水过程见表 5.3.2。死水位已确定为 122m，相应死库容为 $210 \times 10^6 m^3$。根据水库的特性曲线推求兴利库容和水库蓄泄过程。本任务通过案例分析解决年调节水库兴利调节计算的方法。

【任务学习单】

5.3.1　水库兴利调节基本原理

水库兴利调节计算过程，实质上是水库蓄泄水量的计算过程。其计算原理是水量平衡原理。即计算时段内进出水库的水量差，等于水库蓄水量的变化。可用如下水量平衡方程式表示：

$$\Delta V = (\bar{Q} - \bar{q})\Delta t \tag{5.3.1}$$

式中 ΔV——计算时段内水库蓄水量的变化,蓄为正,泄为负;

$\bar{Q}$——计算时段内的平均入库流量;

$\bar{q}$——计算时段内从水库取用及消耗的平均流量,包括各兴利部门的用水流量、蒸发损失及渗漏损失流量,以及水库蓄满后的无益弃水流量等;

Δt——计算时段,应根据调节周期的长短和来用水的变化情况而定。年调节水库,一般取一个月。当来水或用水变化剧烈时,也可取一旬。时段划分越短,计算精度越高,计算工作量也越大。

具体计算时,年调节水库是将调节周期划分为若干个计算时段进行的。调节周期一般不按日历年度,而采用调节年度(即水利年度)。所谓调节年度,是指自蓄水之日起至放空之日止,以蓄泄周期划分的年度。调节年度一般是12个月,但也有个别年份超过或不足12个月的,视连续缺水的情况而定。

5.3.2 水库兴利调节所需资料

兴利调节通过水库蓄、泄,使来水过程适应需水过程的需要。调节计算所需的基本资料包括河川径流资料、用水部门的需水资料以及水库特性资料等。

河川径流资料是兴利调节的基本数据,由于水文现象的随机性和多变性,不可能对水库整个运行时期,几十年甚至上百年未来的河川径流情势,进行长期预测。因此,通常是由以往的径流资料来估计未来的水文情势和来水特性,推求设计的长期年、月径流量系列或设计代表年的来水过程来反映水库运行期间的来水规律。

需要指出的是,现行计算方法,一般情况下求得的来水过程反映的是天然状态下的来水规律。调节计算时,根据设计任务,是针对设计水平年的来水、用水情况进行的。所谓设计水平年,是指作为选择工程规模及其特征而依据的有关国民经济部门计划达到某个发展水平的年份。在设计水平年,若水库所控制的流域内人类活动对天然状态下的来水产生明显影响,则需考虑这种影响推求设计水平年水库的入库径流量。以下内容中水库的来水均指入库径流量。

用水部门的需水要求是进行调节计算的又一依据。为确定用户的用水过程,需掌握各用水部门对水量、水质、保证程度、引水地点和用水时间等方面的要求,还应了解各用水部门不同水平年的发展计划。根据当前(现状)用户的用水水平,计算用户当前的用水过程,并在此基础上,预测近期或远期水平年的用水过程,作为水库在不同水平年调节计算的依据。

水库特性方面的资料,主要是水库的面积、库容特性、水库的蒸发损失和渗漏损失、泥沙淤积以及水库的淹没和浸没等。这些资料一般需要根据库区地形资料和水文地质资料以及淹没和浸没损失的社会调查资料来分析确定。

基本资料是一切水利水电工程设计和运用的根本依据,直接影响设计成果的质量与运行的效益。因此,必须十分重视其可靠性和代表性,并且根据不同的设计阶段及时做出修正和补充。

5.3.3 兴利库容的确定

水库在调节年度内进行充蓄、泄放过程叫水库运用。蓄泄一次称为一次运用,蓄泄多次称为多次运用。根据来水和用水过程的不同，一年中水库的运用情况有以下几种。

5.3.3.1 一回运用水库兴利库容

如图 5.3.1 所示，$Q-t$、$q-t$ 分别代表水库天然来水和用水过程。水库在调节年度内充蓄一次和泄放一次，称为一回运用。水库自调节年度开始的 t 时刻起，来水 Q 大于用水 q，至 t_2 时刻止共有余水 V_1。自 t_2 时刻起，来水 Q 小于用水 q，至 t_3 时刻止，缺水总量为 V_2。且 V_1 大于 V_2。于是，水库只要在余水期蓄满 V_2 的水量，就能保证该年的用水要求。所以该年度所需的调节库容即 $V_兴 = V_2$。由于 V_1 大于 V_2，水库可保证蓄满，且有部分余水量 $(V_1 - V_2)$ 要弃掉。

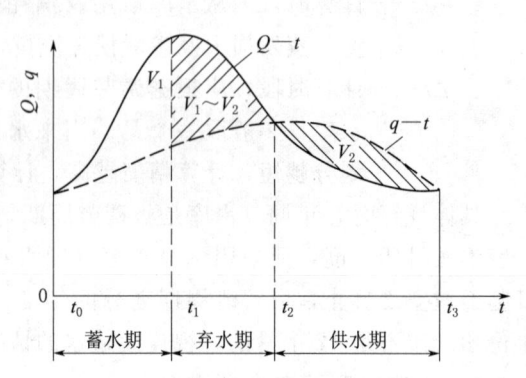

图 5.3.1 水库一次运用示意图

5.3.3.2 两回运用水库兴利库容

水库在一个调节年度内充蓄两次泄放两次称为两次运用，可分为三种情况：

第一种情况：如图 5.3.2（a）所示，$V_1 > V_2$，$V_3 > V_4$，则 $V_兴 = \max\{V_2, V_4\}$。图中，$V_2 > V_4$，于是 $V_兴 = V_2$。即当两个余水量分别大于其后的两个缺水量时，水库的两回运用是相互独立的，此时兴利库容为两个缺水量中的较大者。

第二种情况：如图 5.3.2（b）所示，$V_1 > V_2$，$V_3 < V_4$，则 $V_兴 = \max\{V_2, V_4, V_2 + V_4 - V_3\}$ 图中，当 $V_2 < V_4$，$V_3 > V_2$，则 $V_兴 = V_4$。即水库在 $t_0 \sim t_1$ 时段蓄满兴利库容（即 V_4），在 $t_1 \sim t_2$ 时段内供水 V_2，在 $t_2 \sim t_3$ 时段内，由于 $V_3 > V_2$，故水库又可回蓄满调节库容，并正好满足 $t_3 \sim t_4$ 时段内的缺水需求。

第三种情况：如图 5.3.2（c）所示，$V_1 > V_2$，$V_3 < V_4$，则仍有 $V_兴 = \max\{V_2, V_4, V_2 + V_4 - V_3\}$* 由图可知 $V_3 < V_2$，则 $V_兴 = V_2 + V_4 - V_3$。即由于 $V_3 < V_2$，所以水库在 $t_0 \sim t_1$ 时段内除应蓄满 V_2 水量外，尚应再多蓄 $(V_4 - V_3)$ 的水量，才能满足 $t_3 \sim t_4$ 时段内的缺水需求。

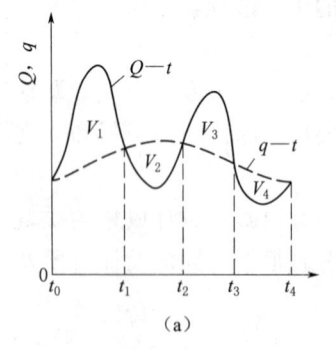

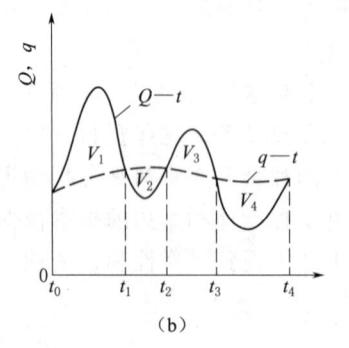

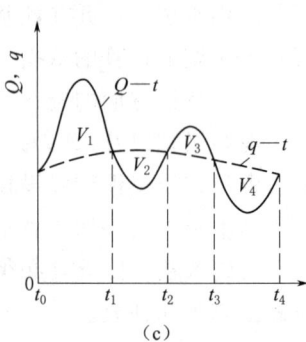

(a)　　　　　　　　(b)　　　　　　　　(c)

图 5.3.2 水库两回运用示意图

5.3.3.3 多回运用水库兴利库容

水库在一个调节年度内，充蓄泄放多于两次时，即为多次运用。此时，确定兴利库容可从空库时刻起算（$V_兴=0$），按顺时序或逆时序方法进行计算，分述如下：

逆时序计算：从 $V=0$ 开始逆时序累加（$W_来-W_用$）值，遇亏水量相加余水量相减，减后若小于零即取为零，这样可求出各时刻所需的蓄水量，其最大累积值即为兴利库容：

$$V_兴 = \sum (W_来 - W_用)_{最大} \tag{5.3.2}$$

顺时序计算：从 $V_兴=0$ 开始，顺时序累加 $\sum (W_来-W_用)_{最大}$ 值，遇余水相加，亏水量相减，经过一个调节年度又回到计算的起点当 $\sum (W_来-W_用)_{最大}$ 不为零时，有余水量 C，则兴利库容：

$$V_兴 = \sum (W_来 - W_用)_{最大} - C \tag{5.3.3}$$

5.3.3.4 水库正常蓄水位的确定

求得了设计兴利库容后，将其与死库容相加，查水位—库容关系曲线，所得水位即为正常蓄水位。

5.3.4 年调节水库兴利调节计算的时历列表法

时历列表法调节计算是年调节水库兴利调节计算的方法之一。该法是在来水、用水已知的情况下，用列表的方式，逐时段求解水量平衡方程，以求得水库蓄泄过程和所需的兴利调节库容。由于它可以较为严格细致地考虑各种水量损失，因此是一种最常用的方法根据是否计入水量损失，又可分为以下两种情况。

年调节水库的调节周期为一年调节计算时，首先确定出水库兴利蓄水为零的时刻作为计算的起点。显然，兴利蓄水量为零即库空之时，应为供水期末。从库空之后水库转为蓄水期。从水库开始蓄水到翌年放空的周期称为调节年或水利年，时间仍为12个月。

列表计算可以顺时序向前推算，也可逆时序向后推算式（5.3.4）和式（5.3.5）。

顺时序向前推算

$$V_{月(旬)末} = V_{月(旬)初} + (W_来 - W_用) \tag{5.3.4}$$

逆时序向后推算

$$V_{月(旬)初} = V_{月(旬)末} - (W_来 - W_用) \tag{5.3.5}$$

式中　$V_{月(旬)初}$——时段 Δt（月或旬）初的水库容积，m^3；

$V_{月(旬)末}$——时段 Δt（月或旬）末的水库容积，m^3。

5.3.4.1 不计损失的列表计算

由于不计入损失，出库水量只包括各部门用水量，于是可以直接计算来水量与用水量的差值（$W_来-W_用$），正者为多余水量，负者为不足水量。兴利库容的大小就决定于多余水量与不足水量的组合情况，现举例说明。

【例 5.3.1】 某年调节灌溉水库,来、用水数据见表 5.3.1 中②、③两列,试用列表法调节计算,确定该年所需的兴利库容和水库蓄水过程。

表 5.3.1　　　　　　　列表法年调节计算(两回运用)　　　　　　单位:万 m³

时间	来水量	用水量	余水量	亏水量	早蓄方案 水库蓄水量	早蓄方案 弃水量	晚蓄方案 水库蓄水量	晚蓄方案 弃水量
①	②	③	④	⑤	⑥	⑦	⑧	⑨
					0		0	
1984-07	1134	1012	122		122		0	122
1984-08	8130	1104	7026		3726	3422	2200	4826
1984-09	2068	1242	826		3726	826	3026	
1984-10	1252	552	700		3726	700	3726	
1984-11	210	1104		894	2832		2832	
1984-12	203	0	203		3035		3035	
1985-01	162	0	162		3197		3197	
1985-02	189	0	189		3386		3386	
1985-03	270	1242		972	2414		2414	
1985-04	216	1081		865	1549		1549	
1985-05	248	1210		962	587		587	
1985-06	304	891		587	0		0	
合计	14386	9438	9228	4280		4948		4948
校核	14386−9438=4948		9228−4280=4948					

注　表中水库蓄水量指有效蓄水量,未包括死库容。

兴利调节计算见表 5.3.1。由表中第④、⑤列余、亏水量可知,该年度为两回运用。7—10 月余水量 $V_1=8674$ 万 m³,11 月亏水量 $V_2=894$ 万 m³,12 月至次年 2 月余水量 $V_3=554$ 万 m³,次年 3—6 月亏水量 $V_4=3386$ 万 m³。易知 V_3 同时小于亏水量 V_2、V_4,故 $V_兴=V_2+V_4-V_3=3726$ 万 m³。

早蓄、晚蓄两个方案的蓄水过程如表 5.3.1 第⑥、⑧列所示。无论何种方案 11 月初均必须蓄满兴利库容。

当余、亏水段多于两个时,称为多回运用。此时,兴利库容可用逆推法确定。从水利年末库空开始,逆时序推求各时刻的必需蓄水量,即见亏水量加,见余水量减,出现负值时按零计,各时刻必需蓄水量的最大值,即为该年所求兴利库容。这种确定兴利库容的方法,同样可用于一回运用和两回运用。

5.3.4.2　计入损失的列表计算

当水库蒸发、渗漏损失较大时,按不计损失计算求得的兴利库容偏小。计入损失的列表计算法是在不计损失列表计算基础上进行的。方法要点是:先不考虑损失近似求得各时段的蓄水库容,进而求出水库时段损失水量,将水库时段损失水量作为增加的用水量,重新进行调节计算,求得计入损失所需的兴利库容。当然,按照水量损失的本意，也可从来水量中扣除损失水量求出净来水量，再作调节计算求得。

【任务解析单】

某年调节水库调节年度的来水与用水过程如表5.3.2中第①、②、③列。死水位已确定为122m，相应死容为$210×10^4 m^3$。水库的特性曲线如图5.3.3所示，试求兴利库容和水库蓄泄过程。

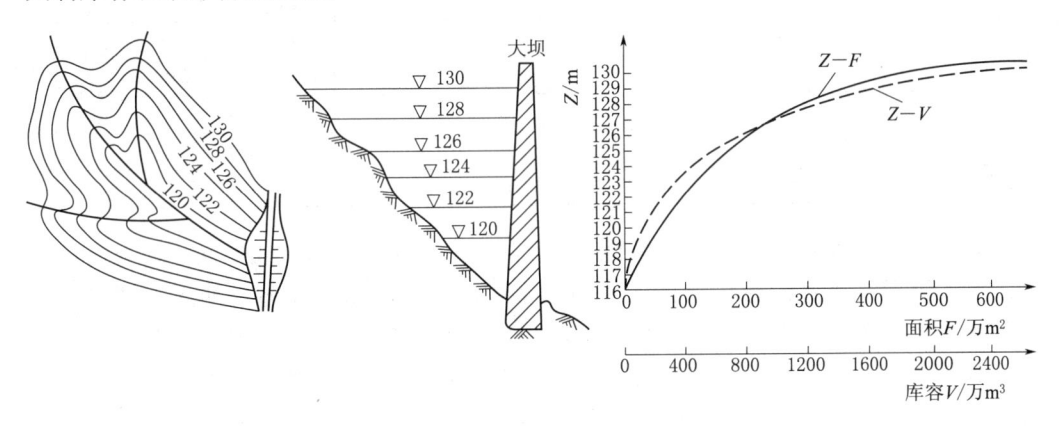

图 5.3.3　水库的特性曲线图

1. 不计损失调节计算步骤

(1) 调节计算采用列表法进行，见表5.3.2计算时段采取1个月。

(2) 兴利库容确定。表中①、②、③列为已知。④、⑤列为来水量与用水量的差值。由余缺水量情况可知，该水库为三回运用，集中供水期为5月、6月，供水期末库空时刻为6月末。采用前述逆时序累加余缺水量的方法可以判定所需兴利库容为$2520×10^4 m^3$，参见表中⑧列。由于总余水量大于总缺水量，水库有弃水量$1420×10^4 m^3$。显然②、③两列之差等于④、⑤列之差。这可以用来检验计算是否正确。由于该调节年度内水库有弃水，因此是不完全年调节。

表 5.3.2　　　　　　　　某水库列表法年调节计算表

时段 /月	来水量 /万 m³	用水量 /万 m³	余水量 /万 m³	缺水量 /万 m³	早蓄方案 月末余水量/万 m³	早蓄方案 弃水量/万 m³	晚蓄方案 月末余水量/万 m³	晚蓄方案 弃水量/万 m³
①	②	③	④	⑤	⑥	⑦	⑧	⑨
					0（6月末）			
7	3480	900	2580		2520	60	1160	1420
8	2000	2730		730	1790		430	
9	1830	600	1230		2520	500	1660	
10	1130	1200		70	2450		1590	
11	620	250	370		2520	300	1960	
12	330	260	70		2520	70	2030	
1	270	260	10		2520	10	2040	

续表

时段/月	来水量/万 m³	用水量/万 m³	余水量/万 m³	缺水量/万 m³	早蓄方案 月末余水量/万 m³	早蓄方案 弃水量/万 m³	晚蓄方案 月末余水量/万 m³	晚蓄方案 弃水量/万 m³
①	②	③	④	⑤	⑥	⑦	⑧	⑨
2	260	260	0		2520		2040	
3	600	260	340		2520	340	2380	
4	540	400	140		2520	140	2520	
5	180	600		420	2100		2100	
6	960	3060		2100	0		0	
合计	12200	10780	4740	3320		1420		1420
校核	12200−10780=1420		4740−3320=1420					

(3) 蓄水过程计算。水库的蓄泄过程，随水库操作调度的方式不同，而有所区别，其主要差别是在蓄水期为了保证该年的正常供水，要求水库在蓄水期末（即供水期初）蓄满调节库容。但蓄水期的蓄水和弃水可以有多种方式。最极端的两种方式，就是所谓的早蓄和晚蓄方案。前者是从调节年度初库空起，即蓄水期一开始，顺时序有余水即蓄[式(5.3.4)]，直到蓄满调节库容后，多余水量才作为弃水。到缺水时就供水，库水位降落，直至调节年度末水库重新放空。后者则由蓄水期的某一时刻起才开始蓄水，在此之前，有余水即为弃水。但也到供水期初蓄满调节库容。晚蓄方案可以由调节年度末库空开始，逆时序反向用水量平衡方程式(5.3.5)进行水库蓄水与弃水计算，直至蓄水期开始蓄水时止而得到。采用晚蓄方案，得出的水库最大蓄水量即为兴利库容。采用早蓄方案与晚蓄方案的水库蓄水、弃水过程分别如表 5.3.2 中⑥、⑦、⑧、⑨列所示。利用水库水位—容积曲线可绘出水库调节蓄水的库水位过程如图 5.3.4 所示。可以看出，早蓄、晚蓄方案的水库蓄水过程在集中供水期 5 月、6 月并无区别，但在蓄水期则不一样。

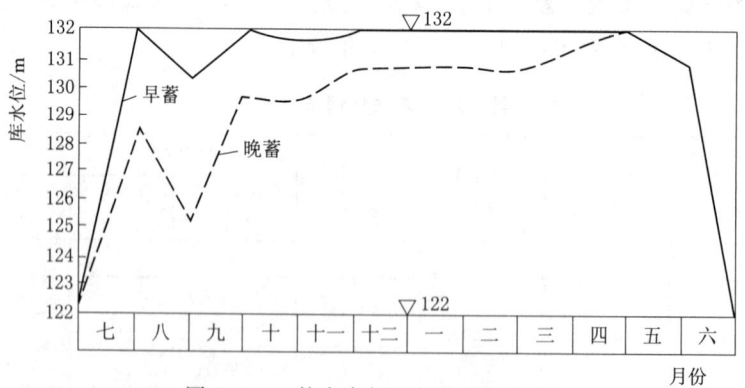

图 5.3.4 某水库年调节蓄水过程线

2. 计入损失的兴利库容和水库调节蓄水过程计算

具体计算仍采用列表方法进行。见表 5.3.3。由表 5.3.2 计算得的水库调节库容要比不计损失表 5.3.3 计算得的增大 167×10^4 m³。说明考虑水库水量损失后的调节库容已较接近实际。

某水库计入损失年度调节表

表 5.3.3

时段/月	来水量/万 m³	用水量/万 m³	余水量/万 m³	缺水量/万 m³	月末蓄水量/万 m³	月平均需水量/万 m³	月平均水面面积/万 m²	蒸发 标准/mm	蒸发 $W_蒸$/万 m³	渗漏 标准/mm	渗漏 $W_渗$/万 m³	总损失 $W_损$/万 m³	计入损失后的用水量 M/万 m³	$W_来-M$ 余/万 m³	$W_来-M$ 缺/万 m³	月末蓄水量/万 m³	弃水量/万 m³
①	②	③	④	⑤	⑥	⑦	⑧	⑨	⑩	⑪	⑫	⑬	⑭	⑮	⑯	⑰	⑱
7	3480	900	2580		210	1470	340	108.3	37			52	952	2528		210	
8	2000	2730		730	2730	2365	510	89.4	46		24	70	2800		800	2738	
9	1830	600	1230		2000	2365	510	79.1	40		24	64	664	1166		1938	207
10	1130	1200		70	2730	2695	580	61.9	36		27	63	1263		133	2897	
11	620	250	370		2660	2695	580	30.8	18	以当月水库蓄水量的 1% 计	27	45	295	325		2764	192
12	330	260	70		2730	2730	600	19.1	11		27	38	298	32		2897	32
1	270	260	10		2730	2730	600	20.5	12		27	39	299		29	2897	
2	260	260	0		2730	2730	600	28.9	17		27	44	304		44	2868	
3	600	260	340		2730	2730	600	61.4	37		27	64	324	276		2824	203
4	540	400	140		2730	2730	600	112.0	67		27	94	494	46		2897	46
5	180	600		420	2710	2520	550	162.1	89		25	114	714		534	2897	
6	960	3060		2100	210	1260	300	134.1	40		13	53	3113		2153	2363	
合计	12200	10780	4740	3320				907.6	450		290	740	11520	4373	3693	210	680

(1) 不考虑水量损失，求各时段末水库蓄水量。计算成果如表中的第①～⑥列。其中①～⑤列即表 5.3.2 中的①～⑤，第⑥列为表 5.3.2 中的⑥列加死库容的数值。

(2) 计算各时段的蒸发与渗漏损失水量。由⑥列数值，求时段平均蓄水量，填入第⑦列。再根据第⑦列的数值由库容曲线查得时段平均水位，再由时段平均水位查面积曲线，得相应的时段平均水面面积，填入第⑧列。水库的蒸发与渗漏损失标准，采用前述方法确定。其中蒸发损失标准见［例 5.2.1］成果。利用水量损失标准和时段平均库容与时段平均水面面积，求损失水量。即从而求得计入损失后的用水量 M，即⑭＝③＋⑬。

(3) 求计入损失后的调节库容与水库蓄水过程。利用来水过程和计入损失后的用水过程，如同不计损失列表法一样，求出个时段的余缺水量⑮和⑯列，并判定调节库容为。同时，求得水库蓄泄过程如⑰、⑱列所示。

【技能训练单】

1. 根据图 5.3.5 分析确定兴利库容。
2. 已知某年调节水库的来水、用水过程（表 5.3.4），不计水量损失，设 $V_{死}=9.0$ 万 m^3，试计算 $V_{兴}$ 和各时段末的蓄水库容。

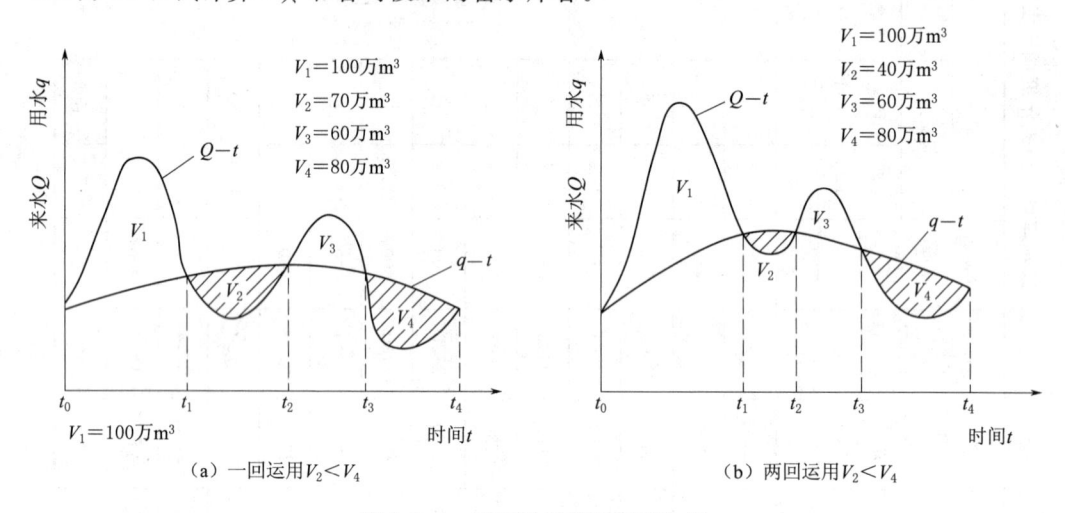

图 5.3.5 两回运用兴利库容分析

表 5.3.4　　　　　　年调节水库的蓄水库容计算表　　　　　　单位：万 m^3

时间		来水量 $W_来$	用水量 $W_用$	$W_来 - W_用$	月末蓄水量	弃水量
年	月					
1998	6	55	35			
	7	50	30			
	8	65	25			
	9	50	20			

续表

时间		来水量 $W_来$	用水量 $W_用$	$W_来 - W_用$	月末蓄水量	弃水量
年	月					
1998	10	50	20			
	11	30	35			
	12	10	30			
1999	1	15	10			
	2	10	20			
	3	10	20			
	4	10	20			
	5	10	20			
合计		365	285			

【技能测试单】

1. 单选题

（1）水库兴利调节计算过程，实质上是（　　）的计算过程。

　　A. 蓄水量　　　B. 库蓄泄水量　　　C. 流量　　　D. 流速

（2）水库在调节年度内进行充蓄、泄放过程叫（　　）。

　　A. 水库调度　　B. 水库运用　　　C. 调节年度　　D. 周期

（3）水库在调节年度内充蓄一次和泄放一次，称为（　　）。

　　A. 多回运用　　B. 一回运用　　　C. 两回运用　　D. 周期

（4）在规划设计水库时，需要先确定水库的死水位，再进行调节计算，以求得（　　）。

　　A. 兴利库容　　B. 设计水位　　　C. 正常蓄水位　D. 校核水位

（5）年调节水库的运用包括（　　）。

　　A. 一回运用　　B. 两回运用　　　C. 多回运用　　D. 以上都有可能

2. 判断题

（1）由库空到蓄满，再到放空，循环一次所经历的时间，称为兴利调节。（　　）

（2）按调节周期的长短，兴利调节可分为日调节、周调节、月调节和年调节等类型。（　　）

（3）多年调节水库往往需经过若干个丰水年才能蓄满，然后将存蓄的水量分配在随后的枯水年份里用掉。（　　）

（4）多年调节水库往往需要经若干年后才能蓄满，再经若干枯水年后才能将蓄水用掉，而并非年年蓄满或放空。（　　）

（5）水库用以兴利调节的库容相对于河流的多年平均年径流量越大，调节径流的

217

性能就越好，调节周期也就越长，调节利用径流的程度就越高。　　　　　（　　）

任务5.4　水库调洪认知

【任务单】

　　水库是人造的湖泊，往往藏在深山之中，按"肚量"可分为大、中、小三种类型；从功能来看，既是公众喝水的"大水缸"，也是拦蓄洪水的"镇水重器"。截至2023年，我国共有大小水库9.88万座，在削峰错峰、保坝泄洪、蓄水灌溉等方面作用显著。三峡水库是我国最大的人工水库，它是三峡水电站的配套工程三峡大坝建成后蓄水，并在长江干流形成的一个长600余km、平均宽1.8km、总面积达1084km^{2}的人工湖泊，总库容达393亿m^3（其中防洪库容221.5亿m^3），相当于长江年平均径流的约千分之四。三峡工程集防洪、发电、航运、灌溉、供水、调节长江径流等于一体，其中防洪功能被认为是三峡工程最核心的效益，对削减长江干流洪峰、保障中下游沿岸各地人民群众生命财产安全等方面发挥着巨大的作用。三峡大坝是怎样发挥调洪作用的？如何应运不同形式水库调洪作用，确定水库的调洪水位和调洪库容，是本任务要解决的关键问题。

【任务学习单】

5.4.1　水库调洪作用

　　在河流上修建水库后，发生较大洪水时，可将部分洪水拦蓄在水库中，等入库洪峰过后，再将其泄出，使经过水库泄放至下游河道的洪水过程，洪峰值降低，洪水过程线的历时加长，从而达到防止或减轻下游洪水灾害的目的，这就是水库的调洪作用，突出表现为"削减洪峰"的作用。例如，海河流域支流滹沱河黄壁庄水库，在1996年8月大水中，入库洪峰流量为11400m^3/s，经水库调蓄后，出库洪峰流量为3680m^3/s，削减洪峰约70%，有效地减轻了下游洪水灾害。

5.4.1.1　无闸门控制水库调洪作用

　　如图5.4.1所示，$Q-t$为水库入流过程；$q-t$为水库出流过程；$Z-t$为水库水位过程。当t_0时刻洪水开始进入水库时，起调水位等于堰顶高程Z_0，该时刻溢洪道的泄流量$q=0$。随后，入流量Q渐增，库水位随之增高，堰顶水头增大，泄流量q随之增大，t_1为入库洪峰的出现时刻，此后的入流量虽然减少，但仍有$Q>q$，洪水不断滞蓄在库内，库水位不断升高，直至t_2时刻$Q=q$，库水位达到最高值Z_m，滞洪量达到最大值V，下泄量也达最大值q_m。t_2时刻以后，由于$Q<q$，库水位便逐渐下降，泄流量随之减少。直至t_4时刻库水位回落至堰顶高程，水库完成了一次调节洪水的过程。溢洪道无闸门情况下，当泄洪建筑物堰顶高程、宽度一定时，水库的库水位决定水库的出流量，其泄流方式为自由出流，调洪计算比较简单。

5.4.1.2　有闸门控制水库的调洪作用

　　对于大中型水库，溢洪道上一般设置闸门，其泄流过程可由闸门控制，在这种情

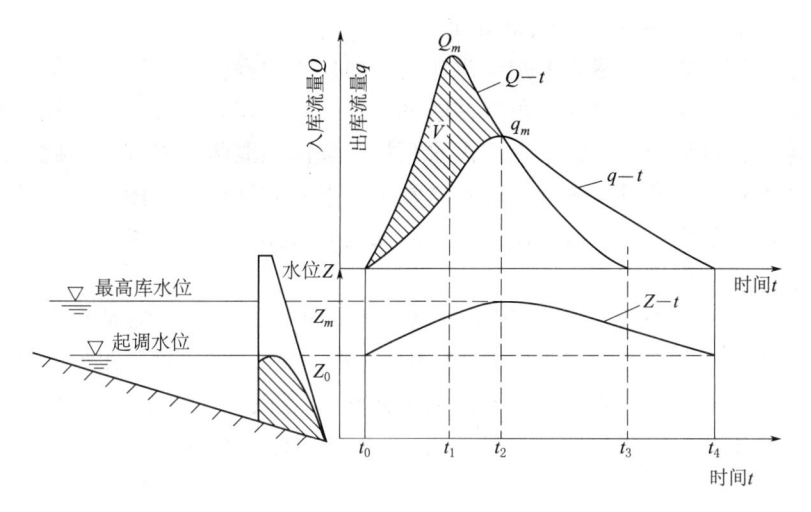

图 5.4.1　水库调洪示意图

况下，水库的出流过程与水库的调洪方式有关。所谓水库的调洪方式，是指水库调节洪水时采用的泄流方式（如自由泄流、控制泄流），以及对泄流量的规定等。有闸门控制的出流过程，由于在人为控制下泄洪，可以按防洪要求进行，其调洪效果将比无闸门控制的情况更好。

1. 水库下游无防洪要求的调洪作用

当水库下游无防洪要求时，水库的防洪任务是确保大坝的安全。当洪水来临时，库水位在防洪限制水位，闸前已具有一定的水头（有闸门控制时，一般防洪限制水位高于堰顶高程）。如果打开闸门，则具有较大的泄洪能力，在没有洪水预报的情况下，当洪水开始进入水库时，为了保证兴利要求，当入库流量 Q 小于或等于水库防洪限制水位的泄洪能力 $q_限$ 时，应将闸门逐渐打开，水库控制泄量，使下泄流量等于入库流量，库水位维持在防洪限制水位，如图 5.4.2 中 t_1 以前的泄流情况。随后，因 t_1 时刻闸门已全开，水库进入自由泄流状态，库水位逐渐上升，泄流量增大，至 t_2 时刻，下泄量最大，库水位达最高。此后，泄流量逐渐减小。这种调洪方式称控制与自由泄流相结合。直至 t_2 时刻 $Q=q$，库水位达到最高值 Z_m，滞洪量达到最大值 V，下泄量也达最大值 q_m。

图 5.4.2 中水库的出流过程，其中 bc 段与无闸门控制的调洪计算方法完全相同。只是 b、c 点不一定在取定的固定时段的分界点上，需要正确判定它们的位置。至于控制泄量的 ab 段，泄量等于来量，即来多少泄多少 $q=Q$，故库水位不变。

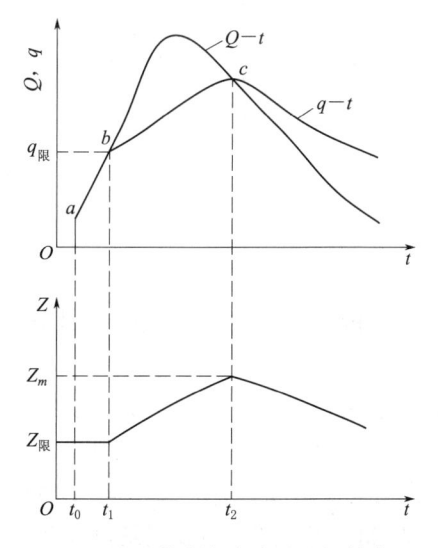

图 5.4.2　控制与自由泄流相结合

2. 水库下游有防洪要求的调洪作用

溢洪道上设置闸门,尽管增加泄洪建筑物的投资和操作管理工作,但可以控制泄量,更好地满足下游防洪要求;可以使防洪库容和兴利库容结合使用,提高综合利用效果;水库运行过程中,还便于考虑洪水预报,提前预泄腾空库容。因此,对于大中型水库,溢洪道上一般设有闸门,并且常常承担下游防洪任务。图5.4.3是水库下游有防洪要求时,且水库与下游防洪地区之间无区间入流或区间入流可忽略时,水库采用分级控制泄流的调洪方式。

如图5.4.3(a)所示,针对防护对象标准的洪水,洪水来临时水库处于防洪限制水位。当入库流量Q小于水库防洪限制水位的泄洪能力$q_限$时,水库控制泄量,使下泄流量等于入库流量,水库维持在防洪限制水位$Z_限$,如图中的ab段。t_1时刻b点的泄量已等于防洪限制水位的泄洪能力$q_限$,闸门已经全开。此后溢洪道变为自由泄流,由于入库流量大于下泄流量,库水位不断上涨,溢洪道的下泄流量也随着增大,如图中的bc段。当t_2时刻下泄流量达到下游的安全泄量$q_安$时(c点),为了保证下游防护对象的安全,下泄流量不应超过$q_安$,这就必须逐渐关闭闸门,形成固定泄流,也称削平头操作方式(cd段)。水库泄流过程为$abcd$,t_3时刻相应的蓄洪量达到最大值,此值即为防洪库容$V_防$,相应的库水位即为防洪高水位$Z_防$。

(a) 防护对象防洪标准的洪水　　　　(b) 水库设计标准的洪水

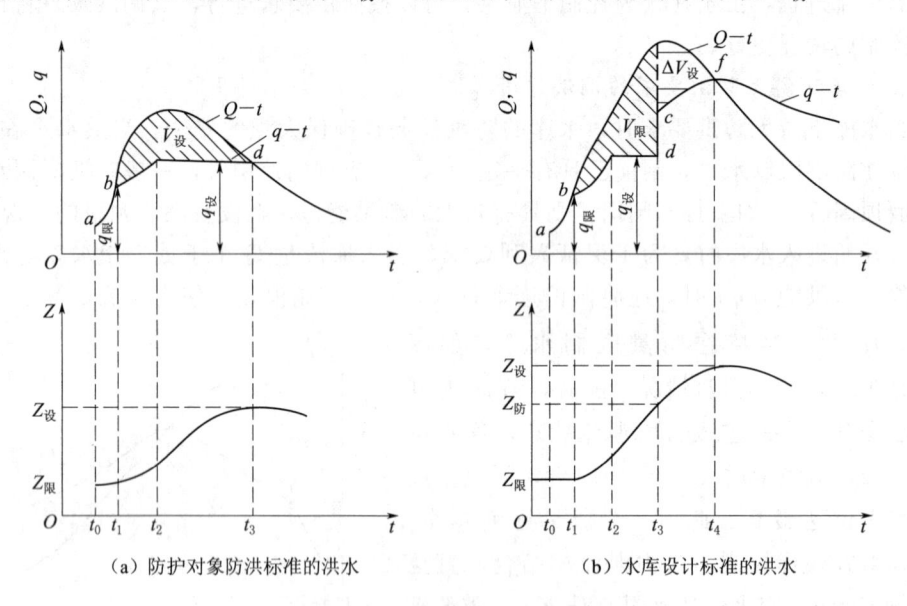

图5.4.3　水库多级防洪调节

如图5.4.3(b)所示,针对大坝本身设计标准的洪水,水库的泄流过程,在库水位达到防洪高水位之前与图5.4.3(a)完全相同。t_3时刻相应的蓄洪量等于$V_防$,而此后来量仍大于泄量,说明水库入库洪水的标准已超过下游防洪对象标准,为了保证大坝本身的安全,在t_3时刻(d点),应将闸门立即全部打开,泄流量突然增大到e点而再次形成自由泄流,至t_4时刻f点泄流量达最大值,$t_3 \sim t_4$时段增加的蓄洪量为$\Delta V_设$,$V_防 + \Delta V_设$就是设计调洪库容$V_{设调}$,t_4时刻的库水位即设计洪水位$Z_设$。

当入库洪水小于或等于下游防洪对象标准的洪水时，水库最大泄量不应超过下游安全泄量；当入库洪水的标准超过下游防洪标准，则不再满足下游防洪要求，而以水库本身安全为主，全力泄洪。然而，洪水发生是随机的，并且在无短期洪水预报的情况下，如何判别洪水是否超下游防洪标准？常用的方法是采用库水位来判别，当库水位低于防洪高水位时，则应以下游安全泄量控制泄洪；当库水位达到防洪高水位时，而水库来量仍大于泄量，则此时应转入更高一级的防洪，加大水库泄量。

在规划设计阶段，当泄洪建筑物方案一定的情况下，对不同频率的洪水调洪计算，其计算程序必须是自最低一级防洪标准的洪水开始，求得防洪库容和相应的防洪高水位后，再对更高一级防洪标准的洪水调洪计算，推求防洪特征库容和水位，直至完成大坝校核洪水的调洪计算。这种调洪计算称多级防洪调节。图 5.4.3 为不同频率的洪水入库时，水库的出流过程和库水位变化过程。

5.4.2 水库调洪任务

合理地确定泄洪建筑物的尺寸及坝顶高程等的计算工作，称为水库的防洪水利计算。而在泄洪建筑物的型式、位置、尺寸、起调水位和调洪方式、水库特性资料、入库洪水过程均一定的情况下，推求水库出流过程的计算，称为水库调洪计算，也称调洪演算。

规划设计阶段，调洪计算的任务是，在水库的起调水位及调洪方式一定时，对拟定的不同泄洪建筑物型式、位置及尺寸的方案，针对各种频率的设计洪水过程线，推求各种防洪特征库容、特征水位和最大下泄量，为优选方案提供依据。因此，在规划设计阶段，调洪计算是水库防洪水利计算中的关键环节。

水库管理运用阶段，库容和泄洪建筑物的尺寸是定值，调洪计算的任务，通常是针对某种频率的入库洪水或预报的入库洪水，推求水库的最高水位和最大下泄量，为编制防洪调度规程、制订防洪措施提供科学的依据。

5.4.2.1 无闸门水库的调洪过程

溢洪道不设闸门时，防洪水利计算有以下特点：①为满足兴利蓄水要求，溢洪道的堰顶高程与正常蓄水位相同；②由于此类水库一般不另设其他正常泄洪设施，为保证调洪运用安全，故水库的防洪限制水位等于堰顶高程，兴利与防洪不结合。可见，此类水库防洪限制水位、堰顶高程均由正常蓄水位所决定，故防洪计算的内容，主要是选择溢洪道宽度 B，并确定其相应的设计洪水位、校核洪水位和坝顶高程。溢洪道无闸门时，常见情况是下游无防洪要求，其防洪水利计算的步骤如下：

（1）拟定比较方案。根据水库坝址附近的地形与下游地质条件所允许的最大单宽流量，拟定几个可能的溢洪道宽度 B 的方案。

（2）调洪计算。针对每一方案，分别对水库设计洪水和校核洪水调洪计算，推求设计洪水最大下泄量 $q_{m设}$、调洪库容 $V_设$、设计洪水位 $Z_设$ 及校核洪水最大下泄量 $q_{m校}$、调洪库容 $V_校$、校核洪水位 $Z_校$。

（3）确定各方案的坝顶高程。对于每一方案，利用式（5.4.1）计算 Z_1、Z_2，将其中的较大值作为坝顶高程。

$$\left.\begin{array}{l}Z_1 = Z_设 + h_{浪设} + \Delta h_设 \\ Z_2 = Z_校 + h_{浪校} + \Delta h_校\end{array}\right\} \tag{5.4.1}$$

式中　$h_{浪设}$、$h_{浪校}$——某一方案 B 设计条件与校核条件下的风浪高，m，计算方法详见《水工建筑物》中的有关内容；

　　　$\Delta h_设$、$\Delta h_校$——某一方案 B 设计条件和校核条件下的大坝安全加高值，m，可查规范《水利水电工程等级划分及洪水标准》(SL 252—2017) 确定。

溢洪道宽度 B 与最大下泄量 $q_{m校}$、坝顶高程 $Z_坝$ 的关系如图 5.4.4 所示，B 越大，q_m 越大，而 $Z_坝$ 越低。

(4) 经济计算优选方案。对每一方案，计算大坝投资、上游淹没损失及管理维修费用，记 S_V；计算溢洪道和消能设施投资及管理维修费用，记作 S_B；计算下游堤防培修费及下游淹没损失费，记作 S_D。进而进一步计算每一方案总费用 $S = S_V + S_B + S_D$。点绘关系线 $B—S_V$、$B—(S_B + S_D)$ 及 $B—S$，如图 5.4.5 所示。按总费用最小原则，可得最佳的溢洪道宽度 B_P 以及相应的坝顶高程与最大下泄量。

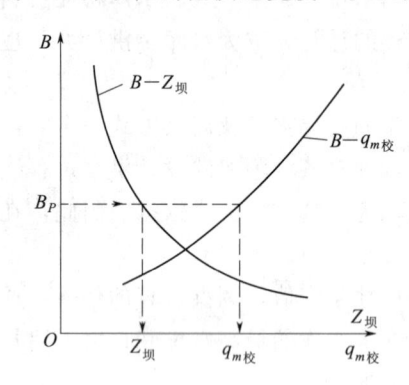

图 5.4.4　$B—q_{m校}$ 及 $B—Z_坝$ 关系示意图

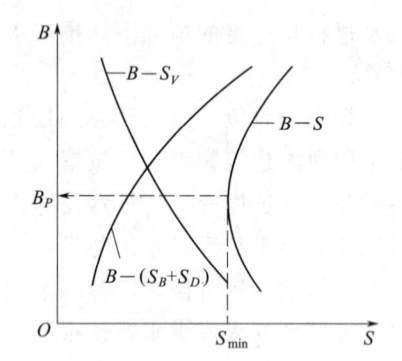

图 5.4.5　$B—S_V$、$B—(S_B + S_D)$ 及 $B—S$ 关系示意图

5.4.2.2　有闸门水库的调洪过程

溢洪道设置闸门时，水库防洪计算有如下特点：① 为保证兴利蓄水要求，当闸孔不设胸墙时，闸门顶高程略高于正常蓄水位 $Z_正$，而堰顶高程 $Z_堰$ 等于闸门顶高程减去闸门高度，如图 5.4.6 所示。在正常蓄水位已定时，堰顶高程可以结合闸门高度的选择及溢洪道附近的地形、地质条件拟定几个比较方案。② 为考虑防洪库容和兴利库容的结合使用，一般在堰顶高程和正常蓄水位之间拟定防洪限制水位 $Z_限$。③ 针对

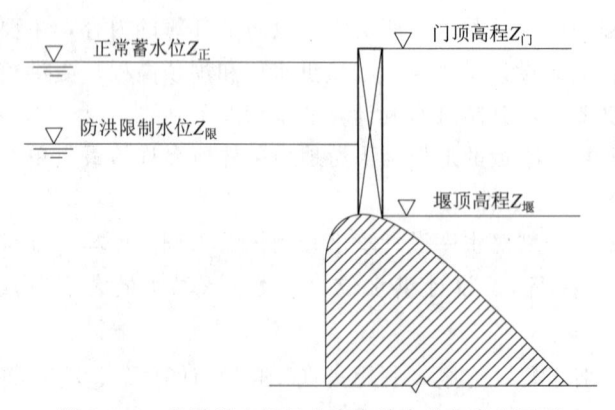

图 5.4.6　溢洪道有闸门水库有关水位与高程示意

防护对象的防洪要求，拟定调洪方式，即制定遇各级洪水时的泄洪方式及泄流量的规定等。由于上述特点，有闸门控制时水库防洪水利计算要比无闸门情况复杂些，主要步骤如下：

（1）拟定比较方案。有闸门控制时，影响泄洪建筑物方案的因素有泄洪洞的型式、高程、尺寸和溢洪道的宽度、堰顶高程等，同时若防洪限制水位也需要选择，还需拟定可行的防洪限制水位方案。上述各因素其中一个不同，则构成一个比较方案。对于泄洪建筑物的方案，应根据地形地质条件、防洪及综合利用要求、技术经济条件等通过分析拟定若干个技术上可行的方案。为避免影响因素太多，应抓住主要因素来拟定方案。

（2）拟定调洪方式。水库的调洪方式与水库入库洪水大小、水库与防洪对象之间的区间洪水情况、防洪任务、是否具备非常泄洪设施等有关，这已在上文做了介绍，根据水库的具体情况可选择合适的调洪方式。需要指出的是，在选择防洪参数和特征值的设计阶段，调洪方式宜考虑得稳妥一些，一般不考虑短期洪水预报。

（3）调洪计算。对某一方案而言，根据拟定的调洪方式，采用本工作任务中"3.2 有闸门控制的水库调洪计算"介绍的方法，先对下游防护对象标准的洪水进行调洪计算，求得防洪库容和防洪高水位，然后分别对水库设计洪水和校核洪水进行调洪计算，分别求得设计和校核调洪库容、设计和校核洪水位及相应的最大下泄流量。

（4）优选方案。获得各个方案的调洪计算成果后，方案比较与优选方法与前述无闸门溢洪道的情况基本相同。

若防洪限制水位定得越低，则设计或校核洪水位越低，坝顶高程越低；但从兴利蓄水要求来看，此水位越低，有可能使汛后蓄不到正常蓄水位，而影响兴利用水。因此，应综合考虑防洪和兴利要求，同时还要考虑流域洪水特性。

5.4.3　水库调洪计算所需资料

5.4.3.1　设计洪水资料

水库设计洪水一般分坝址设计洪水和入库设计洪水两类，有大坝、厂房、取水等主要建筑物相应设计和校核标准的洪水、水库淹没相应标准洪水等。洪水成果包括洪峰流量、各种时段最大洪量和洪水过程线。

水库上游有调蓄能力大的工程，或防洪水库坝址与防护对象距离较远、区间流域面积较大，且区间洪水与水库入库洪水遭遇复杂时，需要设计洪水地区组成成果，包括设计洪水地区组成分析和各分区设计洪水过程线。按照典型洪水组成法提出的分区设计洪水成果，也称整体设计洪水。

5.4.3.2　泄洪能力资料

（1）泄洪能力包括各种泄洪建筑物在不同水位时的泄洪能力和按相应规程规范规定的水电站水轮机组的泄水能力，一般不考虑船闸、灌溉渠首等其他建筑物参与泄洪。

（2）泄洪建筑物的运用条件，包括闸门启闭时间、运用规则等。

5.4.3.3　库容曲线资料

库容曲线 $Z=f(V)$ 是坝前水位 Z 与该水位水平线以下水库容积 V 的关系曲线。

大中型水库的库容曲线应根据 1∶10000 或更高精度库区地形图量绘，一般按棱台体积公式计算容积。计算时应注意分析库容曲线是否符合库区实际地形情况。

5.4.3.4 水文预报资料

采用水文预报进行防洪调度的水库，应编制预报方案，包括相应的预见期、精度、合格率等资料，并复核坝址至防护点区间洪水的特性及传播时间等资料。

【任务解析单】

对于综合利用水库，特别是承担下游防洪任务的水库，溢洪道上一般都设有闸门控制。在溢洪道上设置闸门后，便可在主汛期之外分阶段提高防洪限制水位，拦蓄洪水主峰后的部分洪量，使水库既发挥了防洪作用，又能争取多蓄水兴利。设置闸门还可控制泄洪流量的大小及泄流时间，使水库防洪调度更灵活，控制运用更方便，提高水库的防洪效益。所以，当下游要求水库蓄洪、与河道区间洪水错峰、有预报洪水时提前预泄腾空库容以减小最大下泄流量或水库群防洪调度等情况，都需要设置闸门，而闸门该如何设置及其尺寸、位置、数量等，均应通过调洪计算、多方案比较和综合分析确定。

【技能训练单】

1. 水库调洪计算的原理是什么？它与兴利调节计算的原理有何异同？
2. 水库调洪计算的主要任务是什么？

【技能测试单】

1. 单选题

（1）校核洪水位到防洪限制水位之间的库容，称为（　　）。
A. 防洪库容　　　　B. 调洪库容　　　　C. 总库容　　　　D. 兴利库容

（2）校核洪水位以下的库容，称为（　　）。
A. 总库容　　　　B. 调洪库容　　　　C. 防洪库容　　　　D. 死库容

（3）有闸门控制水库，汛期水库调洪计算的起调水位是（　　）。
A. 防洪高水位　　B. 设计洪水位　　C. 校核洪水位　　D. 防洪限制水位

（4）水库调洪过程，实质上是水库（　　）。
A. 蓄洪过程　　　　　　　　　　　B. 泄洪过程
C. 拦蓄洪水，削减洪峰过程　　　　D. 保护防洪建筑物过程

（5）水库调洪计算是运用水量平衡方程和（　　），逐时段求解水库蓄泄过程和库容变化。
A. 连续性方程　　B. 能量方程　　C. 动量方程　　D. 蓄泄方程

2. 判断题

（1）防洪调节是为拦蓄洪水而进行的径流调节。（　　）
（2）水库调洪计算不需要库区特性曲线资料。（　　）
（3）水量平衡原理即计算时段内进出水库的水量差，等于水库蓄水量的变化。（　　）

(4) 为减免洪水灾害,在汛期拦蓄洪水、削减洪峰流量,防止或减轻洪水灾害而进行的调节称为防洪调节。　　　　　　　　　　　　　　　　　　　(　)

(5) 修建水库,增加了下游的洪涝灾害影响。　　　　　　　　　　　　　(　)

任务 5.5　水库调洪计算

【任务单】

在水利枢纽中,为了达到安全宣泄洪水的目的,一般都需要设置泄洪建筑物。泄洪建筑物的基本类型有:表面式溢流堰和深水式泄水孔。溢洪堰可以设在坝体本身或设在坝体之外。属于前一类型的是利用拦河坝顶部溢洪的各种溢洪堰。坝体以外的溢洪道的型式可分为开敞式、侧槽式、竖井式及虹吸式等。表面式泄洪建筑物可分为无闸门控制自由溢流和闸门控制两种型式。例如已知某水库 $P=1\%$ 简化三角形洪水过程线,洪峰流量 $Q_m=500\mathrm{m}^3/\mathrm{s}$,洪水历时 $T=10\mathrm{h}$ 及 $q=f(V)$ 曲线。分别用简化三角形图解法及解析法推求该水库的设计调洪库容 V_m 及溢洪道(无闸门控制)的最大泄流量 q_m。本任务通过案例分析解决无闸门控制水库防洪库容的确定方法。

【任务学习单】

5.5.1　水库调洪计算的原理

洪水波在水库中运动时,其流态属于缓变非恒定流,沿程的水力要素(水位、流量、流速等)都是随时间变化的,其运动规律可用圣维南方程组进行描述,该方程组由连续方程和运动方程构成,但目前尚无直接求解的办法,故水库调洪计算中,常做一定的简化,采用水库的水量平衡方程和水库的蓄泄方程。调洪计算的原理就是根据起始条件,逐时段连续求解水量平衡方程和水库的蓄泄方程,从而求得水库出流过程 q—t。

5.5.1.1　水库水量平衡方程

如图 5.5.1 所示,对调洪过程中任意时段 $\Delta t(\Delta t=t_2-t_1)$,可得水量平衡方程:

$$\frac{Q_1+Q_2}{2}\Delta t - \frac{q_1+q_2}{2}\Delta t = V_2 - V_1 \tag{5.5.1}$$

即　　　　$(\overline{Q}-\overline{q})\Delta t = \Delta V$

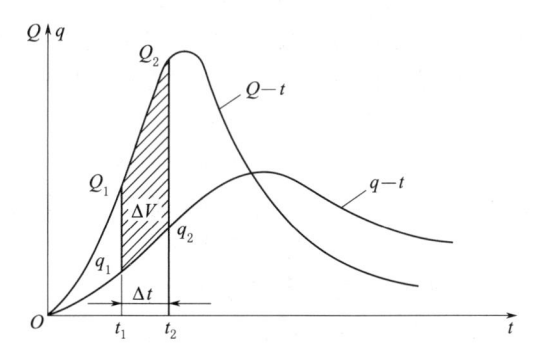

图 5.5.1　水库水量平衡示意图

式中　Q_1、Q_2——时段初、末的入库流量,m^3/s;

q_1、q_2——时段初、末的出库流量,m^3/s;

V_1、V_2——时段初、末的水库蓄水量,m^3;

Δt——计算时段，s，其长短选择视入库洪水过程的变化情况而定，陡涨陡落的，t 取短些，反之取长些；

$\overline{Q}$、$\overline{q}$——时段平均入库、出库流量，m^3/s；

ΔV——时段 Δt 的水库蓄水变量，m^3。

5.5.1.2 水库蓄泄方程或蓄泄曲线

水库的蓄泄方程反映的是水库蓄水量 V 与泄洪能力 q 之间的单值关系。所谓泄洪能力，是指水库在某一蓄水量 V 条件下，泄洪建筑物闸门全开或无闸门时的泄流量 q。蓄泄方程可表示为

$$Q = f(V) \tag{5.5.2}$$

式（5.5.2）常以曲线形式表示，称为蓄泄曲线或泄洪能力曲线，记作 $q-v$。对于溢洪道，其泄流能力 $b_溢$ 按堰流公式计算：

$$q_溢 = \varepsilon \sigma_s m \sqrt{2g} B h^{\frac{3}{2}} \tag{5.5.3}$$

式中 ε、σ_s、m——堰的侧收缩系数、淹没系数（自由出流时，$\sigma_s = 1$）和流量系数，其值可查水力学手册或通过模型试验确定；

B——溢洪道宽度，m；

h——堰顶水头，m。

对于泄洪洞，其泄流能力 $q_洞$ 可按有压管流计算：

$$q_洞 = \mu \omega \sqrt{2gh} \tag{5.5.4}$$

式中 μ——泄洪洞的流量系数，其值可查水力学手册或通过模型试验确定；

ω——泄洪洞洞口面积，m^2；

h——计算水头，淹没出流时 h 为上、下游水位差，m，非淹没出流时 h 为泄洪洞出口处的洞心水头，m。

若水库设有水电站，且发生洪水时能够运行，则泄洪能力中还应计入水轮机过水流量 $q_电$，其值一般可按水轮机过水能力的 $2/3 \sim 4/5$ 计入。船闸、灌溉渠首等建筑物，一般过水能力不大，通常不考虑其参与泄洪。

水库蓄泄曲线 $q-V$ 绘制方法为：假定若干个库水位 Z，按泄洪建筑物出流公式计算各水位对应的各个出流量，水库泄洪能力的总和 $q = q_溢 + q_洞 + q_电$；由各水位 Z 利用库容曲线 $Z-V$ 可查得对应的各个库容 V，根据 q，V 关系值，可点绘 $q-V$ 曲线。综上所述，水库调洪计算的原理，就是由已知的 Δt，Q_1，Q_2，q_1，V_1，联解式（5.5.1）和式（5.5.2），求得 q_2，V_2。依时序逐时段递推计算，可得水库出流过程。

5.5.2 水库调洪计算的方法

前已叙及，调洪计算是在水库入流过程、库容曲线、泄洪建筑物的型式、高程和尺寸、起调水位和调洪方式等一定的情况下，推求水库的出流过程。调洪计算方法按联解式（5.5.1）和式（5.5.2）的方法划分，有列表试算法、半图解法和简化三角形法等，这些方法是调洪计算的基本方法；按调洪方式划分，有无闸门控制和有闸门控制的调洪计算；按采用的库容曲线情况划分，有采用静库容曲线和动水容积曲线的调洪计算方法。本节首先针对比较简单的无闸门控制的调洪计算，介绍调洪计算的基本

方法，然后介绍较复杂的有闸门控制的调洪计算，最后简介考虑动库容的调洪计算。

5.5.2.1 列表试算法

列表试算法联解式（5.5.1）和式（5.5.2），通过试算求得各时段末的 q_2、V_2。计算步骤如下：

（1）确定调洪计算的起调水位。根据防洪限制水位的含义，调洪计算的起调水位应低于或等于防洪限制水位。对于各种频率设计洪水的调洪计算，从不利情况出发，以防洪限制水位作为起调水位；对于水库运用过程中，由预报的入流过程预报水库的最高洪水位时，则应根据具体情况，确定起调水位。

（2）根据水库的库容曲线 Z—V，泄洪建筑物型式、位置、尺寸及出流公式，计算并绘制蓄泄曲线 q—V。

（3）推求水库的出流过程 q—t。第一时段，起调水位相应的 q_1、V_1 为已知值，假定 q_2 代入式（5.5.1），可求得 V_2；由 V_2 查蓄泄曲线 q—V 得 q_2，若此值与假定的一致，则 q_2、V_2 即为所求，否则重新试算。所求 q_2、V_2 即为下一时段初的 q_1、V_1，依次计算，可得水库出流过程 q—t。

（4）确定最大下泄流量 q_m。水库的最大下泄流量应发生在入流与出流过程退水段的交点处，即 $q=Q$ 的时刻，该时刻不一定恰好是所选时段的分界处。精确计算应在出流过程的峰段，缩小时段 Δt，重新试算，使计算的 q_m 等于同时刻入库流量 Q；近似处理可取计算表中的最大值作为 q_m，或在同一张图中绘出 Q—t 线与 q—t 线，然后将 q—t 线的峰段按曲线的趋势勾绘，并读出两线交点处的流量值作为 q_m。

（5）确定最大蓄洪量和最高洪水位。利用曲线 q—V，可由 q_m 查得水库相应库容 V_m 总，该值减去起调水位以下库容，即得该次洪水的最大蓄洪量 V_m；由 $V_{m总}$ 查曲线 Z—V 得该次洪水的最高洪水位 Z_m。

【例 5.5.1】 某水库泄洪建筑物为无闸门溢洪道，溢洪道堰顶高程与正常蓄水位齐平，等于 140m，堰顶净宽 $B=20$m，流量系数 $m=0.36$。该水库设有小型水电站，汛期发电引水流量按 $q_电=10$m³/s 计入。水库防洪限制水位等于堰顶高程。水库库容曲线和 100 年一遇的设计洪水过程线分别见表 5.5.1 和表 5.5.2，试用试算法求水库出流过程、设计调洪库容和设计洪水位。

表 5.5.1　　　　　　　　　水库水位容积曲线

水位	138	140	142	144	146	148
库容 $V/\times10^5$m³	220	275	345	428	517	610

表 5.5.2　　　　　　　　　水库设计洪水过程线

时间 t/h	0	6	12	18	24	30	36	42	48
流量 Q/(m³/s)	50	303	555	375	252	150	100	67	50

解析：（1）确定起调水位。本例的入库洪水为设计洪水，起调水位取防洪限制水位，即堰顶高程 140m。

(2) 绘制水库—库容曲线 $Z-V$，如图 5.5.2 所示。

(3) 计算并绘制蓄泄曲线 $q-V$。淹没系数、侧收缩系数均取 1，则水库溢洪道出流公式为

$$q_溢 = m\sqrt{2g}Bh^{3/2}$$
$$= 0.36 \times \sqrt{2 \times 9.8} \times 20h^{3/2}$$
$$= 31.88h^{3/2}$$

根据出流公式和水位—库容曲线计算水库蓄泄关系值见表 5.5.3 中第②、⑥行，据此绘制蓄泄曲线 $q-V$，如图 5.5.2 所示。

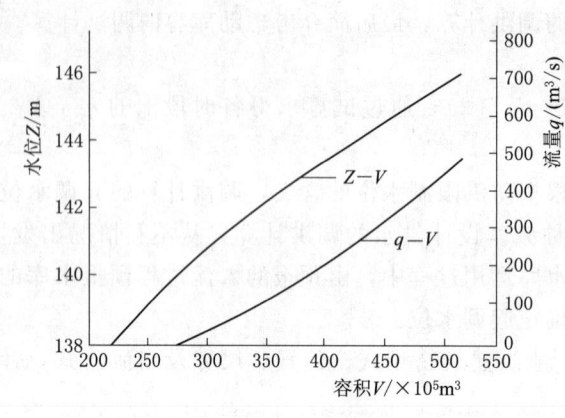

图 5.5.2 某水库 $Z-V$ 曲线与 $q-V$ 曲线

表 5.5.3　　　　　　　　　水库 $q-V$ 关系曲线计算

水位 Z/m	①	140	141	142	143	144	145	146
库容 $V/10^5 m^3$	②	275	310	345	387	428	473	517
堰顶水头 h/m	③	0	1	2	3	4	5	6
溢洪道泄量 $q_溢$	④	0	31.88	90.17	165.65	255.04	356.43	468.54
发电流量 $q_电$/(m³/s)	⑤	10	10	10	10	10	10	10
总泄流量 q/(m³/s)	⑥	10.0	41.88	100.17	175.65	265.04	366.43	468.54

(4) 逐时段试算推求水库出流过程。先取计算时段 $\Delta t=6h=21600s$。第一时段，由起调水位可知，$q_1=10m^3/s$，$V_1=275\times 10^5 m^3$，假设 $q_2=41m^3/s$，代入式 (5.5.1) 得 $\Delta V=(Q-q)\Delta t=32.62\times 10^5 m^3$，进而可得 $V_2=307.62\times 10^5 m^3$，由此值查蓄泄曲线 $q-V$ 得 $q_2=41m^3/s$，该值与假设值相符，即为所求，并将各项填入表 5.5.3 对应的各栏中。依时序逐时段递推试算，可得固定时段 $\Delta t=6h$ 的出流过程，见表 5.5.4 中第⑤列相应于时间 0h、6h、12h、18h、24h、30h、36h 的流量值（其中 24h、30h、36h 的流量为加括号的数据）。

(5) 确定最大下泄流量、设计调洪库容和设计洪水位。表 5.5.4 中 $\Delta t=6h$ 的出流过程，$t=24h$ 的流量 $289m^3/s$ 最大（表中加括号的值），但不等于该时刻相应的入库流量 $252m^3/s$，并不是真正的最大值。由表 5.5.4 中第③、⑤列数据分析可知，最大值发生在 18~24h，对此范围缩小时段，取 $\Delta t=2h$，重新进行试算，得表 5.5.4 中时刻 $t=20h$、22h、24h、30h、36h 的泄流量（24h 后的流量仍取 $\Delta t=6h$ 试算），结果见表 5.5.4 中第⑤列。$t=22h$ 的泄流量等于该时刻的入库流量，该值为所求最大下泄流量，即 $q_m=290m^3/s$。

可见，本例中若直接取 $\Delta t=6h$ 的出流过程中的最大值作为最大下泄流量，与入、出流量相等时刻的值差别不大。

由表 5.5.3 中第①、⑥行数据绘制水位泄量关系 $Z-q$，可由各时刻的下泄流量查得各时刻水位。对于泄洪设施仅有无闸门溢洪道时，也可按下述方法，即由表

5.5.4 第⑤列数据扣除发电流量后，由式（5.5.3）反求水头 $h=(q_溢/31.88)^{\frac{2}{3}}$，然后加上堰顶高程即得到第⑨列数据 $Z=140+h$。

表 5.5.4　　　　　　　　　　列 表 法 调 洪 计 算

时间 t/h	时段 Δt/h	Q /(m³/s)	$\overline{Q}$ /(m³/s)	q /(m³/s)	$\overline{q}$ /(m³/s)	ΔV /×10⁵m³	V /×10⁵m³	Z /m
①	②	③	④	⑤	⑥	⑦	⑧	⑨
0		50		10			275	140
	6		176.5		25.5	32.62		
6		303		41			307.62	140.98
	6		429		101.5	70.74		
12		555		162			378.36	142.83
	6		465		215.5	53.89		
18		375		269			432.25	144.03
	2		352.5		277	5.44		
20		330		285			437.69	144.20
	2		310		287.5	1.62		
22		290		290			439.31	144.26
	2		271		289.0	−1.30		
24		252		288 (289)			438.01	144.23
	6		201		269.5	−14.80		
30		150		251 (253)			423.21	143.84
	6		125		228.5	−22.36		
36		100		206 (207)			400.85	143.35
...		...	...	...	...	...	...	...

注　表中加括号的数据为固定时段 $\Delta t=6\text{h}$ 的计算结果。

最大下泄流量 $q_m=290\text{m}^3/\text{s}$ 相应的总库容为 $439.31\times10^5\text{m}^3$，减去汛限水位以下库容 $275\times10^5\text{m}^3$，得设计调洪库容 $V_设=164.31\times10^5\text{m}^3$；而相应于 $q_m=290\text{m}^3/\text{s}$ 的水位即为设计洪水位 $Z_设=144.26\text{m}$。

5.5.2.2　半图解法

利用水量平衡方程和蓄泄方程，也可用图解和计算相结合的方式求解，这种方法称为半图解法。在此只需绘制一条辅助曲线的单辅助曲线法求解，避免了列表计算法的繁琐，减少了计算工作量。

将式（5.5.1）改写成

$$\frac{V_2}{\Delta t}+\frac{q_2}{2}=\frac{V_1}{\Delta t}-\frac{q_1}{2}+\frac{1}{2}(Q_1+Q_2) \tag{5.5.5}$$

用 $\overline{Q}=\frac{1}{2}(Q_1+Q_2)$、$-\frac{q_1}{2}=\frac{q_1}{2}-q_1$ 代入上式，整理得

$$\frac{V_2}{\Delta t}+\frac{q_2}{2}=\frac{V_1}{\Delta t}+\frac{q_1}{2}+\overline{Q}-q_1 \tag{5.5.6}$$

式中右端各项均为已知值，尽管 q_2、V_2 未知，但 $\frac{V_2}{\Delta t}+\frac{q_2}{2}$ 值可由式（5.5.6）右端各项求得，故利用 $q-V$ 关系制作 $q-\frac{V}{\Delta t}+\frac{q}{2}$ 关系线，便可避免调洪计算中的试

算，称此线为辅助曲线或工作曲线。半图解法调洪计算步骤如下：

(1) 确定计算时段 Δt，绘制辅助曲线 $q - \dfrac{V}{\Delta t} + \dfrac{q}{2}$。首先针对入库洪水过程变化的陡缓情况确定计算时段 Δt，然后根据不同库水位对应的 V 和 q，计算对应的 $\dfrac{V}{\Delta t} + \dfrac{q}{2}$，进而，可由 q 对应的 $\dfrac{V}{\Delta t} + \dfrac{q}{2}$ 点绘关系线，如图 5.5.3 所示。

(2) 推求水库的出流过程 $q - t$。第一时段，起调水位已知，故时段初 q_1，$\dfrac{V_1}{\Delta t} + \dfrac{q_1}{2}$ 已知，由式 (5.5.6) 可计算 $\dfrac{V_2}{\Delta t} + \dfrac{q_2}{2}$，由此值查辅助曲线 $q - \left(\dfrac{V}{\Delta t} + \dfrac{q}{2}\right)$ 可得 q_2。$\dfrac{V_2}{\Delta t} + \dfrac{q_2}{2}$ 即为下一时段的初值，依时序逐时段连续计算，便可求得水库的出流过程 $q - t$。

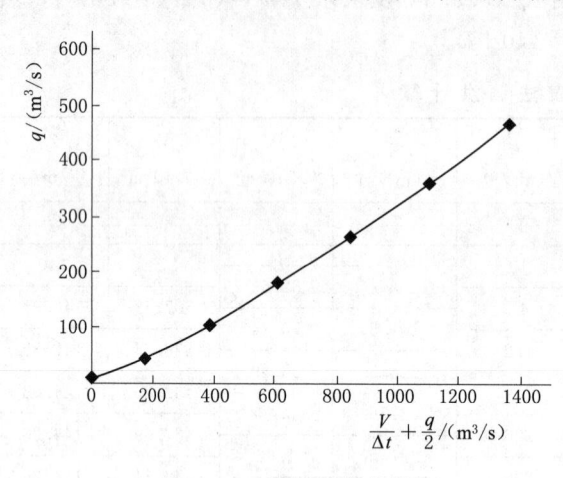

图 5.5.3 单辅助曲线图

(3) 确定最大下泄流量、最大蓄洪量及最高洪水位。具体方法如前所述。应该指出，由于半图解法辅助曲线 $q - \dfrac{V}{\Delta t} + \dfrac{q}{2}$ 是在 Δt 取固定值时绘出的，并且其中出流量 q 是泄流能力，故此方法只适用于 Δt 固定和自由泄流（无闸门控制或闸门全开）的情况。

【例 5.5.2】 用半图解法进行调洪计算，以 [例 5.5.1] 为例。

解：(1) 半图解法单辅助曲线的计算与绘制。

水库调洪单辅助曲线计算中采用溢洪道堰顶以上的库容 V'，取计算时段 $\Delta t = 6\text{h}$，单辅助曲线计算结果见表 5.5.5 中第①、②、④列结果同表 5.5.3。根据表 5.5.5 中第④、⑥列数据绘制出单辅助曲线图 5.5.3。

表 5.5.5　　水库调洪单辅助曲线计算表（$\Delta t = 6\text{h}$）

水位 Z /m	库容 V /10^5m^3	堰顶以上库容 V' /10^5m^3	总泄流量 q/(m³/s)	$V'/\Delta t$ /(m³/s)	$V'/\Delta t + q/2$ /(m³/s)
①	②	③	④	⑤	⑥
140	275	0	10	0	5
141	310	35	41.88	162	183
142	345	70	100.17	324	374
143	387	112	175.65	519	607
144	428	153	265.04	708	841

续表

水位 Z/m	库容 V/$10^5 m^3$	堰顶以上库容 $V'/10^5 m^3$	总泄流量 $q/(m^3/s)$	$V'/\Delta t$/(m^3/s)	$V'/\Delta t + q/2$/(m^3/s)
①	②	③	④	⑤	⑥
145	473	198	366.43	917	1100
146	517	242	478.54	1120	1359

（2）用单辅助曲线法进行调洪计算，计算结果见表 5.5.6。

首先起调时段初，$q_1=10$，$V'_1=0$，$\overline{Q}=176.5 m^3/s$ 计算 $\dfrac{V_2}{\Delta t}+\dfrac{q_2}{2}=\dfrac{V_1}{\Delta t}+\dfrac{q_1}{2}+\overline{Q}-q_1=0+5+176.5-10=171.5(m^3/s)$，填入表 5.5.6 第④列，在单辅助曲线图上，截取横坐标 171.5 向上交线，得相应的纵坐标为 40，这就是该时段末的下泄流量 q_2，填入⑤列，其他时段，按上述方法连续求解。

表 5.5.6　　　　　水库单辅助曲线调洪计算（$P=1\%$）

时间 t/h	水库设计洪水流量 $Q/(m^3/s)$	平均洪水流量 $\overline{Q}/(m^3/s)$	$\dfrac{V'}{\Delta t}+\dfrac{q}{2}$/$(m^3/s)$	水库泄洪流量 $q/(m^3/s)$	水位 Z/m
①	②	③	④	⑤	⑥
0	50		5.0	10	140.00
6	303	176.5	171.5	40	140.96
12	555	429.0	560.5	161	142.82
18	375	465.0	864.5	274	144.09
24	252	313.5	904.0	290	144.26
30	150	201.0	815.0	255	143.89
36	100	125.0	685.0	206	143.36
42	67	83.5	562.5	161	142.82
48	50	58.5	460.0	128	142.39

其次确定最高洪水位及最大蓄洪量。根据最大下泄流量 $q_m=290 m^3/s$，可在单辅助曲线计算表 5.5.5 中内插表得设计洪水位 $Z_设=144.26m$，进一步利用水位—库容关系线，可求得设计洪水位相应的总库容为 $439.31\times10^5 m^3$，减去汛限水位以下库容 $275\times10^5 m^3$，得设计调洪库容 $V_设=164.31\times10^5 m^3$。

5.5.2.3　简化三角形法

小型水库，当资料缺乏或规划设计阶段进行方案比较时，可采用简化三角形法进行调洪计算。该方法的使用条件是：溢洪道上无闸门控制，起调水位与堰顶齐平，入流和出流过程可简化为三角形，如图 5.5.4 所示。

入库洪水总量 W 为

$$W=\dfrac{1}{2}Q_m T \quad\quad\quad (5.5.7)$$

滞洪库容 V_m 为

$$V_m = \frac{1}{2}Q_m - \frac{1}{2}q_m T$$
$$= \frac{1}{2}Q_m T\left(1 - \frac{q_m}{Q_m}\right) \tag{5.5.8}$$

式中 Q_m、q_m——入流或出流的洪峰流量，m^3/s；

T——洪水历时，s。

将式（5.5.7）代入式（5.5.8）得

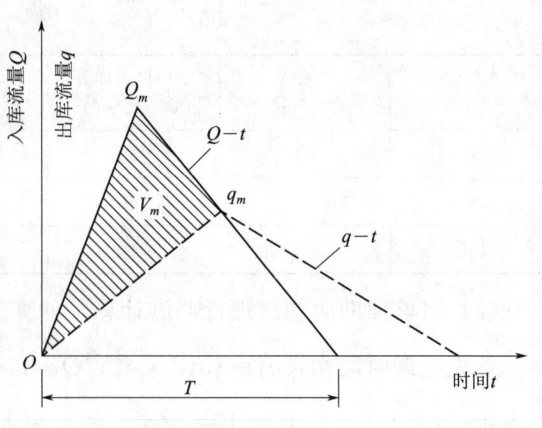

图 5.5.4 简化三角形法水库入库、出库流量示意图

$$V_m = W\left(1 - \frac{q_m}{Q_m}\right) \tag{5.5.9}$$

或

$$q_m = Q_m\left(1 - \frac{q_m}{Q_m}\right) \tag{5.5.10}$$

两个未知量 V_m、q_m，需利用蓄泄曲线 $q-V$（V 采用堰顶以上库容）与式（5.5.9）或式（5.5.10）联合求解。具体方法可采用试算法或图解法。

试算法为：假设 q_m，由式（5.5.9）求得 V_m，再利用 $q-V$ 关系曲线由 V_m 查得一个 q'_m，当此值与假设的 q_m 相等时，q_m 及相应的 V_m 为所求，否则重新试算。

图解法的方法步骤为：

（1）对溢洪道宽度 B_1 的方案，绘出 $q-V$ 关系曲线，且 V 须采用堰顶以上库容。

（2）在与 $q-V$ 线的同一图中绘出式（5.5.10）表示的 q_m 与 V_m 关系线，该式中 W、Q_m 已知，显然该关系线为直线，见图 5.5.5 中 AB 线。

（3）读出两线交点 C 的纵坐标值和横坐标值即为所求 q_m、V_m，如图 5.5.5

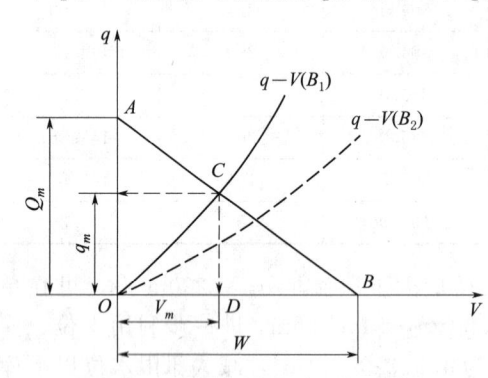

图 5.5.5 简化三角形法图解示意图

所示。上述图解过程的正确性是显然的。由于 V 采用堰顶以上库容，相应 $q-V$ 关系则为下泄量与堰顶以上滞洪量之间的关系，q_m 与 V_m 值必定既是此关系线上的一点，又是 q_m 与 V_m 关系线上的一点。图 5.5.5 中，溢洪道宽度 $B_1 > B_2$，进一步说明，其他条件相同时溢洪道尺寸越大，q_m 越大，而 V_m 越小，最高洪水位 Z_m 越低。

【任务解析单】

【例 5.5.3】 已知某水库 $P=1\%$ 简化三角形洪水过程线，洪峰流量 $Q_m = 500 m^3/s$，洪水历时 $T=10h$ 及 $q=f(V)$ 曲线。该分别用简化三角形图解法及解析法推求该水库的设计调洪库容 V_m 及溢洪道（无闸门控制）的最大泄流量 q_m。

解析 1：试算法

$$W_m = \frac{Q_m T}{2} = \frac{500 \times 10 \times 3600}{2} = 900（万~\mathrm{m}^3）$$

设 $q_m = 200\mathrm{m}^3/\mathrm{s}$，代入 $V_m = W\left(1 - \dfrac{q_m}{Q_m}\right)$，得 $V_m = 540$ 万 m^3。根据 $V_m = 540$ 万 m^3，查 $q = f(V)$ 曲线得 $q_m' = 340\mathrm{m}^3/\mathrm{s} \neq q_m$。重设 $q_m = 250\mathrm{m}^3/\mathrm{s}$，代入 $V_m = W\left(1 - \dfrac{q_m}{Q_m}\right)$，得 $V_m = 450$ 万 m^3。根据 $V_m = 450$ 万 m^3，查 $q = f(V)$ 曲线得 $q_m' = 250\mathrm{m}^3/\mathrm{s} = q_m$，所以水库的设计调洪库容 $V_m = 450$ 万 m^3，溢洪道的最大下泄流量 $q_m = 250\mathrm{m}^3/\mathrm{s}$。

解析 2：图解法

如图 5.5.6 简化三角形计算图，在 $q = f(V)$ 关系曲线图上，在横轴上截取 $OB = W_m = 900$ 万 m^3，得 B 点；在纵轴上截取 $OA = Q_m = 500\mathrm{m}^3/\mathrm{s}$，得 A 点。连接 A、B 两点得直线 AB，即水量平衡方程 $V_m = W\left(1 - \dfrac{q_m}{Q_m}\right)$ 所反应的 $q_m = f(V_m)$ 关系直线。$q_m = f(V_m)$ 直线与 $q = f(V)$ 曲线交于 C 点，则 C 点得纵坐标即为溢洪道的最大下泄流量 $q_m = 250\mathrm{m}^3/\mathrm{s}$，$C$ 点的横坐标即为水库的设计调洪库容 $V_m = 450$ 万 m^3。

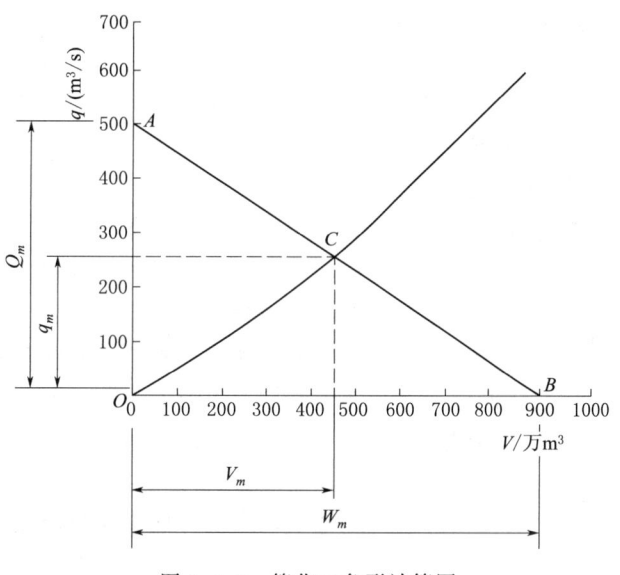

图 5.5.6　简化三角形计算图

【技能训练单】

1. 已知某水库水位库容曲线见表 5.5.5，设计溢洪道方案之一为无闸控制的实用堰，堰宽 70m，堰顶高程与正常蓄水位 59.98m 相齐平。泄流系数 $M = m\sqrt{2g} = 1.77$，泄流公式为 $q = Mbh^{3/2}$，试计算绘制下泄流量与库容的关系曲线。

表 5.5.5　　　　　　　　某水库水位库容曲线

水库水位 Z/m	59.98	60.5	61.0	61.5	62.0	62.5	63.0	63.5	64.0	64.5
总库容/万 m^3	1296	1460	1621	1800	1980	2180	2378	2598	2917	3000
堰上水头 h/m	0									
下泄流量 $q/(\mathrm{m}^3/\mathrm{s})$										

【技能测试单】

1. 单选题

（1）水库调洪计算的原理主要是联解水库的水量平衡方程和（　　）。

A. 蓄泄方程　　　　B. 水循环方程　　　C. 连续性方程　　　D. 能量方程

（2）下面哪一项不是水库调洪计算的方法（　　）。

A. 列表试算法　　　B. 半图解法　　　　C. 简化三角形法　　D. 回归线法

（3）水库单辅助曲线法调洪计算属于下列哪种方法？（　　）

A. 列表试算法　　　B. 半图解法　　　　C. 简化三角形法　　D. 回归线法

（4）水库的蓄泄方程反映的是水库蓄水量与泄洪能力之间的单值关系，其方程为（　　）。

A. $(Q-q)\Delta t = V_2 - V_1$　　　　　　B. $Q - q = \Delta V$

C. $q = f(V)$　　　　　　　　　　　　　D. $q = f(V_2 - V_1)$

（5）无闸门控制水库下泄流量 q 最大时，库水位变化正确的是（　　）。

A. 库水位达到最高　　　　　　　　　　B. 库水位达到最低

C. 库水位达到不变　　　　　　　　　　D. 库水位达到不确定

2. 判断题

（1）在水库入流过程、库容曲线、泄洪建筑物尺寸、起调水位和调洪方式一定的情况下，调洪计算是推求调洪库容。（　　）

（2）水库的调洪作用主要表现为拦蓄洪水和削减洪峰。（　　）

（3）无闸门控制水库的起调水位一般为防洪限制水位。（　　）

（4）无闸门控制水库下泄流量 q 最大时，库水位达到最高，滞洪量达到最大值。（　　）

（5）有闸门控制水库的起调水位一般为防洪限制水位。（　　）

附 录

附表 1　P-Ⅲ型曲线的离均系数 Φ_P 值表

C_s \ $P/\%$	0.01	0.1	0.2	0.33	0.5	1	2	5	10	20	50	75	90	95	99
0	3.72	3.09	2.88	2.71	2.58	2.33	2.05	1.64	1.28	0.84	0	−0.67	−1.28	−1.64	−2.33
0.1	3.94	3.23	3.00	2.82	2.67	2.40	2.11	1.67	1.29	0.84	−0.02	−0.68	−1.27	−1.62	−2.25
0.2	4.16	3.38	3.12	2.92	2.76	2.47	2.16	1.70	1.30	0.83	−0.03	−0.69	−1.26	−1.59	−2.18
0.3	4.38	3.52	3.24	3.03	2.86	2.54	2.21	1.73	1.31	0.82	−0.05	−0.70	−1.24	−1.55	−2.10
0.4	4.61	3.67	3.36	3.14	2.95	2.62	2.26	1.75	1.32	0.82	−0.07	−0.71	−1.23	−1.52	−2.03
0.5	4.83	3.81	3.48	3.25	3.04	2.68	2.31	1.77	1.32	0.81	−0.08	−0.71	−1.22	−1.49	−1.96
0.6	5.05	3.96	3.60	3.35	3.13	2.75	2.35	1.80	1.33	0.80	−0.10	−0.72	−1.20	−1.45	1.88
0.7	5.28	4.10	3.72	3.45	3.22	2.82	2.40	1.82	1.33	0.79	−0.12	−0.72	−1.18	−1.42	−1.81
0.8	5.50	4.24	3.85	3.55	3.31	2.89	2.45	1.84	1.34	0.78	−0.13	−0.73	−1.17	−1.38	−1.74
0.9	5.73	4.39	3.97	3.65	3.40	2.96	2.50	1.86	1.34	0.77	−0.15	−0.73	−1.15	−1.35	−1.66

续表

C_s \ P/%	0.01	0.1	0.2	0.33	0.5	1	2	5	10	20	50	75	90	95	99	P/% \ C_s
1.0	5.96	4.53	4.09	3.76	3.49	3.02	2.54	1.88	1.34	0.76	−0.16	−0.73	−1.13	−1.32	−1.59	1.0
1.1	6.18	4.67	4.20	3.86	3.58	3.09	2.58	1.89	1.34	0.74	−0.18	−0.74	−1.10	−1.28	−1.52	1.1
1.2	6.41	4.81	4.32	3.95	3.66	3.15	2.62	1.91	1.34	0.73	−0.19	−0.74	−1.08	−1.24	−1.45	1.2
1.3	6.64	4.95	4.44	4.05	3.74	3.21	2.67	1.92	1.34	0.72	−0.21	−0.74	−1.06	−1.20	−1.38	1.3
1.4	6.87	5.09	4.56	4.15	3.83	3.27	2.71	1.94	1.33	0.71	−0.22	−0.73	−1.04	−1.17	−1.32	1.4
1.5	7.09	5.23	4.68	4.24	3.91	3.33	2.74	1.95	1.33	0.69	−0.24	−0.73	−1.02	−1.13	−1.26	1.5
1.6	7.31	5.37	4.80	4.34	3.99	3.39	2.78	1.96	1.33	0.68	−0.25	−0.73	−0.99	−1.10	−1.20	1.6
1.7	7.54	5.50	4.91	4.43	4.07	3.44	2.82	1.97	1.32	0.68	−0.27	−0.72	−0.97	−1.06	−1.14	1.7
1.8	7.76	5.64	5.01	4.52	4.15	3.50	2.85	1.98	1.32	0.64	−0.28	−0.72	−0.94	−1.02	−1.09	1.8
1.9	7.98	5.77	5.12	4.61	4.23	3.55	2.88	1.99	1.31	0.63	−0.29	−0.72	−0.92	−0.98	−1.04	1.9
2.0	8.21	5.91	5.22	4.70	4.30	3.61	2.91	2.00	1.30	0.61	−0.31	−0.71	−0.895	−0.949	−0.989	2.0
2.1	8.43	6.04	5.33	4.79	4.37	3.66	2.93	2.00	1.29	0.59	−0.32	−0.71	−0.869	−0.914	−0.945	2.1
2.2	8.65	6.17	5.43	4.88	4.44	3.71	2.96	2.00	1.28	0.57	−0.33	−0.70	−0.844	−0.879	−0.905	2.2
2.3	8.87	6.30	5.53	4.97	4.51	3.76	2.99	2.00	1.27	0.55	−0.34	−0.69	−0.820	−0.849	−0.867	2.3
2.4	9.08	6.42	5.63	5.05	4.58	3.81	3.02	2.01	1.26	0.54	−0.35	−0.68	−0.795	−0.820	−0.831	2.4
2.5	9.30	6.55	5.73	5.13	4.65	3.85	3.04	2.01	1.25	0.52	−0.36	−0.67	−0.772	−0.791	−0.800	2.5
2.6	9.51	6.67	5.82	5.20	4.72	3.89	3.06	2.01	1.23	0.50	−0.37	−0.66	−0.748	−0.764	−0.769	2.6
2.7	9.72	6.79	5.92	5.28	4.78	3.93	3.09	2.01	1.22	0.48	−0.37	−0.65	−0.726	−0.736	−0.740	2.7

续表

C_s \ $P/\%$	0.01	0.1	0.2	0.33	0.5	1	2	5	10	20	50	75	90	95	99	$P/\%$ \ C_s
2.8	9.93	6.91	6.01	5.36	4.84	3.97	3.11	2.01	1.21	0.46	−0.38	−0.64	−0.702	−0.710	−0.714	2.8
2.9	10.14	7.03	6.10	5.44	4.90	4.01	3.13	2.01	1.20	0.44	−0.39	−0.63	−0.680	−0.687	−0.690	2.9
3.0	10.35	7.15	6.20	5.51	4.96	4.05	3.15	2.00	1.18	0.42	−0.39	−0.62	−0.658	−0.665	−0.667	3.0
3.1	10.56	7.26	6.30	5.59	5.02	4.08	3.17	2.00	1.16	0.40	−0.40	−0.60	−0.639	−0.644	−0.645	3.1
3.2	10.77	7.38	6.39	5.66	5.08	4.12	3.19	2.00	1.14	0.38	−0.40	−0.59	−0.621	−0.624	−0.625	3.2
3.3	10.97	7.49	6.48	5.74	5.14	4.15	3.21	1.99	1.12	0.36	−0.40	−0.58	−0.604	−0.606	−0.606	3.3
3.4	11.17	7.60	6.56	5.80	5.20	4.18	3.22	1.98	1.11	0.34	−0.41	−0.57	−0.587	−0.588	−0.588	3.4
3.5	11.37	7.72	6.65	5.86	5.25	4.22	3.23	1.97	1.09	0.32	−0.41	−0.55	−0.570	−0.571	−0.571	3.5
3.6	11.57	7.83	6.73	5.93	5.30	4.25	3.24	1.96	1.08	0.30	−0.41	−0.54	−0.555	−0.556	−0.556	3.6
3.7	11.77	7.94	6.81	5.99	5.35	4.28	3.25	1.95	1.06	0.28	−0.42	−0.53	−0.540	−0.541	−0.541	3.7
3.8	1197	8.05	6.89	6.05	5.40	4.31	3.26	1.94	1.04	0.26	−0.42	−0.52	−0.526	0.526	−0.526	3.8
3.9	12.16	8.15	6.97	6.11	5.45	4.34	3.27	1.93	1.02	0.24	−0.41	−0.506	−0.513	−0.513	−0.513	3.9
4.0	12.36	8.25	7.05	6.18	5.50	4.37	3.27	1.92	1.00	0.23	−0.41	−0.495	−0.500	−0.500	−0.500	4.0
4.1	12.55	8.35	7.13	6.24	5.54	4.39	3.28	1.91	0.98	0.21	−0.41	−0.484	−0.488	−0.488	−0.488	4.1
4.2	12.74	8.45	7.21	6.30	5.59	4.41	3.29	1.90	0.96	0.19	−0.41	−0.473	−0.476	−0.476	−0.476	4.2
4.3	12.93	8.55	7.29	6.36	5.63	4.44	3.29	1.88	0.94	0.17	−0.41	−0.462	−0.465	−0.465	−0.465	4.3
4.4	13.12	8.65	7.36	6.41	5.68	4.46	3.30	1.87	0.92	0.16	−0.40	−0.453	−0.455	−0.455	−0.455	4.4

续表

C_s	$P/\%$ 0.01	0.1	0.2	0.33	0.5	1	2	5	10	20	50	75	90	95	99	C_s
4.5	13.30	8.75	7.43	6.46	5.72	4.48	3.30	1.85	0.90	0.14	−0.40	−0.444	−0.444	−0.444	−0.444	4.5
4.6	13.49	8.85	7.50	6.52	5.76	4.50	3.30	1.84	0.88	0.13	−0.40	−0.435	−0.435	−0.435	−0.435	4.6
4.7	13.67	8.95	7.57	6.57	5.80	4.52	3.30	1.82	0.86	0.11	−0.39	−0.426	−0.426	−0.426	−0.426	4.7
4.8	13.85	9.04	7.64	6.63	5.84	4.54	3.30	1.80	0.84	0.09	−0.39	−0.417	−0.417	−0.417	−0.417	4.8
4.9	14.04	9.13	7.70	6.68	5.88	4.55	3.30	1.78	0.82	0.08	−0.38	−0.408	−0.408	−0.408	−0.408	4.9
5.0	14.22	9.22	7.77	6.73	5.92	4.57	3.30	1.77	0.80	0.06	−0.379	−0.400	−0.400	−0.400	−0.400	5.0
5.1	14.40	9.31	7.84	6.78	5.95	4.58	3.30	1.75	0.78	0.05	−0.374	−0.392	−0.392	−0.392	−0.392	5.1
5.2	14.57	9.40	7.90	6.83	5.99	4.59	3.30	1.73	0.76	0.03	−0.369	−0.385	−0.385	−0.385	−0.385	5.2
5.3	14.75	9.49	7.96	6.87	6.02	4.60	3.30	1.72	0.74	0.02	−0.363	−0.377	−0.377	−0.377	−0.377	5.3
5.4	14.92	9.57	8.02	6.91	6.05	4.62	3.29	1.70	0.72	0.00	−0.358	−0.370	−0.370	−0.370	−0.370	5.4
5.5	15.10	9.66	8.08	6.96	6.08	4.63	3.28	1.68	0.70	−0.01	−0.353	−0.364	−0.364	−0.364	−0.364	5.5
5.6	15.27	9.71	8.14	7.00	6.11	4.64	3.28	1.66	0.67	−0.03	−0.349	−0.357	−0.357	−0.357	−0.357	5.6
5.7	15.45	9.82	8.21	7.04	6.14	4.65	3.27	1.65	0.65	−0.04	−0.344	−0.351	−0.351	−0.351	−0.351	5.7
5.8	15.62	9.91	8.27	7.08	6.17	4.67	3.27	1.63	0.63	−0.05	−0.339	−0.345	−0.345	−0.345	−0.345	5.8
5.9	15.78	9.99	8.32	7.12	6.20	4.68	3.26	1.61	0.61	−0.06	−0.334	−0.339	−0.339	−0.339	−0.339	5.9
6.0	15.94	10.07	8.38	7.15	6.23	4.68	3.25	1.59	0.59	−0.07	−0.329	−0.333	−0.333	−0.333	−0.333	6.0
6.1	16.11	10.15	8.43	7.19	6.26	4.69	3.24	1.57	0.57	−0.08	−0.325	−0.328	−0.328	−0.328	−0.328	6.1
6.2	16.28	10.22	8.49	7.23	6.28	4.70	3.23	1.55	0.55	−0.09	−0.320	−0.323	−0.323	−0.323	−0.323	6.2
6.3	16.45	10.30	8.54	7.26	6.30	4.70	3.22	1.53	0.53	−0.10	−0.315	−0.317	−0.317	−0.317	−0.317	6.3
6.4	16.61	10.38	8.60	7.30	6.32	4.71	3.21	1.51	0.51	−0.11	−0.311	−0.313	−0.313	−0.313	−0.313	6.4

附表 2

P-Ⅲ型曲线模比系数 K_P 值表

(1) $C_s = C_v$

C_v \ $P/\%$	0.01	0.1	0.2	0.33	0.5	1	2	5	10	20	50	75	90	95	99
0.05	1.19	1.16	1.15	1.14	1.13	1.12	1.11	1.09	1.07	1.04	1.00	0.97	0.94	0.92	0.89
0.10	1.39	1.32	1.30	1.28	1.27	1.24	1.21	1.17	1.13	1.08	1.00	0.93	0.87	0.84	0.78
0.15	1.61	1.50	1.46	1.43	1.41	1.37	1.32	1.26	1.20	1.13	1.00	0.90	0.81	0.77	0.67
0.20	1.83	1.68	1.62	1.58	1.55	1.49	1.43	1.43	1.26	1.17	0.99	0.86	0.75	0.68	0.56
0.25	2.07	1.86	1.80	1.74	1.70	1.63	1.55	1.43	1.33	1.21	0.99	0.83	0.69	0.61	0.47
0.30	2.31	2.06	1.97	1.91	1.86	1.76	1.66	1.52	1.39	1.25	0.98	0.79	0.63	0.54	0.37
0.35	2.57	2.26	2.16	2.08	2.02	1.91	1.78	1.61	1.46	1.29	0.98	0.76	0.57	0.47	0.28
0.40	2.84	2.47	2.34	2.26	2.18	2.05	1.90	1.70	1.53	1.33	0.97	0.72	0.51	0.39	0.19
0.45	3.13	2.69	2.54	2.44	2.35	2.19	2.03	1.79	1.60	1.37	0.97	0.69	0.45	0.33	0.10
0.50	3.42	2.91	2.74	2.63	2.52	2.34	2.16	1.89	1.66	1.40	0.96	0.65	0.39	0.26	002
0.55	3.72	3.14	2.95	2.82	2.70	2.49	2.29	1.98	1.73	1.44	0.95	0.61	0.34	0.20	−0.06
0.60	4.03	3.38	3.16	3.01	2.88	2.65	2.41	2.08	1.80	1.48	0.94	0.57	0.28	0.13	−0.13
0.65	4.36	3.62	3.38	3.21	3.07	2.81	2.55	2.18	1.87	1.52	0.93	0.53	0.23	0.07	−0.20
0.70	4.70	3.87	3.60	3.42	3.25	2.97	2.68	2.27	1.93	1.55	0.92	0.50	0.17	0.01	−0.27
0.75	5.05	4.13	3.84	3.63	3.45	3.14	2.82	2.37	2.00	1.59	0.91	0.46	0.12	−0.05	−0.33
0.80	5.40	4.39	4.08	3.84	3.65	3.31	2.96	2.47	2.07	1.62	0.90	0.42	0.06	−0.10	−0.39
0.85	5.78	4.67	4.33	4.07	3.86	3.49	3.11	2.57	2.14	1.66	0.88	0.37	0.01	−0.16	−0.44
0.90	6.16	4.95	4.57	4.29	4.06	3.66	3.25	2.67	2.21	1.69	0.86	0.34	−0.04	−0.22	−0.49
0.95	6.56	5.24	4.83	4.53	4.28	3.84	3.40	2.78	2.28	1.73	0.85	0.31	−0.09	−0.27	−0.55
1.00	6.96	5.53	5.09	4.76	4.49	4.02	3.54	2.88	2.34	1.76	0.84	0.27	−0.13	−0.32	−0.59

续表

(2) $C_s = 2C_v$

C_v＼P/%	0.01	0.1	0.2	0.33	0.5	1	2	5	10	20	50	75	90	95	99	P/%＼C_s
0.05	1.20	1.16	1.15	1.14	1.13	1.12	1.11	1.08	1.06	1.04	1.00	0.97	0.94	0.92	0.89	0.10
0.10	1.42	1.34	1.31	1.29	1.27	1.25	1.21	1.17	1.13	1.08	1.00	0.93	0.87	0.84	0.78	0.20
0.15	1.67	1.54	1.48	1.46	1.43	1.38	1.33	1.26	1.20	1.12	0.99	0.90	0.81	0.77	0.69	0.30
0.20	1.92	1.73	1.67	1.63	1.59	1.52	1.45	1.35	1.26	1.16	0.99	0.86	0.75	0.70	0.59	0.40
0.22	2.04	1.82	1.75	1.70	1.66	1.58	1.50	1.39	1.29	1.18	0.98	0.84	0.73	0.67	0.56	0.44
0.24	2.16	1.91	1.83	1.77	1.73	1.64	1.55	1.43	1.32	1.19	0.98	0.83	0.71	0.64	0.53	0.48
0.25	2.22	1.96	1.87	1.81	1.77	1.67	1.58	1.45	1.33	1.20	0.98	0.82	0.70	0.63	0.52	0.50
0.26	2.28	2.01	1.91	1.85	1.80	1.70	1.60	1.46	1.34	1.21	0.98	0.82	0.69	0.62	0.50	0.52
0.28	2.40	2.10	2.00	1.93	1.87	1.76	1.66	1.50	1.37	1.22	0.97	0.79	0.66	0.59	0.47	0.56
0.30	2.52	2.19	2.08	2.01	1.94	1.83	1.71	1.54	1.40	1.24	0.97	0.78	0.64	0.56	0.44	0.60
0.35	2.86	2.44	2.31	2.22	2.13	2.00	1.84	1.64	1.47	1.28	0.96	0.75	0.59	0.51	0.37	0.70
0.40	3.20	2.70	2.54	2.42	2.32	2.16	1.98	1.74	1.54	1.31	0.95	0.71	0.53	0.45	0.30	0.80
0.45	3.59	2.98	2.80	2.65	2.53	2.33	2.13	1.84	1.60	1.35	0.93	0.67	0.48	0.40	0.26	0.90
0.50	3.98	3.27	3.05	2.88	2.74	2.51	2.27	1.94	1.67	1.38	0.92	0.64	0.44	0.34	0.21	1.00
0.55	4.42	3.58	3.32	3.12	2.97	2.70	2.42	2.04	1.74	1.41	0.90	0.59	0.40	0.30	0.16	1.10
0.60	4.85	3.89	3.59	3.37	3.20	2.89	2.57	2.15	1.80	1.44	0.89	0.56	0.35	0.26	0.13	1.20
0.65	5.33	4.22	3.89	3.64	3.44	3.09	2.74	2.25	1.87	1.47	0.87	0.52	0.31	0.22	0.10	1.30
0.70	5.81	4.56	4.19	3.91	3.68	3.29	2.90	2.36	1.94	1.50	0.85	0.49	0.27	0.18	0.08	1.40
0.75	6.33	4.93	4.52	4.19	3.93	3.50	3.06	2.46	2.00	1.52	0.82	0.45	0.24	0.15	0.06	1.50
0.80	6.85	5.30	4.84	4.47	4.19	3.71	3.22	2.57	2.06	1.54	0.80	0.42	0.21	0.12	0.04	1.60
0.90	7.98	6.08	5.51	5.07	4.74	4.15	3.56	2.78	2.19	1.58	0.75	0.35	0.15	0.08	0.02	1.80

续表

(3) $C_s = 3C_v$

C_v \ $P/\%$	0.01	0.1	0.2	0.33	0.5	1	2	5	10	20	50	75	90	95	99	C_s
0.20	2.02	1.79	1.72	1.67	1.63	1.55	1.47	1.36	1.27	1.16	0.98	0.86	0.76	0.71	0.62	0.60
0.25	2.35	2.05	1.95	1.88	1.82	1.72	1.61	1.46	1.34	1.20	0.97	0.82	0.71	0.65	0.56	0.75
0.30	2.72	2.32	2.19	2.10	2.02	1.89	1.75	1.56	1.40	1.23	0.96	0.78	0.66	0.60	0.50	0.90
0.35	3.12	2.61	2.46	2.33	2.24	2.07	1.90	1.66	1.47	1.26	0.94	0.74	0.61	0.55	0.46	1.05
0.40	3.56	2.92	2.73	2.58	2.46	2.26	2.05	1.76	1.54	1.29	0.92	0.70	0.57	0.50	0.42	1.20
0.42	3.75	3.06	2.85	2.69	2.56	2.34	2.11	1.81	1.56	1.31	0.91	0.69	0.55	0.49	0.41	1.26
0.44	3.94	3.19	2.97	2.80	2.65	2.42	2.17	1.85	1.59	1.32	0.91	0.67	0.54	0.47	0.40	1.32
0.45	4.04	3.26	3.03	2.85	2.70	2.46	2.21	1.87	1.60	1.32	0.90	0.67	0.53	0.47	0.39	1.35
0.46	4.14	3.33	3.09	2.90	2.75	2.50	2.24	1.89	1.61	1.33	0.90	0.66	0.52	0.46	0.39	1.38
0.48	4.34	3.47	3.21	3.01	2.85	2.58	2.31	1.93	1.65	1.34	0.89	0.65	0.51	0.45	0.38	1.44
0.50	4.55	3.62	3.34	3.12	2.96	2.67	2.37	1.98	1.67	1.35	0.88	0.64	0.49	0.44	0.37	1.50
0.52	4.76	3.76	3.46	3.24	3.06	2.75	2.44	2.02	1.69	1.36	0.87	0.62	0.48	0.42	0.36	1.56
0.54	4.98	3.91	3.60	3.36	3.16	2.84	2.51	2.06	1.72	1.36	0.86	0.61	0.47	0.41	0.36	1.62
0.55	5.09	3.99	3.66	3.42	3.21	2.88	2.54	2.08	1.73	1.36	0.86	0.60	0.46	0.41	0.36	1.65
0.56	5.20	4.07	3.73	3.48	3.27	2.93	2.57	2.10	1.74	1.37	0.85	0.59	0.46	0.40	0.35	1.68
0.58	5.43	4.23	3.86	3.59	3.38	3.01	2.64	2.14	1.77	1.38	0.84	0.58	0.45	0.40	0.35	1.74
0.60	5.66	4.38	4.01	3.71	3.49	3.10	2.71	2.19	1.79	1.38	0.83	0.57	0.44	0.39	0.35	1.80
0.65	6.26	4.81	4.36	4.03	3.77	3.33	2.88	2.29	1.85	1.40	0.80	0.53	0.41	0.37	0.34	1.95
0.70	6.90	5.23	4.73	4.35	4.06	3.56	3.05	2.40	1.90	1.41	0.78	0.50	0.39	0.36	0.34	2.10
0.75	7.57	5.68	5.12	4.69	4.36	3.80	3.24	2.50	1.96	1.42	0.76	0.48	0.38	0.35	0.34	2.25
0.80	8.26	6.14	5.50	5.04	4.66	4.05	3.42	2.61	2.01	1.43	0.72	0.46	0.36	0.34	0.34	2.40

续表

(4) $C_s = 3.5C_v$

C_v \ $P/\%$	0.01	0.1	0.2	0.33	0.5	1	2	5	10	20	50	75	90	95	99	$P/\%$ \ C_s
0.20	2.06	1.82	1.74	1.69	1.64	1.56	1.48	1.36	1.27	1.16	0.98	0.86	0.76	0.72	0.64	0.70
0.25	2.42	2.09	1.99	1.91	1.85	1.74	1.62	1.46	1.34	1.19	0.96	0.82	0.71	0.66	0.58	0.88
0.30	2.82	2.38	2.24	2.14	2.06	1.92	1.77	1.57	1.40	1.22	0.95	0.78	0.67	0.61	0.53	1.05
0.35	3.26	2.70	2.52	2.39	2.29	2.11	1.92	1.67	1.47	1.26	0.93	0.74	0.62	0.57	0.50	1.22
0.40	3.75	3.04	2.82	2.66	2.53	2.31	2.08	1.78	1.53	1.28	0.91	0.71	0.58	0.53	0.47	1.40
0.42	3.95	3.18	2.95	2.77	2.63	2.39	2.15	1.82	1.56	1.29	0.90	0.69	0.57	0.52	0.46	1.47
0.44	4.16	3.33	3.08	2.88	2.73	2.48	2.21	1.86	1.59	1.30	0.89	0.68	0.56	0.51	0.46	1.54
0.45	4.27	3.40	3.14	2.94	2.79	2.52	2.25	1.88	1.60	1.31	0.89	0.67	0.55	0.50	0.45	1.58
0.46	4.37	3.48	3.21	3.00	2.84	2.56	2.28	1.90	1.61	1.31	0.88	0.66	0.54	0.50	0.45	1.61
0.48	4.60	3.63	3.35	3.12	2.94	2.65	2.35	1.95	1.64	1.32	0.87	0.65	0.53	0.49	0.45	1.68
0.50	4.82	3.78	3.48	3.24	3.06	2.74	2.42	1.99	1.66	1.32	0.86	0.64	0.52	0.48	0.44	1.75
0.52	5.06	3.95	3.62	3.36	3.16	2.83	2.48	2.03	1.69	1.33	0.85	0.63	0.51	0.47	0.44	1.82
0.54	5.30	4.11	3.76	3.48	3.28	2.91	2.55	2.07	1.71	1.34	0.84	0.61	0.50	0.47	0.44	1.89
0.55	5.41	4.20	3.83	3.55	3.34	2.96	2.58	2.10	1.72	1.34	0.84	0.60	0.50	0.46	0.44	1.92
0.56	5.55	4.28	3.91	3.61	3.39	3.01	2.62	2.12	1.73	1.35	0.83	0.60	0.49	0.46	0.43	1.96
0.58	5.80	4.45	4.05	3.74	3.51	3.10	2.69	2.16	1.75	1.35	0.82	0.58	0.48	0.46	0.43	2.03
0.60	6.06	4.62	4.20	3.87	3.62	3.20	2.76	2.20	1.77	1.35	0.81	0.57	0.48	0.45	0.43	2.10
0.65	6.73	5.08	4.58	4.22	3.92	3.44	2.94	2.30	1.83	1.36	0.78	0.55	0.46	0.44	0.43	2.28
0.70	7.43	5.54	4.98	4.56	4.23	3.68	3.12	2.41	1.88	1.37	0.75	0.53	0.45	0.44	0.43	2.45
0.75	8.16	6.02	5.38	4.92	4.55	3.92	3.30	2.51	1.92	1.37	0.72	0.50	0.44	0.43	0.43	2.62
0.80	8.94	6.53	5.81	5.29	4.87	4.18	3.49	2.61	1.97	1.37	0.70	0.49	0.44	0.43	0.43	2.80

242

续表

(5) $C_s = 4C_v$

C_v \ $P/\%$	0.01	0.1	0.2	0.33	0.5	1	2	5	10	20	50	75	90	95	99	$P/\%$ \ C_s
0.20	2.10	1.85	1.77	1.71	1.66	0.58	1.49	1.37	1.27	1.16	0.97	0.85	0.77	0.72	0.65	0.80
0.25	2.49	2.13	2.02	1.94	1.87	1.76	1.64	1.47	1.34	1.19	0.96	0.82	0.72	0.67	0.60	1.00
0.30	2.92	2.44	2.30	2.18	2.10	1.94	1.79	1.57	1.40	1.22	0.94	0.78	0.68	0.63	0.56	1.20
0.35	3.40	2.78	2.60	2.45	2.34	2.14	1.95	1.68	1.47	1.25	0.92	0.74	0.64	0.59	0.54	1.40
0.40	3.92	3.15	2.92	2.74	2.60	2.36	2.11	1.78	1.53	1.27	0.90	0.71	0.60	0.56	0.52	1.60
0.42	4.15	3.30	3.05	2.86	2.70	2.44	2.18	1.83	1.56	1.28	0.89	0.70	0.59	0.55	0.52	1.68
0.44	4.38	3.46	3.19	2.98	2.81	2.53	2.25	1.87	1.58	1.29	0.88	0.68	0.58	0.55	0.51	1.76
0.45	4.49	3.54	3.25	3.03	2.87	2.58	2.28	1.89	1.59	1.29	0.87	0.68	0.58	0.54	0.51	1.80
0.46	4.62	3.62	3.32	3.10	2.92	2.62	2.32	1.91	1.61	1.29	0.87	0.67	0.57	0.54	0.51	1.84
0.48	4.86	3.79	3.47	3.22	3.04	2.71	2.39	1.96	1.63	1.30	0.86	0.66	0.56	0.53	0.51	1.92
0.50	5.10	3.96	3.61	3.35	3.15	2.80	2.45	2.00	1.65	1.31	0.84	0.64	0.55	0.53	0.50	2.00
0.52	5.36	4.12	3.76	3.48	3.27	2.90	2.52	2.04	1.67	1.31	0.83	0.63	0.55	0.52	0.50	2.08
0.54	5.62	4.30	3.91	3.61	3.38	2.99	2.59	2.08	1.69	1.31	0.82	0.62	0.54	0.52	0.50	2.16
0.55	5.76	4.39	3.99	3.68	3.44	3.03	2.63	2.10	1.70	1.31	0.82	0.62	0.54	0.52	0.50	2.20
0.56	5.90	4.48	4.06	3.75	3.50	3.09	2.66	2.12	1.71	1.31	0.81	0.61	0.53	0.51	0.50	2.24
0.58	6.18	4.67	4.22	3.89	3.62	3.19	2.74	2.16	1.74	1.32	0.80	0.60	0.53	0.51	0.50	2.32
0.60	6.45	4.85	4.38	4.03	3.75	3.29	2.81	2.21	1.76	1.32	0.79	0.59	0.52	0.51	0.50	2.40
0.65	7.18	5.34	4.78	4.38	4.07	3.53	2.99	2.31	1.80	1.32	0.76	0.57	0.51	0.50	0.50	2.60
0.70	7.95	5.84	5.21	4.75	4.39	3.78	3.18	2.41	1.85	1.32	0.73	0.55	0.51	0.50	0.50	2.80
0.75	8.76	6.36	5.65	5.13	4.72	4.03	3.36	2.50	1.88	1.32	0.71	0.54	0.51	0.50	0.50	3.00
0.80	9.62	6.90	6.11	5.53	5.06	4.30	3.55	2.60	1.91	1.30	0.68	0.53	0.50	0.50	0.50	3.20

附表 3 　瞬时间单位线 S 曲线查用表

t/K \ n	1.0	1.1	1.2	1.3	1.4	1.5	1.6	1.7	1.8	1.9	2.0	2.1	2.2	2.3	2.4	2.5	2.6	2.7	2.8	2.9	3.0
0	0	0	0	0	0	0	0	0	0	0	0	0	0	0	0	0	0	0	0	0	0
0.1	0.095	0.072	0.054	0.041	0.030	0.022	0.017	0.012	0.009	0.007	0.005	0.003	0.002	0.002	0.001	0.001	0.001				
0.2	0.181	0.147	0.118	0.095	0.075	0.060	0.047	0.036	0.029	0.022	0.018	0.014	0.010	0.008	0.006	0.004	0.003	0.002	0.002	0.001	0.001
0.3	0.259	0.218	0.182	0.152	0.126	0.104	0.086	0.069	0.057	0.045	0.037	0.030	0.024	0.019	0.015	0.012	0.10	0.007	0.006	0.005	0.004
0.4	0.330	0.285	0.244	0.209	0.178	0.150	0.127	0.107	0.089	0.074	0.061	0.051	0.042	0.034	0.028	0.023	0.019	0.015	0.012	0.010	0.008
0.5	0.393	0.346	0.305	0.266	0.230	0.198	0.171	0.146	0.126	0.106	0.090	0.076	0.065	0.054	0.045	0.037	0.031	0.025	0.022	0.018	0.014
0.6	0.451	0.403	0.360	0.318	0.281	0.237	0.216	0.188	0.164	0.142	0.122	0.104	0.090	0.076	0.065	0.055	0.046	0.039	0.033	0.028	0.023
0.7	0.503	0.456	0.411	0.369	0.331	0.294	0.261	0.231	0.200	0.178	0.156	0.136	0.117	0.101	0.088	0.075	0.065	0.056	0.044	0.039	0.034
0.8	0.551	0.505	0.461	0.418	0.378	0.340	0.306	0.273	0.243	0.216	0.191	0.169	0.149	0.130	0.113	0.098	0.086	0.074	0.064	0.056	0.047
0.9	0.593	0.549	0.505	0.464	0.423	0.385	0.349	0.315	0.285	0.255	0.228	0.202	0.180	0.160	0.141	0.124	0.109	0.096	0.084	0.073	0.063
1.0	0.632	0.589	0.547	0.506	0.466	0.428	0.392	0.356	0.324	0.293	0.264	0.238	0.213	0.190	0.170	0.151	0.134	0.118	0.104	0.092	0.080
1.1	0.667	0.626	0.585	0.545	0.506	0.468	0.431	0.396	0.363	0.331	0.301	0.273	0.247	0.222	0.200	0.179	0.160	0.143	0.127	0.113	0.100
1.2	0.699	0.660	0.621	0.582	0.544	0.506	0.470	0.436	0.400	0.368	0.337	0.308	0.281	0.255	0.231	0.219	0.188	0.169	0.151	0.135	0.121
1.3	0.728	0.691	0.654	0.616	0.579	0.543	0.506	0.471	0.447	0.405	0.373	0.343	0.315	0.288	0.262	0.239	0.216	0.196	0.171	0.159	0.143
1.4	0.753	0.719	0.684	0.648	0.612	0.577	0.541	0.507	0.473	0.440	0.408	4.378	0.348	0.321	0.294	0.269	0.246	0.224	0.203	0.184	0.167
1.5	0.777	0.744	0.711	0.677	0.643	0.608	0.574	0.540	0.507	0.474	0.442	0.411	0.382	0.353	0.326	0.300	0.275	0.252	0.231	0.210	0.191
1.6	0.798	0.768	0.736	0.704	0.671	0.638	0.605	0.572	0.539	0.507	0.475	0.444	0.414	0.385	0.357	331	0.305	0.281	0.258	0.237	0.217
1.7	0.817	0.789	0.759	0.729	0.698	0.666	0.634	0.602	0.570	0.538	0.507	0.476	0.446	0.417	0.389	0.361	0.335	0.310	0.287	0.264	0.243
1.8	0.835	0.808	0.781	0.752	0.722	0.692	0.661	0.630	0.599	0.568	0.537	0.507	0.477	0.448	0.419	0.392	0.365	0.330	0.315	0.292	0.269
1.9	0.850	0.826	0.800	0.773	0.745	0.716	0.687	0.657	0.627	0.596	0.566	0.536	0.507	0.478	0.449	0.421	0.395	0.368	0.343	0.319	0.296
2.0	0.865	0.842	0.818	0.792	0.766	0.739	0.710	0.682	0.653	0.623	0.594	0.565	0.536	0.507	0.478	0.451	0.423	0.397	0.372	0.347	0.323
2.1	0.878	0.856	0.834	0.810	0.785	0.759	0.733	0.706	0.679	0.649	0.620	0.592	0.565	0.535	0.507	0.479	0.452	0.425	0.400	0.375	0.350
2.2	0.890	0.870	0.849	0.826	0.803	0.778	0.753	0.727	0.700	0.673	0.645	0.618	0.590	0.562	0.534	0.507	0.480	0.453	0.427	0.402	0.377
2.3	0.900	0.882	0.862	0.841	0.819	0.796	0.772	0.748	0.722	0.696	0.669	0.642	0.615	0.588	0.560	0.533	0.507	0.480	0.454	0.429	0.404
2.4	0.909	0.895	0.875	0.855	0.835	0.813	0.790	0.767	0.742	0.717	0.692	0.665	0.639	0.613	0.586	0.559	0.533	0.507	0.481	0.455	0.430

续表

t/K \ n	1.0	1.1	1.2	1.3	1.4	1.5	1.6	1.7	1.8	1.9	2.0	2.1	2.2	2.3	2.4	2.5	2.6	2.7	2.8	2.9	3.0
2.5	0.918	0.902	0.886	0.868	0.849	0.828	0.807	0.784	0.761	0.737	0.713	0.688	0.662	0.636	0.610	0.584	0.558	0.532	0.506	0.481	0.456
2.6	0.926	0.912	0.896	0.879	0.861	0.842	0.822	0.801	0.779	0.756	0.733	0.708	0.684	0.659	0.634	0.608	0.582	0.557	0.532	0.506	0.482
2.7	0.933	0.920	0.905	0.890	0.873	0.855	0.836	0.816	0.796	0.774	0.751	0.728	0.704	0.680	0.656	0.631	0.606	0.581	0.556	0.531	0.506
2.8	0.939	0.928	0.914	0.899	0.884	0.867	0.849	0.831	0.811	0.790	0.769	0.747	0.724	0.701	0.677	0.653	0.629	0.604	0.579	0.555	0.531
2.9	0.945	0.934	0.922	0.908	0.894	0.878	0.862	0.844	0.825	0.806	0.785	0.764	0.742	0.720	0.697	0.674	0.650	0.626	0.602	0.578	0.554
3.0	0.950	0.940	0.929	0.916	0.903	0.888	0.873	0.856	0.839	0.820	0.801	0.781	0.760	0.738	0.716	0.694	0.671	0.648	0.624	0.600	0.577
3.1	0.955	0.946	0.935	0.924	0.911	0.898	0.883	0.868	0.851	0.834	0.815	0.796	0.776	0.756	0.734	0.713	0.691	0.668	0.645	0.622	0.599
3.2	0.959	0.951	0.941	0.930	0.919	0.906	0.893	0.878	0.863	0.846	0.829	0.811	0.792	0.772	0.752	0.731	0.709	0.688	0.665	0.643	0.620
3.3	0.963	0.955	0.946	0.936	0.926	0.914	0.902	0.888	0.873	0.858	0.841	0.824	0.806	0.787	0.768	0.748	0.727	0.706	0.685	0.663	0.641
3.4	0.967	0.959	0.951	0.942	0.932	0.921	0.910	0.897	0.883	0.869	0.853	0.837	0.820	0.802	0.783	0.764	0.744	0.724	0.703	0.682	0.660
3.5	0.970	0.963	0.956	0.947	0.938	0.928	0.917	0.905	0.892	0.879	0.864	0.849	0.832	0.815	0.798	0.779	0.760	0.741	0.721	0.700	0.679
3.6	0.973	0.967	0.960	0.952	0.944	0.934	0.924	0.913	0.901	0.888	0.874	0.860	0.844	0.828	0.811	0.794	0.776	0.757	0.738	0.718	0.697
3.7	0.975	0.970	0.963	0.956	0.948	0.940	0.930	0.920	0.909	0.897	0.884	0.870	0.856	0.840	0.824	0.807	0.790	0.772	0.753	0.734	0.715
3.8	0.978	0.973	0.967	0.960	0.953	0.945	0.936	0.926	0.916	0.905	0.893	0.880	0.866	0.851	0.846	0.820	0.804	0.786	0.768	0.750	0.731
3.9	0.980	0.975	0.970	0.964	0.957	0.950	0.941	0.932	0.923	0.912	0.901	0.889	0.876	0.862	0.848	0.834	0.817	0.800	0.783	0.765	0.747
4.0	0.982	0.977	0.973	0.967	0.961	0.954	0.946	0.938	0.929	0.919	0.908	0.897	0.885	0.872	0.858	0.844	0.829	0.813	0.796	0.779	0.762
4.2	0.985	0.981	0.977	0.973	0.967	0.962	0.955	0.948	0.940	0.931	0.922	0.912	0.901	0.890	0.877	0.864	0.851	0.837	0.822	0.806	0.790
4.4	0.988	0.985	0.981	0.977	0.973	0.968	0.962	0.956	0.949	0.942	0.934	0.925	0.915	0.905	0.894	0.883	0.870	0.857	0.844	0.830	0.815
4.6	0.990	0.987	0.985	0.981	0.975	0.973	0.963	0.963	0.957	0.951	0.944	0.936	0.928	0.919	0.909	0.899	0.888	0.876	0.864	0.851	0.837
4.8	0.992	0.990	0.987	0.985	0.981	0.978	0.794	0.969	0.964	0.958	0.952	0.946	0.938	0.930	0.922	0.913	0.903	0.892	0.881	0.870	0.857
5.0	0.993	0.992	0.990	0.987	0.984	0.981	0.978	0.974	0.970	0.965	0.960	0.954	0.947	0.940	0.933	0.925	0.916	0.907	0.897	0.886	0.875
5.5	0.996	0.995	0.994	0.992	0.990	0.988	0.986	0.983	0.980	0.977	0.973	0.969	0.965	0.960	0.955	0.949	0.942	0.935	0.928	0.920	0.912
6.0	0.998	0.997	0.996	0.995	0.994	0.993	0.991	0.989	0.987	0.985	0.983	0.980	0.977	0.973	0.969	0.965	0.961	0.956	0.950	0.944	0.938
7.0	0.999	0.999	0.998	0.998	0.998	0.997	0.996	0.996	0.995	0.994	0.993	0.991	0.990	0.988	0.986	0.984	0.982	0.980	0.977	0.974	0.970
8.0			0.999	0.999	0.999	0.999	0.999	0.998	0.998	0.997	0.997	0.996	0.996	0.995	0.994	0.993	0.992	0.991	0.989	0.988	0.986
9.0								0.999	0.999	0.999	0.999	0.999	0.998	0.998	0.997	0.997	0.997	0.996	0.995	0.995	0.994

续表

t/K \ n	3.0	3.1	3.2	3.3	3.4	3.5	3.6	3.7	3.8	3.9	4.0	4.1	4.2	4.3	4.4	4.5	4.6	4.7	4.8	4.9	5.0
0	0	0	0	0	0	0	0	0	0	0	0	0	0	0	0	0	0	0	0	0	0
0.5	0.014	0.012	0.010	0.008	0.006	0.005	0.004	0.003	0.003	0.002	0.002	0.001	0.001	0.001	0.001	0.001	0	0	0	0	0
1.0	0.080	0.070	0.061	0.053	0.046	0.040	0.035	0.030	0.026	0.022	0.019	0.016	0.014	0.012	0.010	0.009	0.007	0.006	0.005	0.004	0.004
1.1	0.100	0.088	0.077	0.068	0.060	0.052	0.045	0.040	0.034	0.030	0.026	0.022	0.019	0.016	0.014	0.012	0.010	0.009	0.008	0.006	0.005
1.2	0.121	0.107	0.095	0.084	0.074	0.066	0.058	0.051	0.044	0.039	0.034	0.029	0.026	0.022	0.019	0.017	0.014	0.012	0.011	0.009	0.008
1.3	0.143	0.128	0.114	0.102	0.091	0.081	0.071	0.063	0.056	0.049	0.043	0.038	0.033	0.029	0.025	0.022	0.019	0.017	0.014	0.012	0.011
1.4	0.167	0.150	0.135	0.121	0.109	0.097	0.087	0.077	0.069	0.061	0.054	0.047	0.042	0.037	0.032	0.028	0.025	0.022	0.019	0.016	0.014
1.5	0.191	0.173	0.157	0.142	0.128	0.115	0.103	0.092	0.083	0.074	0.066	0.058	0.052	0.046	0.040	0.036	0.031	0.028	0.024	0.021	0.019
1.6	0.217	0.198	0.180	0.164	0.148	0.134	0.121	0.109	0.098	0.088	0.079	0.070	0.063	0.056	0.050	0.044	0.039	0.035	0.031	0.027	0.024
1.7	0.243	0.223	0.204	0.186	0.170	0.154	0.140	0.127	0.115	0.103	0.093	0.084	0.075	0.067	0.060	0.054	0.048	0.043	0.038	0.033	0.030
1.8	0.269	0.248	0.228	0.210	0.192	0.175	0.160	0.146	0.132	0.120	0.109	0.098	0.089	0.080	0.0702	0.064	0.058	0.051	0.046	0.041	0.036
1.9	0.296	0.274	0.253	0.234	0.215	0.197	0.181	0.166	0.151	0.138	0.125	0.114	0.103	0.093	0.084	0.076	0.068	0.061	0.055	0.049	0.044
2.0	0.323	0.301	0.279	0.258	0.239	0.220	0.203	0.186	0.171	0.156	0.143	0.130	0.119	0.108	0.098	0.089	0.080	0.072	0.065	0.059	0.053
2.1	0.350	0.327	0.305	0.283	0.263	0.244	0.225	0.208	0.191	0.176	0.161	0.148	0.135	0.123	0.112	0.102	0.093	0.084	0.076	0.069	0.062
2.2	0.377	0.354	0.331	0.309	0.287	0.267	0.248	0.230	0.212	0.196	0.181	0.166	0.153	0.140	0.128	0.117	0.107	0.097	0.088	0.080	0.072
2.3	0.404	0.380	0.356	0.334	0.312	0.291	0.271	0.252	0.234	0.217	0.201	0.185	0.171	0.157	0.144	0.132	0.121	0.111	0.101	0.092	0.084
2.4	0.430	0.406	0.382	0.359	0.337	0.316	0.295	0.275	0.256	0.238	0.221	0.205	0.190	0.175	0.161	0.149	0.137	0.125	0.115	0.105	0.096
2.5	0.456	0.432	0.408	0.385	0.362	0.340	0.319	0.299	0.279	0.260	0.242	0.225	0.209	0.194	0.179	0.166	0.153	0.141	0.129	0.119	0.109
2.6	0.482	0.457	0.433	0.410	0.387	0.364	0.343	0.322	0.302	0.283	0.264	0.246	0.229	0.213	0.198	0.183	0.170	0.157	0.145	0.133	0.123
2.7	0.506	0.482	0.458	0.434	0.411	0.389	0.367	0.346	0.325	0.305	0.286	0.268	0.250	0.233	0.217	0.202	0.187	0.174	0.161	0.149	0.137
2.8	0.531	0.506	0.482	0.459	0.436	0.413	0.391	0.369	0.348	0.328	0.308	0.289	0.271	0.253	0.237	0.221	0.206	0.191	0.178	0.165	0.152
2.9	0.554	0.530	0.506	0.483	0.460	0.437	0.414	0.392	0.371	0.350	0.330	0.311	0.292	0.274	0.257	0.240	9.224	0.209	0.195	0.181	0.168
3.0	0.577	0.553	0.530	0.506	0.483	0.460	0.438	0.416	0.394	0.373	0.353	0.333	0.314	0.295	0.277	0.260	0.244	0.228	0.213	0.198	0.185
3.1	0.599	0.576	0.552	0.529	0.506	0.483	0.461	0.439	0.417	0.396	0.375	0.355	0.335	0.316	0.298	0.280	0.263	0.246	0.231	0.216	0.202
3.2	0.620	0.603	0.574	0.552	0.528	0.506	0.484	0.462	0.440	0.418	0.397	0.377	0.357	0.338	0.319	0.301	0.283	0.266	0.250	0.234	0.219

续表

t/K \ n	3.0	3.1	3.2	3.3	3.4	3.5	3.6	3.7	3.8	3.9	4.0	4.1	4.2	4.3	4.4	4.5	4.6	4.7	4.8	4.9	5.0
3.3	0.641	0.618	0.596	0.573	0.551	0.528	0.506	0.484	0.462	0.441	0.420	0.399	0.379	0.359	0.340	0.321	0.304	0.286	0.269	0.253	0.237
3.4	0.660	0.638	0.616	0.594	0.572	0.550	0.528	0.506	0.484	0.463	0.442	0.421	0.400	0.380	0.361	0.342	0.324	0.306	0.289	0.272	0.256
3.5	0.679	0.658	0.636	0.615	0.593	0.571	0.549	0.528	0.506	0.485	0.462	0.442	0.442	0.404	0.382	0.363	0.344	0.326	0.308	0.291	0.275
3.6	0.697	0.677	0.656	0.634	0.613	0.592	0.570	0.549	0.527	0.506	0.484	0.464	0.443	0.423	0.403	0.384	0.365	0.346	0.328	0.311	0.293
3.7	0.715	0.695	0.674	0.653	0.633	0.612	0.590	0.569	0.548	0.527	0.506	0.485	0.464	0.444	0.424	0.404	0.385	0.366	0.348	0.330	0.313
3.8	0.731	0.712	0.692	0.672	0.651	0.631	0.610	0.589	0.568	0.547	0.527	0.506	0.485	0.465	0.445	0.425	0.406	0.387	0.368	0.350	0.332
3.9	0.747	0.728	0.709	0.689	0.670	0.649	0.629	0.609	0.588	0.567	0.548	0.526	0.506	0.485	0.465	0.446	0.426	0.407	0.388	0.370	0.352
4.0	0.762	0.744	0.725	0.706	0.687	0.667	0.647	0.627	0.607	0.587	0.567	0.546	0.526	0.506	0.486	0.466	0.446	0.427	0.403	0.389	0.371
4.2	0.790	0.773	0.756	0.738	0.720	0.701	0.682	0.663	0.644	0.624	0.605	0.585	0.565	0.545	0.525	0.506	0.486	0.467	0.448	0.429	0.410
4.4	0.815	0.799	0.783	0.767	0.750	0.733	0.715	0.697	0.678	0.660	0.641	0.621	0.602	0.582	0.563	0.544	0.525	0.506	0.486	0.468	0.449
4.6	0.837	0.823	0.809	0.793	0.778	0.761	0.745	0.728	0.710	0.692	0.674	0.656	0.637	0.619	0.600	0.581	0.562	0.543	0.524	0.505	0.487
4.8	0.857	0.845	0.831	0.817	0.803	0.788	0.772	0.756	0.740	0.723	0.706	0.688	0.671	0.653	0.634	0.616	0.598	0.579	0.560	0.542	0.524
5.0	0.875	0.864	0.851	0.838	0.825	0.811	0.979	0.782	0.767	0.751	0.735	0.718	0.702	0.683	0.667	0.650	0.632	0.614	0.596	0.578	0.560
5.2	0.891	0.881	0.870	0.858	0.846	0.833	0.820	0.806	0.792	0.777	0.762	0.746	0.731	0.714	0.698	0.681	0.664	0.647	0.629	0.612	0.594
5.4	0.905	0.896	0.886	0.875	0.864	0.852	0.840	0.828	0.814	0.801	0.787	0.772	0.757	0.742	0.726	0.710	0.694	0.678	0.661	0.644	0.627
5.6	0.918	0.909	0.900	0.891	0.880	0.870	0.859	0.847	0.835	0.822	0.809	0.796	0.782	0.768	0.753	0.738	0.722	0.707	0.691	0.674	0.658
5.8	0.928	0.921	0.913	0.904	0.895	0.885	0.875	0.865	0.854	0.842	0.830	0.818	0.805	0.791	0.777	0.763	0.749	0.734	0.719	0.703	0.687
6.0	0.938	0.930	0.924	0.916	0.908	0.899	0.890	0.881	0.870	0.860	0.849	0.837	0.825	0.813	0.800	0.787	0.773	0.759	0.745	0.730	0.715
6.5	0.957	0.952	0.947	0.941	0.935	0.927	0.921	0.913	0.905	0.897	0.888	0.879	0.869	0.859	0.848	0.837	0.826	0.814	0.802	0.789	0.776
7.0	0.970	0.967	0.963	0.958	0.954	0.949	0.943	0.938	0.932	0.925	0.918	0.911	0.903	0.895	0.887	0.878	0.868	0.859	0.848	0.838	0.827
7.5	0.980	0.977	0.974	0.971	0.968	0.964	0.960	0.956	0.951	0.946	0.941	0.935	0.929	0.923	0.916	0.911	0.602	0.894	0.886	0.877	0.868
8.0	0.986	0.984	0.982	0.980	0.978	0.975	0.972	0.969	0.965	0.962	0.958	0.953	0.949	0.944	0.939	0.933	0.927	0.921	0.915	0.908	0.900
9.0	0.994	0.993	0.991	0.990	0.989	0.988	0.986	0.985	0.983	0.981	0.979	0.976	0.974	0.971	0.968	0.965	0.961	0.958	0.954	0.950	0.945
10.0	0.997	0.997	0.996	0.996	0.995	0.994	0.994	0.993	0.992	0.991	0.990	0.988	0.987	0.985	0.984	0.982	0.980	0.9768	0.976	0.973	0.971
11.0	0.999	0.999	0.998	0.998	0.998	0.997	0.997	0.997	0.996	0.996	0.995	0.994	0.994	0.993	0.992	0.991	0.990	0.989	0.988	0.986	0.985
12.0	0.999	0.999	0.999	0.999	0.999	0.999	0.999	0.998	0.998	0.998	0.998	0.997	0.997	0.997	0.996	0.996	0.995	0.994	0.994	0.993	0.992

续表

t/K \ n	3.0	3.1	3.2	3.3	3.4	3.5	3.6	3.7	3.8	3.9	4.0	4.1	4.2	4.3	4.4	4.5	4.6	4.7	4.8	4.9	5.0
3.3	0.641	0.618	0.596	0.573	0.551	0.528	0.506	0.484	0.462	0.441	0.420	0.399	0.379	0.359	0.340	0.321	0.304	0.286	0.269	0.253	0.237
3.4	0.660	0.638	0.616	0.594	0.572	0.550	0.528	0.506	0.484	0.463	0.442	0.421	0.400	0.380	0.361	0.342	0.324	0.306	0.289	0.272	0.256
3.5	0.679	0.658	0.636	0.615	0.593	0.571	0.549	0.528	0.506	0.485	0.462	0.442	0.442	0.404	0.382	0.363	0.344	0.326	0.308	0.291	0.275
3.6	0.697	0.677	0.656	0.634	0.613	0.592	0.570	0.549	0.527	0.506	0.484	0.464	0.443	0.423	0.403	0.384	0.365	0.346	0.328	0.311	0.293
3.7	0.715	0.695	0.674	0.653	0.633	0.612	0.590	0.569	0.548	0.527	0.506	0.485	0.464	0.444	0.424	0.404	0.385	0.366	0.348	0.330	0.313
3.8	0.731	0.712	0.692	0.672	0.651	0.631	0.610	0.589	0.568	0.547	0.527	0.506	0.485	0.465	0.445	0.425	0.406	0.387	0.368	0.350	0.332
3.9	0.747	0.728	0.709	0.689	0.670	0.649	0.629	0.609	0.588	0.567	0.548	0.526	0.506	0.485	0.465	0.4467	0.426	0.407	0.388	0.370	0.352
4.0	0.762	0.744	0.725	0.706	0.687	0.667	0.647	0.627	0.607	0.587	0.567	0.546	0.526	0.506	0.486	0.466	0.446	0.427	0.403	0.389	0.371
4.2	0.790	0.773	0.756	0.738	0.720	0.701	0.682	0.663	0.644	0.624	0.605	0.585	0.565	0.545	0.525	0.506	0.486	0.467	0.448	0.429	0.410
4.4	0.815	0.799	0.783	0.767	0.750	0.733	0.715	0.697	0.678	0.660	0.641	0.621	0.602	0.582	0.563	0.544	0.525	0.506	0.486	0.468	0.449
4.6	0.837	0.823	0.809	0.793	0.778	0.761	0.745	0.728	0.710	0.692	0.674	0.656	0.637	0.619	0.600	0.581	0.562	0.543	0.524	0.505	0.487
4.8	0.857	0.845	0.831	0.817	0.803	0.788	0.772	0.756	0.740	0.723	0.706	0.688	0.671	0.653	0.634	0.616	0.598	0.579	0.560	0.542	0.524
5.0	0.875	0.864	0.851	0.838	0.825	0.811	0.797	0.782	0.767	0.751	0.735	0.718	0.702	0.683	0.667	0.650	0.632	0.614	0.596	0.578	0.560
5.2	0.891	0.881	0.870	0.858	0.846	0.833	0.820	0.806	0.792	0.777	0.762	0.746	0.731	0.714	0.698	0.681	0.664	0.647	0.629	0.612	0.594
5.4	0.905	0.896	0.886	0.875	0.864	0.852	0.840	0.828	0.814	0.801	0.787	0.772	0.757	0.742	0.726	0.710	0.694	0.678	0.661	0.644	0.627
5.6	0.918	0.909	0.900	0.891	0.880	0.870	0.859	0.847	0.835	0.822	0.809	0.796	0.782	0.768	0.753	0.738	0.722	0.707	0.691	0.674	0.658
5.8	0.928	0.921	0.913	0.904	0.895	0.885	0.875	0.865	0.854	0.842	0.830	0.818	0.805	0.791	0.777	0.763	0.749	0.734	0.719	0.703	0.687
6.0	0.938	0.930	0.924	0.916	0.908	0.899	0.890	0.881	0.870	0.860	0.849	0.837	0.825	0.813	0.800	0.787	0.773	0.759	0.745	0.730	0.715
6.5	0.957	0.952	0.947	0.941	0.935	0.927	0.921	0.913	0.905	0.897	0.888	0.879	0.869	0.859	0.848	0.837	0.826	0.814	0.802	0.789	0.776
7.0	0.970	0.967	0.963	0.958	0.954	0.949	0.943	0.938	0.932	0.925	0.918	0.911	0.903	0.895	0.887	0.878	0.868	0.859	0.848	0.838	0.827
7.5	0.980	0.977	0.974	0.971	0.968	0.964	0.960	0.956	0.951	0.946	0.941	0.935	0.929	0.923	0.916	0.911	0.602	0.894	0.886	0.877	0.868
8.0	0.986	0.984	0.982	0.980	0.978	0.975	0.972	0.969	0.965	0.962	0.958	0.953	0.949	0.944	0.939	0.933	0.927	0.921	0.915	0.908	0.900
9.0	0.994	0.993	0.991	0.990	0.989	0.988	0.986	0.985	0.983	0.981	0.979	0.976	0.974	0.971	0.968	0.965	0.961	0.958	0.954	0.950	0.945
10.0	0.997	0.997	0.996	0.996	0.995	0.994	0.994	0.993	0.992	0.991	0.990	0.988	0.987	0.985	0.984	0.982	0.980	0.978	0.976	0.973	0.971
11.0	0.999		0.998	0.998	0.998	0.997	0.997	0.997	0.996	0.996	0.995	0.994	0.994	0.993	0.992	0.991	0.990	0.989	0.988	0.986	0.985
12.0	0.999		0.999	0.999	0.999	0.999	0.999	0.998	0.998	0.998	0.998	0.997	0.997	0.997	0.996	0.996	0.995	0.994	0.994	0.993	0.992

续表

n t/K	5.0	5.1	5.2	5.3	5.4	5.5	5.6	5.7	5.8	5.9	6.0	6.1	6.2	6.3	6.4	6.5	6.6	6.7	6.8	6.9	7.0
0	0	0	0	0	0	0	0	0	0	0	0	0	0	0	0	0	0	0	0	0	0
0.5	0	0	0	0	0	0	0	0	0	0	0	0	0	0	0	0	0	0	0	0	0
1.0	0.004	0.003	0.003	0.002	0.002	0.002	0.001	0.001	0.001	0.001	0.001	0	0	0	0	0	0	0	0	0	0
1.5	0.019	0.016	0.014	0.012	0.011	0.009	0.008	0.007	0.006	0.005	0.004	0.004	0.003	0.003	0.002	0.002	0.002	0.001	0.001	0.001	0.001
2.0	0.053	0.047	0.042	0.038	0.034	0.030	0.027	0.024	0.021	0.019	0.017	0.015	0.013	0.011	0.010	0.009	0.008	0.007	0.006	0.005	0.004
2.5	0.109	0.100	0.091	0.083	0.076	0.069	0.063	0.057	0.051	0.047	0.042	0.038	0.034	0.031	0.028	0.025	0.022	0.020	0.018	0.016	0.014
3.0	0.185	0.172	0.160	0.148	0.137	0.127	0.117	0.108	0.099	0.091	0.084	0.077	0.071	0.065	0.059	0.054	0.049	0.045	0.041	0.037	0.034
3.2	0.219	0.205	0.192	0.179	0.166	0.155	0.144	0.133	0.123	0.114	0.105	0.098	0.090	0.083	0.076	0.070	0.064	0.059	0.053	0.049	0.045
3.4	0.256	0.240	0.226	0.211	0.198	0.185	0.173	0.161	0.150	0.139	0.129	0.120	0.111	0.103	0.095	0.088	0.081	0.075	0.069	0.063	0.058
3.6	0.294	0.217	0.261	0.246	0.231	0.217	0.204	0.191	0.179	0.167	0.156	0.146	0.135	0.126	0.117	0.109	0.100	0.093	0.086	0.080	0.073
3.8	0.332	0.315	0.298	0.282	0.266	0.251	0.237	0.223	0.210	0.197	0.184	0.173	0.162	0.151	0.141	0.132	0.122	0.114	0.106	0.098	0.091
4.0	0.371	0.353	0.336	0.319	0.303	0.287	0.271	0.256	0.242	0.228	0.215	0.202	0.190	0.178	0.167	0.157	0.146	0.137	0.128	0.119	0.111
4.1	0.391	0.373	0.355	0.338	0.321	0.305	0.289	0.274	0.259	0.244	0.231	0.218	0.205	0.193	0.181	0.170	0.159	0.149	0.139	0.130	0.121
4.2	0.410	0.392	0.374	0.357	0.340	0.323	0.307	0.291	0.276	0.261	0.247	0.233	0.220	0.208	0.195	0.184	0.172	0.162	0.151	0.142	0.133
4.3	0.430	0.411	0.393	0.375	0.358	0.341	0.325	0.309	0.293	0.278	0.263	0.249	0.236	0.223	0.210	0.198	0.186	0.175	0.164	0.154	0.144
4.4	0.449	0.430	0.412	0.394	0.377	0.360	0.343	0.327	0.311	0.295	0.280	0.266	0.251	0.238	0.225	0.212	0.200	0.189	0.177	0.167	0.156
4.5	0.468	0.449	0.431	0.413	0.395	0.378	0.361	0.345	0.328	0.312	0.297	0.282	0.268	0.254	0.240	0.227	0.214	0.203	0.191	0.180	0.169
4.6	0.487	0.469	0.450	0.432	0.414	0.397	0.379	0.363	0.346	0.330	0.314	0.299	0.284	0.270	0.256	0.243	0.229	0.217	0.205	0.193	0.182
4.7	0.505	0.487	0.469	0.451	0.433	0.415	0.398	0.381	0.364	0.348	0.332	0.316	0.301	0.286	0.272	0.258	0.244	0.232	0.219	0.207	0.195
4.8	0.524	0.505	0.487	0.469	0.451	0.433	0.416	0.399	0.382	0.365	0.349	0.333	0.318	0.303	0.288	0.274	0.260	0.247	0.234	0.221	0.209
4.9	0.542	0.524	0.505	0.487	0.469	0.452	0.434	0.417	0.400	0.383	0.366	0.350	0.335	0.320	0.304	0.290	0.276	0.262	0.249	0.236	0.223
5.0	0.560	0.541	0.523	0.505	0.487	0.470	0.452	0.435	0.418	0.401	0.384	0.368	0.352	0.336	0.321	0.306	0.292	0.278	0.264	0.251	0.238
5.1	0.577	0.559	0.541	0.523	0.505	0.488	0.470	0.453	0.435	0.418	0.402	0.385	0.369	0.353	0.338	0.323	0.308	0.294	0.279	0.266	0.253
5.2	0.594	0.576	0.558	0.541	0.523	0.505	0.488	0.470	0.453	0.436	0.419	0.403	0.386	0.370	0.354	0.339	0.324	0.310	0.395	0.281	0.268
5.3	0.610	0.593	0.575	0.558	0.540	0.523	0.505	0.488	0.471	0.453	0.437	0.420	0.403	0.387	0.371	0.356	0.340	0.326	0.311	0.297	0.283

续表

t/K \ n	5.0	5.1	5.2	5.3	5.4	5.5	5.6	5.7	5.8	5.9	6.0	6.1	6.2	6.3	6.4	6.5	6.6	6.7	6.8	6.9	7.0
5.4	0.627	0.609	0.592	0.575	0.557	0.540	0.522	0.505	0.488	0.471	0.454	0.437	0.421	0.404	0.388	0.373	0.357	0.342	0.327	0.313	0.298
5.5	0.642	0.626	0.608	0.591	0.574	0.557	0.539	0.522	0.505	0.488	0.471	0.454	0.438	0.421	0.405	0.389	0.374	0.358	0.343	0.328	0.314
5.6	0.658	0.641	0.624	0.607	0.590	0.573	0.556	0.539	0.522	0.505	0.488	0.471	0.455	0.438	0.422	0.406	0.390	0.375	0.359	0.345	0.330
5.7	0.673	0.656	0.640	0.623	0.606	0.590	0.573	0.556	0.539	0.522	0.505	0.488	0.472	0.455	0.439	0.423	0.407	0.391	0.376	0.361	0.346
5.8	0.687	0.671	0.655	0.639	0.622	0.606	0.589	0.572	0.555	0.538	0.522	0.505	0.488	0.472	0.456	0.439	0.423	0.408	0.392	0.377	0.362
5.9	0.701	0.686	0.670	0.654	0.638	0.621	0.605	0.588	0.571	0.555	0.538	0.522	0.505	0.489	0.472	0.456	0.440	0.424	0.408	0.393	0.378
6.0	0.715	0.700	0.684	0.668	0.652	0.636	0.620	0.604	0.587	0.571	0.554	0.538	0.521	0.505	0.489	0.472	0.456	0.440	0.425	0.409	0.394
6.2	0.741	0.726	0.712	0.696	0.681	0.666	0.650	0.634	0.618	0.602	0.586	0.570	0.553	0.537	0.521	0.505	0.489	0.473	0.457	0.441	0.426
6.4	0.765	0.751	0.737	0.723	0.708	0.693	0.678	0.663	0.648	0.632	0.616	0.600	0.585	0.568	0.553	0.537	0.521	0.505	0.489	0.473	0.458
6.6	0.787	0.774	0.761	0.748	0.734	0.20	0.705	0.690	0.676	0.661	0.645	0.630	0.614	0.597	0.583	0.568	0.552	0.536	0.520	0.505	0.489
6.8	0.808	0.796	0.783	0.771	0.758	0.744	0.730	0.716	0.702	0.688	0.673	0.658	0.643	0.628	0.613	0.597	0.582	0.566	0.551	0.536	0.520
7.0	0.827	0.816	0.804	0.792	0.780	0.767	0.754	0.741	0.727	0.713	0.699	0.685	0.671	0.656	0.641	0.626	0.611	0.596	0.581	0.566	0.550
7.2	0.844	0.834	0.823	0.812	0.800	0.788	0.776	0.764	0.751	0.738	0.724	0.710	0.697	0.682	0.668	0.654	0.639	0.624	0.610	0.595	0.580
7.4	0.860	0.851	0.841	0.830	0.819	0.808	0.797	0.785	0.773	0.760	0.747	0.734	0.721	0.708	0.694	0.680	0.666	0.652	0.637	0.623	0.608
7.6	0.875	0.866	0.857	0.845	0.837	0.826	0.816	0.805	0.793	0.781	0.769	0.757	0.744	0.732	0.718	0.705	0.691	0.678	0.664	0.650	0.635
7.8	0.888	0.880	0.871	0.862	0.853	0.843	0.833	0.823	0.812	0.801	0.790	0.778	0.766	0.754	0.741	0.729	0.716	0.702	0.689	0.675	0.662
8.0	0.900	0.893	0.885	0.877	0.868	0.859	0.850	0.840	0.830	0.819	0.809	0.798	0.786	0.775	0.763	0.751	0.738	0.725	0.713	0.700	0.637
8.5	0.926	0.920	0.913	0.907	0.899	0.892	0.884	0.876	0.868	0.859	0.850	0.841	0.831	0.821	0.811	0.800	0.790	0.778	0.767	0.755	0.744
9.0	0.945	0.940	0.935	0.930	0.924	0.918	0.912	0.906	0.899	0.892	0.884	0.876	0.869	0.860	0.851	0.842	0.833	0.823	0.814	0.804	0.793
9.5	0.960	0.956	0.952	0.948	0.943	0.938	0.933	0.928	0.9333	0.917	0.911	0.905	0.898	0.891	0.884	0.877	0.869	0.861	0.853	0.844	0.835
10.0	0.971	0.968	0.965	0.962	0.958	0.955	0.951	0.946	0.942	0.938	0.933	0.928	0.922	0.917	0.911	0.905	0.898	0.892	0.885	0.877	0.870
11.0	0.985	0.983	0.982	0.979	0.978	0.975	0.973	0.971	0.968	0.965	0.962	0.959	0.956	0.952	0.949	0.945	0.940	0.936	0.931	0.926	0.921
12.0	0.992	0.992	0.991	0.990	0.988	0.981	0.986	0.985	0.983	0.981	0.980	0.978	0.976	0.974	0.971	0.969	0.966	0.963	0.961	0.957	0.954
13.0	0.996	0.995	0.995	0.995	0.994	0.993	0.993	0.992	0.991	0.990	0.989	0.988	0.987	0.986	0.984	0.983	0.981	0.980	0.978	0.976	0.974
14.0	0.998	0.998	0.998	0.997	0.997	0.997	0.996	0.996	0.996	0.995	0.994	0.994	0.993	0.993	0.992	0.991	0.990	0.989	0.988	0.987	0.986
15.0	0.999	0.999	0.999	0.999	0.999	0.998	0.998	0.998	0.998	0.997	0.997	0.997	0.997	0.996	0.996	0.995	0.995	0.994	0.994	0.993	0.992

参 考 文 献

[1] 拜存有，高建峰，张子贤，等．工程水文及水利计算［M］．4 版．郑州：黄河水利出版社，2021．

[2] 拜存有．工程水文与水力计算基础［M］．北京：中国水利水电出版社，2013．

[3] 朱岐武，拜存有．水文与水利水电规划［M］．2 版．郑州：黄河水利出版社，2008．

[4] 《工程水文及水利计算》课程建设团队．工程水文及水利计算［M］．北京：中国水利水电出版社，2010．

[5] 宋星原，雒文生，赵英林，等．工程水文水文学题库及题解［M］．北京：中国水利水电出版社，2003．

[6] 张子贤，拜存有．工程水文及水利计算［M］．北京：中国水利水电出版社，2008．

[7] 王春泽，乔光建．水文知识读本［M］．北京：中国水利水电出版社，2011．

[8] 宋萌勃，刘能胜，张银华．工程水文及水利计算［M］．武汉：华中科技大学出版社，2013．

[9] 蒋金珠．工程水文及水利计算［M］．北京：中国水利水电出版社，2000．

[10] 崔振才，杜守建，张维圈，等．工程水文及水资源［M］．北京：中国水利水电出版社，2008．

[11] 齐梅兰．工程水文学［M］．北京：中国水利水电出版社，2009．

[12] 张春满，郭毅．工程水文水力学［M］．北京：中国水利水电出版社，2009．

[13] 林辉，汪繁荣，黄泽钧．水文及水利水电规划［M］．北京：中国水利水电出版社，2007．

[14] 范世香．工程水文与水利计算［M］．北京：中国水利水电出版社，2013．

[15] 雒文生，宋星原．工程水文及水利计算［M］．2 版．北京：中国水利水电出版社，2010．

[16] 李蘅．中小型灌溉排水工程简明技术指南［M］．北京：中国水利水电出版社，2013．

[17] 索丽生，刘宁．水工设计手册 第 2 卷 规划、水文、地质［M］．2 版．北京：中国水利水电出版社，2015．